7·9급 환경직 **시험대비 최신판**

박문각 공무원

기 본 서

합격까지 함께
환경직 만점 기본서

개념과 원리를 이해하는 압축 이론 정리

단원별 예상 문제와 최신 기출문제 수록

이찬범 편저

동영상 강의 www.pmg.co.kr

이찬범
화학

PREFACE

이 책의 머리말

먼저 이렇게 책으로 인연을 맺게 되어 감사합니다.

이 세상에는 눈에 보이지 않는 작은 물질들이 있습니다. 이 작은 물질들이 모여 또 다른 물질로 변화하고 이들은 다시 만나 변화하는 과정을 반복합니다. 이런 변화 속에서 물질이 생성되기도 하고 분해되기도 하는 일들이 계속됩니다. 때로는 에너지가 방출되기도 하고 흡수하기도 합니다. 모양이 변화하기도 하고 성질도 달라집니다.

지난 역사를 되돌아보면 화학은 계속 발전하고 있었습니다. 보이지 않았던 이런 관계들을 발견하면서 가설을 세우고 증명하고 정의하면서 하나씩 이론을 만들어 갔습니다. 우리는 이렇게 발견된 이론을 하나씩 익혀 갈 것입니다.

화학이란 학문은 우리나라의 초·중·고등학교 과정을 마쳤다면 많은 부분을 이미 학습하였을 것입니다. 처음 화학을 접했을 때 공부하기 편했다면 이 책을 학습하는 데 어려움이 없을 것입니다. 하지만 이전 기억 속에 어려움이 있었다면 이젠 그 기억을 지우고 새로운 마음으로 하나씩 시작해 보는 것도 좋겠습니다. 우리가 다루는 일반 화학은 결코 어렵지 않으며 차근차근 보다 보면 어느새 마지막 페이지를 넘기고 있을 겁니다.

이 책의 구성은 크게 결합과 반응으로 구분되어 있습니다. 앞부분의 결합과 관련된 내용을 학습한 후에 뒷부분의 반응과 관련된 내용을 학습하는 것이 매우 적절하다고 생각합니다. 특히 화학을 시험으로 준비하는 경우 이 책으로 학습하신다면 기본 개념과 예제 문제가 적절히 배치되어 있어 한번의 학습으로 반복해서 익히는 효과를 얻을 수 있습니다.

시험을 준비하기 위한 수험서로 기획된 책이기에 화학의 전부를 담지는 못했습니다. 하지만 시험에서 고득점을 할 수 있도록 꼭 필요한 내용과 상세한 해설, 이해를 돕기 위한 그림들을 최대한 많이 포함시켰습니다. 처음 화학을 접하신 분들도 이론을 읽고 문제를 풀다 보면 화학이 쉽게 느껴지실 겁니다.

무엇보다 이 책을 통해 많은 분들이 하시고자 하는 일들이 이루어졌으면 합니다. 수험생분들의 바람이 결실을 맺을 수 있도록 저도 계속 노력하고 응원하며 힘을 드릴 수 있는 방법을 계속 찾도록 하겠습니다.

감사합니다.

이찬범 드림

이 책의 구성

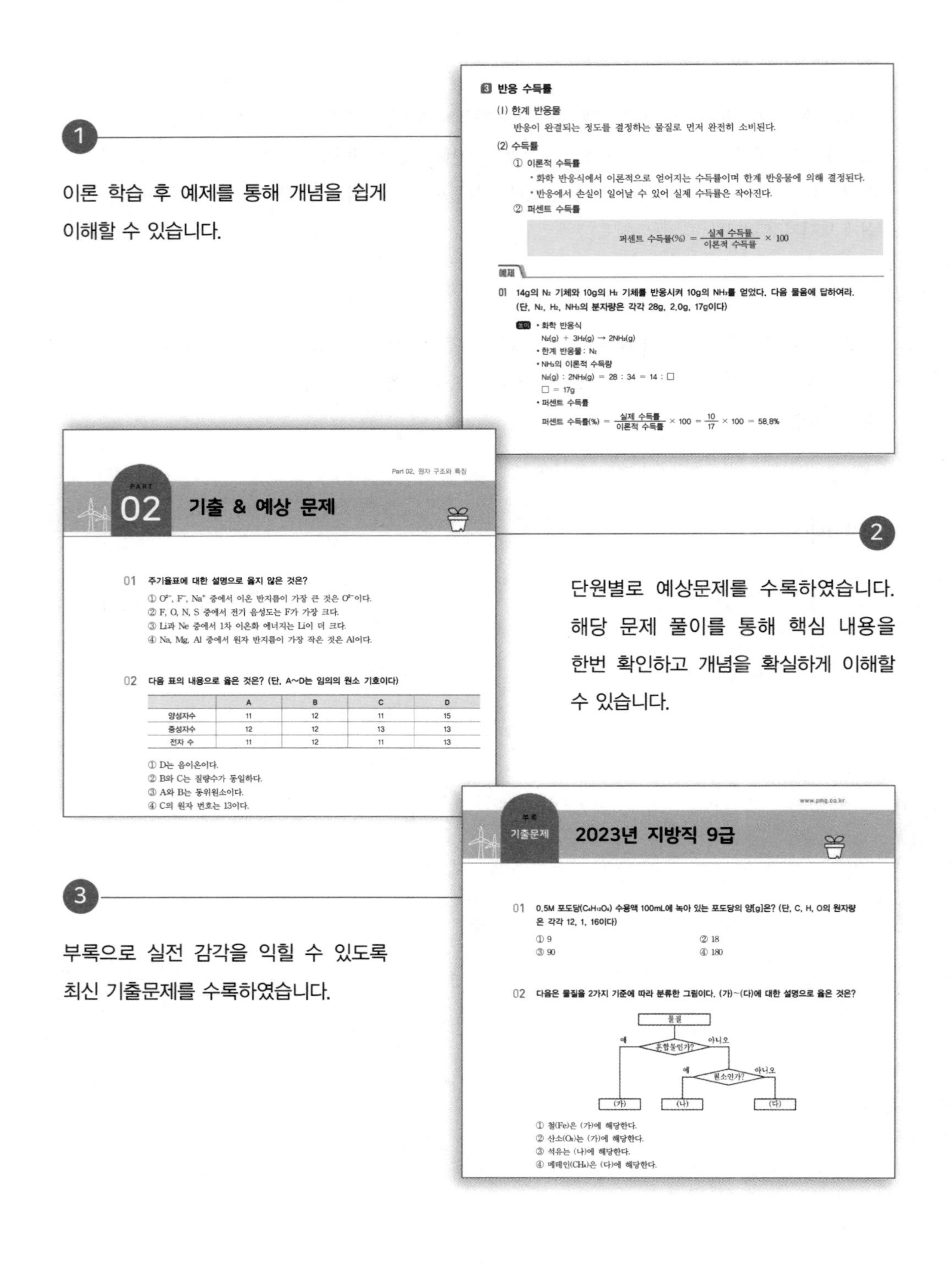

1

이론 학습 후 예제를 통해 개념을 쉽게 이해할 수 있습니다.

3 반응 수득률

(1) 한계 반응물

반응이 완결되는 정도를 결정하는 물질로 먼저 완전히 소비된다.

(2) 수득률

① 이론적 수득률

- 화학 반응식에서 이론적으로 얻어지는 수득률이며 한계 반응물에 의해 결정된다.
- 반응에서 손실이 일어날 수 있어 실제 수득률은 작아진다.

② 퍼센트 수득률

$$퍼센트\ 수득률(\%) = \frac{실제\ 수득률}{이론적\ 수득률} \times 100$$

예제

01 14g의 N_2 기체와 10g의 H_2 기체를 반응시켜 10g의 NH_3를 얻었다. 다음 물음에 답하여라. (단, N_2, H_2, NH_3의 분자량은 각각 28g, 2.0g, 17g이다)

풀이 • 화학 반응식

$N_2(g) + 3H_2(g) \rightarrow 2NH_3(g)$

• 한계 반응물 : N_2

• NH_3의 이론적 수득량

$N_2(g) : 2NH_3(g) = 28 : 34 = 14 : \square$

$\square = 17g$

• 퍼센트 수득률

$퍼센트\ 수득률(\%) = \frac{실제\ 수득률}{이론적\ 수득률} \times 100 = \frac{10}{17} \times 100 = 58.8\%$

2

단원별로 예상문제를 수록하였습니다. 해당 문제 풀이를 통해 핵심 내용을 한번 확인하고 개념을 확실하게 이해할 수 있습니다.

Part 02. 원자 구조와 특징

PART 02 기출 & 예상 문제

01 주기율표에 대한 설명으로 옳지 않은 것은?

① O^{2-}, F^-, Na^+ 중에서 이온 반지름이 가장 큰 것은 O^{2-}이다.
② F, O, N, S 중에서 전기 음성도는 F가 가장 크다.
③ Li과 Ne 중에서 1차 이온화 에너지는 Li이 더 크다.
④ Na, Mg, Al 중에서 원자 반지름이 가장 작은 것은 Al이다.

02 다음 표의 내용으로 옳은 것은? (단, A~D는 임의의 원소 기호이다)

	A	B	C	D
양성자수	11	12	11	15
중성자수	12	12	13	13
전자 수	11	12	11	13

① D는 음이온이다.
② B와 C는 질량수가 동일하다.
③ A와 B는 동위원소이다.
④ C의 원자 번호는 13이다.

3

부록으로 실전 감각을 익힐 수 있도록 최신 기출문제를 수록하였습니다.

www.pmg.co.kr

부록 기출문제 2023년 지방직 9급

01 0.5M 포도당($C_6H_{12}O_6$) 수용액 100mL에 녹아 있는 포도당의 양[g]은? (단, C, H, O의 원자량은 각각 12, 1, 16이다)

① 9 ② 18
③ 90 ④ 180

02 다음은 물질을 2가지 기준에 따라 분류한 그림이다. (가)~(다)에 대한 설명으로 옳은 것은?

① 철(Fe)은 (가)에 해당한다.
② 산소(O_2)는 (가)에 해당한다.
③ 석유는 (나)에 해당한다.
④ 메테인(CH_4)은 (다)에 해당한다.

이 책의 차례

PART 01 물질과 화학 반응식

PART 02 원자 구조와 특징

PART 03 화학 결합과 분자 구조

이 책의 **차례**

PART 08 반응 속도

PART 09 산화 환원과 금속의 반응성

부록 최신 기출문제

이찬범 화학

합격까지 박문각

PART 01

물질과 화학 반응식

PART 01

물질과 화학 반응식

CHAPTER 01 물질과 혼합물

제1절 | 물질

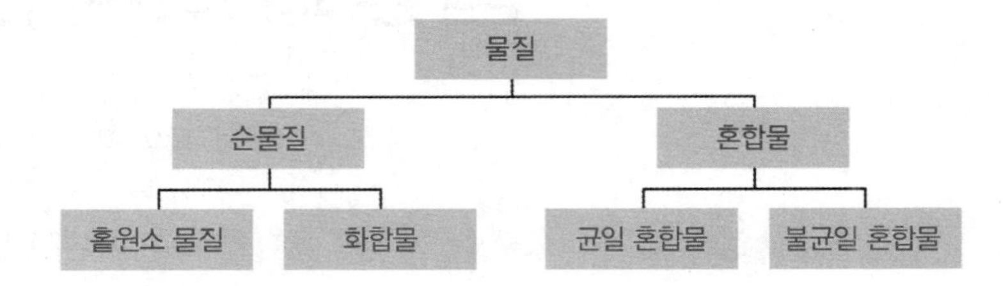

1 순물질

(1) 원소

① 한 가지 원소로 이루어진 물질을 의미한다.

② 다른 성분으로 분해되지 않는 물질을 구성하는 기본 성분이다.

EX 금(Au), 구리(Cu), 철(Fe), 질소(N), 수소(H), 산소(O) 등

(2) 화합물

두 가지 이상의 원소로 이루어진 순물질을 의미한다.

EX 물(H_2O), 소금(NaCl), 이산화탄소(CO_2) 등

2 혼합물

(1) 균일 혼합물

구성하는 물질이 고르게 섞여 있는 상태의 혼합물을 의미한다.

EX 공기, 식초, 합금, 소금물 등

(2) 불균일 혼합물

구성하는 물질이 고르게 섞여 있지 않는 상태의 혼합물을 의미한다.

EX 암석, 우유, 주스, 흙탕물 등

예제

01 순물질과 혼합물에 대한 설명으로 가장 옳은 것은?

① 순물질이 2가지 이상 섞여 있는 것을 혼합물이라 한다.
② 혼합물을 분리하기 위해 물리적 방법을 선택하지 못한다.
③ 혼합물의 성분 물질은 일정한 비율을 가지고 있다.
④ 혼합물은 성분 물질의 성질을 갖고 있지 않다.

정답 ①

풀이 바르게 고쳐보면,

② 혼합물은 물리적 방법으로 분리할 수 있다.
③ 균일 혼합물의 성분 물질은 일정하나, 불균일 혼합물의 성분 물질은 일정한 비율을 가지고 있지 않다.
④ 혼합물을 각 성분물질로 분리하면 각 성분 물질의 성질을 갖게 된다.

02 다음은 물질을 2가지 기준에 따라 분류한 그림이다. (가)~(다)에 대한 설명으로 옳은 것은?

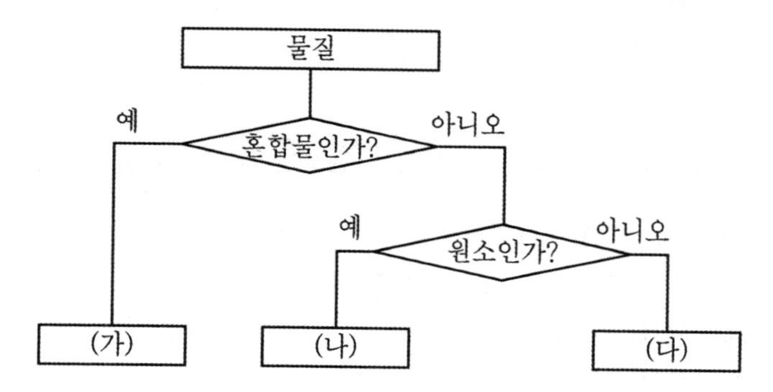

① 철(Fe)은 (가)에 해당한다.
② 산소(O_2)는 (가)에 해당한다.
③ 석유는 (나)에 해당한다.
④ 메테인(CH_4)은 (다)에 해당한다.

정답 ④

풀이 바르게 고쳐보면,

① 철(Fe)은 (나)에 해당한다.
② 산소(O_2)는 (나)에 해당한다.
③ 석유는 (가)에 해당한다.

제2절 I 물질의 구성

1 원자

(1) 일정한 질량과 크기를 갖고 물질을 구성하는 가장 작은 입자이다.

(2) 원자핵과 전자로 구성되어 있다.

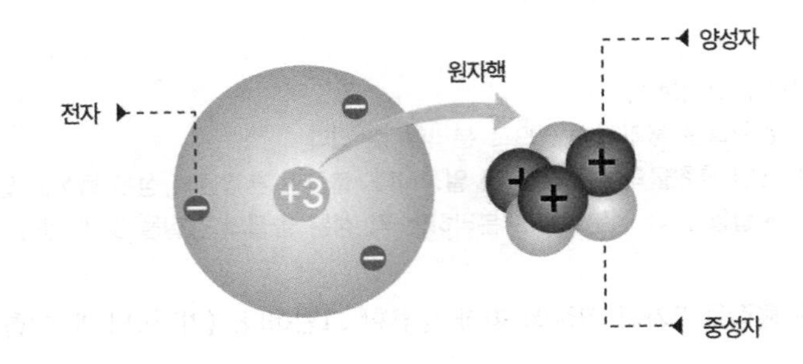

2 분자

(1) 원자의 결합으로 이루어져 있으며 원자로 분해되면 분자의 고유한 성질을 잃는다.

(2) 원자 간의 공유결합으로 만들어지며 이온결합 화합물은 분자에 속하지 않는다.

① 1원자 분자 : He, Ne, Ar 등 18족 원소

② 2원자 분자 : O_2

③ 3원자 분자 : H_2O

④ 4원자 분자 : NH_3

3 이온

원자가 전자를 얻거나 잃어 전하를 띤 입자를 이온이라고 한다.

(1) 양이온 : 중성원자가 전자를 잃어 양전하를 띤 입자를 의미한다.

(2) 음이온 : 중성원자가 전자를 얻어 음전하를 띤 입자를 의미한다.

예제

다음 반응에 대한 설명으로 잘못된 것은?

(가) $CH_4 + O_2 \rightarrow CO_2 + H_2O$

(나) $N_2 + 3H_2 \rightarrow 2NH_3$

① (나) 반응에서 홑원소 물질은 2가지이다.

② (가)의 분자는 모두 화합물이다.

③ (가) 반응에서 화합물의 성분 원소는 2가지이다.

④ (나) 반응에서 화합물의 성분 원소는 2가지이다.

정답 ②

풀이 ② O_2는 홑원소 물질로 화합물이 아니다.
① N_2와 H_2는 홑원소 물질이다.
③ (가) 반응에서 화합물은 CH_4, CO_2, H_2O이며 각 성분 원소는 2가지씩이다.
④ (나) 반응에서 화합물의 성분 원소는 2가지이다.

제3절 I 화학변화와 물리변화

(1) 화학변화

화학결합이 끊어지거나 재배열되어 처음의 상태와 전혀 다른 화학적 성질을 갖는 물질로 변화하는 것을 의미한다.

EX 산화환원반응, 연소반응, 열분해, 전기분해 등

(2) 물리변화

화학결합은 끊어지지 않으나 분자의 배열이 변화하는 것을 의미한다.

EX 기화, 용해, 액화, 승화 등의 상태변화

예제

01 다음 중 화학적 변화는 어떤 것인가?

① 신발장에 둔 나프탈렌이 기체가 되었다.
② 소금이 물에 녹았다.
③ 물을 가열하였더니 수증기가 되었다.
④ 우유를 상온에 두었더니 치즈가 되었다.

정답 ④

풀이 화학변화는 화학결합이 끊어지거나 재배열되어 처음의 상태와 전혀 다른 화학적 성질을 갖는 물질로 변화하는 것을 의미하므로, ④는 화학변화에 해당한다.
①, ②, ③은 물리변화에 해당한다.

02 다음 물질 변화의 종류가 다른 것은?

① 물이 끓는다.
② 설탕이 물에 녹는다.
③ 드라이아이스가 승화한다.
④ 머리카락이 과산화수소에 의해 탈색된다.

정답 ④

풀이 ④ 머리카락이 과산화수소에 의해 탈색된다. → 화학적 변화
① 물이 끓는다. → 물리적 변화
② 설탕이 물에 녹는다. → 물리적 변화
③ 드라이아이스가 승화한다. → 물리적 변화

제4절 I 혼합물 분리

1 혼합물 분리

혼합물을 각 성분 물질로 나누는 것으로 물질의 특성을 이용하여 분리한다.

2 혼합물 분리에 이용되는 물질의 특성

(1) 끓는점

① 물질이 액체에서 기체로 변화되는 온도로 증기압력이 외부압력과 같을 때의 온도를 의미한다.
② 구성하는 입자 사이의 인력이 클수록 끓는점이 높아진다.

(2) 밀도

① 밀도(ρ) $= \dfrac{\text{질량}}{\text{부피}}$로 단위는 g/cm^3, kg/m^3 등을 사용한다.
② 물질의 종류에 따라 다르며, 물질의 양에 관계없이 일정한 값을 갖는다.

(3) 용해도

① 어떤 온도에서 용매 100g에 최대한 녹을 수 있는 용질의 g수를 의미한다.
② 온도, 용매, 용질의 종류에 따라 용해도는 달라진다.
③ 기체의 용해도: 온도가 낮을수록 압력이 높을수록 증가한다.
④ 고체의 용해도: 온도가 높을수록 증가하며 압력의 영향은 거의 없다.

3 물질의 특성을 이용한 혼합물의 분리

(1) 밀도 차이를 이용

① 고체 혼합물의 분리: 두 고체의 중간 정도 밀도를 가지면서 고체를 녹이지 않는 액체 속에서 고체 혼합물을 분리한다. 밀도가 큰 물질은 가라앉는다.
② 서로 섞이지 않는 액체 혼합물의 분리: 밀도차에 의해 분리가 되며 분별깔때기를 이용한다.

(2) 끓는점 차이를 이용

① 증류: 용액을 가열하며 발생되는 기체를 다시 냉각하여 순수한 액체를 만드는 방법이다.
② 분별증류: 잘 섞이는 액체 혼합물을 가열하여 끓는점의 차이에 따라 발생되는 기체를 액화시켜 분리한다.

(3) 용해도 차이를 이용

① 거름: 특정 용매에 잘 녹는 고체와 녹지 않는 고체를 섞은 후 거름장치를 이용하여 분리한다.
② 재결정: 미량의 불순물이 포함된 고체를 높은 온도의 용매에 녹인 후 냉각하여 순수한 고체 결정을 얻는 방법이다.
③ 분별결정: 온도에 따른 용해도 차이를 이용하여 용해도가 큰 고체와 작은 고체의 혼합물을 높은 온도의 용매에 녹인 후 냉각하면서 각 성분의 결정으로 분리하는 방법이다.

(4) 크로마토그래피

각 성분 물질이 용매를 따라 이동하는 속도 차이를 이용하여 분리하는 방법이다.

예제

01 다음 중 크로마토그래피 실험 장치를 바르게 설치한 것은?

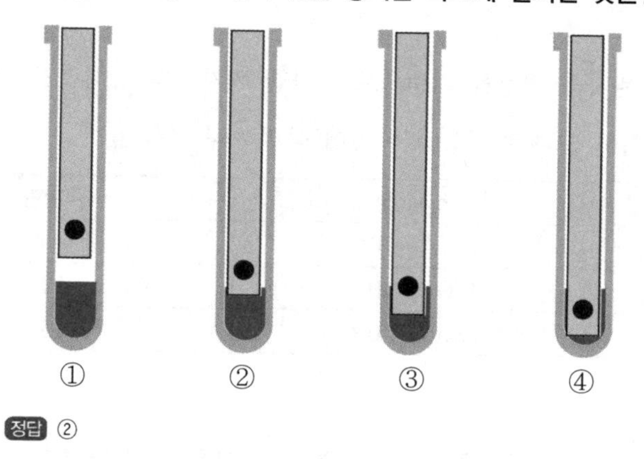

정답 ②

02 다음 혼합물을 분리하는 물질의 특성은 무엇인가?

황산화물이 포함된 배출가스를 습식세정장치를 이용하여 제거한다.

① 용해도　　② 녹는점
③ 끓는점　　④ 밀도

정답 ①

풀이 황산화물은 물에 용해가 쉽게 이루어지는 친수성으로 물과 접촉하여 제거할 수 있다.

CHAPTER 02 화학식량과 몰

제1절 I 화학식량

1 원자량

(1) ^{12}C(탄소, 질량 12인 탄소) 원자의 질량을 기준으로 나타낸 원자들의 상대적인 질량이다.

(2) 실제 원자의 질량은 매우 작아 그대로 사용하는 것이 불편하다.

원자	질량(g)	원자량
수소(H)	1.67×10^{-24}	1
탄소(C)	1.99×10^{-23}	12
산소(O)	2.66×10^{-23}	16

(3) 여러 가지 원소의 원자량

원소명	기호	원자 번호	원자량	원소명	기호	원자 번호	원자량
수소	H	1	1	나트륨	Na	11	23
헬륨	He	2	4	마그네슘	Mg	12	24 또는 24.3
리튬	Li	3	7	알루미늄	Al	13	27
베릴륨	Be	4	9	규소	Si	14	28
붕소	B	5	11	인	P	15	31
탄소	C	6	12	황	S	16	32
질소	N	7	14	염소	Cl	17	35.5
산소	O	8	16	아르곤	Ar	18	39.9
불소	F	9	19	칼륨	K	19	39
네온	Ne	10	20	칼슘	Ca	20	40

2 분자량

(1) 분자를 구성하는 전체 원자들의 원자량을 합한 값이다.

EX 물(H_2O)의 분자량 = 수소원자 2개의 원자량 + 산소원자 1개의 원자량

(2) 여러 가지 분자의 분자량

분자식	명칭	분자량
H_2O	물	1 × 2 + 16 = 18
H_2S	황화수소	1 × 2 + 32 = 34
SO_2	이산화황	32 + 2 × 16 = 64
CO_2	이산화탄소	12 + 2 × 16 = 44
HCl	염화수소(기체)	1 + 35.5 = 36.5
H_2SO_4	황산	1 × 2 + 32 + 4 × 16 = 98
HNO_3	질산	1 + 14 + 3 × 16 = 63
$NaOH$	수산화나트륨	23 + 16 + 1 = 40
$Ca(OH)_2$	수산화칼슘	40 + 2 × (16 + 1) = 74
$CaCO_3$	탄산칼슘	40 + 12 + 3 × 16 = 100
$CaSO_4$	황산칼슘	40 + 32 + 4 × 16 = 136
NH_3	암모니아	14 + 3 × 1 = 17

분자식의 계수

- $Ca(OH)_2$: Ca 1개, OH 2개
- $2Ca(OH)_2$: Ca 2개, OH 4개

3 화학식량

(1) 물질의 화학식을 구성하는 모든 원자들의 질량(원자량)을 합한 값이다.

(2) 분자로 존재하지 않는 물질의 상대적 질량을 나타내기 위해 사용하는 용어이다.

(3) 원자량, 분자량, 이온식량 등은 모두 화학식량에 포함된다.

화학식의 종류

실험식	분자에 포함된 원자의 수를 가장 간단한 정수비로 나타낸 식이다. EX 화학식 C_2H_6 → 실험식 CH_3
시성식	작용기를 나타낸 식으로 분자가 가지는 특성을 알 수 있다. EX 분자식 C_2H_6O → 시성식 C_2H_5OH
분자식	화합물 안에 포함된 원자의 종류와 수를 나타낸 식이다.
구조식	화합물의 구조를 단순한 형태로 표현한 식으로 공유결합을 선으로 표현한다.

예제

01 질량 기준으로 원소 A가 50%, 원소 B가 50% 포함되어 있는 화합물이 있다. 원소 B의 원자량이 원소 A의 원자량의 2배라면, 이 화합물의 실험식은?

① A_3B_2　　② A_2B_3
③ A_2B　　④ AB_2

정답 ③

풀이 A의 원자량 : x, B의 원자량 : 2x
전체를 100g으로 가정하고 각 성분 원소의 몰수를 구하면,

$$A : 50g \times \frac{mol}{xg} = \frac{50}{x}$$

$$B : 50g \times \frac{mol}{2xg} = \frac{25}{x}$$

A : B = 2 : 1이므로 A_2B가 실험식이 된다.

02 탄소(C), 수소(H), 산소(O)로 이루어진 화합물 X 23g을 완전 연소시켰더니 CO_2 44g과 H_2O 27g이 생성되었다. 화합물 X의 화학식은? (단, C, H, O의 원자량은 각각 12, 1, 16이다)

① HCHO　　② C_2H_5CHO
③ C_2H_6O　　④ CH_3COOH

정답 ③

풀이
- 반응물의 질량 합 = 생성물의 질량 합
- 반응물 중 탄소 : 44g × 12g/44g = 12g → 12g / 12[g/mol] = 1mol
- 반응물 중 수소 : 27g × 2g/18g = 3g → 3g / 1[g/mol] = 3mol
- 반응물 중 화합물의 산소 : 23g − (12 + 3)g = 8g → 8g / 16[g/mol] = 0.5mol

∴ $CH_3O_{0.5}$ → C_2H_6O

03 다음에서 실험식이 같은 쌍만을 모두 고르면?

ㄱ. 아세틸렌(C_2H_2), 벤젠(C_6H_6)
ㄴ. 에틸렌(C_2H_4), 에테인(C_2H_6)
ㄷ. 아세트산($C_2H_4O_2$), 글루코스($C_6H_{12}O_6$)
ㄹ. 에탄올(C_2H_6O), 아세트알데하이드(C_2H_4O)

① ㄱ, ㄷ　　② ㄱ, ㄹ
③ ㄴ, ㄷ　　④ ㄷ, ㄹ

정답 ①

풀이
- 아세틸렌(C_2H_2), 벤젠(C_6H_6) : CH
- 에틸렌(C_2H_4) : CH_2
- 에테인(C_2H_6) : CH_3
- 아세트산($C_2H_4O_2$), 글루코스($C_6H_{12}O_6$) : CH_2O
- 에탄올(C_2H_6O) : C_2H_6O
- 아세트알데하이드(C_2H_4O) : C_2H_4O

제2절 I 몰(mol)과 아보가드로수

1 몰(mol)과 아보가드로수의 개념

(1) 몰(mol)

원자, 분자, 이온 등과 같이 매우 작은 입자의 양을 묶어 나타내는 단위

(2) 아보가드로수

① 1mol은 6.02×10^{23}개의 입자를 뜻하며 6.02×10^{23}를 아보가드로수라고 한다.

1mol = 입자 6.02×10^{23}개

② 물질의 종류와 관계없이 1몰(mol)에는 6.02×10^{23}개의 입자가 들어 있다.

H_2O	=	O	+	2H
물분자 1mol	=	산소원자 1mol	+	수소원자 2mol
물분자 6.02×10^{23}개	=	산소원자 6.02×10^{23}개	+	수소원자 $2 \times 6.02 \times 10^{23}$개

2 몰과 질량

(1) 탄소원자 12g에 포함된 탄소원자 수를 측정하였더니 약 6.02×10^{23}개의 탄소원자가 존재하였다.

(2) 원자량과 분자량은 상대적 질량으로 원자량과 분자량에 g을 붙인 질량에 포함된 입자의 수도 각각 약 6.02×10^{23}개이다.

원소	수소(H)	탄소(C)	질소(N)	산소(O)
원자량 g	1g	12g	14g	16g
개수	6.02×10^{23}개	6.02×10^{23}개	6.02×10^{23}개	6.02×10^{23}개

분자	수소(H_2)	물(H_2O)	이산화탄소(CO_2)	암모니아(NH_3)
분자량 g	2g	18g	44g	17g
개수	6.02×10^{23}개	6.02×10^{23}개	6.02×10^{23}개	6.02×10^{23}개

(3) 이온결합물질의 경우 1mol의 질량은 화학식량에 g을 붙인 값으로 사용한다. (NaCl : 58.5g = 1mol)

(4) **몰 질량** : 물질 1몰의 질량을 의미하며, 단위는 g/mol로 나타낸다.

$$\text{mol} = \frac{\text{물질의 질량(g)}}{\text{물질의 몰 질량(g/mol)}}$$

예제

메테인(CH_4) 64g의 mol을 구하시오.

풀이 CH_4 = 12 + (1 × 4) = 16g/mol

$$\text{물질의 양(mol)} = \frac{\text{물질의 질량(g)}}{\text{물질의 몰 질량(g/mol)}}$$

$$\therefore \text{메테인의 양(mol)} = \frac{64g}{16g/mol} = 4mol$$

3 몰과 기체의 부피

(1) 같은 온도와 같은 압력에서 모든 기체는 종류에 관계없이 같은 부피 속에 같은 수의 분자를 포함한다.

(2) 같은 온도와 같은 압력에서 모든 기체는 종류에 관계없이 기체 1몰이 차지하는 부피는 일정하다.

(3) 기체의 종류에 관계없이 기체 1몰의 부피는 0℃, 1기압에서 22.4L를 차지한다.

분자	수소(H_2)	물(H_2O)	이산화탄소(CO_2)	암모니아(NH_3)
분자의 양(mol)	1몰	1몰	1몰	1몰
분자량 g	2g	18g	44g	17g
분자 수	6.02×10^{23}개	6.02×10^{23}개	6.02×10^{23}개	6.02×10^{23}개
부피 (0℃, 1기압)	22.4L	22.4L	22.4L	22.4L

① $\text{기체분자의 양(mol)} = \dfrac{\text{기체의 부피(L)}}{22.4L/mol}$ at 0℃, 1기압

② 몰과 입자 수, 질량, 기체의 부피 사이의 관계

- $\text{물질의 양(mol)} = \dfrac{\text{입자 수}}{6.02 \times 10^{23}/mol} = \dfrac{\text{물질의 질량(g)}}{\text{물질의 몰 질량(g/mol)}}$

  $= \dfrac{\text{기체의 부피(L)}}{22.4L/mol}$(0℃, 1atm)

- 1mol = g원자량 또는 g분자량 = 6.02×10^{23}개 = 22.4L at 0℃, 1기압

예제

01 이산화탄소 22g의 부피와 분자 수를 구하시오. (단, 표준상태이다)

풀이 CO_2 : 12 + 16 × 2 = 44g/mol

$$\text{물질의 양(mol)} = \frac{\text{물질의 질량(g)}}{\text{물질의 몰 질량(g/mol)}}$$

$$CO_2\text{의 양(mol)} = \frac{22g}{44g/mol} = 0.5mol$$

• 부피

$$\text{물질의 양(mol)} = \frac{\text{기체의 부피(L)}}{22.4L/mol}(0℃,\ 1atm)$$

$$CO_2\text{의 부피(L)} = CO_2\text{의 양(mol)} \times 22.4L/mol$$
$$= 0.5mol \times 22.4L/mol = 11.2L$$

• 분자 수

$$\text{물질의 양(mol)} = \frac{\text{입자 수}}{6.02 \times 10^{23}\text{개/mol}}$$

$$CO_2\text{의 분자 수} = CO_2\text{의 양(mol)} \times 6.02 \times 10^{23}\text{개/mol}$$
$$= 0.5mol \times 6.02 \times 10^{23}\text{개/mol} = 3.01 \times 10^{23}\text{개/mol}$$

02 분자 수가 가장 많은 것은? (단, C, H, O의 원자량은 각각 12.0, 1.00, 16.00이다)

① 0.5mol 이산화탄소 분자 수
② 84g 일산화탄소 분자 수
③ 아보가드로수만큼의 일산화탄소 분자 수
④ 산소 1.0mol과 일산화탄소 2.0mol이 정량적으로 반응한 후 생성된 이산화탄소 분자 수

정답 ②

풀이 ② 84g 일산화탄소 분자 수

$$84g \times \frac{1mol}{28g} \times \frac{6.02 \times 10^{23}\text{개}}{1mol} = 1.8 \times 10^{24}\text{개}$$

① 0.5mol 이산화탄소 분자 수

$$0.5mol \times \frac{6.02 \times 10^{23}\text{개}}{1mol} = 3.01 \times 10^{23}\text{개}$$

③ 아보가드로수만큼의 일산화탄소 분자 수
$= 6.02 \times 10^{23}$개

④ 산소 1.0mol과 일산화탄소 2.0mol이 정량적으로 반응한 후 생성된 이산화탄소 분자 수 → 이산화탄소 2mol이 생성

$2CO + O_2 \rightarrow 2CO_2$

$$2mol \times \frac{6.02 \times 10^{23}\text{개}}{1mol} = 1.2 \times 10^{24}\text{개}$$

CHAPTER 03 화학 반응식과 용액의 농도

제1절 | 화학 반응식

1 화학 반응식

(1) 화학 반응식

화학식과 기호를 이용하여 화학 반응을 나타낸 식

(2) 화학 반응식 표현 방법

메테인의 연소 반응을 화학 반응식으로 나타내면 아래와 같다.

① 반응물과 생성물을 화학식으로 나타낸다.

- 반응물 : 메테인(CH_4), 산소기체(O_2)
- 생성물 : 물(H_2O), 이산화탄소(CO_2)

② "→"를 기준으로 "반응물 → 생성물"로 쓰고 2가지 이상인 경우 "+"로 연결한다.

메테인 + 산소기체 → 물 + 이산화탄소

$$CH_4 + O_2 \rightarrow H_2O + CO_2$$

③ 반응물과 생성물을 구성하는 원자의 종류와 수가 같도록 간단한 정수로 계수를 맞춘다(1인 경우 생략).

- 수소원자의 수를 맞추기 위해 H_2O 앞에 2를 쓴다.
- 탄소원자의 수는 같기 때문에 CO_2 앞에 1은 생략한다.

$$CH_4 + O_2 \rightarrow 2H_2O + CO_2$$

- 산소원자의 수를 맞춘다.

$$CH_4 + \square O_2 \rightarrow 2H_2O + CO_2$$

$$\square \times 2 = 2 \times 1 + 1 \times 2$$

$$\square = 2$$

$$CH_4 + 2O_2 \rightarrow 2H_2O + CO_2$$

④ 물질의 상태를 ( ) 안에 기호를 사용하여 표시한다.

- 고체(solid) : s, 액체(liquid) : l, 기체(gas) : g, 수용액(aqueous solution) : aq

$$CH_4(g) + 2O_2(g) \rightarrow 2H_2O(l) + CO_2(g)$$

탄화수소의 완전 연소 반응식

기호	명칭	완전 연소 반응식
CH_4	메탄	$CH_4 + 2O_2 \rightarrow CO_2 + 2H_2O$
C_2H_6	에탄	$C_2H_6 + 3.5O_2 \rightarrow 2CO_2 + 3H_2O$
C_3H_8	프로판	$C_3H_8 + 5O_2 \rightarrow 3CO_2 + 4H_2O$
C_4H_{10}	부탄	$C_4H_{10} + 6.5O_2 \rightarrow 4CO_2 + 5H_2O$

$$C_mH_n + \left(m + \frac{n}{4}\right)O_2 \rightarrow mCO_2 + \frac{n}{2}H_2O$$

미정 계수법

복잡한 화학 반응식의 계수를 방정식을 이용하여 완성할 수 있으며, 이를 미정 계수법이라고 한다.

1단계 : 반응물과 생성물의 계수를 기호(a, b, c, d 등)로 나타낸다.
$aC_2H_5OH + bO_2 \rightarrow cCO_2 + dH_2O$

⬇

2단계 : 반응 전후 원자의 종류와 수가 같도록 방정식을 세운다.
C 원자 수 : $2a = c$, H 원자 수 : $6a = 2d$, O 원자 수 : $a + 2b = 2c + d$

⬇

3단계 : 기호 중 하나를 1로 가정하고 다른 계수를 구한 후 구한 계수를 화학 반응식에 대입하여 계수가 가장 간단한 정수가 되도록 조정한다.
a가 1이라 가정하면 $c = 2$, $d = 3$, $b = 3$이다.
$C_2H_5OH + 3O_2 \rightarrow 2CO_2 + 3H_2O$

⬇

4단계 : 물질의 상태를 ( ) 안에 기호를 사용하여 표시한다.
$C_2H_5OH(g) + 3O_2(g) \rightarrow 2CO_2(g) + 3H_2O(l)$

예제

다음 화학 반응식의 균형을 맞추었을 때, 얻어진 계수 a, b, c의 합은? (단, a, b, c는 정수이다)

$aNO_2(g) + bH_2O(l) + O_2(g) \rightarrow cHNO_3(aq)$

① 9　　② 10
③ 11　　④ 12

정답 ②

풀이 반응물의 원자의 수 = 생성물의 원자의 수

N : a = c

H : 2b = c

O : 2a + b + 2 = 3c

위 방정식을 풀어보면,

2a + b + 2 = 3c → 2c + 0.5c + 2 = 3c이므로

c = 4, a = 4, b = 2가 된다.

a + b + c = 10

$4NO_2(g) + 2H_2O(l) + O_2(g) \rightarrow 4HNO_3(aq)$

2 화학 반응식의 양론

(1) 화학 반응식의 반응물과 생성물의 계수비로부터 mol, 질량, 부피, 분자 수 등을 파악할 수 있다.

계수비 = 몰비 = 분자 수비 = 부피비(기체의 경우) ≠ 질량비

(2) 화학 반응 전후에 원자의 종류와 개수가 일정하므로 질량 보존 법칙이 성립한다.

(3) 계수비를 통해 한쪽의 질량이나 부피를 알면 다른 쪽의 질량이나 부피를 구할 수 있다.

화학 반응식	$N_2(g) + 3H_2(g) \rightarrow 2NH_3(g)$
반응식의 계수비	1 : 3 : 2
분자 수비	1 : 3 : 2
몰비	1 : 3 : 2
질량비	14 : 3 : 17
부피비(0℃, 1atm)	1 : 3 : 2

예제

01 질소(N_2) 14g이 충분한 양의 수소기체(H_2)와 100% 반응할 때 생성되는 암모니아(NH_3)의 질량은 몇 g인가?

풀이 $N_2(g) + 3H_2(g) \rightarrow 2NH_3(g)$

계수비 → 1 : 3 : 2

질량비 → 28 : 6 : 34 → 14 : 3 : 17

질소와 암모니아의 질량비가 14 : 17이므로 14g 질소가 반응하면 17g의 암모니아가 생성된다.

02 0℃, 1atm에서 5L의 프로페인(C_3H_8) 기체가 완전 연소할 때 생성되는 이산화탄소의 부피는 몇 L인가?

풀이 $C_3H_8(g) + 5O_2(g) \rightarrow 3CO_2(g) + 4H_2O(l)$

계수비 = 부피비 → 1 : 5 : 3 : 4

프로페인 : 이산화탄소 = 1 : 3이므로 5L의 프로페인이 완전 연소하여 생성되는 이산화탄소의 부피는 15L이다.

03 0℃, 1atm에서 23g의 에탄올(C_2H_5OH)이 완전 연소할 때 생성되는 이산화탄소의 부피는 몇 L인가?

풀이 $C_2H_5OH(l) + 3O_2(g) \rightarrow 2CO_2(g) + 3H_2O(l)$

계수비 = 몰비 → 1 : 3 : 2 : 3

에탄올의 질량 → 에탄올의 몰 → 몰비를 이용하여 이산화탄소의 부피 산정

$$23g \times \frac{1mol_{-C_2H_5OH}}{46g_{-C_2H_5OH}} \times \frac{2mol_{-CO_2}}{1mol_{-C_2H_5OH}} \times \frac{22.4L}{1mol} = 22.4L$$

---

3 반응 수득률

(1) 한계 반응물

반응이 완결되는 정도를 결정하는 물질로 먼저 완전히 소비된다.

(2) 수득률

① 이론적 수득률

- 화학 반응식에서 이론적으로 얻어지는 수득률이며 한계 반응물에 의해 결정된다.
- 반응에서 손실이 일어날 수 있어 실제 수득률은 작아진다.

② 퍼센트 수득률

$$\text{퍼센트 수득률(\%)} = \frac{\text{실제 수득률}}{\text{이론적 수득률}} \times 100$$

예제

01 14g의 N_2 기체와 10g의 H_2 기체를 반응시켜 10g의 NH_3를 얻었다. 다음 물음에 답하여라. (단, N_2, H_2, NH_3의 분자량은 각각 28g, 2.0g, 17g이다)

풀이
- 화학 반응식

  $N_2(g) + 3H_2(g) \rightarrow 2NH_3(g)$
- 한계 반응물 : N_2
- NH_3의 이론적 수득량

  $N_2(g)$: $2NH_3(g)$ = 28 : 34 = 14 : □

  □ = 17g
- 퍼센트 수득률

  $$\text{퍼센트 수득률(\%)} = \frac{\text{실제 수득률}}{\text{이론적 수득률}} \times 100 = \frac{10}{17} \times 100 = 58.8\%$$

02 **다음은 일산화탄소(CO)와 수소(H_2)로부터 메탄올(CH_3OH)을 제조하는 반응식이다.**

$$CO(g) + 2H_2(g) \rightarrow CH_3OH(l)$$

일산화탄소 280g과 수소 50g을 반응시켜 완결하였을 때, 생성된 메탄올의 질량[g]은? (단, C, H, O의 원자량은 각각 12, 1, 16이다)

① 330 ② 320
③ 290 ④ 160

정답 ②

풀이 $CO(g) + 2H_2(g) \rightarrow CH_3OH(l)$
질량비 28g : 4g : 32g
일산화탄소 280g과 반응하는 수소는 40g이고, 생성되는 메탄올의 질량은 320g이다.

03 **0.30M Na_3PO_4 10mL와 0.20M $Pb(NO_3)_2$ 20mL를 반응시켜 $Pb_3(PO_4)_2$를 만드는 반응이 종결되었을 때, 한계 시약은?**

$$2Na_3PO_4(aq) + 3Pb(NO_3)_2(aq) \rightarrow 6NaNO_3(aq) + Pb_3(PO_4)_2(s)$$

① Na_3PO_4 ② $NaNO_3$
③ $Pb(NO_3)_2$ ④ $Pb_3(PO_4)_2$

정답 ③

풀이 $2Na_3PO_4(aq) : 3Pb(NO_3)_2(aq)$
Na_3PO_4 : 0.3mol/L × 0.01L = 0.003mol
$Pb(NO_3)_2$: 0.2mol/L × 0.02L = 0.004mol
2 : 3으로 반응하므로 Na_3PO_4 : 0.0027mol과 $Pb(NO_3)_2$: 0.004mol이 반응한다.
먼저 소비되는 한계반응물은 $Pb(NO_3)_2$이다.

유효숫자 규칙

1. 맨 앞자리에 있는 "0" : 유효숫자가 아니다.
   EX 0.040에서 앞에 있는 0
2. 중간 부분에 있는 0 : 유효숫자
   EX 0.040에서 2번째 0
3. 소수점 뒤에 있는 마지막 "0" : 유효숫자
   EX 0.040에서 마지막 0
4. 유효숫자의 개수가 서로 다른 계산의 경우 적은 쪽의 값을 기준으로 선택한다.
   EX 44.44(유효숫자 4개) + 22.2(유효숫자 3개)의 경우 적은 쪽인 3개만 표시하므로 66.6이 된다.

예제

유효숫자를 고려한 (13.59 × 6.3) ÷ 12의 값은?

① 7.1 ② 7.13
③ 7.14 ④ 7.135

정답 ①

풀이 유효숫자의 개수가 서로 다른 계산의 경우 적은 쪽의 값을 기준으로 선택한다.
(13.59 × 6.3) ÷ 12에서 유효숫자는 2개로 답은 유효숫자가 2개여야 하므로 답은 7.1이다.

제2절 I 용액의 농도

용질/용매/용액/농도

구분	내용
용질	녹아 들어가는 물질 EX 소금
용매	녹이는 물질 EX 물
용액	2가지 이상의 순물질이 균일하게 섞여 있는 혼합물 EX 소금물
용해	2가지 이상의 순물질이 균일하게 섞이는 현상
용액의 농도	용매에 녹아 있는 용질의 양으로 일반적으로 용질/용액으로 표현

1 퍼센트 농도(%)

(1) 용액 100g에 녹아 있는 용질의 질량(g)을 백분율로 나타낸 것으로, 단위는 %이다.

$$\text{퍼센트 농도(\%)} = \frac{\text{용질의 질량(g)}}{\text{용액의 질량(g)}} \times 100 = \frac{\text{용질의 질량(g)}}{\text{(용질 + 용매)의 질량(g)}} \times 100$$

(2) 일상생활에서 가장 많이 쓰이며 온도와 압력에 영향을 받지 않는다.

(3) % 농도가 같더라도 용질의 종류에 따라 일정한 질량의 용액에 녹아 있는 용질의 입자 수(몰수)는 다르다.

EX 염화나트륨(NaCl) 수용액 10% = 용질(염화나트륨) 10g + 용매(물) 90g

➡ 용액의 양은 100g, 용질의 양은 10g이므로 용액의 퍼센트 농도는 10%이다.

2 몰 농도(mol/L)

(1) 몰 농도(mol/L)

① 용액 1L에 녹아 있는 용질의 mol수로 구할 수 있다.

$$몰\ 농도(M) = \frac{용질의\ mol}{용액의\ 부피(L)}$$

• 단위: mol/L 또는 M으로 표기한다.

② 용액의 몰 농도가 같으면 일정한 부피의 용액에 녹아 있는 용질의 입자 수는 같다(mol수 같음).

③ 용액의 부피는 온도에 따라 달라지므로 몰 농도는 온도에 영향을 받는다.

④ 같은 몰 농도의 용액 속의 용질의 입자 수는 용액의 부피에 비례한다.

EX

용액의 농도	0.1M	0.1M
용액의 부피	50mL	25mL
용질의 양(mol)	0.005몰	0.0025몰

예제

탄산칼슘($CaCO_3$) 25g을 물에 녹여 만든 탄산칼슘 수용액 100mL의 몰 농도를 구하시오.

풀이 탄산칼슘($CaCO_3$): 100g/mol

$$몰농도(M) = \frac{용질의\ mol}{용액의\ 부피(L)} = \frac{25g \times \frac{mol}{100g}}{0.1L} = 2.5M$$

(2) 몰 농도의 활용

① 묽은 용액의 몰 농도: 용액을 희석할 때 용질의 양(mol)은 변하지 않는 특성을 이용하여 희석된(묽은) 용액의 몰 농도를 구할 수 있다.

$$M_1 \times V_1 = M_2 \times V_2$$

M_1: 진한 용액의 몰 농도 V_1: 진한 용액의 부피
M_2: 묽은 용액의 몰 농도 V_2: 묽은 용액의 부피

예제

진한 황산 1M 용액을 이용하여 0.1M 황산 수용액 1L를 만들려고 한다. 이때 필요한 진한 황산(1M)의 양은 몇 L인가?

풀이 $M_1 \times V_1 = M_2 \times V_2$

$1mol/L \times V_1 = 0.1mol/L \times 1L$

$V_1 = 0.1L$

1M 진한 황산 0.1L를 분취하여 1L 메스플라스크에 넣고 증류수를 이용하여 표선을 맞추면 0.1M 황산 수용액 1L가 된다.

② 혼합 용액의 몰 농도: 서로 다른 농도의 같은 용질이 녹아 있는 두 용액을 혼합하였을 때, 혼합용액의 몰 농도를 구할 수 있다.

- 혼합된 용액 속의 용질의 몰 = 서로 다른 농도의 용액 속 몰수의 합

$$M_{혼합} \times V_{혼합} = M_1 \times V_1 + M_2 \times V_2$$

$$\rightarrow M_{혼합} = \frac{M_1 \times V_1 + M_2 \times V_2}{V_{혼합}}$$

예제

0.01M 0.5L인 NaOH 용액과 0.1M 5L를 혼합하였을 때 혼합 용액의 몰 농도를 구하시오.

풀이 0.01M 0.5L의 몰수 = 0.01mol/L × 0.5L = 0.005mol

0.1M 5L의 몰수 = 0.1mol/L × 5L = 0.5mol

혼합 용액의 부피 = 0.5L + 5L = 5.5L

혼합 용액의 몰 농도 = (0.5 + 0.005)mol / 5.5L = 0.09M

$$M_{혼합} = \frac{M_1 \times V_1 + M_2 \times V_2}{V_{혼합}}$$

$$M_{혼합} = \frac{\frac{0.01mol}{L} \times 0.5L + \frac{0.1mol}{L} \times 5L}{(0.05 + 5)L} = 0.09mol/L$$

PART 01

기출 & 예상 문제

01 **수소(H_2)와 산소(O_2)가 반응하여 물(H_2O)을 만들 때, 1mol의 산소(O_2)와 반응하는 수소의 질량[g]은? (단, H의 원자량은 1이다)**

① 2 ② 4
③ 8 ④ 16

02 **다음 중 혼합물로부터 순물질을 분리해내는 방법으로 가장 적절한 것은?**

① 자외선가시선분광법 ② 이온크로마토그래피법
③ 회전식스크린 ④ 분별증류법

03 **다음 화학 반응식의 균형을 맞추었을 때, 얻어진 계수 a, b, c의 합은? (단, a, b, c는 정수이다)**

$$aNO_2(g) + bH_2O(l) + O_2(g) \rightarrow cHNO_3(aq)$$

① 9 ② 10
③ 11 ④ 12

04 **다음 물질의 특성 중 물질을 구별하는 데 이용할 수 있는 것을 모두 고른 것은?**

㉠ 농도	㉡ 용해도	㉢ 끓는점
㉣ 어는점	㉤ 부피	㉥ 밀도

① ㉡, ㉢, ㉣, ㉥ ② ㉠, ㉢, ㉣, ㉥
③ ㉠, ㉡, ㉣, ㉤ ④ ㉡, ㉢, ㉣, ㉤

05 질량 백분율이 N 64%, O 36%인 화합물의 실험식은? (단, N, O의 몰 질량[g/mol]은 각각 14, 16이다)

① N_2O ② NO
③ NO_2 ④ N_2O_5

정답찾기

01 $2H_2 + O_2 \rightarrow 2H_2O$
1mol의 산소(O_2)와 반응하는 수소의 질량은
$2 \times 2g = 4g$이다.

02
- 물질이 가지고 있는 고유 특성인 밀도, 끓는점, 용해도 등을 이용하여 혼합물에서 순물질을 분리할 수 있다.
- 자외선가시선분광법과 이온크로마토그래피법은 미량 성분의 양을 알아내는 방법이다.
- 회전식스크린은 특정 입경을 가지는 물질을 선별하는 데 쓰인다.
- 분별증류는 끓는점의 차이를 이용하여 혼합물에서 순물질을 분리하는 데 사용된다.

03 반응물의 원자의 수 = 생성물의 원자의 수
N : a = c
H : 2b = c
O : 2a + b + 2 = 3c
위 방정식을 풀어보면,
2a + b + 2 = 3c → 2c + 0.5c + 2 = 3c이므로
c = 4, a = 4, b = 2가 된다.
a + b + c = 10
$\therefore 4NO_2(g) + 2H_2O(l) + O_2(g) \rightarrow 4HNO_3(aq)$

04
- 부피 : 부피는 온도와 압력에 따라 변하는 성질이 있어 물질의 특성이 될 수 없다.
- 농도 : 질량과 부피의 관계로 농도를 표현하는 경우 온도에 따라 달라져 물질의 특성이 될 수 없다.

05 전체를 100이라 가정하면,

$$N : 100g \times 0.64 \times \frac{1mol}{14g} = 4.57mol$$

$$O : 100g \times 0.36 \times \frac{1mol}{16g} = 2.25mol$$

N : O의 비율이 약 2 : 1이므로 실험식은 N_2O이다.

정답 **01** ② **02** ④ **03** ② **04** ① **05** ①

06 **다음은 물질을 2가지 기준에 따라 분류한 그림이다. (가)~(다)에 대한 설명으로 옳은 것은?**

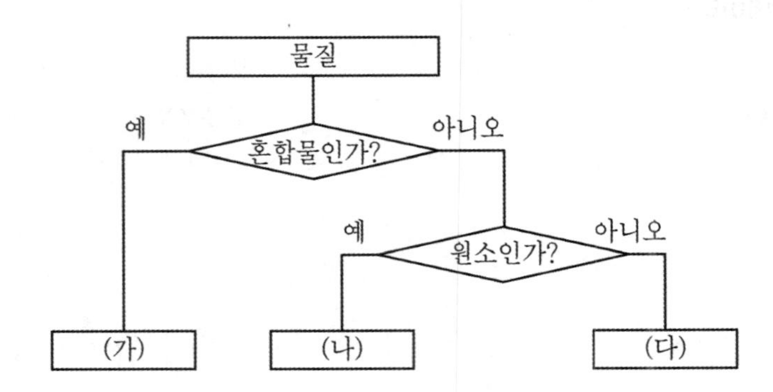

① 철(Fe)은 (가)에 해당한다.
② 산소(O_2)는 (가)에 해당한다.
③ 석유는 (나)에 해당한다.
④ 메테인(CH_4)은 (다)에 해당한다.

07 **다음은 일산화탄소(CO)와 수소(H_2)로부터 메탄올(CH_3OH)을 제조하는 반응식이다.**

$$CO(g) + 2H_2(g) \rightarrow CH_3OH(l)$$

일산화탄소 280g과 수소 50g을 반응시켜 완결하였을 때, 생성된 메탄올의 질량[g]은? (단, C, H, O의 원자량은 각각 12, 1, 16이다)

① 330 ② 320
③ 290 ④ 160

08 **표준상태에서 기체 (가)~(다)에 대한 자료를 나타낸 것이다. 이에 대한 설명으로 옳은 것은? (단, 이상기체의 성질을 따른다)**

기체	분자량	질량(g)	부피(L)	분자 수(개)
(가)		36		1.2×10^{24}
(나)	40		5.6	
(다)		32	11.2	

① 기체의 밀도는 (나) < (가) < (다)이다.
② 분자 수는 (다) < (가) < (나)이다.
③ 분자량의 크기는 (가) < (나) < (다)이다.
④ 기체 (나)의 부피는 기체 (다)의 부피의 2배이다.

09 **표준상태에서 질소(N_2), 메테인(CH_4), 산소(O_2) 기체가 각각 1g씩 따로 존재한다. 다음 보기의 내용 중 옳은 것만을 모두 고른 것은? (단, 질소, 탄소, 산소의 원자량은 각각 14, 12, 16이다)**

〈보 기〉

㉠ 기체의 밀도 : $CH_4 < N_2 < O_2$
㉡ 원자의 개수 : $O_2 < N_2 < CH_4$
㉢ 기체의 mol수 : $N_2 < O_2 < CH_4$

① ㉠, ㉡
② ㉠, ㉡, ㉢
③ ㉠, ㉢
④ ㉡, ㉢

정답찾기

06 바르게 고쳐보면,
① 철(Fe)은 (나)에 해당한다.
② 산소(O_2)는 (나)에 해당한다.
③ 석유는 (가)에 해당한다.

07 $CO(g) + 2H_2(g) \rightarrow CH_3OH(l)$
질량비 28g : 4g : 32g
일산화탄소 280g과 반응하는 수소는 40g이고 생성되는 메탄올의 질량은 320g이다.

08 주어진 조건에 따라 빈칸을 모두 채우면 다음과 같다.

기체	분자량	질량(g)	부피(L)	분자 수(개)	mol	밀도
(가)	18	36	44.8	1.2×10^{24}	2	0.80
(나)	40	10	5.6	1.5×10^{23}	0.25	1.78
(다)	64	32	11.2	3.0×10^{23}	0.5	2.85

① 기체의 밀도는 (가) < (나) < (다)이다.
② 분자 수는 (다) < (나) < (가)이다.
④ 기체 (나)의 부피는 기체 (다)의 부피의 1/2배이다.

09 ㉢ 기체의 mol수 : $O_2 < N_2 < CH_4$

	N_2	CH_4	O_2
분자량	28	16	32
기체의 밀도	일정한 온도와 압력에서 기체의 밀도는 분자량에 비례한다.		
원자의 개수 → 원자의 mol 수와 비례	$\frac{1}{28} \times 2 =$ 0.0714mol	$\frac{1}{16} \times 4 =$ 0.25mol	$\frac{1}{32} \times 2 =$ 0.0625mol
기체의 mol수	$\frac{1}{28} =$ 0.0357mol	$\frac{1}{16} =$ 0.0625mol	$\frac{1}{32} =$ 0.0312mol

정답 **06** ④ **07** ② **08** ③ **09** ①

10 탄화수를 넣고 충분한 양의 산소(O_2)를 공급하며 가열하였다. 염화칼슘($CaCl_2$)관과 수산화나트륨(NaOH)관의 질량이 각각 0.36g과 0.88g 증가하였고, 반응 후 남은 산소만이 배출되었다. 탄화수소의 실험식으로 적절한 것은? (단, 수소, 탄소, 산소의 원자량은 각각 1, 12, 16이다)

O_2 주입 → 가열 및 반응 → 염화칼슘($CaCl_2$)관 → 수산화나트륨(NaOH)관

① CH　② CH_2
③ CH_3　④ CH_4

11 다음 반응에 대한 균형 반응식에서 계수 a~d의 값으로 옳게 짝지어진 것은?

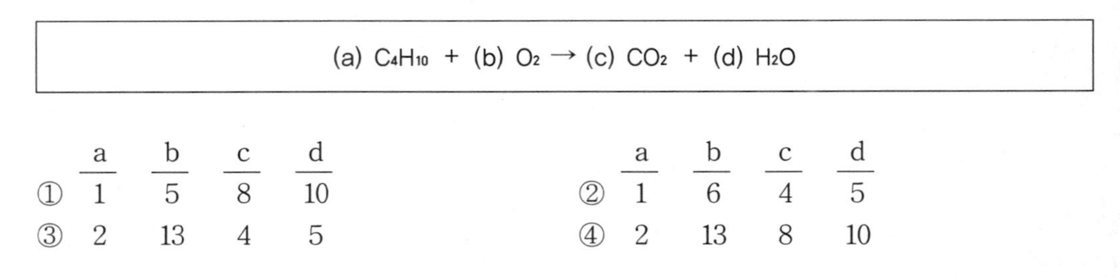

(a) C_4H_{10} + (b) O_2 → (c) CO_2 + (d) H_2O

	a	b	c	d
①	1	5	8	10
②	1	6	4	5
③	2	13	4	5
④	2	13	8	10

12 에탄올(C_2H_5OH)은 완전 연소하여 CO_2와 H_2O를 생성한다. 에탄올 1몰이 완전 연소할 때 필요한 산소의 양과 발생하는 이산화탄소의 양을 순서대로 쓴 것으로 올바른 것은?

	산소	이산화탄소
①	96g	54g
②	48g	44g
③	88g	46g
④	96g	88g

13 A와 B_2가 반응하여 A_2B_6가 생성된다. 이 반응에서 6mol의 A와 10mol의 B_2로부터 얻어지는 A_2B_6의 최대 몰수는?

① 1　② 2
③ 3　④ 4

14 다음 중 개수가 가장 많은 것은?

① 순수한 다이아몬드 12g 중의 탄소원자
② 산소기체 32g 중의 산소 분자
③ 염화암모늄 1몰을 상온에서 물에 완전히 녹였을 때 생성되는 암모늄 이온
④ 순수한 물 18g 안에 포함된 모든 원자

15 다음 반응식에 대한 설명으로 가장 옳은 것을 모두 고른 것은?

$$6CO_2 + 6H_2O \rightarrow C_6H_{12}O_6 + 6O_2$$

ㄱ. 위 반응식을 통해 광합성은 흡열 반응인 것을 알 수 있다.
ㄴ. 분자 1개를 구성하는 원자의 개수는 CO_2와 H_2O가 같다.
ㄷ. $C_6H_{12}O_6$와 H_2O는 모두 화합물이다.

① ㄱ
② ㄷ
③ ㄴ, ㄷ
④ ㄱ, ㄷ

정답찾기

10 • C의 mol 산정

$$0.88g \times \frac{12g}{44g} \times \frac{mol}{12g} = 0.02mol$$

$CO_2 \rightarrow C$ $g \rightarrow mol$

• H의 mol 산정

$$0.36g \times \frac{2g}{18g} \times \frac{mol}{1g} = 0.04mol$$

$H_2O \rightarrow H$ $g \rightarrow mol$

C : H = 1 : 2이므로 실험식은 CH_2이다.

11 $C_4H_{10} + 6.5O_2 \rightarrow 4CO_2 + 5H_2O$
가장 간단한 정수비로 표현하면,
$2C_4H_{10} + 13O_2 \rightarrow 8CO_2 + 10H_2O$

12 $C_2H_5OH(l) + 3O_2(g) \rightarrow 2CO_2(g) + 3H_2O(g)$
mol : 1 : 3 : 2 : 3
질량 : 46g : 96g : 88g : 54g

13 반응식 $2A + 3B_2 \rightarrow A_2B_6$

계수비	2 :	3 :	1
초기	6 :	10	
반응	−6	−9	+3
결과	0	1	+3

A가 한계 반응물이다.

14
④ $H_2O: 18g \times \frac{3 \times 6.02 \times 10^{23}\text{개}}{18g} = 3 \times 6.02 \times 10^{23}\text{개}$

① $C: 12g \times \frac{6.02 \times 10^{23}\text{개}}{12g} = 6.02 \times 10^{23}\text{개}$

② $O_2: 32g \times \frac{6.02 \times 10^{23}\text{개}}{32g} = 6.02 \times 10^{23}\text{개}$

③ $NH_4Cl \rightleftarrows NH_4^+ + Cl^-$

$NH_4^+: 1mol \times \frac{6.02 \times 10^{23}\text{개}}{1mol} = 6.02 \times 10^{23}\text{개}$

15 • 광합성은 흡열 반응이 맞으나 반응식에서 에너지의 출입이 표현되어 있지 않아 알 수 없다.
• CO_2와 H_2O는 각각 탄소와 산소, 수소와 산소로 이루어져 있어 구성하는 원소의 수가 같다.
• $C_6H_{12}O_6$와 H_2O는 모두 두 가지 이상의 원소로 이루어진 화합물이다.

정답 10 ② 11 ④ 12 ④ 13 ③ 14 ④ 15 ③

16 90g의 글루코오스($C_6H_{12}O_6$)와 과량의 산소(O_2)를 반응시켜 이산화탄소(CO_2)와 물(H_2O)이 생성되는 반응에 대한 설명으로 옳지 않은 것은? (단, H, C, O의 몰 질량[g/mol]은 각각 1, 12, 16이다)

$C_6H_{12}O_6(s) + 6O_2(g) \rightarrow xCO_2(g) + yH_2O(l)$

① x와 y에 해당하는 계수는 모두 6이다.
② 90g 글루코오스가 완전히 반응하는 데 필요한 O_2의 질량은 96g이다.
③ 90g 글루코오스가 완전히 반응해서 생성되는 CO_2의 질량은 8g이다.
④ 9g 글루코오스가 완전히 반응해서 생성되는 H_2O의 질량은 5g이다.

17 다음에서 실험식이 같은 쌍만을 모두 고르면?

ㄱ. 아세틸렌(C_2H_2), 벤젠(C_6H_6) ㄴ. 에틸렌(C_2H_4), 에테인(C_2H_6) ㄷ. 아세트산($C_2H_4O_2$), 글루코스($C_6H_{12}O_6$) ㄹ. 에탄올(C_2H_6O), 아세트알데하이드(C_2H_4O)

① ㄱ, ㄷ
② ㄱ, ㄹ
③ ㄴ, ㄷ
④ ㄷ, ㄹ

18 0.30M Na_3PO_4 10mL와 0.20M $Pb(NO_3)_2$ 20mL를 반응시켜 $Pb_3(PO_4)_2$를 만드는 반응이 종결되었을 때, 한계 시약은?

$2Na_3PO_4(aq) + 3Pb(NO_3)_2(aq) \rightarrow 6NaNO_3(aq) + Pb_3(PO_4)_2(s)$

① Na_3PO_4
② $NaNO_3$
③ $Pb(NO_3)_2$
④ $Pb_3(PO_4)_2$

19 화합물 A_2B의 질량 조성이 원소 A 60%와 원소 B 40%로 구성될 때, AB_3를 구성하는 A와 B의 질량비는?

① 10%의 A, 90%의 B
② 20%의 A, 80%의 B
③ 30%의 A, 70%의 B
④ 40%의 A, 60%의 B

20 **다음 물질 변화의 종류가 다른 것은?**

① 물이 끓는다.
② 설탕이 물에 녹는다.
③ 드라이아이스가 승화한다.
④ 머리카락이 과산화수소에 의해 탈색된다.

21 **탄소(C), 수소(H), 산소(O)로 이루어진 화합물 X 23g을 완전 연소시켰더니 CO_2 44g과 H_2O 27g이 생성되었다. 화합물 X의 화학식은? (단, C, H, O의 원자량은 각각 12, 1, 16이다)**

① HCHO
② C_2H_5CHO
③ C_2H_6O
④ CH_3COOH

정답찾기

16 $C_6H_{12}O_6(s) + 6O_2(g) \rightarrow 6CO_2(g) + 6H_2O(l)$
180g : 6 × 44g = 90 : □
∴ □ = 132g

17 • 아세틸렌(C_2H_2), 벤젠(C_6H_6) : CH
• 에틸렌(C_2H_4) : CH_2
• 에테인(C_2H_6) : CH_3
• 아세트산($C_2H_4O_2$), 글루코스($C_6H_{12}O_6$) : CH_2O
• 에탄올(C_2H_6O) : C_2H_6O
• 아세트알데하이드(C_2H_4O) : C_2H_4O

18 $2Na_3PO_4(aq)$: $3Pb(NO_3)_2(aq)$
Na_3PO_4 : 0.3mol/L × 0.01L = 0.003mol
$Pb(NO_3)_2$: 0.2mol/L × 0.02L = 0.004mol
2 : 3으로 반응하므로 Na_3PO_4 : 0.0027mol과 $Pb(NO_3)_2$: 0.004mol이 반응하므로 한계반응물은 $Pb(NO_3)_2$이다.

19 A_2의 질량을 60g, B의 질량을 40g으로 가정하면,
A : 30g/mol, B : 40g/mol이 된다.
AB_3 : 30 + 3 × 40 = 150g/mol이므로
A : B = 30 : 120 → 20% : 80%

20 ④ 머리카락이 과산화수소에 의해 탈색된다. : 화학적 변화
① 물이 끓는다. : 물리적 변화
② 설탕이 물에 녹는다. : 물리적 변화
③ 드라이아이스가 승화한다. : 물리적 변화

21 반응물의 질량 합 = 생성물의 질량 합
• 반응물 중 탄소 : 44g × 12g/44g = 12g
→ 12g/12[g/mol] = 1mol
• 반응물 중 수소 : 27g × 2g/18g = 3g
→ 3g/1[g/mol] = 3mol
• 반응물 중 화합물의 산소 : 23g − (12 + 3)g = 8g
→ 8g/16[g/mol] = 0.5mol
∴ $CH_3O_{0.5}$ → C_2H_6O

정답 **16** ③ **17** ① **18** ③ **19** ② **20** ④ **21** ③

22 **몰 질량이 25g/mol인 금속 M 100g을 산화시켜 실험식이 MxOy인 산화물 148g을 얻었을 때, 미지수 x, y를 각각 구하면? (단, O의 몰 질량은 16g/mol이다)**

① x = 4, y = 3
② x = 1, y = 2
③ x = 2, y = 5
④ x = 3, y = 2

23 **다음 설명 중 옳은 것은?**

① 용액은 불균일한 혼합물이다.
② 분자는 항상 두 가지 이상의 원소로 이루어져 있다.
③ 물질을 순물질 혼합물로 분류할 수 있다.
④ 수소(^{1}H)와 중수소(^{2}H)는 서로 같은 원자이다.

정답찾기

22 금속 M 100g → 100/25 = 4mol
결합한 산소의 질량 = 148 − 100 = 48g
→ 48 / 16
= 3mol
∴ x : y = 4 : 3

23 ① 용액은 균일한 혼합물이다.
② 분자 형태로 존재하는 원소가 있다. 비활성 기체는 분자로 존재한다.
④ 수소(^{1}H)와 중수소(^{2}H)는 서로 다른 원자로 동위원소 관계이다.

정답 22 ① 23 ③

MEMO

이찬범 화학

합격까지 박문각

PART

02

원자 구조와 특징

PART 02 원자 구조와 특징

CHAPTER 01 원자 구조

제1절 | 원자 내부의 입자 발견

1 전자의 발견(톰슨, 1897년)

(1) 음극선

① 진공의 기체 방전관에 높은 전압을 걸어 주면 (−)극에서 (+)극으로 빛을 내는 선이 나오는데, 이를 음극선이라 한다.

② 톰슨의 음극선 실험을 통해 음전하를 가진 입자의 흐름을 발견하였고 이를 전자라고 하였다.

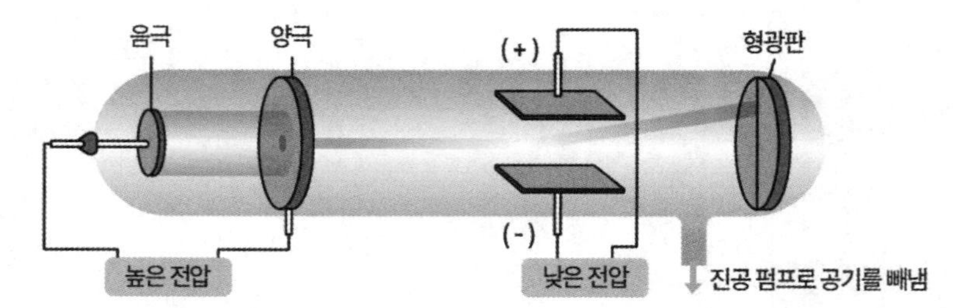

| 톰슨의 음극선 실험 |

(2) 톰슨의 음극선 실험

실험	음극선이 지나가는 경로에 바람개비를 놓아두면 바람개비가 회전한다.	음극선 주위에 전기장을 걸면 음극선이 (+)극 쪽으로 휘어진다.	음극선이 지나가는 경로에 물체를 놓아두면 물체의 그림자가 생긴다.
음극선의 성질	음극선은 질량을 가진 입자이다.	음극선은 음전하를 가지고 있다.	음극선은 직진한다.

(3) 톰슨의 원자모형

① 원자는 (+)전하를 띠는 공 모양의 물질에 (−)전하를 띠는 전자가 박혀 있는 모습으로 원자의 모형을 제안하였다.

② 원자는 더 이상 쪼개지지 않는다는 돌턴의 원자설이 수정되었다.

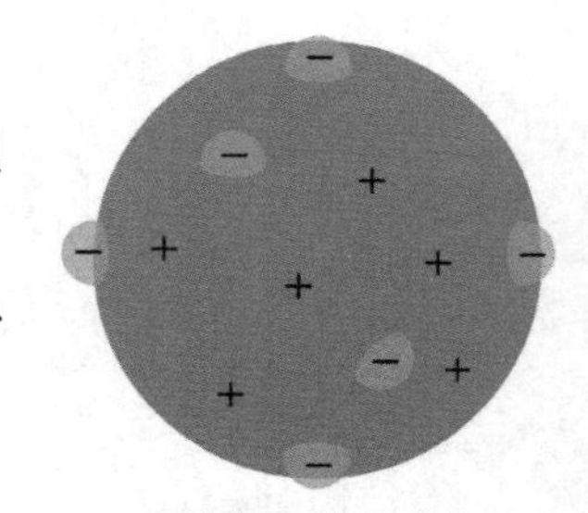

| 톰슨의 원자모형 |

예제

다음 톰슨의 음극선 실험 결과에 대한 내용 중 틀린 것은?

① 음극선이 지나가는 경로에 바람개비를 놓아두면 바람개비가 회전한다는 사실로 음극선은 질량을 가진 입자인 것을 알 수 있다.

② 음극선 주위에 전기장을 걸면 음극선이 (+)극 쪽으로 휘어지는 사실로 음극선은 음전하를 가지고 있다는 것을 알 수 있다.

③ 음극선이 지나가는 경로에 물체를 놓아두면 물체의 그림자가 생긴다는 사실로 음극선은 직진한다는 것을 알 수 있다.

④ 이 실험을 통해 원자 내부에 (+)전하를 띠는 밀도가 매우 큰 입자가 있다는 것을 발견하였다.

02

정답 ④

풀이 일부 α(알파)가 큰 각도로 휘는 결과를 통해 원자 내부에 (+)전하를 띠는 밀도가 매우 큰 입자가 있다는 것을 발견한 실험은 러더퍼드의 α(알파) 입자 산란 실험이다.

2 원자핵의 발견(러더퍼드, 1911년)

(1) 러더퍼드의 α(알파) 입자 산란 실험

일부 α(알파)가 큰 각도로 휘는 결과를 통해 원자 내부에 (+)전하를 띠는 밀도가 매우 큰 입자가 있다는 것을 발견하였고, 이를 원자핵이라 하였다.

(2) 실험 결과

얇은 금박 주위에 형광막을 설치하고 α(알파) 입자를 금박에 통과시켜 α(알파) 입자의 진로를 확인한다.

① 정반대 방향으로 튕겨 나오는 α(알파) 입자의 수는 극소수 ➡ 원자핵은 매우 작다.

② 그대로 통과하는 α(알파) 입자가 대부분 ➡ 원자의 대부분은 빈 공간이다.

③ 휘어지며 통과하는 α(알파) 입자는 극소수 ➡ 원자 질량의 대부분을 원자핵이 차지하고 있고 원자핵은 중심에 있으며 양전하를 띠고 있다.

④ 실험 결론 : 원자의 대부분은 빈 공간이며 원자 질량의 대부분을 차지하는 원자핵이 중심에 위치하고 (+)전하를 띠며 존재한다.

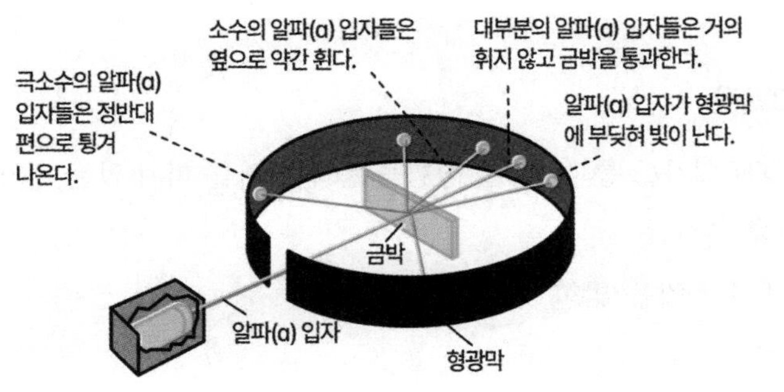

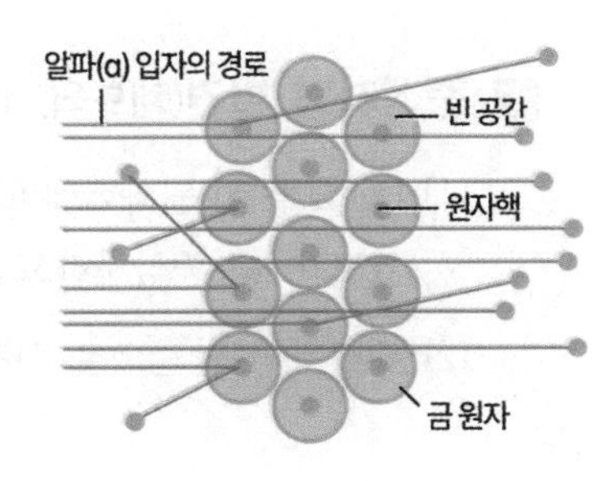

| 알파(α) 입자 산란 실험 |

(3) 러더퍼드의 원자모형

원자의 중심에 (+)전하를 띠는 원자핵이 존재하며, 그 주위를 (−)전하를 띠는 전자가 회전하고 있는 원자모형을 제안하였다.

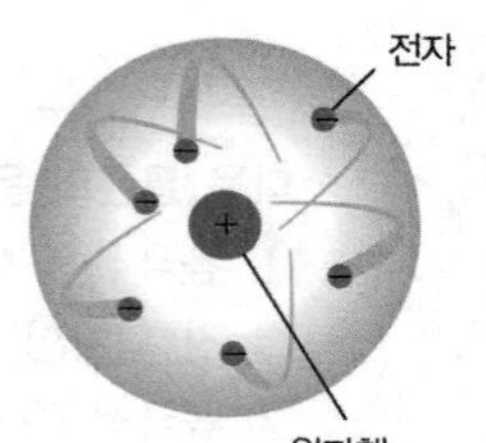

| 러더퍼드의 원자모형 |

예제

러더퍼드의 α(알파) 입자 산란 실험을 통하여 알아낸 사실로 옳은 것은?

① 원자는 양성자, 중성자, 전자로 이루어져 있다.
② 원자핵은 음의 전하를 가지고 있다.
③ 원자의 대부분은 원자핵으로 구성되어 있다.
④ 원자 질량의 대부분을 원자핵이 차지하고 있고 원자핵은 중심에 있다.

정답 ④

풀이 바르게 고쳐보면,

① 러더퍼드의 α(알파) 입자 산란 실험을 통해 원자 내부에 (+)전하를 띠는 밀도가 매우 큰 입자가 있다는 것을 발견하였고 이를 원자핵이라 하였다.
② 원자핵은 양의 전하를 가지고 있다.
③ 그대로 통과하는 α(알파) 입자가 대부분이며 원자의 대부분은 빈 공간이다.

3 양성자의 발견

(1) 양극선의 발견(골트슈타인, 1886년)

① 진공의 기체 방전관에 소량의 수소기체를 넣고 높은 전압을 걸어 주면 (−)극에서 (+)극으로 음극선이 방출된다.
② 수소와 충돌하는 음극선에서 생성된 양전하를 띤 입자가 (+)극에서 (−)극으로 빛을 내며 이동하는데, 이를 양극선이라 하였다.

(2) 양성자의 발견(러더퍼드, 1919년)

수소기체를 넣은 방전관에서 발견된 양극선이 수소 원자핵(H^+)인 양성자라는 것을 발견하였다.

4 중성자의 발견(채드윅, 1932년)

(1) Be(베릴륨) 원자핵에 α(알파) 입자를 통과시키는 실험을 통해 전하를 띠지 않는 입자를 발견하였고 이를 중성자라고 하였다.

(2) 중성자의 발견으로 원자핵의 질량을 밝힐 수 있게 되었다.

제2절 I 원자 구조

1 원자를 구성하는 입자

(1) 원자의 구조와 크기

① 원자의 중심: (+)전하를 띠는 원자핵(원자핵 = 양성자 + 중성자)

② 원자의 주위: (−)전하를 띠는 전자가 존재

③ 원자핵의 지름은 10^{-15}m ~ 10^{-14}m 정도이고 원자의 지름은 10^{-10}m 정도로 매우 작다.

(2) 원자를 구성하는 입자의 성질

① 질량: 전자의 질량은 매우 작고 원자핵이 원자 질량의 대부분을 차지한다.

② 전하량: 양성자와 전자는 부호는 반대이고 전하량의 크기는 같다.

* 중성원자: 양성자수와 전자 수가 같은 원자를 중성원자라고 한다.

구성 입자		전하량(C)	상대적인 전하	질량(g)	상대적인 질량
원자핵	양성자	$+1.602 \times 10^{-19}$	+1	1.673×10^{-24}	1
	중성자	0	0	1.675×10^{-24}	1
전자		-1.602×10^{-19}	−1	9.109×10^{-28}	1/1837

2 원자 번호와 질량

(1) 원자 번호 = 양성자수 = 중성원자의 전자 수

(2) 질량 = 양성자수 + 중성자수

➡ 전자의 질량은 무시할 수 있을 정도로 매우 작아 양성자수와 중성자수로 질량을 표시한다.

원자의 표시

$^{A}_{B}X^{C}_{D}$	$^{23}_{11}Na$
A: 질량수 = 양성자수 + 중성자수 B: 원자 번호 = 양성자수 = 중성원자의 전자 수 C: 이온인 경우 전하량 D: 원소의 수 X: 원소 기호	• 원자 번호 = 양성자수 = 중성원자의 전자 수 = 11 • 질량수 = 23 • 중성자수 = 23 − 11 = 12

3 동위원소와 평균 원자량

(1) 동위원소

① 원자 번호(양성자수)는 같고 중성자수가 달라 질량이 다른 원소

② 전자의 수가 같아 화학적 성질이 비슷하다.

③ 질량수는 달라 물리적 성질(밀도, 녹는점, 끓는점 등)이 다르다.

동위원소	수소 ${}_1^1H$	중수소 ${}_1^2H$	3중 수소 ${}_1^3H$
양성자수	1	1	1
중성자수	0	1	2
질량수	1	2	3

(2) 평균 원자량

동위원소의 존재 비율을 고려하여 산정한 원자량의 평균값

EX 탄소 동위원소의 원자량과 존재 비율(%)

원소	동위원소	원자량	존재 비율(%)
C	${}_6^{12}C$	12.00	99.0
	${}_6^{13}C$	13.00	1.0

탄소(C)의 평균 원자량 $= \dfrac{(12.00 \times 99) + (13.00 \times 1.0)}{100} = 12.01$

예제

01 다음 원자에 대한 설명으로 옳은 것은?

		원자 번호	양성자수	전자 수	중성자수	질량수
①	${}_7^{15}N$	7	7	7	8	15
②	${}_{20}^{40}Ca$	20	18	20	22	40
③	${}_{12}^{24}Mg$	12	12	10	14	24
④	${}_1^3H$	1	1	1	2	1

정답 ①

풀이 • 원자의 표시 : ${}_{\text{원자번호}}^{\text{질량수}}X$

• 원자 번호 = 양성자수 = 중성원자의 전자 수

• 질량수 = 양성자수 + 중성자수

		원자 번호	양성자수	전자 수	중성자수	질량수
②	${}_{20}^{40}Ca$	20	20	20	20	40
③	${}_{12}^{24}Mg$	12	12	12	12	24
④	${}_1^3H$	1	1	1	2	3

02 **원자에 대한 설명으로 옳은 것만을 모두 고르면?**

ㄱ. 양성자는 음의 전하를 띤다.
ㄴ. 전자는 원자 크기의 대부분을 차지한다.
ㄷ. 전자는 원자핵의 바깥에 위치한다.
ㄹ. 원자량은 ^{12}C 원자의 질량을 기준으로 정한다.

① ㄱ, ㄴ　② ㄱ, ㄷ
③ ㄴ, ㄹ　④ ㄷ, ㄹ

정답 ④

풀이 바르게 고쳐보면,
ㄱ. 양성자는 양의 전하를 띤다.
ㄴ. 원지핵은 원자 크기의 대부분을 차지한다.

방사성 원소의 붕괴

- α 붕괴: 헬륨의 원자핵($^{4}_{2}He^{2+}$)이 방출되는 반응으로 원자 번호는 2 감소하고 질량은 4 감소한다.
  $^{A}_{Z}X \rightarrow {}^{A-4}_{Z-2}Y + {}^{4}_{2}He$
- β 붕괴: 핵 속의 중성자가 양성자와 전자로 변환되는 반응으로 원자 번호가 1 증가하고 질량수는 변하지 않는다.
  $^{A}_{Z}X \rightarrow {}^{A}_{Z+1}Y + {}^{1}_{0}e^{-}$

예제

토륨－232($^{232}_{90}Th$)는 3개의 α입자와 1개의 β입자를 방출하며 방사성을 붕괴하였다. 최종 원소의 질량과 원자 번호는 얼마인가?

① 220, 85　② 227, 78
③ 196, 80　④ 244, 95

정답 ①

풀이
- 3개의 α입자 방출: 원자 번호 6 감소, 질량수 12 감소
- 1개의 β입자 방출: 원자 번호 1 증가, 질량수 불변
- 질량: 232 － 12 ＝ 220
- 원자 번호: 90 － 6 ＋ 1 ＝ 85

CHAPTER 02 원자의 모형과 전자 배치

제1절 I 보어의 원자모형

1 수소원자의 선 스펙트럼

수소 방전관에서 방출되는 빛을 분광기(프리즘)에 통과시키면 불연속적인 선 스펙트럼(특정 색의 띠)이 나타난다.

햇빛의 연속 스펙트럼	수소원자의 선 스펙트럼
400 450 500 550 600 650 700 750 파장(nm)	434.1 410.1 486.1 656.3 400 450 500 550 600 650 700 750 파장(nm)
• 연속적인 띠가 나타난다. • 햇빛에는 거의 모든 파장 영역의 빛들이 섞여 있기 때문이다.	• 불연속적인 색깔의 띠가 나타난다. • 수소원자의 에너지의 값은 항상 일정하여 특정 파장의 빛만 방출한다.

2 보어의 원자모형

수소원자의 불연속적인 선 스펙트럼을 설명하기 위해 제안되었다.

(1) 전자껍질(주양자수)

① 원자핵 주위를 원운동하는 전자는 특정한 에너지를 갖는 궤도 위에 존재하는데 이 궤도를 전자껍질이라 한다.

② 원자핵에 가까운 전자껍질부터 K(n = 1), L(n = 2), M(n = 3), N(n = 4), … 등의 기호를 사용하며, n을 주양자수라고 하고 에너지 준위는 주양자수에 의해 결정된다.

$$E_n = \frac{-1312}{n^2}\,\mathrm{kJ/mol}\ \ (n = 1,\ 2,\ 3,\ \cdots)$$

③ 에너지 준위는 원자핵에서 가까울수록 작고 멀어질수록 커지게 된다.

④ 수소원자의 에너지 준위는 n이 커질수록 증가하고 불연속적이다.

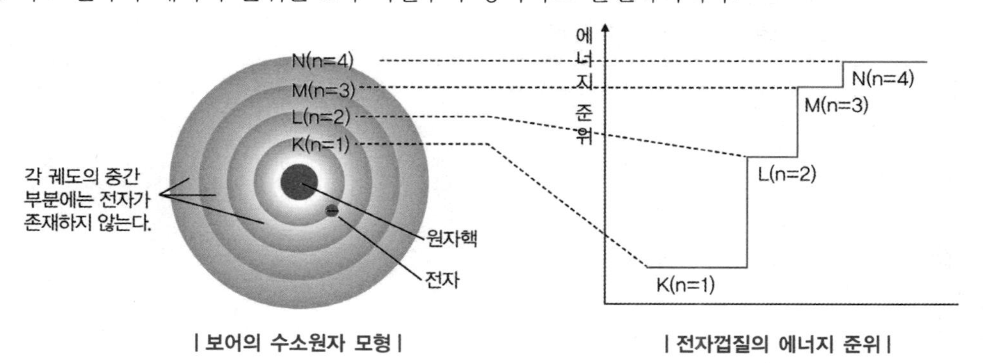

I 보어의 수소원자 모형 I

I 전자껍질의 에너지 준위 I

(2) 전자의 이동(전이)과 에너지의 출입

에너지 준위가 다른 전자껍질로 전자가 이동(전이)할 때 전자껍질의 에너지 준위 차이만큼 에너지를 방출하거나 흡수한다.

$$\Delta E = E_{처음} - E_{나중}$$

① 바닥상태 : 안정한 상태로 더 낮은 에너지 준위의 전자껍질로 전자가 전이되어 에너지를 방출하게 되고 원자는 가장 낮은 에너지를 갖는다.

② 들뜬상태 : 불안정한 상태로 바닥상태의 전자가 에너지를 흡수하여 높은 에너지 준위로 전이한 상태이다.

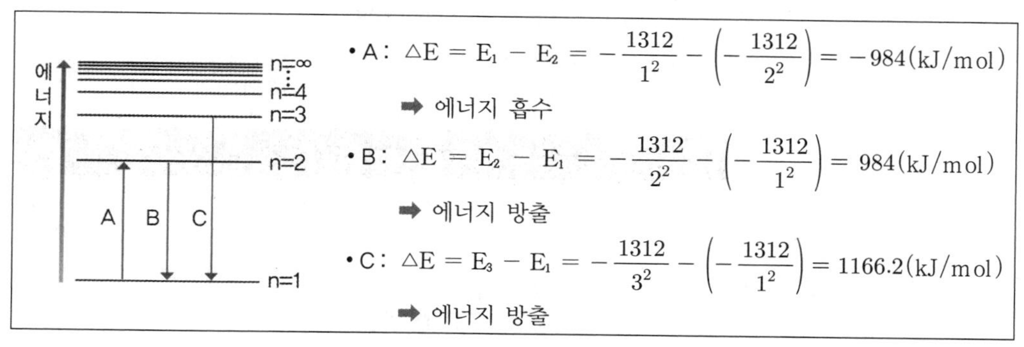

• A : $\Delta E = E_1 - E_2 = -\frac{1312}{1^2} - \left(-\frac{1312}{2^2}\right) = -984(\text{kJ/mol})$

➡ 에너지 흡수

• B : $\Delta E = E_2 - E_1 = -\frac{1312}{2^2} - \left(-\frac{1312}{1^2}\right) = 984(\text{kJ/mol})$

➡ 에너지 방출

• C : $\Delta E = E_3 - E_1 = -\frac{1312}{3^2} - \left(-\frac{1312}{1^2}\right) = 1166.2(\text{kJ/mol})$

➡ 에너지 방출

3 수소원자의 선 스펙트럼

(1) 수소원자의 선 스펙트럼

① 수소원자 방전 → 들뜬상태(높은 에너지)의 수소원자 생성 → 바닥상태(낮은 에너지)로 전이되어 안정화 → 에너지 준위 차이만큼 에너지를 빛으로 방출 → 불연속적인 선 스펙트럼 관찰

② 수소원자의 선 스펙트럼이 불연속적인 원인은 수소원자의 에너지 준위가 불연속적이기 때문이다.

(2) 수소원자의 선 스펙트럼 계열

스펙트럼 계열	빛의 영역	전자 이동(전자 전이)
라이먼 계열	자외선	$n \geq 2$인 전자껍질에서 $n = 1$인 K 전자껍질로 이동할 때
발머 계열	가시광선	$n \geq 3$인 전자껍질에서 $n = 2$인 L 전자껍질로 이동할 때
파셴 계열	적외선	$n \geq 4$인 전자껍질에서 $n = 3$인 M 전자껍질로 이동할 때

(3) 보어의 원자모형과 수소원자의 선 스펙트럼

① 수소원자의 에너지 준위가 높아질수록 전자껍질 사이의 간격이 좁아지고 간격 또한 일정하지 않다.

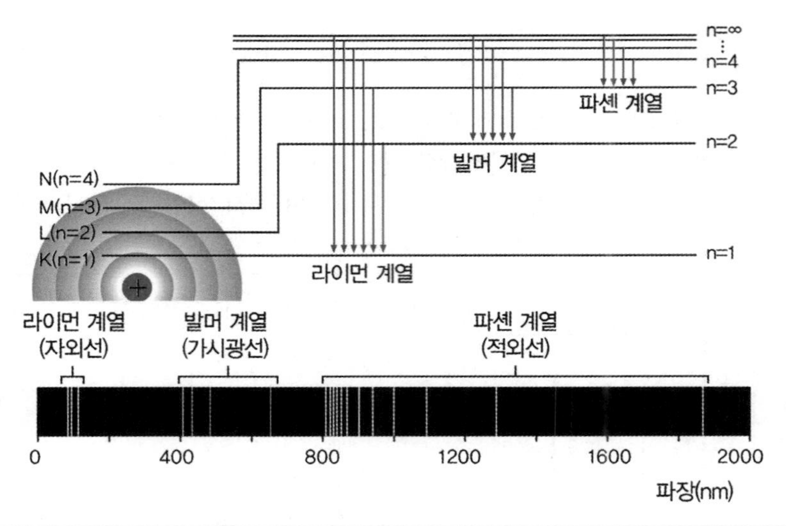

$$E_n = -\frac{1312}{n^2} \text{kJ/mol } (n = 1,\ 2,\ 3, \cdots)$$

구분	$E_{\infty \to 1}$	$E_{\infty \to 2}$	$E_{\infty \to 3}$	$E_{\infty \to 4}$	E_{∞}
에너지 (kJ/mol)	-1312	-328	-145.8	-82	0
상태	안정(바닥) 상태	불안정(들뜬) 상태	불안정(들뜬) 상태	불안정(들뜬) 상태	핵과 전자 분리된 상태

② 전자 전이에 따른 에너지 출입

- 에너지가 높은 전자껍질에서 에너지가 낮은 전자껍질로 전이할 때에는 에너지를 방출
- 에너지가 낮은 전자껍질에서 에너지가 높은 전자껍질로 전이할 때에는 에너지를 흡수

전자 전이	에너지 출입	
n = 2 → n = 3	-328 − (-145.8) = -182.2kJ/mol	에너지 흡수
n = 2 → n = 1	-328 − (-1312) = 984kJ/mol	에너지 방출
n = 3 → n = 2	-145.8 − (-328) = 182.2kJ/mol	에너지 방출
n = 4 → n = 3	-82 − (-145.8) = 63.8kJ/mol	에너지 방출
n = ∞ → n = 1	0 − (-1312) = 1312kJ/mol	에너지 방출

제2절 | 현대의 원자모형

1 보어의 원자모형과 현대의 원자모형

(1) 보어의 원자모형의 한계

전자가 2개 이상인 다전자 원자에서 나타나는 복잡한 선 스펙트럼에 대해서는 설명하는 데 한계가 있었다.

(2) 현대의 원자모형

① 전자는 파동성을 가지고 있어 위치와 속도를 동시에 알 수 없는 특성을 가지고 있고, 이를 불확정성의 원리라고 한다.

② 전자의 위치를 정확하게 나타낼 수는 없으며 존재할 확률로 나타낼 수 있다.

2 현대의 원자모형과 오비탈

(1) 오비탈

일정한 에너지를 갖는 전자가 원자핵 주위에 존재할 수 있는 공간을 모형으로 나타낸 것을 의미한다(전자가 발견될 확률이 높은 공간의 모양).

(2) 오비탈의 표현 방법

① 점밀도 그림(전자가 발견될 확률을 점으로 찍어 표현)과 경계면의 그림(전자의 존재 확률이 90%인 공간의 경계면 표현)을 그려 나타낸다.

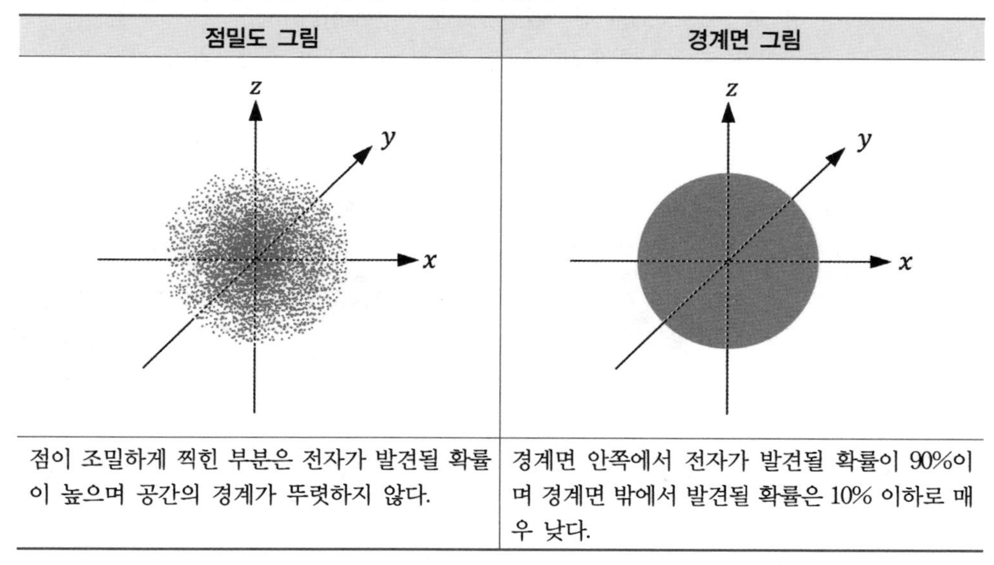

점밀도 그림	경계면 그림
점이 조밀하게 찍힌 부분은 전자가 발견될 확률이 높으며 공간의 경계가 뚜렷하지 않다.	경계면 안쪽에서 전자가 발견될 확률이 90%이며 경계면 밖에서 발견될 확률은 10% 이하로 매우 낮다.

② **오비탈의 종류**: 모양에 따라 s, p, d, f … 등의 기호를 이용하여 나타낸다.

③ 전자의 상태를 주양자수(n), 방위양자수(ℓ, 부양자수), 자기양자수(m_ℓ), 스핀자기양자수(m_s) 등의 4가지 양자수로 나타낸다.

3 양자수

오비탈의 크기, 방향, 공간적 성질, 전자의 운동 등을 나타내는 수로 양자수를 이용하여 오비탈의 종류를 나타낸다.

(1) 주양자수(n)

① 오비탈의 에너지 준위와 크기를 결정하는 양자수이다.

② n = 1, 2, 3 … 등의 자연수(양의 정수)로 나타내며 주양자수가 클수록 오비탈의 크기가 크고 에너지 준위가 높아진다.

③ 보어의 원자모형에서 전자껍질의 순서와 같다.

주양자수(n)	1	2	3	4	5	…
전자껍질	K	L	M	N	O	…

(2) 방위양자수(l, 부양자수, 전자부껍질)

① 오비탈의 다양한 모양을 결정하는 양자수이다.

② 주양자수가 n일 때 방위양자수는 0, 1, 2, … (n−1)까지 n개 존재한다.

③ 오비탈의 모양은 s, p, d, f 등의 기호로 나타낸다.

전자껍질(주양자수)	K(n = 1)	L(n = 2)		M(n = 3)		
방위양자수(ℓ)	0	0	1	0	1	2
오비탈	1s	2s	2p	3s	3p	3d

④ s 오비탈의 모양과 특징

- 공 모양으로, 모든 전자껍질에 1개씩 존재한다.
- 주양자수(n)에 따라 1s, 2s, 3s, …로 나타내며 주양자수가 커질수록 오비탈의 크기와 에너지 준위가 커진다.
- 방향성이 없고 원자핵으로부터 거리가 같으면 모든 방향에서 전자가 발견될 확률이 같다.

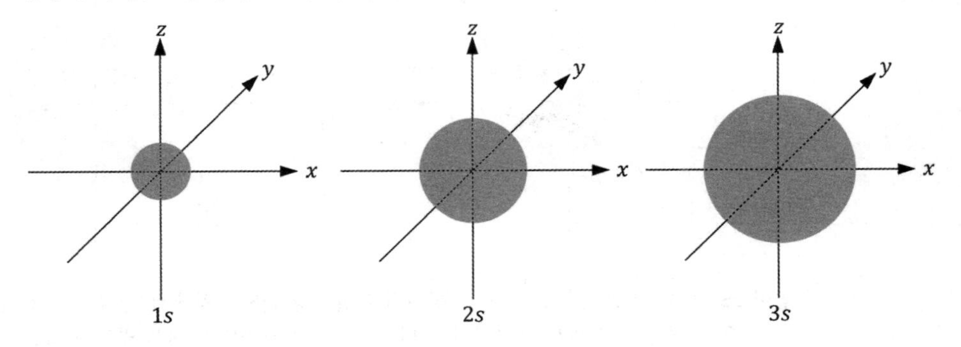

⑤ p 오비탈의 모양과 특징

- 아령 모양으로, 주양자수(n)가 2 이상인 전자껍질(L 전자껍질)부터 존재한다.
- 주양자수(n)에 따라 2p, 3p, 4p, …로 나타내며 주양자수가 커질수록 오비탈의 크기와 에너지 준위가 커진다.
- 방향성이 있고 원자핵으로부터 거리와 방향에 따라 전자가 발견될 확률이 다르다.

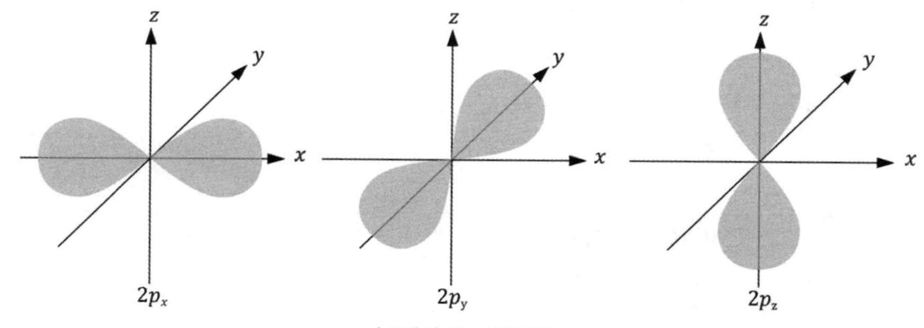

| 3개의 2p 오비탈 |

- $2p_x$: x축 방향에서 전자를 발견할 확률이 가장 높다.
- $2p_y$: y축 방향에서 전자를 발견할 확률이 가장 높다.
- $2p_z$: z축 방향에서 전자를 발견할 확률이 가장 높다.

(3) 자기양자수(m_ℓ)

오비탈의 공간적인 방향성을 결정하며 방위양자수가 ℓ 인 오비탈의 자기양자수는 $-\ell$ 부터 $+\ell$ 까지의 정수로 $2\ell + 1$개의 오비탈이 존재한다.

전자껍질(주양자수)	K(n = 1)	L(n = 2)		M(n = 3)		
방위양자수(ℓ)	0	0	1	0	1	2
오비탈	1s	2s	2p	3s	3p	3d
자기양자수(m_ℓ)	0	0	-1, 0, 1	0	-1, 0, 1	-2, -1, 0, 1, 2

(4) 스핀자기양자수(m_s)

① 전자의 회전 방향을 결정하는 양자수이다.

② 1개의 오비탈에는 서로 다른 회전방향(스핀)을 갖는 전자가 최대 2개까지만 들어갈 수 있으며 한 방향을 +1/2로, 다른 방향을 −1/2로 표현한다. ➡ 4가지 양자수가 모두 같은 전자가 존재할 수 없는 이유이다.

③ 서로 반대의 스핀방향을 표시하는 방법으로 반대 방향의 화살표(↑, ↓)를 사용한다.

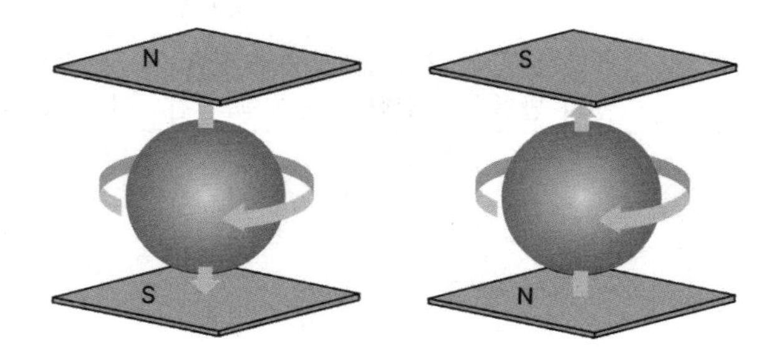

(5) 전자껍질에 따른 양자수와 오비탈(채워 넣기)

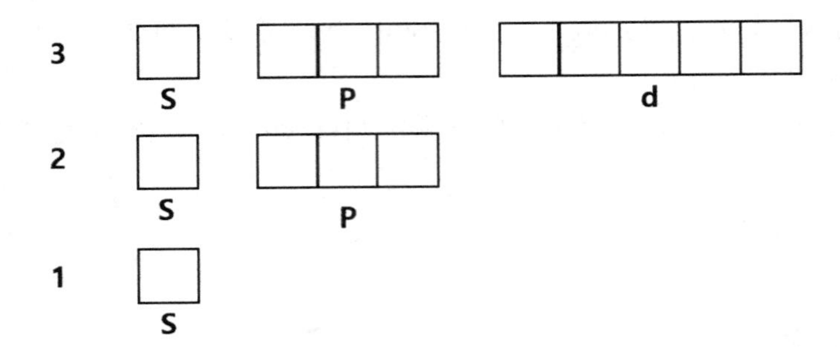

전자껍질(주양자수)	K(n = 1)	L(n = 2)		M(n = 3)		
방위양자수(l)(전자부껍질, n − 1)	0	0	1	0	1	2
오비탈	1s	2s	2p	3s	3p	3d
자기양자수(m_l)($2l+1$)	0	0	−1, 0, 1	0	−1, 0, 1	−2, −1, 0, 1, 2
궤도함수의 수	1	1	3	1	3	5
	□	□	□□□	□	□□□	□□□□□
부껍질 최대 전자 수	2	2	6	2	6	10
최대 전자 수($2n^2$)	2	8		18		

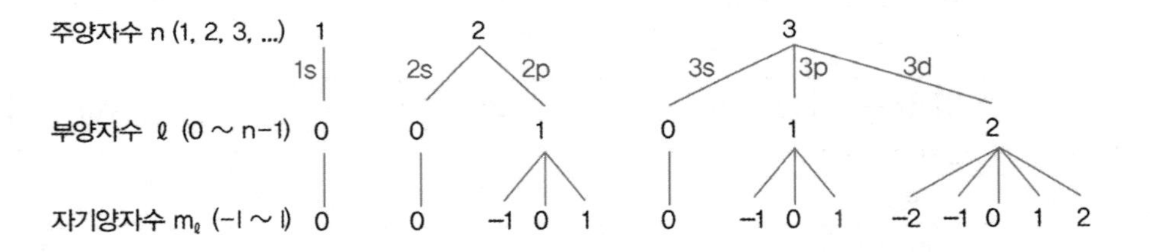

원자모형의 변화

	톰슨	러더퍼드	보어	현대
원자모형		전자, 원자핵	6+	원자핵, 전자구름
특징	음극선 실험 − 전자 발견	α(알파) 입자 산란 실험 − 원자핵 발견	수소원자의 선 스펙트럼을 설명	전자가 분포하는 공간(오비탈)

예제

다음 양자수 조합 중 가능하지 않은 조합은? (단, n은 주양자수, l은 각 운동량 양자수, m_l은 자기양자수, m_s는 스핀양자수이다)

	n	l	m_l	m_s
①	2	1	0	$-\frac{1}{2}$
②	3	0	-1	$+\frac{1}{2}$
③	3	2	0	$+\frac{1}{2}$
④	4	3	-2	$+\frac{1}{2}$

정답 ②

풀이 바르게 고쳐보면,

	n	l	m_l	m_s
②	3	0	0	$+\frac{1}{2}$

4 오비탈의 에너지 준위

오비탈의 크기와 모양에 의해 에너지 준위가 결정된다.

(1) 수소원자의 에너지 준위

① 수소원자에 포함된 전자는 1개이므로 전자 사이에 반발력이 작용하지 않아 주양자수에 의해서만 에너지 준위가 결정된다.

② 주양자수가 커질수록 전자껍질의 증가로 거리가 멀어져 원자핵과의 인력이 약해지므로 에너지 준위가 커진다.

③ 에너지 준위 : 1s < 2s = 2p < 3s = 3p = 3d < 4s = 4p = 4d = 4f < ⋯

(2) 다전자 원자의 에너지 준위

① 전자 사이의 반발력이 작용하여 주양자수와 오비탈의 모양 등에 의해 에너지 준위가 결정된다.

② 에너지 준위 : 1s < 2s < 2p < 3s < 3p < 4s < 3d < 4p < 5s ⋯

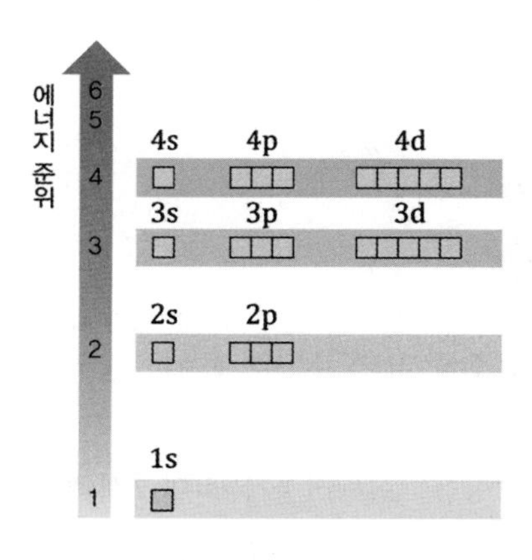

| 수소원자의 에너지 준위 |

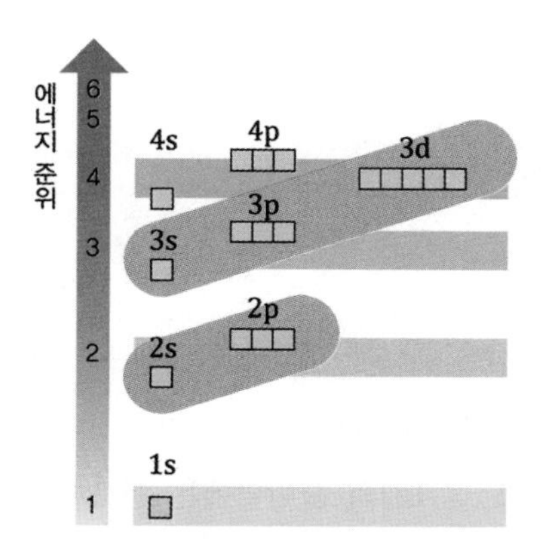

| 다전자 원자의 에너지 준위 |

제3절 | 전자 배치의 규칙

❶ 전자 배치의 표시

기호로 표현	사각형 상자로 표현
$2p_x^1$ 오비탈의 모양 / 오비탈에 들어있는 전자 수 주 양자수(전자 껍질) / 오비탈의 방향	$_5$B $1s$ [↑↓] $2p$ [↑↓] $2p_x$ [↑] $2p_y$ [ ] $2p_z$ [ ]
주양자수는 2이고, 오비탈의 모양과 방향은 p_x이며, 이 오비탈에 전자가 1개 존재한다	오비탈은 사각형 상자로 나타내고, 오비탈에 배치된 전자는 화살표(↑, ↓)로 나타내며, 점으로 나타내기도 한다

오비탈의 전자 배치에서 오비탈의 수가 여러 개인 경우 같은 에너지 준위를 갖는 오비탈 중 어떤 오비탈에 전자가 먼저 배치되어도 에너지 준위는 같다.

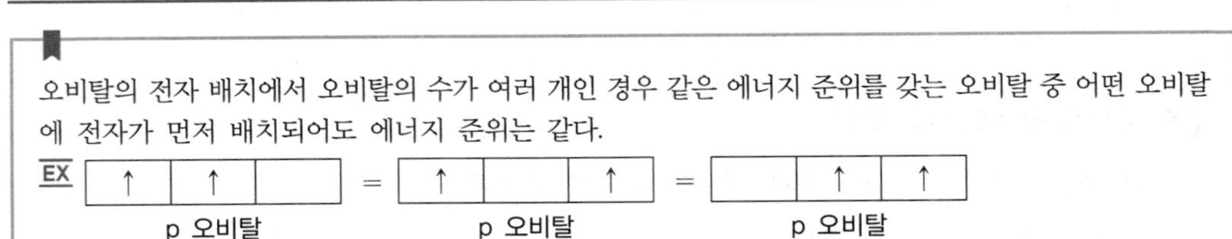

❷ 전자 배치의 규칙

(1) 쌓음원리

① 바닥상태인 원자는 에너지 준위가 가장 낮은 오비탈부터 순서대로 전자가 채워진다.

② 다전자 원자에 전자가 채워지는 순서: 1s → 2s → 2p → 3s → 3p → 4s → 3d → 4p ……

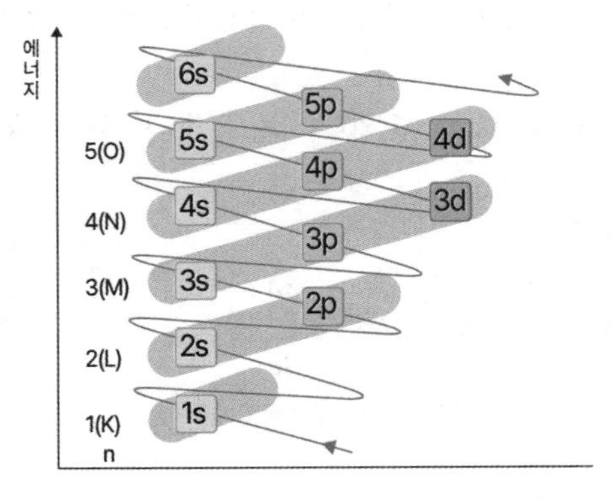

| 오비탈 안에 전자가 채워지는 순서 |

(2) 파울리의 배타원리

1개의 오비탈에는 서로 반대의 스핀 방향을 갖는 전자가 최대 2개 들어갈 수 있다.

(3) 훈트의 규칙

여러 개의 같은 에너지 준위를 갖는 오비탈의 전자 배치에서 홀전자 수가 최대가 되도록 전자가 배치된다.

홀전자

오비탈의 전자 배치 중 1개의 오비탈에서 짝을 이루지 않는 전자

EX $_6$C의 전자 배치

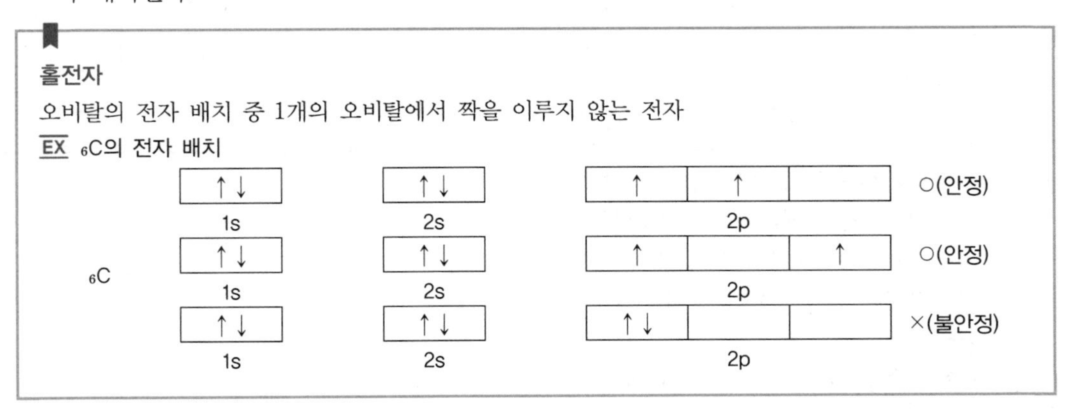

3 들뜬상태의 전자 배치와 바닥상태의 전자 배치

(1) 들뜬상태의 전자 배치

파울리의 배타원리를 따르지만 훈트규칙, 쌓음원리를 따르지 않는 전자 배치로 에너지 준위가 높은 불안정한 상태의 전자 배치이다.

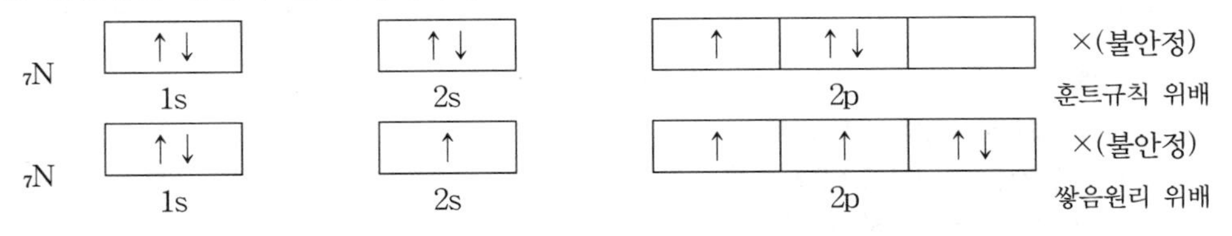

(2) 바닥상태의 전자 배치

파울리의 배타원리, 훈트규칙, 쌓음원리를 모두 만족하는 전자 배치로 에너지 준위가 가장 낮은 안정한 상태의 전자 배치이다.

예제

다음의 산소원자 전자 배치에 대한 내용으로 틀린 것은?

	1s	2s	2p		
ⓐ	↑ ↓	↑ ↓	↑	↑ ↓	↑
ⓑ	↑ ↓	↑ ↓	↑ ↓	↑ ↓	
ⓒ	↑ ↑	↑ ↑	↑ ↑	↑	↑

① ⓑ는 훈트규칙을 만족하지 않는다.
② ⓒ는 파울리 배타원리에 어긋난다.
③ ⓐ는 들뜬상태의 전자 배치이다.
④ 에너지 준위는 2s < 2p이다.

정답 ③

풀이 ③ ⓐ는 바닥상태의 전자 배치이다.
① ⓑ는 2p 오비탈에 홀전자 수가 많도록 배치되지 않아 훈트규칙을 만족하지 않는다.
② ⓒ는 스핀 방향이 같은 쪽으로 배치가 되어 있으며 파울리의 배타원리를 만족하지 않는다.
④ 에너지 준위는 1s < 2s < 2p의 순이다.

- 쌓음원리: 바닥상태인 원자는 에너지 준위가 가장 낮은 오비탈부터 순서대로 전자가 채워진다.
- 파울리 배타원리: 1개의 오비탈에는 서로 반대의 스핀 방향을 갖는 전자가 최대 2개 들어갈 수 있다.
- 훈트규칙: 여러 개의 같은 에너지 준위를 갖는 오비탈의 전자 배치에서 홀전자 수가 최대가 되도록 전자가 배치된다.

원자의 바닥상태 전자 배치

$_{10}Ne$(네온): $1s^2\ 2s^2\ 2p^6$
$_{11}Na$(나트륨): $1s^2\ 2s^2\ 2p^6\ 3s^1$
$_{12}Mg$(마그네슘): $1s^2\ 2s^2\ 2p^6\ 3s^2$
$_{13}Al$(알루미늄): $1s^2\ 2s^2\ 2p^6\ 3s^2\ 3p^1$
$_{14}Si$(규소): $1s^2\ 2s^2\ 2p^6\ 3s^2\ 3p^2$
$_{15}P$(인): $1s^2\ 2s^2\ 2p^6\ 3s^2\ 3p^3$
$_{16}S$(황): $1s^2\ 2s^2\ 2p^6\ 3s^2\ 3p^4$
$_{17}Cl$(염소): $1s^2\ 2s^2\ 2p^6\ 3s^2\ 3p^5$
$_{18}Ar$(아르곤): $1s^2\ 2s^2\ 2p^6\ 3s^2\ 3p^6$
$_{19}K$(칼륨): $1s^2\ 2s^2\ 2p^6\ 3s^2\ 3p^6\ 4s^1$
$_{20}Ca$(칼슘): $1s^2\ 2s^2\ 2p^6\ 3s^2\ 3p^6\ 4s^2$
$_{21}Sc$(스칸듐): $1s^2\ 2s^2\ 2p^6\ 3s^2\ 3p^6\ 4s^2\ 3d^1$
$_{22}Ti$(티타늄): $1s^2\ 2s^2\ 2p^6\ 3s^2\ 3p^6\ 4s^2\ 3d^2$

▶ 주의해야 할 전자 배치
$_{24}Cr$(크롬): $1s^2\ 2s^2\ 2p^6\ 3s^2\ 3p^6\ 4s^1\ 3d^5$
$_{29}Cu$(구리): $1s^2\ 2s^2\ 2p^6\ 3s^2\ 3p^6\ 4s^1\ 3d^{10}$

예제

01 2주기 원소 $_{6}C$, $_{7}N$, $_{8}O$의 경우 위의 원리에 따른 전자 배치에서 홀전자 수가 몇 개인지 각각 구하시오.

풀이

원소	1s	2s	2p			홀전자
$_{6}C$	↑ ↓	↑ ↓	↑	↑		2개
$_{7}N$	↑ ↓	↑ ↓	↑	↑	↑	3개
$_{8}O$	↑ ↓	↑ ↓	↑ ↓	↑	↑	2개

02 원자들의 바닥상태 전자 배치로 옳지 않은 것은?

① Co : $[Ar]4s^1 3d^8$
② Cr : $[Ar]4s^1 3d^5$
③ Cu : $[Ar]4s^1 3d^{10}$
④ Zn : $[Ar]4s^2 3d^{10}$

정답 ①

풀이 $_{18}Ar$: $1s^2\ 2s^2\ 2p^6\ 3s^2\ 3p^6$
$_{27}Co$: $[Ar]\ 4s^2\ 3d^7$

4 원자가 전자

(1) 원자의 바닥상태 전자 배치에서 화학결합에 참여하는 가장 바깥 전자껍질에 들어 있는 전자이다.

(2) 원자가 전자 수가 같은 원자는 화학적 성질이 비슷하다.

① $_{3}Li$: $1s^2\ 2s^1$ ➡ 2s에 1개 전자가 채워져 있어 원자가 전자는 1개이다.
② $_{7}N$: $1s^2\ 2s^2\ 2p^3$ ➡ 2s에 2개, 2p에 3개의 전자가 채워져 있어 원자가 전자는 5개이다.
③ $_{10}Ne$: $1s^2\ 2s^2\ 2p^6$ ➡ 2s와 2p에 전자가 모두 채워져 있어 원자가 전자는 0개이다.

5 이온의 전자 배치

원자는 전자를 잃거나 얻어 비활성 기체와 같은 전자 배치를 가지며 이온이 된다.

(1) 양이온의 전자 배치

가장 바깥 전자껍질의 원자가 전자를 잃고 양이온이 된다.

원자	전자 배치	이온	전자 배치
$_{3}Li$	$1s^2\ 2s^1$	$_{3}Li^+$	$1s^2$
$_{11}Na$	$1s^2\ 2s^2\ 2p^6\ 3s^1$	$_{11}Na^+$	$1s^2\ 2s^2\ 2p^6$
$_{12}Mg$	$1s^2\ 2s^2\ 2p^6\ 3s^2$	$_{12}Mg^{2+}$	$1s^2\ 2s^2\ 2p^6$

(2) 음이온의 전자 배치

비워져 있는 오비탈 중 가장 낮은 에너지 준위의 오비탈에 전자가 채워지며 음이온이 된다.

원자	전자 배치	이온	전자 배치
$_{8}O$	$1s^2\ 2s^2\ 2p^4$	$_{8}O^{2-}$	$1s^2\ 2s^2\ 2p^6$
$_{17}Cl$	$1s^2\ 2s^2\ 2p^6\ 3s^2\ 3p^5$	$_{17}Cl^-$	$1s^2\ 2s^2\ 2p^6\ 3s^2\ 3p^6$

CHAPTER 03 원소의 주기적 성질

제1절 | 주기율표

1 주기율표의 변천

(1) 되베라이너의 세 쌍 원소설(1828년)

화학적 성질이 비슷한 세 쌍의 원소를 원자량 순으로 나열하였을 때 가운데 원소의 원자량은 나머지 두 원소의 원자량의 평균값과 비슷하다.

(2) 랜즈의 옥타브설(1864년)

원자량 순으로 원자를 나열하였을 때 8번째마다 화학적 성질이 비슷한 원소가 나타난다.

(3) 멘델레예프의 주기율표(1869년)

원자량 순으로 배열하였을 때 화학적으로 비슷한 성질을 가진 원소가 주기적으로 나타나는 것을 발견하여 주기율표를 만들었다. 또한 발견되지 않은 원소가 존재할 것이라는 것과 그 원소의 화학적 성질까지 예측하였다.

(4) 모즐리의 주기율표(1913년)

X선을 이용하여 양성자수를 결정하는 방법으로 원자 번호를 정하였다. 화학적 성질의 주기성이 양성자수와 관련이 있음을 밝혔고 현대 주기율표의 틀을 마련하였다.

2 현대의 주기율표

(1) 주기율

원소를 원자 번호 순서대로 배열할 때 화학적 성질이 비슷한 원소가 주기적으로 일정 간격을 두고 나타나는 현상을 의미한다.

(2) 주기율표

① 주기적 성질이 나타나는 주기율을 표로 표현한 것이다.
② 족: 주기율표의 세로줄로 1족~18족까지 있다.
③ 주기: 주기율표의 가로줄로 1주기~7주기까지 있다.

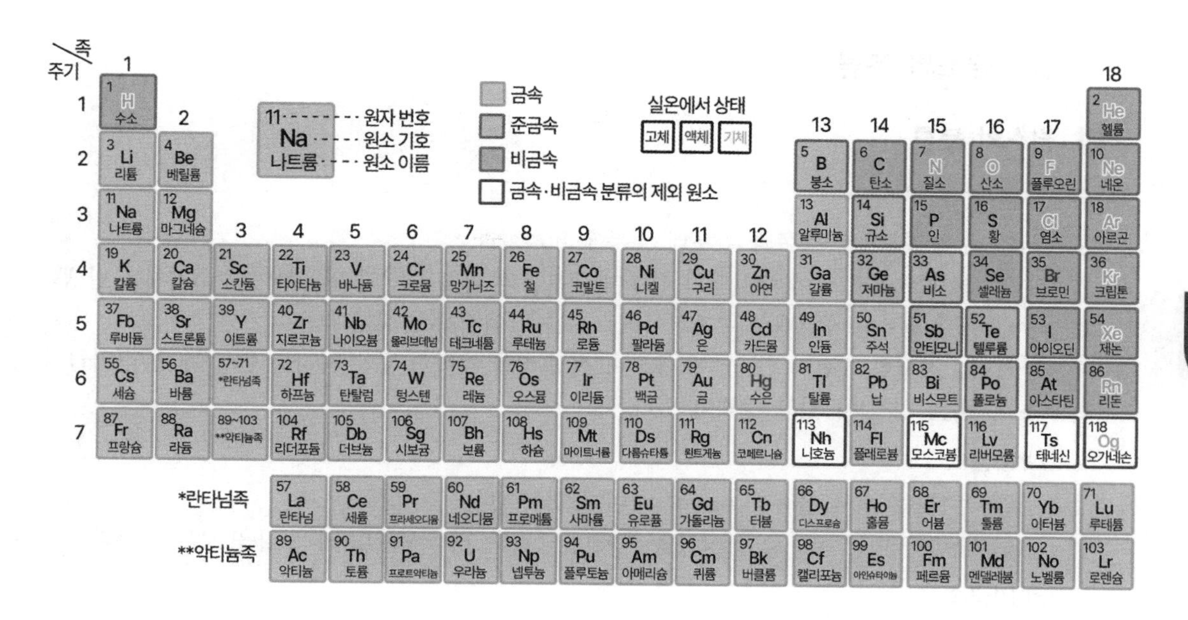

3 주기율과 전자 배치

(1) 주기율표에 원소의 원자가 전자 수는 주기적으로 변한다.

(2) 같은 족의 원소들은 화학적 성질이 비슷한데 이는 원자가 전자 수가 같기 때문이다.

(3) 족 번호의 끝자리 수는 원자가 전자 수와 같다. 단, 18족 원소의 원자가 전자 수는 0이다.

(4) 같은 주기의 원소들은 전자가 들어있는 전자껍질 수가 같으며 전자껍질 수는 주기 번호와 같다.

주기	1	2	3	4	5	6	7
전자껍질	K	K, L	K, L, M	K, L, M, N	K, L, M, N, O	K, L, M, N, O, P	K, L, M, N, O, P, Q

족	1	2	13	14	15	16	17	18
원자가 전자 수	1	2	3	4	5	6	7	0

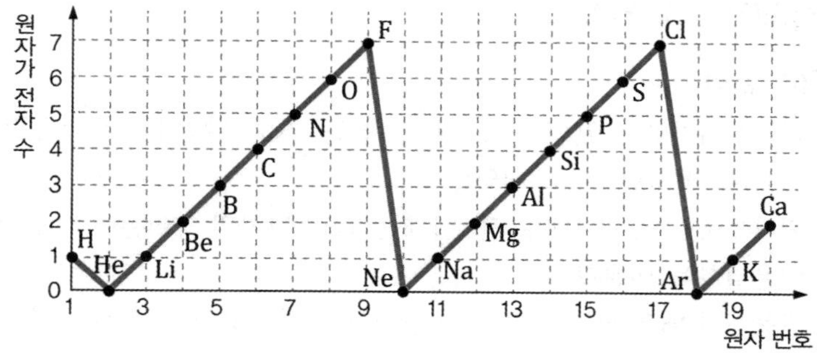

| 원자가 전자 수의 주기성 |

제2절 I 원소의 분류

1 원소의 분류

(1) 금속

① 주기율표에서 왼쪽과 가운데 부분에 위치한다.

② 전자를 잃고 양이온이 되기 쉬우며 대부분의 금속은 산과 반응하여 수소기체를 발생한다.

③ 상온에서 고체상태로 존재한다(단, 수은은 액체로 존재한다).

④ 열 전도성과 전기 전도성이 좋으며 전성(힘을 가하면 넓게 펴지는 현상)과 연성(가늘게 뽑히는 성질)이 있고 광택이 있다.

(2) 준금속

① 주기율표에서 금속과 비금속 사이에 위치한다.

② 금속과 비금속의 중간 성질을 갖거나 금속과 비금속 원소의 성질을 모두 갖는다.

(3) 비금속

① 주기율표에서 오른쪽에 위치한다(단, 수소는 왼쪽에 위치한다).

② 전자를 얻어 음이온이 되기 쉬우며(단, 18족 제외) 산과 반응하지 않는다.

③ 상온에서 기체 또는 고체상태로 존재한다(단, 브로민은 액체로 존재한다).

④ 대부분 열 전도성과 전기 전도성이 없으며(단, 흑연 제외), 고체인 경우 외부의 힘에 의해 쉽게 부서진다.

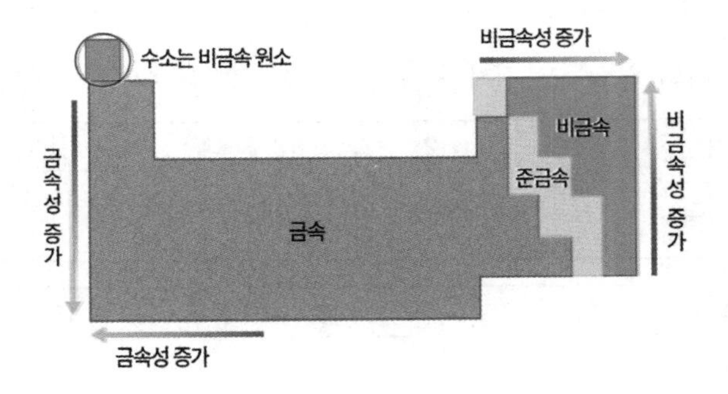

2 동족 원소(같은 족 원소)

(1) 알칼리 금속

① 1족에 위치하고 있으며 리튬(Li), 나트륨(Na), 칼륨(K), 루비듐(Rb), 세슘(Cs), 프랑슘(Fr) 등이 속한다(단, 수소 제외).

② 원자가 전자 수가 1개로 전자 1개를 잃고 +1가의 양이온이 되기 쉬우며 비금속과 반응하여 이온결합을 이룬다.

③ 반응성이 매우 크고 공기 중의 산소와 쉽게 반응하며, 특히 물과 반응하여 수소기체를 발생시킨다.

④ 원자 번호가 증가함에 따라 반응성이 커진다(반응성 : Li < Na < K < Rb < Cs).

(2) 알칼리 토금속

① 2족에 위치하고 있으며 지각을 구성하는 원소로 베릴륨(Be), 마그네슘(Mg), 칼슘(Ca), 스트론튬(Sr), 바륨(Ba), 라듐(Ra) 등이 속한다.

② 원자가 전자 수가 2개로 전자 2개를 잃고 +2가의 양이온이 되기 쉽다.

③ 반응성이 큰 편이나 알칼리 금속보다는 작다.

(3) 할로젠(할로겐) 원소

① 17족에 위치하고 있으며 플루오린(F), 염소(Cl), 브로민(Br), 아이오딘(I), 아스타틴(At) 등이 속한다.

② 원자가 전자 수가 7개로 전자 1개를 얻어 −1가의 음이온이 되기 쉬우며 금속과 반응하여 이온결합을 이룬다.

③ 반응성이 매우 크고 상온에서 이원자 분자로 존재한다.

④ 원자 번호가 증가함에 따라 반응성이 작아진다(반응성 : $F_2 > Cl_2 > Br_2 > I_2$).

⑤ 원자 번호가 증가함에 따라 결합력이 커져 끓는점과 녹는점이 커진다($F_2 < Cl_2 < Br_2 < I_2$).

(4) 비활성 기체

① 18족에 위치하고 있으며 헬륨(He), 네온(Ne), 아르곤(Ar), 크립톤(Kr), 제논(Xe), 라돈(Rn) 등이 속한다.

② 상온에서 기체상태로 존재한다.

③ 안정한 전자 배치를 갖고 있어 반응성이 매우 작아 다른 원소와 반응하지 않는다.

④ 비금속에 속하지만 전자를 얻어 음이온이 되기 어렵기 때문에 비금속성은 없다.

예제

2~4주기 알칼리 원소에서 원자 번호의 증가와 함께 나타나는 변화로 옳은 것은?

① 전기 음성도가 작아진다.
② 정상 녹는점이 높아진다.
③ 25℃, 1atm에서 밀도가 작아진다.
④ 원자가 전자의 개수가 커진다.

정답 ①

풀이 바르게 고쳐보면,

② 원자 번호가 증가함에 따라 원자 반지름이 커지고 핵 간의 거리가 멀어져 녹는점과 끓는점이 낮아진다.
③ 25℃, 1atm에서 밀도가 커진다. 부피가 일정한 경우 질량이 커져 밀도는 커진다.
④ 원자가 전자의 개수는 같다. 1족 알칼리 금속은 원자가 전자의 수가 1개이다.

원소	녹는점	끓는점	이온화 에너지(kJ/몰)	밀도(g/mL)	불꽃 반응색
Li	186	1336	520	0.53	빨간색
Na	97.5	880	496	0.97	노란색
K	62.8	760	419	0.86	보라색
Rb	38.5	700	403	1.53	빨간색
Cs	28.5	670	376	1.87	파란색

제3절 I 유효 핵전하

1 가려막기 효과

(1) 다전자 원자에서 전자 간에 반발력으로 인해 원자핵의 양전하와 전자의 음전하 간의 인력을 약하게 하여 전자가 실제로 느끼는 핵전하의 크기가 감소되는 효과이다(다른 전자들이 원자핵의 양전하를 가려 막는다).

(2) 수소원자는 전자가 1개이므로 전자가 실제 느끼는 유효 핵전하와 원자핵의 핵전하는 같다.

(3) 다전자 원자는 전자가 여러 개 존재하므로 전자 사이의 반발력으로 인해 전자가 느끼는 핵전하는 실제 핵전하보다 작다.

2 유효 핵전하

(1) 유효 핵전하: 전자의 가려막기 효과를 고려한 전자 1개가 실제로 느끼는 핵전하이다.

(2) 전자껍질 수가 같은 원자는 원자 번호가 증가할수록 가려막기 효과보다 핵전하의 증가가 더 크게 작용하여 원자가 전자의 유효 핵전하는 증가하게 된다.

➡ 같은 족과 주기에서 원자 번호가 증가할수록 유효 핵전하는 증가한다(원자핵의 양성자수 증가).

(3) 안쪽 전자껍질에 있는 전자일수록 가려막기 효과가 감소하여 유효 핵전하는 증가한다.

(4) 각 주기 1족 원소가 최솟값, 18족 원소가 최댓값을 갖는다.

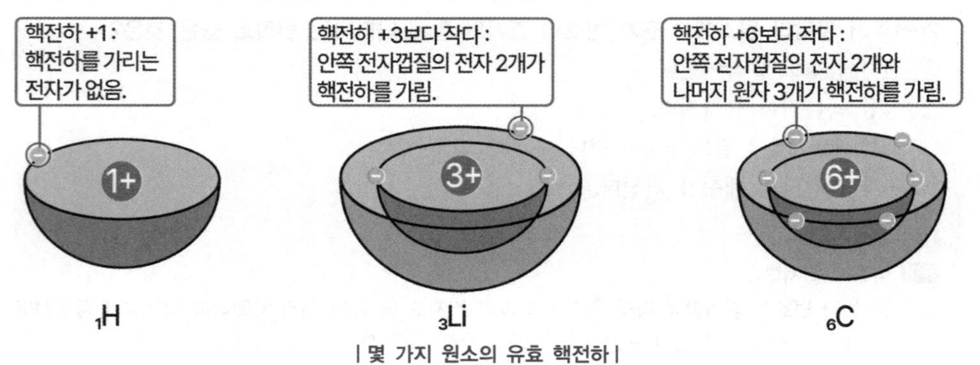

| 몇 가지 원소의 유효 핵전하 |

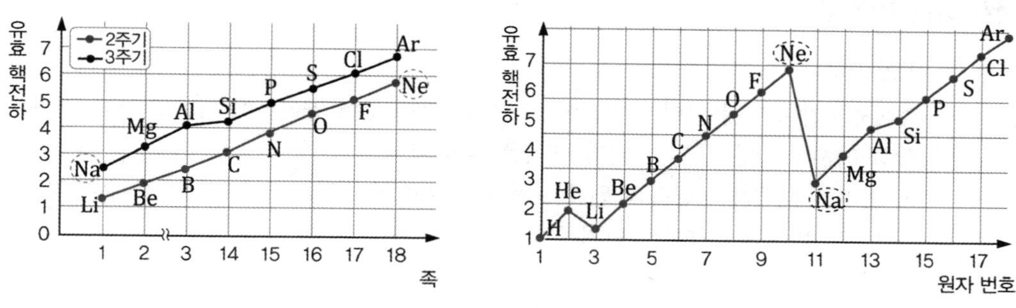

| 2주기와 3주기 원소의 유효 핵전하 |

제4절 | 원자와 이온의 반지름

1 원자 반지름

(1) 원자 반지름

같은 종류의 원자 2개가 결합한 상태에서 두 원자핵 간 거리의 1/2이다.

(2) 원자 반지름의 주기성

① 같은 주기에서 원자 번호가 증가할수록 전자껍질 수는 같지만 유효 핵전하가 증가하여 원자 반지름이 감소한다(원자 번호 증가 → 원자핵과 전자 사이의 인력 증가).

② 같은 족에서 원자 번호가 증가할수록 전자껍질 수가 증가하여 원자 반지름은 증가한다.

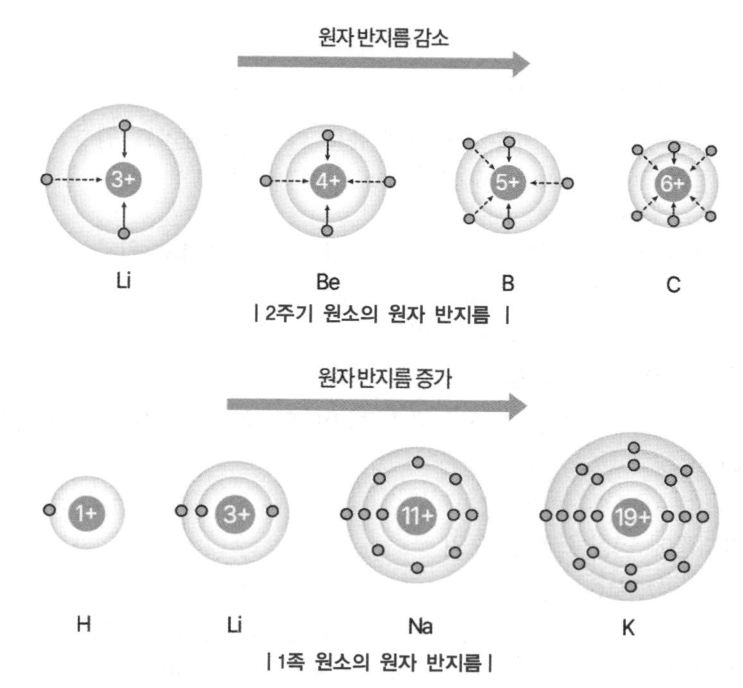

| 2주기 원소의 원자 반지름 |

| 1족 원소의 원자 반지름 |

2 이온 반지름

(1) 이온 반지름

중성원자가 전자를 얻어 음이온이 되거나 전자를 잃어 양이온이 되기도 한다. 전자는 18족 비활성 기체와 같은 안정한 전자 배치를 갖게 된다.

① **양이온의 반지름**: 금속의 원자는 전자를 잃고 양이온이 되면 전자껍질 수가 감소하게 된다(원자 반지름 > 양이온 반지름).

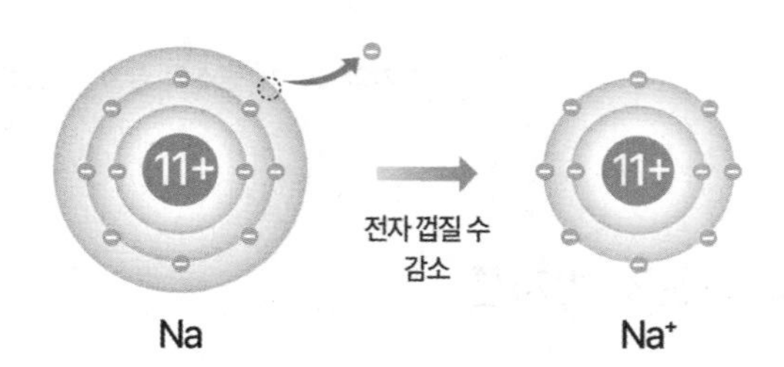

② **음이온의 반지름**: 원자가 전자를 얻어 음이온이 되면 전자 사이의 반발력이 증가하여 반지름이 증가한다(원자 반지름 < 음이온 반지름).

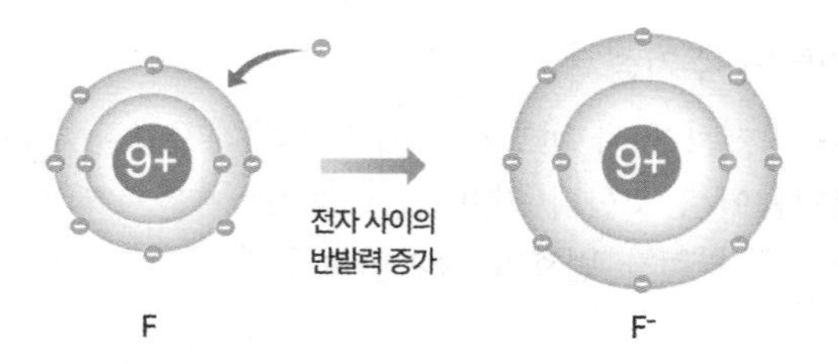

(2) 이온 반지름의 주기성

① 같은 주기에서 이온 반지름은 유효 핵전하의 증가로 원자 번호가 증가할수록 감소한다.

EX • 양이온: $_{11}Na^+ > _{12}Mg^{2+} > _{13}Al^{3+}$
• 음이온: $_8O^{2-} > _9F^-$

② 같은 족에서 이온 반지름은 전자껍질 수의 증가로 원자 번호가 증가할수록 증가한다.

EX • 양이온: $_3Li^+ < _{11}Na^+ < _{19}K^+$
• 음이온: $_9F^- < _{17}Cl^- < _{35}Br^-$

(3) 등전자 이온의 반지름

원자 번호가 증가함에 따라 유효 핵전하의 증가로 이온의 반지름이 작아진다.

EX • $_8O^{2-} > _9F^- > _{11}Na^+ > _{12}Mg^{2+}$
• $_{16}S^{2-} > _{17}Cl^- > _{19}K^+ > _{20}Ca^{2+}$

(4) 반지름에 영향을 주는 요인

① **전자가 들어 있는 전자껍질 수**: 전자껍질 수가 클수록 반지름이 커진다.
② **유효 핵전하**: 유효 핵전하가 클수록 인력의 증가로 반지름은 작아진다.
③ **전자 수**: 전자 수가 많을수록 반발력의 증가로 반지름은 커진다.
④ **영향의 크기**: 전자껍질 수 > 유효 핵전하 > 전자 수

예제

다음 중 반지름이 가장 큰 것은?

① $_{11}Na^{+}$　　② $_{12}Mg^{2+}$

③ $_{17}Cl^{-}$　　④ $_{18}Ar$

정답 ②

풀이 ① $_{11}Na^{+}$: $1s^2\ 2s^2\ 2p^6$　　② $_{12}Mg^{2+}$: $1s^2\ 2s^2\ 2p^6$

③ $_{17}Cl^{-}$: $1s^2\ 2s^2\ 2p^6\ 3s^2\ 3p^6$　　④ $_{18}Ar$: $1s^2\ 2s^2\ 2p^6\ 3s^2\ 3p^6$

제5절 I 이온화 에너지

1 이온화 에너지

(1) 이온화 에너지

① 기체상태의 원자 1몰에서 전자 1몰을 떼어내는 데 필요한 최소 에너지를 의미한다.

$$M(g) + E \rightarrow M^{+}(g) + e^{-}$$ (E : 이온화 에너지, kJ/mol)

EX Na(g) + 496 kJ/mol → $Na^{+}(g) + e^{-}$

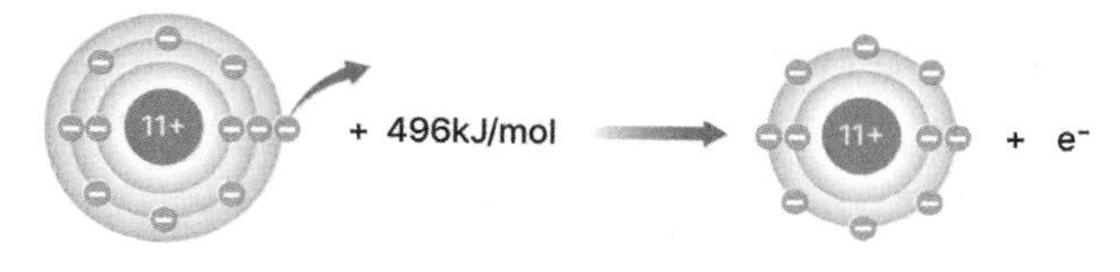

② 원자핵과 전자 사이의 인력이 클수록 이온화 에너지가 크게 나타난다.

③ 이온화 에너지가 작을수록 전자를 잃기 쉬워 양이온이 되기 쉽다.

(2) 이온화 에너지의 주기성

① 같은 주기에서 원자 번호가 커질수록 유효 핵전하의 증가로 인력이 크게 작용하여 이온화 에너지는 대체로 증가한다.

② 같은 족에서 원자 번호가 커질수록 전자껍질 수의 증가로 인력이 감소하여 이온화 에너지는 감소한다.

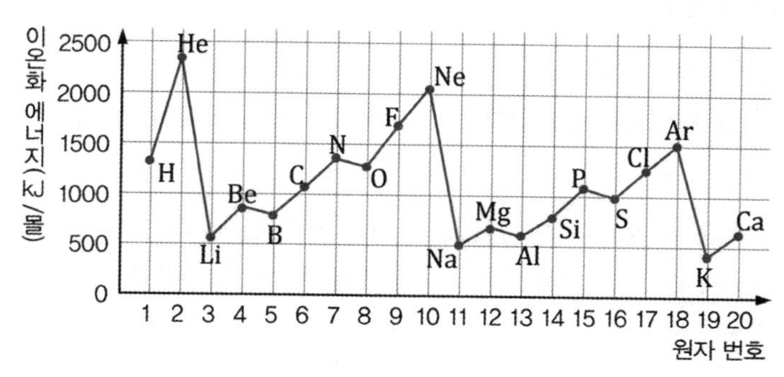

이온화 에너지의 주기적 성질에 대한 예외

같은 주기에서 원자 번호가 증가함에 따라 이온화 에너지가 대체로 증가하나 전자 배치의 특성으로 인해 2족과 13족, 15족과 16족 원소에서는 예외적으로 감소하는 경향이 나타난다.

2족 원소 > 13족 원소				15족 원소 > 16족 원소			
	1s	2s	2p		1s	2s	2p
Be	↑↓	↑↓	[ ][ ][ ]	N	↑↓	↑↓	[↑][↑][↑]
B	↑↓	↑↓	[↑][ ][ ]	O	↑↓	↑↓	[↑↓][↑][↑]
• 13족 원소(B) : 에너지 준위가 높은 2p 오비탈에 전자가 있다. • 2족 원소(Be) : 에너지 준위가 낮은 2s 오비탈에 전자가 있다. ➡ 13족 원소(B)의 전자를 떼어 내기가 더 쉽기 때문에 이온화 에너지는 2족 원소(Be)가 더 크다.				• 16족 원소(O) : 2p 오비탈에 쌍을 이룬 전자가 있어 반발력이 있다. • 15족 원소(N) : 2p 오비탈에 쌍을 이룬 전자가 없다. ➡ 전자 사이의 반발력으로 15족 원소(N)보다 전자를 떼어 내기 쉽고 이온화 에너지는 15족 원소(N)가 더 크다.			

예제

다음 중 이온화 에너지가 가장 큰 원소는?

① 세슘(Cs) ② 네온(Ne)
③ 칼륨(K) ④ 실리콘(Si)

정답 ②

풀이
• 이온화 에너지: 기체상태의 원자 1몰에서 전자 1몰을 떼어 내는 데 필요한 최소 에너지를 의미한다.
• 같은 주기에서 원자 번호가 커질수록 유효 핵전하의 증가로 인력이 크게 작용하여 이온화 에너지는 대체로 증가한다.
• 같은 주기에서 18족 비활성 기체의 이온화 에너지는 가장 큰 값을 갖는다.
• 같은 족에서 원자 번호가 커질수록 전자껍질 수의 증가로 인력이 감소하여 이온화 에너지는 감소한다.

2 순차적 이온화 에너지

(1) 순차적 이온화 에너지

기체상태의 원자에서 전자를 1mol씩 순차적으로 떼어 낼 때 각 단계마다 필요한 에너지를 의미한다.

• $M(g) + E_1 \rightarrow M^+(g) + e^-$ (E_1 : 제1 이온화 에너지)
• $M^+(g) + E_2 \rightarrow M^{2+}(g) + e^-$ (E_2 : 제2 이온화 에너지)
• $M^{2+}(g) + E_3 \rightarrow M^{3+}(g) + e^-$ (E_3 : 제3 이온화 에너지)

(2) 순차적 이온화 에너지의 크기

이온화 차수가 커질수록 전자 수는 줄어들고 전자가 느끼는 유효 핵전하는 증가하여 이온화 에너지는 커진다.

(3) 원자가 전자와 순차적 이온화 에너지

① 원자가 전자를 모두 떼어 내면 안쪽 전자껍질에 있는 전자를 떼어 낼 차례가 된다. 이때 이온화 에너지가 급격하게 증가한다. ➡ 순차적 이온화 에너지가 급격하게 증가하기 전까지의 전자 수가 원자가 전자 수가 된다.

② 순차 이온화 에너지와 원자가 전자 수

원소	순차적 이온화 에너지(kJ/mol)			
	E_1	E_2	E_3	E_4
A	500	4500	6900	9600
B	700	1400	7700	10500
C	600	1800	2700	11600

- A의 순차 이온화 에너지: $E_1 << E_2 < E_3 < E_4$ → 원자가 전자 수 1
- B의 순차 이온화 에너지: $E_1 < E_2 << E_3 < E_4$ → 원자가 전자 수 2
- C의 순차 이온화 에너지: $E_1 < E_2 < E_3 << E_4$ → 원자가 전자 수 3

(4) 순차적 이온화 에너지의 경향

① 제2 이온화 에너지(E_2)의 경향성: 원자 번호가 1 작은 제1 이온화 에너지(E_1)로부터 파악

② 제3 이온화 에너지(E_3)의 경향성: 원자 번호가 2 작은 제1 이온화 에너지(E_1)를 나타내는 원소의 이온화 에너지로부터 파악

③ 제1 이온화 에너지(E_1)의 경향성으로부터 n번째 이온화 에너지의 경향성을 파악할 수 있으나 값을 구할 수는 없다.

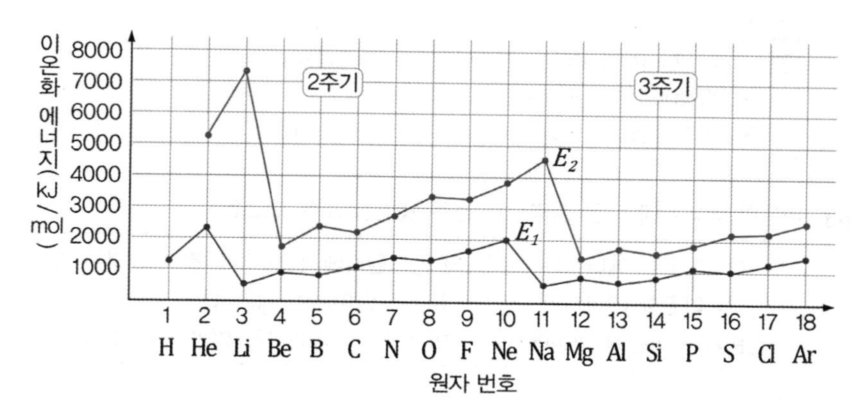

예제

01 다음은 어떤 2주기 원소의 순차적인 이온화 에너지들이다. 이 원소는 무엇인가?

> IE_1 = 800kJ/mol
> IE_2 = 2400kJ/mol
> IE_3 = 3700kJ/mol
> IE_4 = 25000kJ/mol
> IE_5 = 32800kJ/mol

① B ② C
③ N ④ O

정답 ①

풀이 순차적 에너지를 비교하여 원자가 전자의 수를 알 수 있다.
$IE_3 \ll IE_4$이므로 원자가 전자가 3개이다.

02 다음은 3주기 원소 중 하나의 순차적 이온화 에너지(IE_n[kJ mol^{-1}])를 나타낸 것이다. 이 원자에 대한 설명으로 옳은 것만을 모두 고른 것은?

IE_1	IE_2	IE_3	IE_4	IE_5
578	1817	2745	11577	14842

> ㄱ. 바닥상태의 전자 배치는 $[Ne]3s^23p^2$이다.
> ㄴ. 가장 안정한 산화수는 +3이다.
> ㄷ. 염산과 반응하면 수소기체가 발생한다.

① ㄱ ② ㄷ
③ ㄱ, ㄴ ④ ㄴ, ㄷ

정답 ④

풀이 • $IE_3 \ll IE_4$이므로 3주기 13족 원소인 $_{13}Al$(알루미늄)이다.
• 바닥상태의 전자 배치는 $[Ne]3s^23p^1$이다.
• 염산과 반응하면 $2Al + 6HCl \rightarrow 2AlCl_3 + 3H_2\uparrow$ 이다.

03 이온화 에너지에 대한 설명으로 옳은 것만을 모두 고르면?

> ㄱ. 1차 이온화 에너지는 기체상태 중성원자에서 전자 1개를 제거하는 데 필요한 에너지이다.
> ㄴ. 1차 이온화 에너지가 큰 원소일수록 양이온이 되기 쉽다.
> ㄷ. 순차적 이온화 과정에서 2차 이온화 에너지는 1차 이온화 에너지보다 크다.

① ㄱ, ㄴ ② ㄱ, ㄷ
③ ㄴ, ㄷ ④ ㄱ, ㄴ, ㄷ

정답 ②

풀이 바르게 고쳐보면,
ㄴ. 1차 이온화 에너지가 큰 원소일수록 양이온이 되기 어렵다.

제6절 I 전자 친화도와 전기 음성도

1 전자 친화도

(1) 기체인 중성원자 1몰이 전자 1몰을 얻어 기체상태의 음이온이 될 때 방출하는 에너지를 의미한다.

(2) 핵과 최외각 전자 사이의 인력이 클수록 전자 친화도가 크다.

(3) 전자 친화도가 크면 전자를 얻기 쉬워 음이온이 되기 쉽다.

(4) 같은 주기에서 원자 번호가 커질수록 많은 유효 핵전하가 커져 전자 친화도가 커지는 경향이 있으나 예외도 있다. ➡ 전자 친화도는 주기의 왼쪽에서 오른쪽으로 갈수록 더 큰 양의 값을 갖는다. 2족과 18족의 경우 전자를 받았을 때 불안정해지기 때문에 (−)값을 갖는다.

(5) 같은 족에서 원자 번호가 커질수록 전자껍질 수가 증가하여 전자 친화도가 대체로 감소하는 경향이 있으나 예외도 있다. ➡ F < Cl : Cl이 더 전자를 잘 받아들인다. 전자가 들어오는 전자껍질의 반경이 F < Cl로 F^-의 전자 사이 반발력이 더 커 Cl이 더 전자를 잘 받아들이고 전자 친화도가 Cl이 더 크다.

전자 친화도의 주기성

구분	같은 주기	같은 족
주기성	원자 번호가 클수록 대체로 증가	원자 번호가 클수록 대체로 감소(1족, 17족 원소 해당)
이유	유효 핵전하가 증가하여 원자핵과 전자와의 인력이 증가	전자껍질 수가 증가하여 원자핵과 전자의 인력이 감소

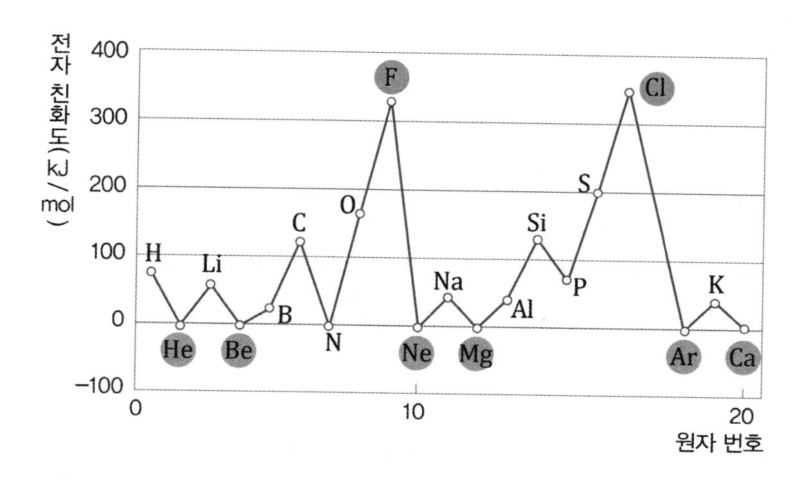

2 전기 음성도

(1) 공유결합을 이루는 원자가 공유 전자쌍을 끌어당기는 힘의 크기를 상대적인 수치로 나타낸 값이다.

(2) 전기 음성도가 가장 큰 플루오린(F)의 전기 음성도를 4.0으로 정하고 이를 기준으로 다른 원소들의 전기 음성도 값을 정하였다.

(3) 원자핵의 전하량이 크고 원자의 크기가 작을수록 전기 음성도는 커진다.

전기 음성도의 주기성

구분	같은 주기	같은 족
주기성	원자 번호가 클수록 대체로 증가	원자 번호가 클수록 대체로 감소
이유	유효 핵전하가 증가하여 원자핵과 전자와의 인력이 증가	전자껍질 수가 증가하여 원자핵과 전자의 인력이 감소

2, 3주기 원소의 전기 음성도	1, 17족 원소의 전기 음성도
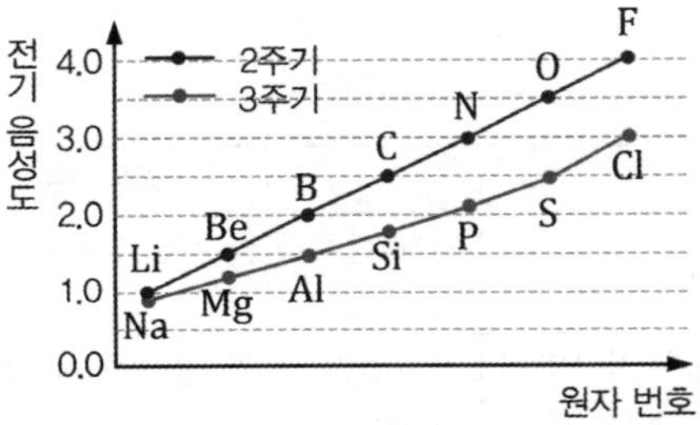	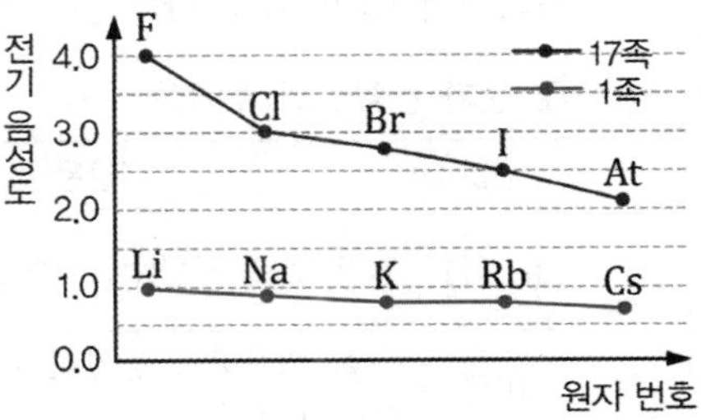

전자 친화도와 전기 음성도

- 전자 친화도 : 전자를 받아들이는 정도
- 전기 음성도 : 전자쌍을 당기는 정도

예제

01 중성원자 X~Z의 전자 배치이다. 이에 대한 설명으로 옳은 것은? (단, X~Z는 임의의 원소 기호이다)

> X : $1s^2\ 2s^1$
> Y : $1s^2\ 2s^2$
> Z : $1s^2\ 2s^2\ 2p^4$

① 최외각 전자의 개수는 Z > Y > X 순이다.
② 전기 음성도의 크기는 Z > X > Y 순이다.
③ 원자 반지름의 크기는 X > Z > Y 순이다.
④ 이온 반지름의 크기는 Z^{2-} > Y^{2+} > X^{+} 순이다.

정답 ①

풀이 바르게 고쳐보면,

② 전기 음성도의 크기는 Z(O) > Y(Be) > X(Li) 순이다.

구분	같은 주기	같은 족
주기성	원자 번호가 클수록 대체로 증가	원자 번호가 클수록 대체로 감소
이유	유효 핵전하가 증가하여 원자핵과 전자와의 인력이 증가	전자껍질 수가 증가하여 원자핵과 전자의 인력이 감소

③ 원자 반지름의 크기는 X(Li) > Y(Be) > Z(O) 순이다.

④ 이온 반지름의 크기는 Z^{2-}(O) > X^{+}(Li) > Y^{2+}(Be) 순이다.

[X^{+}(Li) : $1s^2$　Y^{2+}(Be) : $1s^2$　Z^{2-}(O) : $1s^2\ 2s^2\ 2p^6$]

∴ 같은 주기 : 양이온과 음이온의 반지름은 원자 번호가 클수록 작아진다. ➡ 유효 핵전하가 증가하여 핵과 전자 사이의 정전기적 인력이 증가하기 때문

02 주족 원소의 주기적 성질에 대한 설명으로 옳은 것만을 모두 고르면?

ㄱ. 같은 족에 있는 원소들은 원자 번호가 커질수록 원자 반지름이 증가한다.
ㄴ. 같은 주기에 있는 원소들은 원자 번호가 커질수록 원자 반지름이 증가한다.
ㄷ. 전자 친화도는 주기의 왼쪽에서 오른쪽으로 갈수록 더 큰 양의 값을 갖는다.
ㄹ. He은 Li보다 1차 이온화 에너지가 훨씬 크다.

① ㄱ, ㄴ　　② ㄱ, ㄹ
③ ㄴ, ㄷ　　④ ㄱ, ㄷ, ㄹ

정답 ②

풀이 바르게 고쳐보면,

ㄴ. 같은 주기에 있는 원소들은 원자 번호가 커질수록 원자 반지름이 감소한다.

ㄷ. 전자 친화도는 주기의 왼쪽에서 오른쪽으로 갈수록 대부분 더 큰 양의 값을 갖지만 2족과 18족의 경우 전자를 받았을 때 불안정해지기 때문에 (−)값을 갖는다.

03 주기율표에서 원소들의 주기적 경향성을 설명한 내용으로 옳지 않은 것은?

① Al의 1차 이온화 에너지가 Na의 1차 이온화 에너지보다 크다.
② F의 전자 친화도가 O의 전자 친화도보다 더 큰 값을 갖는다.
③ K의 원자 반지름이 Na의 원자 반지름보다 작다.
④ Cl의 전기 음성도가 Br의 전기 음성도보다 크다.

정답 ③

풀이 같은 족에서 원자 번호가 클수록 원자 반지름이 크다.
Na : 11번, K : 19번

기출 & 예상 문제

01 **주기율표에 대한 설명으로 옳지 않은 것은?**

① O^{2-}, F^-, Na^+ 중에서 이온 반지름이 가장 큰 것은 O^{2-}이다.
② F, O, N, S 중에서 전기 음성도는 F가 가장 크다.
③ Li과 Ne 중에서 1차 이온화 에너지는 Li이 더 크다.
④ Na, Mg, Al 중에서 원자 반지름이 가장 작은 것은 Al이다.

02 **다음 표의 내용으로 옳은 것은? (단, A~D는 임의의 원소 기호이다)**

	A	B	C	D
양성자수	11	12	11	15
중성자수	12	12	13	13
전자 수	11	12	11	13

① D는 음이온이다.
② B와 C는 질량수가 동일하다.
③ A와 B는 동위원소이다.
④ C의 원자 번호는 13이다.

03 **다음은 3주기 원소 중 하나의 순차적 이온화 에너지(IE_n[kJ mol^{-1}])를 나타낸 것이다. 이 원자에 대한 설명으로 옳은 것만을 모두 고른 것은?**

IE_1	IE_2	IE_3	IE_4	IE_5
578	1817	2745	11577	14842

ㄱ. 바닥 상태의 전자 배치는 $[Ne]3s^23p^2$이다.
ㄴ. 가장 안정한 산화수는 +3이다.
ㄷ. 염산과 반응하면 수소기체가 발생한다.

① ㄱ
② ㄷ
③ ㄱ, ㄴ
④ ㄴ, ㄷ

04 표는 자연계에 존재하는 붕소($_5B$)의 동위원소에 대한 내용이다.

원소	동위원소	원자량	평균 원자량
붕소($_5B$)	^{10}B	10.0	10.8
	^{11}B	11.0	

자연계에 존재하는 ^{10}B와 ^{11}B의 존재 비율은 얼마인가?

① 2 : 3
② 3 : 2
③ 4 : 1
④ 1 : 4

정답찾기

01 ③ Li과 Ne 중에서 1차 이온화 에너지는 Ne이 더 크다. 이온화 에너지는 기체상태의 원자 1몰에서 전자 1몰을 떼어 내는 데 필요한 최소 에너지를 의미한다. 18족 비활성 기체는 매우 안정하여 이온화 에너지가 크다.
① 등전자 이온의 반지름은 원자 번호가 클수록 작아진다.
② 전기 음성도가 가장 큰 플루오린(F)의 전기 음성도를 4.0으로 정하고 이를 기준으로 다른 원소들의 전기 음성도 값을 정하였다.
④ 같은 주기에 있는 원소들은 원자 번호가 커질수록 원자 반지름이 감소한다.

02 ② B와 C는 질량수가 동일하다.
(질량 = 양성자수 + 중성자수)
① D는 양성자수 > 전자 수이므로 양이온이다.
③ A와 C는 동위원소이다. 동위원소는 원자 번호는 같으나 중성자수가 달라 질량이 다른 원소이다.
④ 원자 번호는 양성자수와 같고 C의 원자 번호는 11이다.

03 $IE_3 \ll IE_4$이므로 3주기 13족 원소인 $_{13}Al$(알루미늄)이다.
바닥상태의 전자 배치는 $[Ne]3s^23p^1$이다.
염산과 반응하면 $2Al + 6HCl \rightarrow 2AlCl_3 + 3H_2\uparrow$ 이다.

04 ^{10}B의 존재 비율 : x%
^{11}B의 존재 비율 : (100 − x)%
$$10\times\frac{x}{100}+11\times\frac{100-x}{100}=10.8$$
∴ x = 20%
^{10}B의 존재 비율 : 20%
^{11}B의 존재 비율 : (100 − 20)% = 80%
^{10}B와 ^{11}B의 존재 비율은 1 : 4이다.

정답 **01** ③ **02** ② **03** ④ **04** ④

05 다음은 탄소원자의 전자 배치를 나타낸 도표이다. 높은 에너지 상태부터 순서로 배열한 것은?

	1s	2s	2p		
A	↑	↑ ↓	↑	↑	↑
B	↑ ↓	↑ ↓	↑ ↓		
C	↑ ↓	↑	↑	↑	↑
D	↑ ↓	↑ ↓	↑	↑	

① C > A > D > B
② A > D > B > C
③ D > C > B > A
④ A > C > B > D

06 중성원자 X~Z의 전자 배치이다. 이에 대한 설명으로 옳은 것은? (단, X~Z는 임의의 원소 기호이다)

> X : $1s^2\ 2s^1$
> Y : $1s^2\ 2s^2$
> Z : $1s^2\ 2s^2\ 2p^4$

① 최외각 전자의 개수는 Z > Y > X 순이다.
② 전기 음성도의 크기는 Z > X > Y 순이다.
③ 원자 반지름의 크기는 X > Z > Y 순이다.
④ 이온 반지름의 크기는 Z^{2-} > Y^{2+} > X^{+} 순이다.

07 다음 원자들 중 바닥상태에서의 전자 배치가 옳지 않은 것은?

① $_{29}Cu = 1s^2\ 2s^2\ 2p^6\ 3s^2\ 3p^6\ 4s^2\ 3d^9$
② $_{30}Zn = 1s^2\ 2s^2\ 2p^6\ 3s^2\ 3p^6\ 4s^2\ 3d^{10}$
③ $_{20}Ca = 1s^2\ 2s^2\ 2p^6\ 3s^2\ 3p^6\ 4s^2$
④ $_{24}Cr = 1s^2\ 2s^2\ 2p^6\ 3s^2\ 3p^6\ 4s^1\ 3d^5$

08 다음 양자수 조합 중 가능하지 않은 조합은? (단, n은 주양자수, l은 각 운동량 양자수, m_l은 자기양자수, m_s는 스핀양자수이다)

	n	l	m_l	m_s
①	2	1	0	$-\frac{1}{2}$
②	3	0	−1	$+\frac{1}{2}$
③	3	2	0	$+\frac{1}{2}$
④	4	3	−2	$+\frac{1}{2}$

09 원자의 구조와 관련된 내용으로 알맞게 연결된 것을 모두 고르시오.

ㄱ 톰슨 모형: 음극선 실험, 전자
ㄴ 러더퍼드 모형: 알파 입자 산란 실험, 원자핵
ㄷ 보어 모형: 오비탈

① ㄱ, ㄴ
② ㄱ, ㄷ
③ ㄷ
④ ㄱ, ㄴ, ㄷ

정답찾기

05 • 파울리의 배타원리: 같은 오비탈에 스핀 방향이 반대인 전자가 2개까지 들어갈 수 있다.
• 쌓음원리: 전자는 낮은 에너지 준위의 오비탈부터 순차적으로 채워진다.
• 훈트규칙: 홀전자 수가 많아지도록 전자가 채워진다.
파울리의 배타원리에 위배되면 불가능한 전자 배치이고 쌓음원리과 훈트규칙을 위배하는 경우 들뜬상태로 에너지 준위가 높은 상태가 된다.

06 바르게 고쳐보면,
② 전기 음성도의 크기는 Z(O) > Y(Be) > X(Li) 순이다.

구분	같은 주기	같은 족
주기성	원자 번호가 클수록 대체로 증가	원자 번호가 클수록 대체로 감소
이유	유효 핵전하가 증가하여 원자핵과 전자와의 인력이 증가	전자껍질 수가 증가하여 원자핵과 전자의 인력이 감소

③ 원자 반지름의 크기는 X(Li) > Y(Be) > Z(O) 순이다.
④ 이온 반지름의 크기는 Z^{2-}(O) > X^{+}(Li) > Y^{2+}(Be) 순이다.
X^{+}(Li): $1s^2$
Y^{2+}(Be): $1s^2$
Z^{2-}(O): $1s^2\ 2s^2\ 2p^6$
같은 주기: 양이온과 음이온의 반지름은 원자 번호가 클수록 작아진다. ➡ 유효 핵전하가 증가하여 핵과 전자 사이의 정전기적 인력이 증가하기 때문

07 $_{29}Cu = 1s^2\ 2s^2\ 2p^6\ 3s^2\ 3p^6\ 4s^1\ 3d^{10}$

08 바르게 고쳐보면,

	n	l	m_l	m_s
②	3	0	0	$+\frac{1}{2}$

09 보어는 수소원자 선 스펙트럼을 통하여 전자 궤도 모형을 제안하였다.

정답 **05** ④ **06** ① **07** ① **08** ② **09** ①

10 **다음은 원자 A~D에 대한 양성자수와 중성자수를 나타낸다. 이에 대한 설명으로 옳은 것은? (단, A~D는 임의의 원소 기호이다)**

원자	A	B	C	D
양성자수	17	17	18	19
중성자수	18	20	22	20

① 이온 A^-와 중성원자 C의 전자 수는 같다.
② 이온 A^-와 이온 B^+의 질량수는 같다.
③ 이온 B^-와 중성원자 D의 전자 수는 같다.
④ 원자 A~D 중 질량수가 가장 큰 원자는 D이다.

11 **원소의 성질에 대한 설명으로 옳지 않은 것은?**

① 주기율표에서 같은 족에 속한 원소들은 위에서 아래 방향으로 갈수록 원자 반지름이 증가한다.
② 주기율표에서 같은 주기에 속한 원소들은 원자 번호가 증가할수록 원자 반지름이 감소한다.
③ 이온화 에너지가 낮을수록 전자를 얻어 음이온이 되기 쉽다.
④ 전기 음성도란 두 원자 간에 공유한 전자쌍을 끌어당기는 힘을 의미한다.

12 **다음 각 원소들이 아래와 같은 원자 구성을 가지고 있을 때, 동위원소는?**

$^{410}_{186}A \quad ^{410}_{183}X \quad ^{412}_{186}Y \quad ^{412}_{185}Z$

① A, Y
② A, Z
③ X, Y
④ X, Z

13 **다음의 원자와 이온들의 반지름을 비교한 것으로 옳은 것은?**

① $S^{2-} < Cl < Cl^-$
② $Cl < S^{2-} < Cl^-$
③ $Cl < Cl^- < S^{2-}$
④ $S^{2-} < Cl^- < Cl$

14 주기율표에서 원소들의 주기적 경향성을 설명한 내용으로 옳지 않은 것은?

① Al의 1차 이온화 에너지가 Na의 1차 이온화 에너지보다 크다.
② F의 전자 친화도가 O의 전자 친화도보다 더 큰 음의 값을 갖는다.
③ K의 원자 반지름이 Na의 원자 반지름보다 작다.
④ Cl의 전기 음성도가 Br의 전기 음성도보다 크다.

정답찾기

10 ② 이온 A^-와 이온 B^+의 질량수는 같지 않다.
(질량수 A^- : 35, B^+ : 37)
③ 이온 B^-와 중성원자 D의 전자 수는 같지 않다.
(전자수 B^- : 18, D : 19)
④ 원자 A~D 중 질량수가 가장 큰 원자는 C이다.

원자	A	B	C	D
양성자수	17	17	18	19
중성자수	18	20	22	20
질량수	35	37	40	39

11 이온화 에너지가 낮을수록 전자를 잃고 양이온이 되기 쉽다.

12 • 동위원소 : 양성자의 수가 같아 원자 번호는 같으나 중성자의 수가 달라 질량이 서로 다른 원소
• 원자 번호 = 양성자수 = 중성원자의 전자 수
• 질량 = 양성자수 + 중성자수

	$^{410}_{186}A$	$^{410}_{183}X$	$^{412}_{186}Y$	$^{412}_{185}Z$
원자 번호 양성자수 전자 수	186	183	186	185
질량수	410	410	412	412
중성자수	224	227	226	227

13 $_{16}S$: $1s^2\ 2s^2\ 2p^6\ 3s^2\ 3p^4$
$_{16}S^{2-}$: $1s^2\ 2s^2\ 2p^6\ 3s^2\ 3p^6$
$_{17}Cl$: $1s^2\ 2s^2\ 2p^6\ 3s^2\ 3p^5$
$_{17}Cl^-$: $1s^2\ 2s^2\ 2p^6\ 3s^2\ 3p^6$
$S < S^{2-}$, $Cl < Cl^-$, $Cl < S$, $Cl^- < S^{2-}$
$Cl < Cl^- < S^{2-}$
반지름에 영향을 미치는 인자는 전자껍질 수 > 유효 핵전하 > 전자의 반발력 순이다. 이때 전자의 수가 같은 경우 유효 핵전하의 영향이 전자의 반발력보다 크게 작용한다. S와 Cl^-의 경우 전자껍질 수가 같고 유효 핵전하와 전자의 수가 달라 두 관계를 고려하여 반지름이 결정되어야 한다.
S : 104pm, S^{2-} : 184pm, Cl : 99pm, Cl^- : 181pm

14 같은 족에서 원자 번호가 클수록 원자 반지름이 크다.
Na : 11번, K : 19번

정답 **10** ① **11** ③ **12** ① **13** ③ **14** ③

15 다음은 중성원자 A~D의 전자 배치를 나타낸 것이다. A~D에 대한 설명으로 옳은 것은? (단, A~D는 임의의 원소 기호이다)

A : $1s^2 3s^1$	B : $1s^2 2s^2 2p^3$
C : $1s^2 2s^2 2p^6 3s^1$	D : $1s^2 2s^2 2p^6 3s^2 3p^4$

① A는 바닥상태의 전자 배치를 가지고 있다.
② B의 원자가 전자 수는 4개이다.
③ C의 홀전자 수는 D의 홀전자 수보다 많다.
④ C의 가장 안정한 형태의 이온은 C^+이다.

16 주기율표의 같은 주기에서 왼쪽 → 오른쪽으로 갈 때, 나타나는 일반적인 경향으로 가장 옳은 것은?

	전기 음성도	원자 반지름	이온화 에너지
①	증가	증가	증가
②	증가	감소	증가
③	감소	감소	감소
④	감소	증가	감소

17 방사성 실내 오염 물질은?

① 라돈(Rn)
② 이산화질소(NO_2)
③ 일산화탄소(CO)
④ 폼알데하이드(CH_2O)

18 다음 바닥상태의 전자 배치 중 17족 할로젠 원소는?

① $1s^2 2s^2 2p^6 3s^2 3p^5$
② $1s^2 2s^2 2p^6 3s^2 3p^6 3d^7 4s^2$
③ $1s^2 2s^2 2p^6 3s^2 3p^6 4s^1$
④ $1s^2 2s^2 2p^6 3s^2 3p^6$

19 **주족 원소의 주기적 성질에 대한 설명으로 옳은 것만을 모두 고르면?**

ㄱ. 같은 족에 있는 원소들은 원자 번호가 커질수록 원자 반지름이 증가한다.
ㄴ. 같은 주기에 있는 원소들은 원자 번호가 커질수록 원자 반지름이 증가한다.
ㄷ. 전자 친화도는 주기의 왼쪽에서 오른쪽으로 갈수록 더 큰 양의 값을 갖는다.
ㄹ. He은 Li보다 1차 이온화 에너지가 훨씬 크다.

① ㄱ, ㄴ
② ㄱ, ㄹ
③ ㄴ, ㄷ
④ ㄱ, ㄷ, ㄹ

정답찾기

15 ① A는 들뜬상태의 전자 배치를 가지고 있다.
② B의 원자가 전자 수는 5개이다.
③ C의 홀전자 수는 D의 홀전자 수보다 적다.
(C : 1개, D : 2개)

16 • 유효 핵전하가 증가하여 원자 반지름은 감소하고 이온화 에너지는 증가한다.
• 전기 음성도는 주기율표의 오른쪽 위로 갈수록 증가한다.
(F : 4.0 기준)

17 라돈의 특성 : 자연 방사능 물질 중 하나로 무색, 무취의 기체로 공기보다 9배 정도 무겁고 주요 발생원은 토양, 시멘트, 콘크리트, 대리석 등의 건축자재와 지하수, 동굴 등이다.

18 바닥상태의 17족 할로겐족 원소의 원자가 전자는 7개이다. 보기에서 7개인 원소는 1번이다.

19 바르게 고쳐보면,
ㄴ. 같은 주기에 있는 원소들은 원자 번호가 커질수록 원자 반지름이 감소한다.
ㄷ. 전자 친화도는 주기의 왼쪽에서 오른쪽으로 갈수록 대부분 더 큰 양의 값을 갖지만 2족과 18족의 경우 전자를 받았을 때 불안정해지기 때문에 (−)값을 갖는다.

정답 **15** ④ **16** ② **17** ① **18** ① **19** ②

20 **다음은 원자 A~D에 대한 원자 번호와 1차 이온화 에너지(IE_1)를 나타낸다. 이에 대한 설명으로 옳은 것은? (단, A~D는 2, 3주기에 속하는 임의의 원소 기호이다)**

	A	B	C	D
원자 번호	n	n + 1	n + 2	n + 3
IE_1[$kJmol^{-1}$]	1,681	2,088	495	735

① A_2 분자는 반자기성이다.
② 원자 반지름은 B가 C보다 크다.
③ A와 C로 이루어진 화합물은 공유결합 화합물이다.
④ 2차 이온화 에너지(IE_2)는 C가 D보다 작다.

21 **주양자수 n이 5인 원자 껍질에 채워질 수 있는 최대 전자 수는?**

① 18개
② 32개
③ 50개
④ 72개

22 **원자에 대한 설명으로 옳은 것만을 모두 고르면?**

ㄱ. 양성자는 음의 전하를 띤다.
ㄴ. 중성자는 원자 크기의 대부분을 차지한다.
ㄷ. 전자는 원자핵의 바깥에 위치한다.
ㄹ. 원자량은 ^{12}C 원자의 질량을 기준으로 정한다.

① ㄱ, ㄴ
② ㄱ, ㄷ
③ ㄴ, ㄹ
④ ㄷ, ㄹ

23 **2~4주기 알칼리 원소에서 원자 번호의 증가와 함께 나타나는 변화로 옳은 것은?**

① 전기 음성도가 작아진다.
② 정상 녹는점이 높아진다.
③ 25℃, 1atm에서 밀도가 작아진다.
④ 원자가 전자의 개수가 커진다.

24 파울리(Pauli)의 배타원리에 대한 설명으로 틀린 것은?

① 한 원자 내에 4가지 양자수가 모두 동일한 전자는 존재하지 않는다.
② 한 원자 내 같은 껍질의 전자들은 동일한 에너지의 방위양자수(ℓ)를 가진다.
③ 한 개의 궤도함수에는 서로 스핀 방향이 반대인 전자가 최대 2개까지 채워질 수 있다.
④ 동일한 주양자수(n)를 갖는 전자들은 모두 다른 스핀양자수(m_s)를 가진다.

25 이온화 에너지에 대한 설명으로 옳은 것만을 모두 고르면?

ㄱ. 1차 이온화 에너지는 기체상태 중성원자에서 전자 1개를 제거하는 데 필요한 에너지이다.
ㄴ. 1차 이온화 에너지가 큰 원소일수록 양이온이 되기 쉽다.
ㄷ. 순차적 이온화 과정에서 2차 이온화 에너지는 1차 이온화 에너지보다 크다.

① ㄱ, ㄴ
② ㄱ, ㄷ
③ ㄴ, ㄷ
④ ㄱ, ㄴ, ㄷ

26 질량수가 19이고, 양성자수가 9인 중성원자에 대한 설명으로 틀린 것은?

① 전자의 수는 9개이다.
② 중성자수는 10개이다.
③ 주기율표 3주기의 원소이다.
④ 주기율표 17족의 원소이다.

정답찾기

20 전자껍질의 변화로 이온화 에너지는 큰 변화를 보인다. 원자 번호가 증가함에 따라 1차 이온화 에너지가 A와 B, C와 D에서 큰 차이를 보이므로 A와 B는 2주기, C와 D는 3주기 원소임을 알 수 있다.
A : $_9F$, B : $_{10}Ne$, C : $_{11}Na$, D : $_{12}Mg$이다.
① A_2 분자는 F_2로 반자기성이며 무극성 분자이다.
② 원자 반지름은 B(Ne)가 C(Na)보다 작다.
$_{10}Ne$: $1s^2\ 2s^2\ 2p^6$
$_{11}Na$: $1s^2\ 2s^2\ 2p^6\ 3s^1$
③ A(F)와 C(Na)로 이루어진 화합물은 이온결합 화합물이다. 이온결합 화합물은 금속 + 비금속 간의 결합이다.
④ 2차 이온화 에너지(IE_2)는 C(Na)가 D(Mg)보다 크다.

21 최대 허용 전자 수 = $2n^2 = 2 \times 5^2 = 50$

22 바르게 고쳐보면,
ㄱ. 양성자는 양의 전하를 띤다.
ㄴ. 양성자는 원자 크기의 대부분을 차지한다.

23 바르게 고쳐보면,
② 원자 번호가 증가함에 따라 원자 반지름이 커지고 핵간의 거리가 멀어져 녹는점과 끓는점이 낮아진다.
③ 25℃, 1atm에서 밀도가 커진다. 부피가 일정한 경우 질량이 커져 밀도는 커진다.
④ 원자가 전자의 개수는 같다. 1족 알칼리금속은 원자가 전자의 수가 1개이다.

24 동일한 주양자수(n)를 갖는 전자들은 −1/2와 1/2 중 하나의 스핀양자수를 갖는다.
방위양자수는 오비탈의 모양을 결정한다.

25 바르게 고쳐보면,
ㄴ. 1차 이온화 에너지가 큰 원소일수록 양이온이 되기 어렵다.

26 질량수 = 양성자수 + 중성자수이므로
중성자수는 19 − 9 = 10이다.
중성원자의 전자 수는 양성자수와 같다.
$_9F$는 17족 할로겐족 원소로 2주기에 속해 있다.

정답 20 ① 21 ③ 22 ④ 23 ① 24 ④ 25 ② 26 ③

이찬범 화학

PART

03

화학 결합과 분자 구조

PART 03 화학 결합과 분자 구조

CHAPTER 01 화학 결합

제1절 I 화학 결합의 전기적 성질

1 공유결합의 전기적 성질

(1) 물의 전기분해

물속에 전해질을 넣고 전류를 흘려보내면 물은 전기분해되어 (+)극에서는 산소기체가 발생하고, (−)극에서는 수소기체가 발생한다. (산소기체부피 : 수소기체부피 = 1 : 2)

(+)극: $2H_2O \rightarrow O_2 + 4H^+ + 4e^-$

(−)극: $4H_2O + 4e^- \rightarrow 2H_2 + 4OH^-$

전체 반응: $2H_2O \rightarrow O_2 + 2H_2$

(2) 공유결합과 전자

물은 공유결합으로 이루어져 있어 전류를 흘려보내면 전자를 얻거나 잃는 반응이 일어나 각 성분원소로 분해된다. 즉, 공유결합은 전자가 관여한다는 것을 알 수 있다.

2 이온결합의 전기적 성질

(1) 염화나트륨(NaCl)의 구조와 전기적 성질

① 고체상태에서는 양이온과 음이온의 규칙적이고 단단한 결합으로 전기 전도성이 없다.

② 액체상태에서는 양이온과 음이온의 결합이 약해져 이온이 자유롭게 움직일 수 있어 전기 전도성이 있다.

(2) 염화나트륨(NaCl) 용융액의 전기분해

액체상태의 염화나트륨(NaCl)에 전류를 흘려보내면 분해되어 (+)극에서는 염소 기체가 발생하고, (−)극에서는 금속나트륨이 생성된다.

(+)극: $2Cl^- \rightarrow Cl_2 + 2e^-$

(−)극: $2Na^+ + 2e^- \rightarrow 2Na$

전체 반응: $2NaCl \rightarrow 2Na + Cl_2$

(3) 전자와 이온결합

염화나트륨은 이온결합으로 이루어져 있어 전류를 흘려보내면 전자를 얻거나 잃는 반응이 일어나 각 성분원소로 분해된다. 즉, 이온결합은 전자가 관여한다는 것을 알 수 있다.

제2절 | 옥텟규칙(팔전자규칙)

1 비활성 기체와 전자 배치

(1) 비활성 기체

주기율표상에서 18족에 해당하는 원소로 화학적으로 매우 안정하여 다른 원소와 거의 반응하지 않는다. EX 헬륨(He), 네온(Ne), 아르곤(Ar) 등

(2) 전자 배치

① 헬륨(He)은 2개, 그 외 비활성 기체는 8개의 전자가 가장 바깥 껍질에 채워진다.

② 화학적으로 안정하여 전자를 잃거나 얻으려 하지 않아 화학적으로 안정하다.

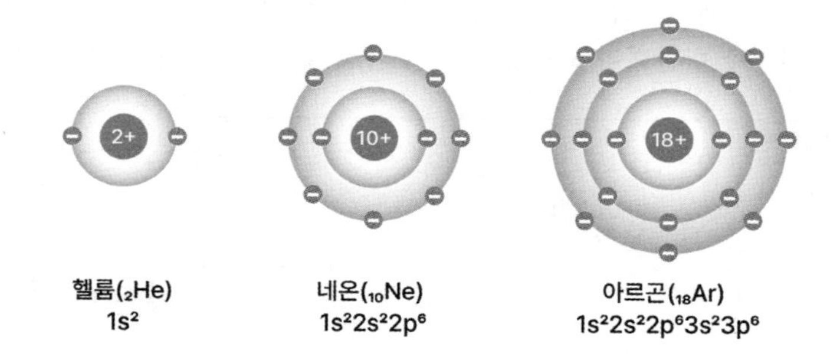

헬륨($_{2}He$) $1s^2$

네온($_{10}Ne$) $1s^2 2s^2 2p^6$

아르곤($_{18}Ar$) $1s^2 2s^2 2p^6 3s^2 3p^6$

2 옥텟규칙(팔전자규칙)

(1) 18족 이외의 원자들이 18족 원소와 같이 가장 바깥쪽 전자껍질에 8개의 전자를 채워 안정해지려는 경향을 의미한다(단, 수소 제외).

(2) 18족 이외의 원자들은 전자를 주고받거나 공유하면서 옥텟규칙을 만족하려 한다.

(3) 금속원자는 전자를 잃고 양이온이 되려 하고 비금속원자는 전자를 얻어 음이온이 되려 하는데, 이때 양이온과 음이온은 비활성 기체와 같은 전자 배치를 갖게 된다.

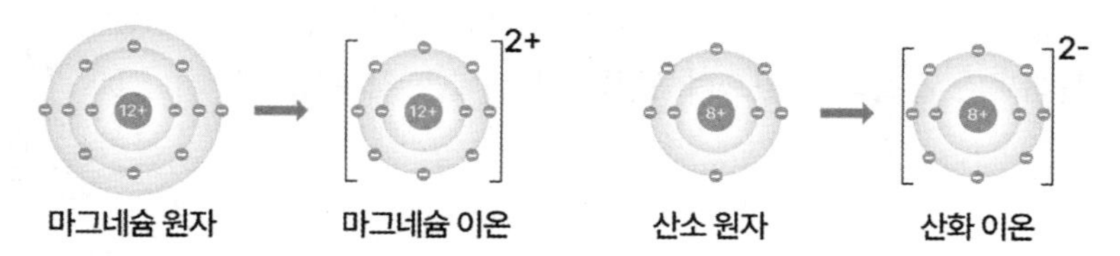

마그네슘 원자 마그네슘 이온 산소 원자 산화 이온

제3절 | 이온결합

1 이온결합

(1) 이온결합의 형성

금속(양이온)과 비금속(음이온) 사이의 정전기적 인력에 의한 결합을 의미한다.

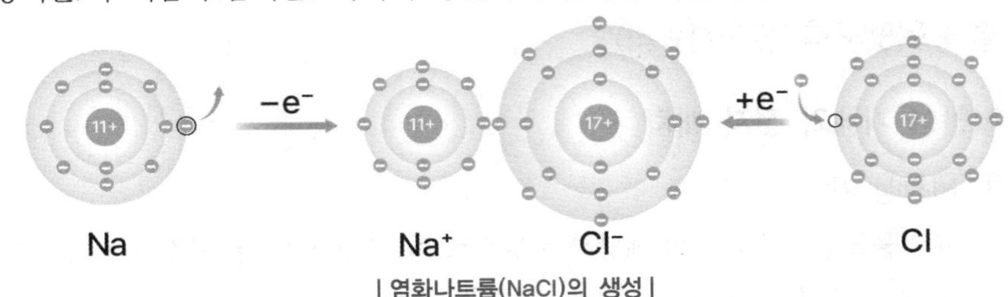

| 염화나트륨(NaCl)의 생성 |

(2) 이온결합의 형성과 에너지

① 양이온과 음이온 사이에는 반발력과 정전기적 인력이 동시에 작용한다.

② 양이온과 음이온 사이의 거리가 가까워질수록 인력이 작용하여 에너지가 낮아진다.

③ 양이온과 음이온의 사이가 너무 가까워지면 반발력이 작용하여 에너지가 높아진다.

④ 인력과 반발력이 균형을 이루어 가장 낮은 에너지를 갖는 지점에서 이온결합이 형성된다.

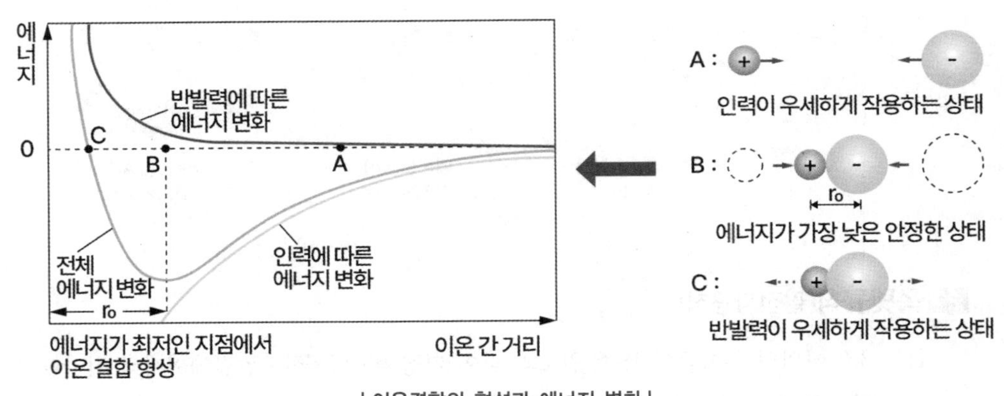

| 이온결합의 형성과 에너지 변화 |

2 이온결합 화합물의 구조와 화학식

(1) 이온결합 화합물의 구조

수많은 양이온과 음이온이 결합하여 3차원적으로 서로를 둘러싸며 결합되어 있으며 규칙적인 배열을 갖는다.

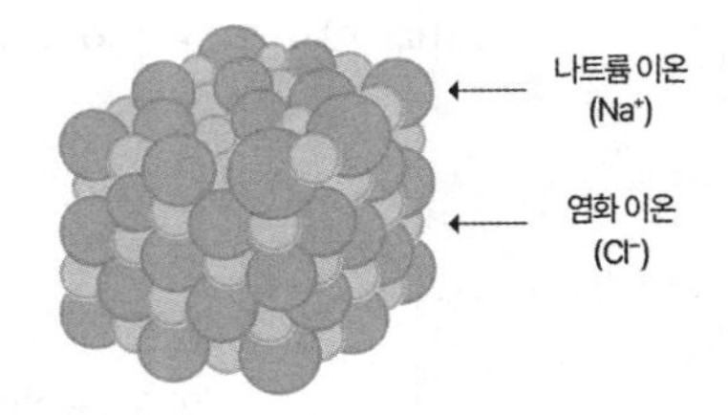

| 염화나트륨의 이온결합 결정 구조 |

(2) 이온결합 화합물의 화학식

① 이온결합 화합물은 전기적 중성으로 양이온과 음이온의 전체 전하의 양이 같아야 한다.

② 이온의 전하에 따라 결합하는 이온의 개수가 달라지므로 이온의 개수비를 가장 간단한 정수비로 나타낸다.

(양이온의 전하 × 양이온의 수) + (음이온의 전하 × 음이온의 수) = 0

$$A^{a+} + B^{b-} \rightarrow A_bB_a$$
$$Ca^{2+} + 2Cl^- \rightarrow CaCl_2$$
$$2Al^{3+} + 3O^{2-} \rightarrow Al_2O_3$$

이온결합 화합물의 화학식과 이름

양이온		음이온	
이름	화학식	이름	화학식
수소 이온	H^+	과망가니즈산 이온	MnO_4^-
마그네슘 이온	Mg^{2+}	황화 이온	S^{2-}
칼슘 이온	Ca^{2+}	염화 이온	Cl^-
바륨 이온	Ba^{2+}	황산 이온	SO_4^{2-}
칼륨 이온	K^+	수산화 이온	OH^-
나트륨 이온	Na^+	탄산 이온	CO_3^{2-}
은 이온	Ag^+	질산 이온	NO_3^-
구리(Ⅱ) 이온	Cu^{2+}	아세트산 이온	CH_3COO^-

예제

01 다음 각 화합물의 농도는 1M이고 수용액의 부피는 각 1L일 때 이온 입자 수가 가장 많은 것은?

① $NaCl$
② $LiNO_3$
③ NH_4NO_3
④ $MgCl_2$

정답 ④

풀이 전체 이온의 몰 농도는 이온의 입자 수와 비례한다.

④ $MgCl_2$: $MgCl_2 \rightarrow Mg^{2+} + 2Cl^-$ ➡ 전체 이온의 몰 농도 3M

① $NaCl$: $NaCl \rightarrow Na^+ + Cl^-$ ➡ 전체 이온의 몰 농도 2M

② $LiNO_3$: $LiNO_3 \rightarrow Li^+ + NO_3^-$ ➡ 전체 이온의 몰 농도 2M

③ NH_4NO_3 : $NH_4NO_3 \rightarrow NH_4^+ + NO_3^-$ ➡ 전체 이온의 몰 농도 2M

02 다음 다원자 음이온에 대한 명명으로 옳지 않은 것은?

	음이온	명명		음이온	명명
①	NO_2^-	질산 이온	②	HCO_3^-	탄산수소 이온
③	OH^-	수산화 이온	④	ClO_4^-	과염소산 이온

정답 ①

풀이 NO_2^- – 아질산 이온

3 이온결합 화합물의 성질

(1) 이온결정은 매우 단단하지만 외부에서 힘을 가하면 이온층이 밀리면서 같은 전하를 띤 이온들의 반발력으로 쉽게 부스러진다.

(2) 이온결합 화합물은 대부분 물에 쉽게 용해된다.

(3) 고체상태에서는 전기 전도성이 없으나 액체상태나 수용액상태에서는 전기 전도성이 있다.

(4) 양이온과 음이온 사이의 강한 정전기적 인력에 의해 녹는점과 끓는점이 비교적 높으며 상온에서 대부분 고체로 존재한다.

예제

다음 화합물들의 공통적인 성질이 아닌 것은?

$NaCl$, $CaCl_2$, $MgBr_2$

① 극성 용매인 물에 잘 녹으며 녹는점이 높은 편이다.
② 용융 상태에서 전류가 흐른다.
③ 단단하지만 힘을 가하면 부서진다.
④ 분자들이 규칙적으로 배열하여 결정을 이룬다.

정답 ④
풀이 이온결합물질은 양이온과 음이온이 정전기적 인력으로 연속적으로 결합하고 있다.

쿨롱의 힘(정전기적 인력의 세기, 이온결합력의 세기, 격자에너지 등)
- 정전기적 인력의 세기는 이온 사이의 거리가 짧고 이온의 전하량이 클수록 크다.
- 이온 화합물이 생성되는 여러 단계의 에너지를 서로 합하여 계산한다.
- 양이온과 음이온의 전하량 크기가 같은 경우 정전기적 인력의 세기는 이온 간 거리가 짧을수록 녹는점이 높다.
  - 이온 사이의 거리 : $NaF < NaCl < NaBr$ → 녹는점 : $NaF > NaCl > NaBr$
  - 이온 사이의 거리 : $MgO < CaO < SrO$ → 녹는점 : $MgO > CaO > SrO$
- 이온 사이의 거리가 비슷한 경우 정전기적 인력의 세기는 이온의 전하량이 클수록 녹는점이 높다.
- 이온의 전하량 : $NaF < CaO$ → 녹는점 : $NaF < CaO$
- 정전기적 인력의 세기가 클수록 녹는점과 끓는점은 높다.

$F = k\frac{q_1 q_2}{r^2}$ (q_1, q_2 : 두 입자의 전하량, r : 두 입자 사이의 거리)

예제

01 다음 화합물 중 그 결합형태가 다른 화합물은?

① $CaCl_2$ ② NaCl
③ $ZnCl_2$ ④ HCl

정답 ④

풀이 ④ HCl : 이온결합(금속－비금속 원소의 결합)
① $CaCl_2$: 공유결합(비금속－비금속 원소의 결합)
② NaCl : 공유결합(비금속－비금속 원소의 결합)
③ $ZnCl_2$: 공유결합(비금속－비금속 원소의 결합)

03

02 이온결합 화합물에 대한 설명으로 틀린 것은?

① 격자에너지는 NaCl이 NaI보다 작다.
② 이온성 고체의 생성 반응은 발열 반응이므로 표준생성엔탈피는 0보다 작다.
③ NaF이 LiF보다 r이 크므로 격자에너지가 작다.
④ 고체상태에서는 전기 전도성이 없으나 액체상태나 수용액상태에서는 전기 전도성이 있다.

정답 ①

풀이 격자에너지(E) $= k\frac{Q_1Q_2}{r^2}$ (Q_1, Q_2 : 이온의 전하량, r : 이온 간 거리)
정전기적 인력[격자에너지(E)]의 세기는 이온 사이의 거리가 짧고 이온의 전하량이 클수록 크다.
① I의 원자 반지름이 Cl보다 크기 때문에 NaI이 NaCl보다 r이 크다. 따라서 NaCl이 NaI보다 격자에너지가 크다.

03 1기압에서 녹는점이 가장 높은 이온결합 화합물은?

① NaF ② KCl
③ NaCl ④ MgO

정답 ④

풀이 이온결합력이 클수록 녹는점과 끓는점이 높아지며 이온결합 화합물의 결합력은 이온 전하량이 클수록 강하다.

CHAPTER 02 공유결합과 금속결합

제1절 I 공유결합

1 공유결합

(1) 공유결합의 형성

① 비금속 원자들이 서로 전자쌍을 공유하여 18족 비활성 기체와 같은 안정한 전자 배치를 이루며 결합하는 것을 공유결합이라 한다.

② 이때 서로 결합에 참여하며 공유하는 전자쌍을 공유 전자쌍이라 한다.

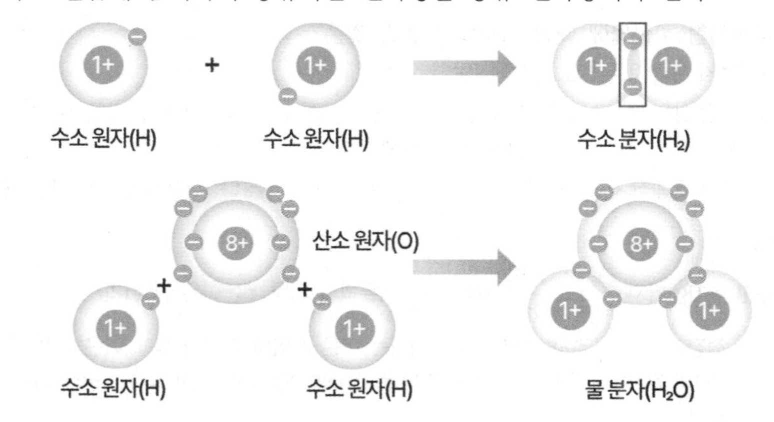

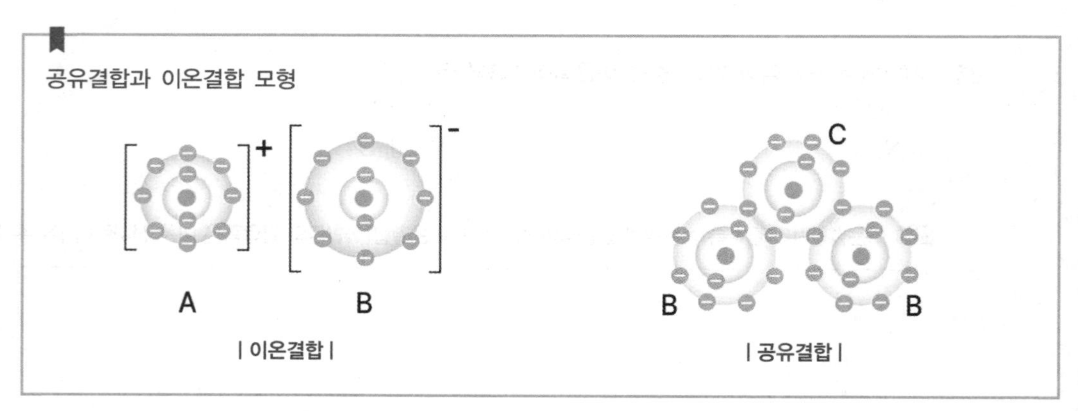

(2) 공유결합의 종류

① 단일결합 : 두 원자 사이에 한 쌍의 공유 전자쌍으로 이루어진 결합

EX HF, H_2, NH_3, CH_4 등

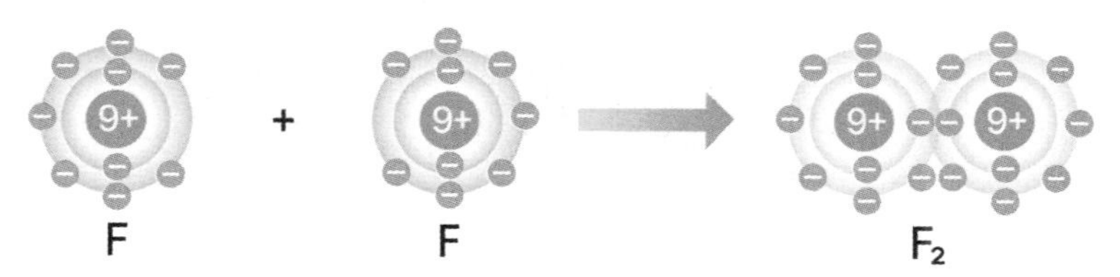

② **이중결합**: 두 원자 사이에 두 쌍의 공유 전자쌍으로 이루어진 결합

EX CO_2, O_2 등

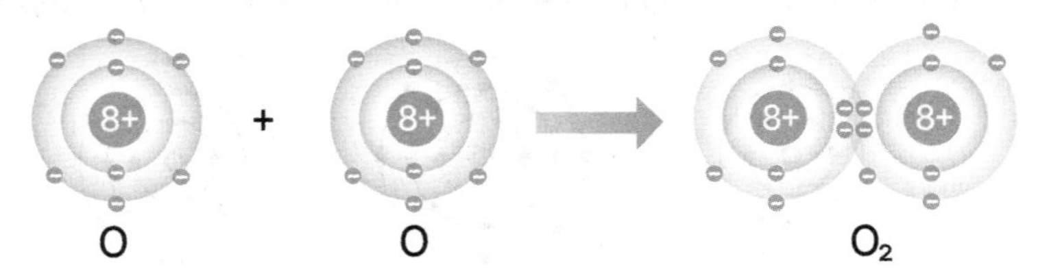

③ **삼중결합**: 두 원자 사이에 세 쌍의 공유 전자쌍으로 이루어진 결합

EX HCN, N_2 등

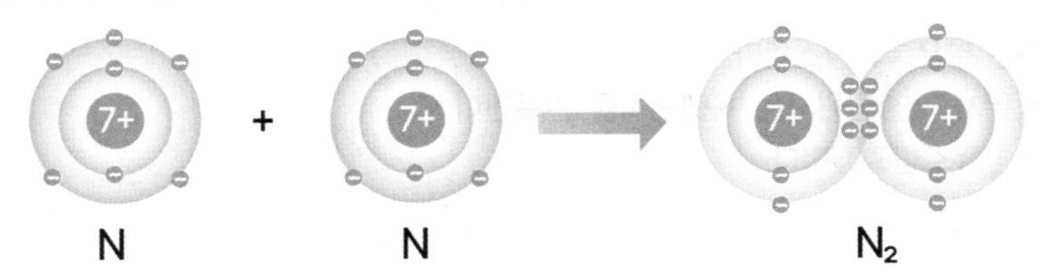

(3) 공유결합의 형성과 에너지 변화

① 분자를 이루는 원자들 사이에는 반발력과 정전기적 인력이 동시에 영향을 준다.

② 떨어져 있던 두 원자의 거리가 가까워지면서 인력이 작용하여 에너지가 낮아진다.

③ 두 원자의 거리가 너무 가까우면 반발력이 작용하여 에너지가 높아진다.

④ 정전기적 인력과 반발력이 균형을 이루는 거리에서 공유결합이 형성된다.

수소원자의 공유결합 형성

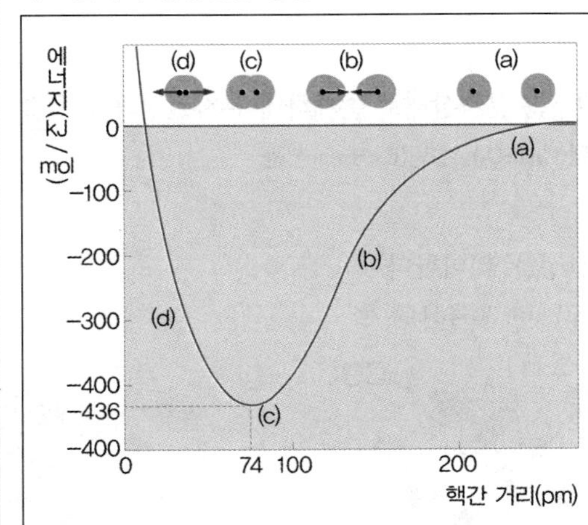

(a): 서로 멀리 떨어져 있으면 인력이나 반발력이 거의 작용하지 않기 때문에 에너지는 0이다.

(b): 핵 간 거리가 가까워지면 인력의 작용으로 인해 에너지가 점점 작아진다.

(c): 핵 간 거리가 74pm일 때 에너지가 가장 낮아 안정하여 공유결합이 형성되면서 436kJ/mol의 에너지가 방출된다.

(d): 핵 간 거리가 너무 가까워지면 반발력이 작용하여 에너지가 높아지면서 불안정해진다.

- **결합길이**: 두 원자가 공유결합을 이룰 때 원자핵 간의 거리를 의미한다.
- **결합에너지**: 1mol의 기체분자에서 원자 사이의 공유결합을 끊어 기체상태의 원자로 만들 때 필요한 에너지를 의미한다(=분자 내에서 원자 간의 결합을 형성할 때 안정해지면서 방출하는 에너지를 의미한다). 결합에너지가 클수록 결합이 강하다(결합을 끊기 위해 필요한 에너지 = 결합하기 위해 필요한 에너지).

예제

그림은 원자 A~C의 전자 배치 모형이다. 이에 대한 설명 중 〈보기〉에서 옳은 것을 모두 고른 것은?

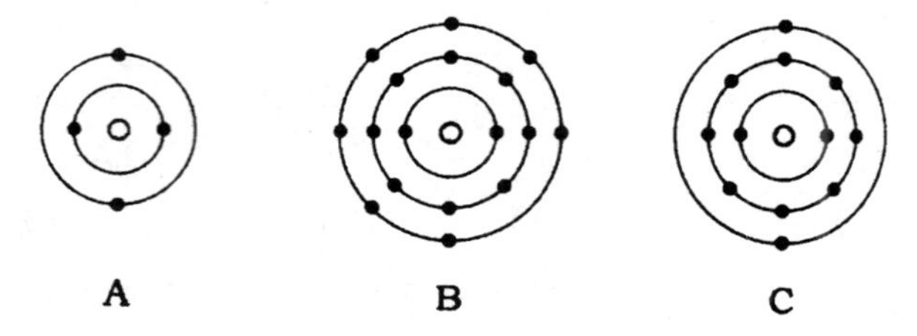

〈보 기〉

ㄱ. A와 C는 같은 족 원소이다.
ㄴ. AB_2는 분자의 중심원자는 옥텟규칙을 만족한다.
ㄷ. CB_2는 공유결합물질이다.

① ㄱ　　② ㄴ
③ ㄱ, ㄷ　　④ ㄱ, ㄴ

정답 ①

풀이 A : $_4Be$, B : $_{17}Cl$, C : $_{12}Mg$
ㄱ. A(Be)와 C(Mg)는 원자가 전자 수가 2개로 같은 족 원소이다.
ㄴ. AB_2($BeCl_2$)는 분자의 중심원자는 옥텟규칙을 만족하지 않는다.
ㄷ. CB_2($MgCl_2$)는 금속 + 비금속 결합으로 이온결합물질이다.

2 공유결합 화합물

원자들의 공유결합을 통해 형성된 물질로 대부분 분자상태로 존재하며 분자결정과 공유결정이 있다.

EX 이산화탄소(CO_2), 물(H_2O), 메테인(CH_4), 포도당($C_6H_{12}O_6$), 설탕($C_{12}H_{22}O_{11}$) 등

(1) 분자결정

분자가 규칙적으로 배열되어 형성된 결정을 의미한다.

EX 드라이아이스(CO_2), 설탕($C_{12}H_{22}O_{11}$), 아이오딘(I_2), 얼음(H_2O) 등

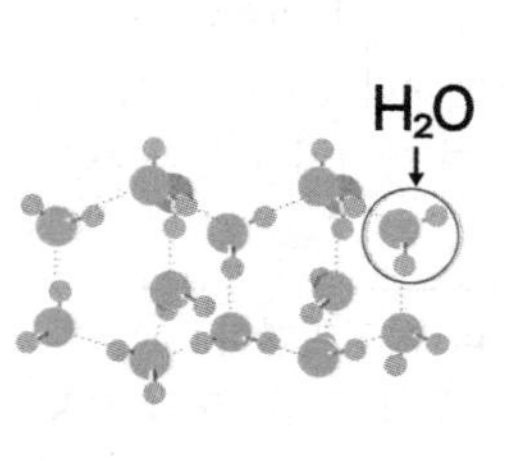

| 얼음(H_2O) |

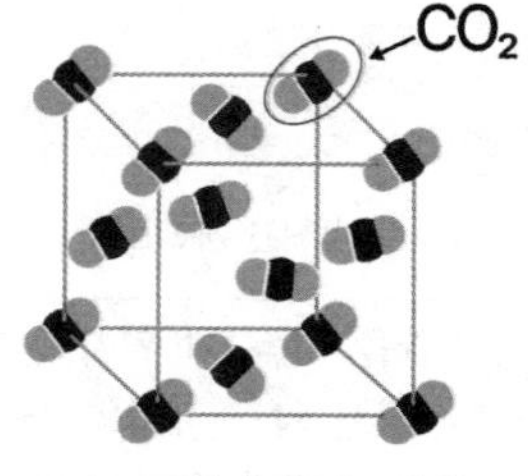

| 드라이아이스(CO_2) |

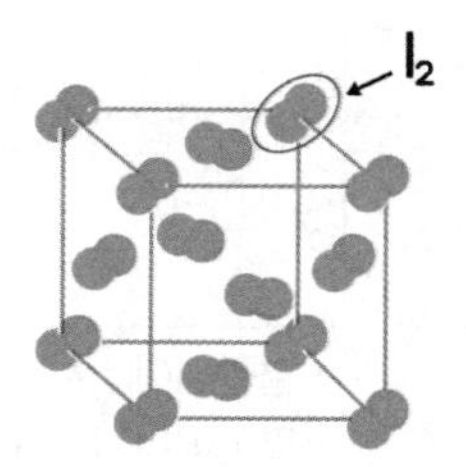

| 아이오딘(I_2) |

(2) 공유결정(원자결정)

원자들의 연속적인 공유결합으로 이루어진 그물 모양의 결정이다.

EX 다이아몬드(C), 흑연(C), 석영(SiO_2) 등

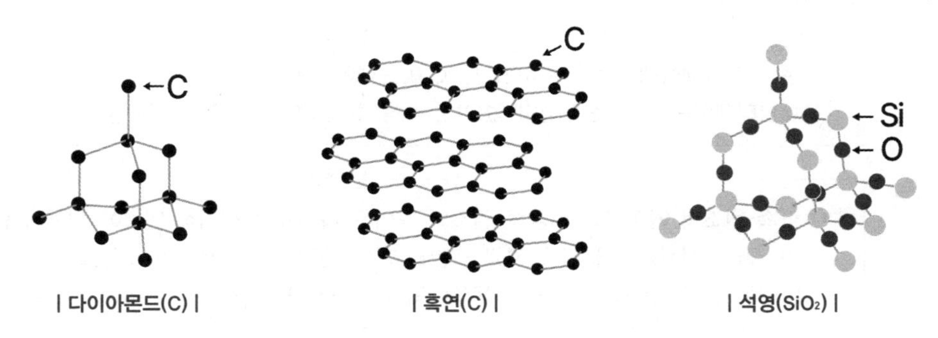

| 다이아몬드(C) | | 흑연(C) | | 석영(SiO_2) |

3 공유결합 화합물의 성질

(1) 결정의 부스러짐

공유결정은 분자 간의 결합력이 강해 단단하나 분자결정은 분자 간의 인력이 약해 쉽게 부스러진다.

(2) 물에 대한 용해성

대부분 물에 녹지 않으나, HCl, NH_3 등과 같이 일부 물에 녹아 이온화되는 물질도 있다.

(3) 전기 전도성

① 공유결합은 전자가 원자핵의 인력으로 결합되어 있거나 공유되어 있어 이동할 수 없다. 따라서 고체와 액체상태에서 전기 전도성이 없다.

② 흑연, 탄소나노튜브, 그래핀 등은 공유결합으로 이루어져 있으나 고체상태에서 전기 전도성이 있다.

(4) 녹는점과 끓는점

① 공유결정은 원자 간의 결합력이 강하여 녹는점과 끓는점이 높아 상온에서 대부분 고체로 존재한다.

② 분자결정은 원자 간의 결합력이 약하여 녹는점과 끓는점이 대체로 낮아 상온에서 대부분 액체나 기체상태로 존재한다.

예제

다음은 어떤 물질의 특징을 나타낸 것이다. 이 물질이 만들어지는 결합에 대한 설명으로 옳은 것만을 보기에서 고른 것은?

〈특 징〉

- 상온에서 고체상태이며 부서지기 쉽고, 녹는점이 높다.
- 고체상태에서는 전기 전도성이 없으나, 수용액 상태에서는 전기 전도성이 있다.

〈보 기〉

ㄱ. 금속 원소의 양이온과 비금속 원소의 음이온 사이의 정전기적 인력에 의해 결합을 형성한다.
ㄴ. 원소들이 전자를 내놓아 전자쌍을 만들고 이 전자쌍을 공유하여 결합을 형성한다.
ㄷ. 양이온과 음이온의 인력과 반발력에 의한 에너지가 가장 낮은 거리에서 결합이 형성된다.

① ㄱ
② ㄴ
③ ㄴ, ㄷ
④ ㄱ, ㄷ

정답 ④

풀이 이온결합물질의 성질이다.
ㄱ. 이온결합이 형성되는 과정이다.
ㄴ. 공유결합이 형성되는 과정이다.
ㄷ. 양이온과 음이온 사이의 전기적 인력과 반발력에 의한 에너지가 가장 낮은 거리에서 이온결합이 형성되며 가장 안정한 상태가 된다.

제2절 I 금속결합

1 금속결합

(1) 금속의 양이온과 자유전자와의 정전기적 인력에 의한 결합을 금속결합이라 한다.

(2) **자유전자**: 금속에서 떨어져 나온 전자가 금속 양이온들 사이를 자유롭게 이동하는데 이 전자를 자유전자라고 한다.

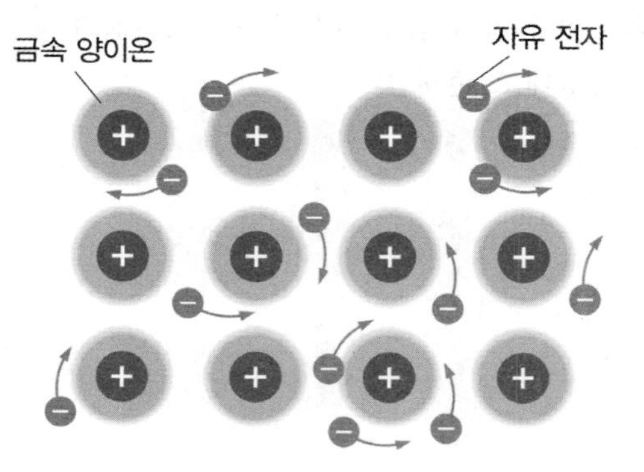

| 금속결정의 자유전자 모형 |

> **전자바다모델**
> - 금속 이온들은 비편재화된 전자들과 정전기적 인력에 의해 결합된 상태로 되어 있으며, 금속 양이온은 전자의 바다에 빠져 있는 것과 같은 형태로 "전자바다모델"로 불린다.
> - 비편재화된 전자란 하나의 원자나 결합에 속해 있지 않고 고리구조 내 결합의 어디든지 존재할 가능성이 있는 전자를 의미한다.

2 금속결정

금속결합으로 금속원자가 규칙적으로 배열된 결정(고체)

3 금속결합물질의 성질

금속결합물질의 특성은 자유전자에 의해 나타나게 된다.

(1) 광택

금속 표면의 자유전자가 빛을 흡수하고 방출하여 은백색의 광택을 나타낸다.

(2) 열 전도성과 전기 전도성

자유전자의 자유로운 이동으로 열 전도성과 전기 전도성이 크다.

(3) 연성(뽑힘성)과 전성(펴짐성)

외부의 힘에 금속의 모양이 변해도 자유전자의 자유로운 이동성으로 금속결합이 유지되어 연성과 전성이 좋다.

(4) 녹는점과 끓는점

금속 양이온과 자유전자 사이에 강한 정전기적 인력으로 결합력이 강해 끓는점과 녹는점이 높아 대부분 상온에서 고체상태로 존재한다(단, 수은은 예외).

> **녹는점으로 비교한 결합의 세기**
> - 공유결합 : 원자 사이의 공유결합으로 녹는점이 매우 높다(단, 설탕은 분자결정으로 녹는점이 매우 낮다).
> - 이온결합 : 양이온과 음이온의 정전기적 인력에 의한 결합으로 녹는점이 높다.
> - 금속결합 : 금속의 양이온과 자유전자 사이의 정전기적 인력에 의한 결합으로 녹는점이 비교적 높다.
> - 결합의 세기 : 공유결합 > 이온결합 > 금속결합

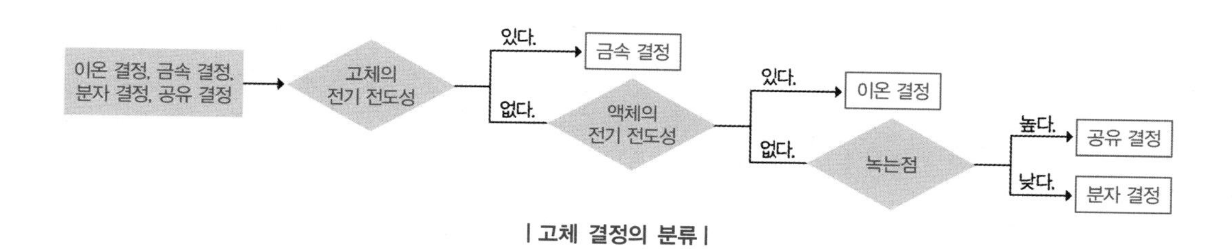

| 고체 결정의 분류 |

예제

구리(Cu), 염화나트륨(NaCl), 다이아몬드(C) 등 3가지 물질에 대한 설명 중 옳은 것을 〈보기〉에서 고른 것은?

〈보 기〉

ㄱ. Cu(s)는 연성(뽑힘성)이 있다.
ㄴ. NaCl(l)은 전기 전도성이 있다.
ㄷ. C(s, 다이아몬드)를 구성하는 원자는 공유결합을 하고 있다.

① ㄱ　　② ㄴ
③ ㄱ, ㄴ　　④ ㄱ, ㄴ, ㄷ

정답 ④

풀이 ㄱ. Cu(s)는 금속결합이므로 자유전자가 존재하여 변형이 비교적 자유롭기 때문에 연성(뽑힘성)이 있다.
ㄴ. NaCl(l)은 이온결합물질로 고체상태에서는 전기 전도성이 없지만 액체와 수용액 상태에서는 전기 전도성이 있다.
ㄷ. C(s, 다이아몬드)는 비금속원소로만 이루어진 물질이므로 다이아몬드를 구성하는 원자는 공유결합을 하고 있다.

CHAPTER 03 분자의 구조와 특징

제1절 I 결합의 극성

1 전기 음성도

(1) 공유결합을 이루는 원자가 공유 전자쌍을 끌어당기는 힘의 크기를 상대적인 수치로 나타낸 값이다.

(2) 전기 음성도가 가장 큰 플루오린(F)의 전기 음성도를 4.0으로 정하고 이를 기준으로 다른 원소들의 전기 음성도 값을 정하였다.

(3) 원자핵의 전하량이 크고 원자의 크기가 작을수록 전기 음성도는 커진다.

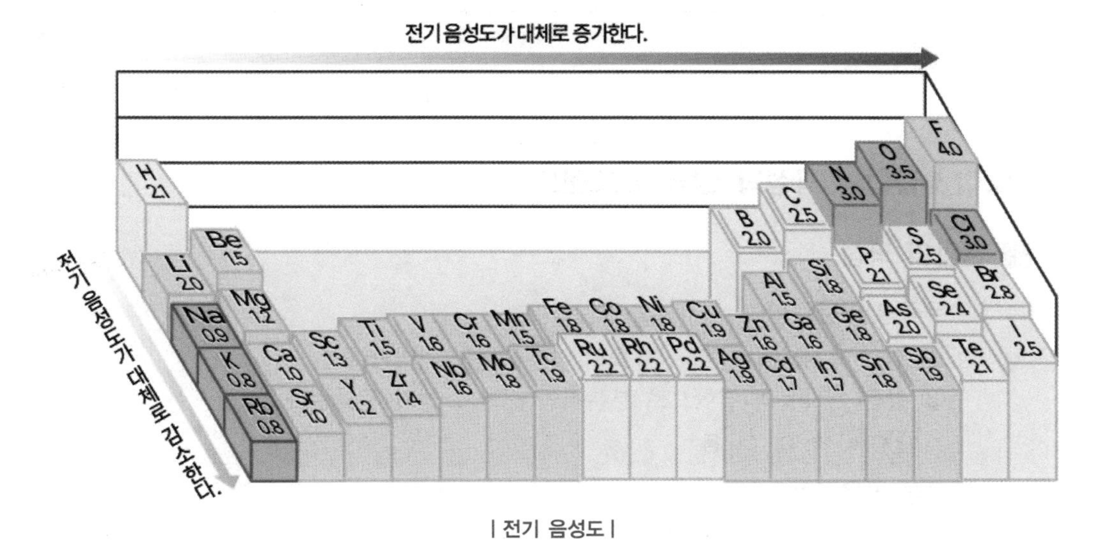

| 전기 음성도 |

2 전기 음성도의 주기적 성질

(1) 같은 주기

① 같은 주기에서 원자 번호가 커질수록 유효 핵전하는 증가하고 원자 반지름이 작아져 원자핵과 공유 전자쌍 사이의 인력이 증가하기 때문에 전기 음성도는 대체로 커진다.

EX C(2.5) < N(3.0) < O(3.5) < F(4.0)

② 2주기 원소는 3주기 같은 족 원소보다 전기 음성도가 크다.

(2) 같은 족

① 같은 족에서 원자 번호가 커질수록 전자껍질이 증가하고 원자 반지름이 커져 원자핵과 공유 전자쌍 사이의 인력이 감소하기 때문에 전기 음성도는 대체로 작아진다.

EX F(4.0) > Cl(3.0) > Br(2.8) > I(2.5)

② 17족 원소들은 1족 원소들보다 전기 음성도가 크다.

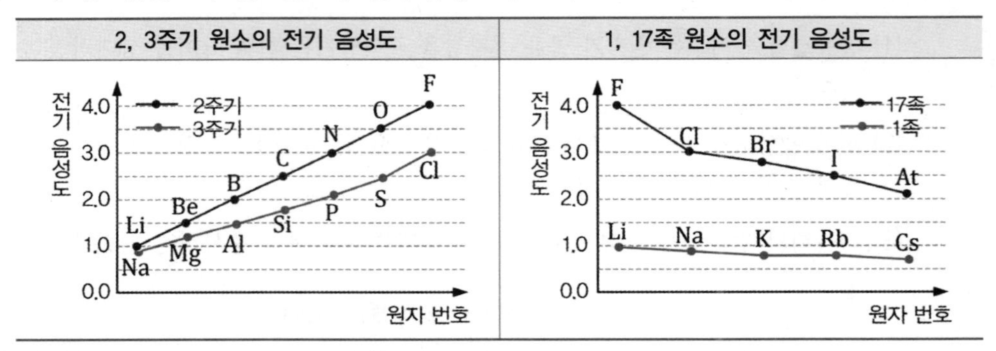

제2절 I 결합의 극성과 쌍극자 모멘트

1 결합의 극성

(1) 무극성 공유결합

① 전기 음성도가 같은 원자들의 공유결합을 의미한다.

② 같은 원자들의 결합으로 부분적인 전하가 생기지 않는다.

EX H_2, N_2, O_2, Cl_2 등

(2) 극성 공유결합

① 전기 음성도가 다른 원자들의 공유결합을 의미한다.

② 서로 다른 원자들의 결합으로 전기 음성도의 차이로 공유 전자쌍이 한쪽으로 치우쳐져 부분적인 전하가 생긴다.

③ 전기 음성도가 큰 원자는 부분적인 음전하(δ^-), 전기 음성도가 작은 원자는 부분적인 양전하(δ^+)를 갖는다.

EX HCl, H_2O, CH_4, CO_2, NH_3 등

2 결합의 극성과 전기 음성도 차이

(1) 두 원자의 전기 음성도 차이가 클수록 결합의 극성이 커진다.

공유결합	H(2.1)−H(2.1)	C(2.5)−H(2.1)	N(3.0)−H(2.1)	O(3.5)−H(2.1)	F(4.0)−H(2.1)
전기 음성도 차이	0	0.4	0.9	1.4	1.9
결합의 극성	무극성	← 극성이 작다.		극성이 크다. →	

(2) 전기 음성도 차이가 매우 큰 경우 전기 음성도가 큰 쪽으로 전자가 완전히 이동하여 이온결합을 형성한다.

전기 음성도	차이가 없다.	차이가 작다.	차이가 크다.
결합의 종류	무극성 공유결합	극성 공유결합	이온결합
전자의 치우침 모형	X:X 공유 전자쌍이 치우치지 않는다.	δ^+ X: Y δ^- 공유 전자쌍이 치우친다.	M^+ Y^- 전자가 완전히 이동한다.
	← 공유 결합성이 커진다		이온 결합성이 커진다 →

3 쌍극자와 쌍극자 모멘트

(1) 쌍극자

극성 공유결합을 이루는 분자 안에 존재하는 부호가 반대이고 크기가 같은 두 전하를 쌍극자라고 한다.

(2) 쌍극자 모멘트(μ)

① 결합하는 두 원자의 전하량과 두 전하 사이의 거리를 곱하여 계산하며 결합의 극성 정도를 나타내는 물리량이다[쌍극자 모멘트(μ) = q(전하량) × r(두 전하 사이의 거리)].

② 무극성 공유결합의 경우 쌍극자 모멘트는 "0"이며 극성이 강할수록 0보다 커진다.

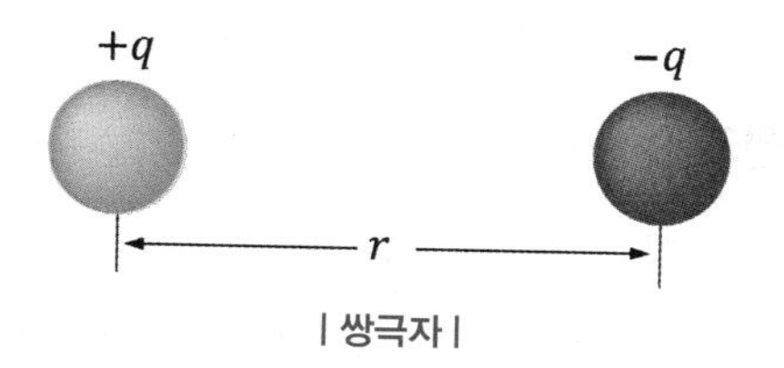

| 쌍극자 |

③ 쌍극자 모멘트(μ)의 크기

$$\mu = q \times r$$

(3) 쌍극자 모멘트의 표현

부분적인 양전하(+)를 띠는 원자에서 부분적인 음전하(-)를 띠는 원자 쪽으로 화살표가 향하도록 표시한다.

구분	물(H_2O)	이산화탄소(CO_2)	암모니아(NH_3)
전기 음성도	$H < O$	$C < O$	$H < N$
쌍극자 모멘트의 표시	δ^- O, δ^+ H, δ^+ H	δ^- O, δ^+ C, δ^- O	δ^- N, δ^+ H, δ^+ H, δ^+ H

제3절 I 루이스 전자점식

1 루이스 전자점식

화학결합을 간단하게 나타내기 위하여 원소 기호 주위에 원자가 전자를 점으로 나타낸 식이다.

2 원자의 루이스 전자점식

(1) 원소 기호의 상하좌우에 원자가 전자를 1개씩 그린 후 다섯 번째 전자부터 쌍을 이루도록 그린다.

전자쌍
홀전자

(2) 홀전자: 원자가 전자 중에서 쌍을 이루지 않은 전자로 화학결합에 참여하여 쌍을 이룬다.

(3) 같은 족 원소는 루이스 전자점식이 같다(원자가 전자 수가 같음).

	1족	2족	13족	14족	15족	16족	17족
1주기	H•						
2주기	Li•	•Be•	•B•	•C•	•N•	:O•	:F•
3주기	Na•	•Mg•	•Al•	•Si•	•P•	:S•	:Cl•

같은 족 원소는 원자가 전자 수가 같으므로 루이스 전자점식이 같다.

3 분자의 루이스 전자점식

(1) 공유 전자쌍: 공유결합에 참여하는 전자의 쌍

(2) 비공유 전자쌍: 공유결합에 참여하지 않고 한 원자에 속하여 있는 전자의 쌍

(3) 분자의 루이스 전자점식은 공유 전자쌍을 원소 기호 사이에, 비공유 전자쌍은 각 원소 기호 주위에 표시한다.

공유 전자쌍 비공유 전자쌍

H• + •Ö: + •H → H:Ö:
H

수소 원자 산소 원자 수소 원자 물 분자

(4) 루이스 구조식: 공유 전자쌍은 "—"(결합선)으로 표현하고 비공유 전자쌍은 그대로 표현하거나 생략하여 공유결합을 편리하게 나타낸 식이다.

① 단일결합: 결합선 1개(−)로 나타낸다.

구분	플루오린화 수소 (HF)	플루오린 (F_2)	물 (H_2O)	암모니아 (NH_3)	메테인 (CH_4)
루이스 전자점식	H:F: (F 주위 비공유 전자쌍 3개)	:F:F: (각 F 주위 비공유 전자쌍 3개)	H:O: / H (O 아래 H)	H:N:H / H (N 아래 H)	H / H:C:H / H
루이스 구조	H−F	F−F	H−O / H (O 아래 H)	H−N−H / H (N 아래 H)	H / H−C−H / H

② 다중결합: 2중 결합은 결합선 2개(=), 3중 결합은 결합선 3개(≡)로 나타낸다.

구분	산소 (O_2)	질소 (N_2)	이산화탄소 (CO_2)	사이안화 수소 (HCN)	에타인 (C_2H_2)
루이스 전자점식	:Ö::Ö:	:N⋮⋮N:	Ö::C::Ö	H:C⋮⋮N:	H:C⋮⋮C:H
루이스 구조	O=O	N≡N	O=C=O	H−C≡N	H−C≡C−H

4 이온의 루이스 전자점식

(1) 원자의 루이스 전자점식에서 이온의 전하만큼 전자점을 더하거나 빼서 표시한다.

(2) 양이온과 음이온을 구분하기 위해 대괄호([ ])를 사용하고, 대괄호의 오른쪽 위에 이온의 전하를 표시한다.

구분	플루오린화 나트륨(NaF)	산화 마그네슘(MgO)	염화 칼슘($CaCl_2$)
루이스 전자점식	$[Na]^+[:\ddot{F}:]^-$	$[Mg]^{2+}[:\ddot{O}:]^{2-}$	$[:\ddot{Cl}:]^-[Ca]^{2+}[:\ddot{Cl}:]^-$
구분	염화 칼륨(KCl)	산화 칼슘(CaO)	산화 리튬(Li2O)
루이스 전자점식	$[K]^+[:\ddot{Cl}:]^-$	$[Ca]^{2+}[:\ddot{O}:]^{2-}$	$[Li]^+[:\ddot{O}:]^{2-}[Li]^+$

예제

01 원자 간 결합이 다중 공유결합으로 이루어진 물질은?

① KBr
② Cl_2
③ NH_3
④ O_2

정답 ④

02 그림은 분자 (가)와 (나)의 루이스 전자점식을 나타낸 것이다.

(가)	(나)
H:C:H (C 위·아래 H)	H:C::C:H (각 C 위 H)

이에 대한 설명으로 틀린 것은?

① (나)는 단일결합으로 이루어진 화합물이다. ② (나)에는 무극성 공유결합이 있다.
③ (가)의 분자 모양은 정사면체형이다. ④ 결합각 ∠HCH는 (나) > (가)이다.

정답 ①

풀이 ① (나)는 이중결합이 포함된 화합물이다.
(가)는 정사면체 구조의 메탄 CH_4이고 결합각은 109.5°이다.
(나)는 평면삼각형 구조의 에틸렌 C_2H_4이고 결합각은 약120°이다.

형식전하

- 원자의 원자가 전자 수에서 루이스 구조에 의해 할당된 전자 수를 뺀 값을 의미한다.
- 형식전하 = 원자가 전자 수 − 비공유 전자쌍의 전자 수 − [0.5 × 공유 전자쌍의 전자 수]
  = 원자가 전자 수 − 해당 원자에 속한 전자 수
- 형식전하가 "0"에 가까울수록 안정한 상태이다.

예제

다음 SO_2 분자의 루이스 구조에서 각 원자의 형식전하를 모두 더한 값은 얼마인가?

:Ö—S̈=Ö: (O−S=O)

① 2 ② 1 ③ 0 ④ -1

정답 ③

풀이 형식전하 = 원자가 전자 수 − 비공유 전자쌍의 전자 수 − [0.5 × 공유 전자쌍의 전자 수]
= 원자가 전자 수 − 해당 원자에 속한 전자 수

	:Ö—S̈=Ö:		
	왼쪽 O	S	오른쪽 O
원자가 전자 수	6	6	6
비공유 전자쌍의 전자 수	6	2	4
0.5 × 공유 전자쌍의 전자 수	0.5 × 2	0.5 × 6	0.5 × 4
형식전하	−1	+1	0

형식전하를 모두 더하면 0이다.

제4절 I 분자 구조

1 전자쌍 반발 이론

중심원자 주위의 전자쌍들은 같은 음전하를 띠고 있어 반발력이 작용한다. 이로 인해 서로 가장 멀리 떨어져 반발력이 최소가 되는 지점에 위치하려 한다는 이론이다.

(1) 공유결합 모형

반발력의 크기로 공유결합의 모형을 예측할 수 있다.

전자쌍의 수	2	3	4
전자쌍의 배치	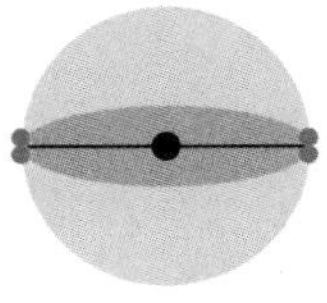	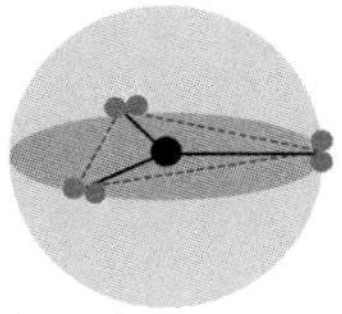	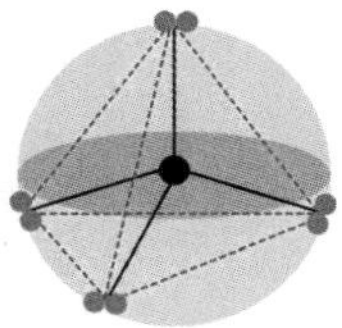
결합각	180°	120°	109.5°
분자의 구조	선형	평면삼각형	정사면체

(2) 전자쌍의 반발력 크기

비공유 − 비공유 전자쌍 사이의 반발력 > 비공유 − 공유 전자쌍 사이의 반발력 > 공유 − 공유 전자쌍 사이의 반발력

2 분자 구조

(1) 이원자 분자의 구조

두 개의 원자로 이루어져 선형구조를 갖는다.

분자식	H_2	HF	O_2	N_2
루이스 전자점식	H:H	H:F̤̈:	:Ö::Ö:	:N⋮⋮N:
분자 모형과 결합각	H−H	H−F	O=O	N≡N
분자 구조	선형	선형	선형	선형

(2) 중심원자에 공유 전자쌍만 있는 경우의 분자 구조

공유 전자쌍 수	2	3	4
예	$BeCl_2$	BCl_3	CH_4
분자 모형	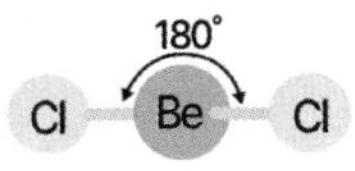 Cl Be Cl (180°)	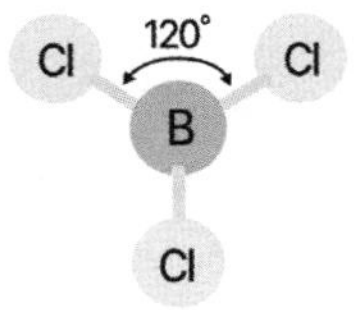 Cl Cl B Cl (120°)	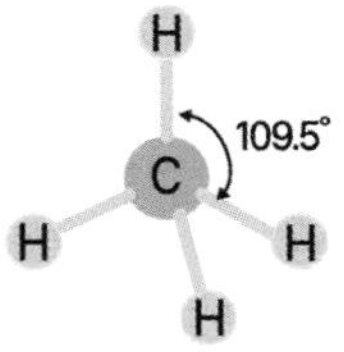 H C H H H (109.5°)

분자의 구조	선형	평면삼각형	정사면체
결합각	180°	120°	109.5°

(3) 중심원자에 비공유 전자쌍이 있는 경우의 분자 구조

분자의 구조는 비공유 전자쌍을 제외한 공유 전자쌍만으로 결정되며 전자쌍의 총수가 같을 때 비공유 전자쌍의 수가 많을수록 결합각은 작아진다.

전자쌍의 종류와 수	비공유 전자쌍 1개 + 공유 전자쌍 3개	비공유 전자쌍 2개 + 공유 전자쌍 2개
예	NH_3	H_2O
분자 모형	비공유 전자쌍, N, H, H, H, 107°	비공유 전자쌍, O, H, H, 104.5°
결합각	107°	104.5°
분자의 구조	삼각뿔	굽은형

Li·	·Be·	·B·	·C·	·N·	·O·	·F:
Li:H	H:Be:H	H:B:H (H)	H:C:H (H, H)	H:N:H (H)	H:O: (H)	H:F:
Li—H	H—Be—H	H—B—H (H)	H—C—H (H, H)	H—N—H (H)	H—O: (H)	H—F:

| 2주기 원소 화합물의 분자 모양 |

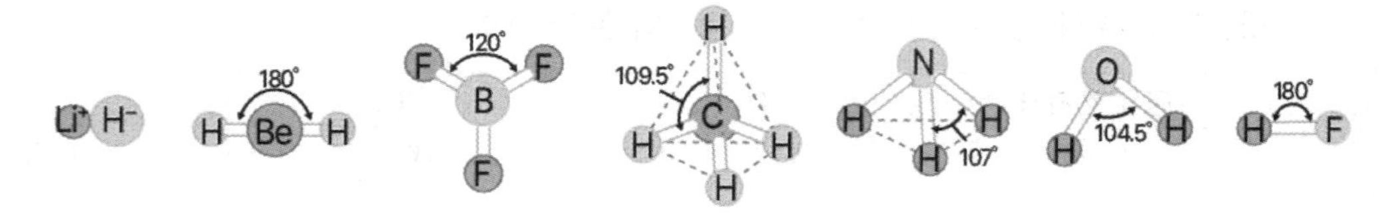

| 2주기 원소 화합물의 분자 모양 |

(4) 중심원자에 다중결합이 있는 경우의 분자 구조

① 결합 차수가 커질수록 결합길이는 짧아지고 결합의 세기는 커진다.

② 다중결합이 존재하는 경우 단일결합과 같이 취급하여 분자 구조를 예측한다.

예	CO_2	HCN	HCHO
분자 모형	:Ö=C=Ö: 180° O C O	H-C≡N: 180° H C N	:O: ‖ H-C=H O C H H 122° 116°
	선형	선형	평면삼각형

예제

전자쌍 반발 원리에 의한 화합물의 구조가 잘못 짝지어진 것은?

① PCl_5 − 삼각쌍뿔　　② NH_3 − 평면삼각형

③ SF_6 − 정팔면체　　④ CO_2 − 선형

정답 ②

풀이 NH_3는 질소 원자에 비공유 전자쌍이 1개 존재하여 삼각뿔형의 구조를 갖는다.

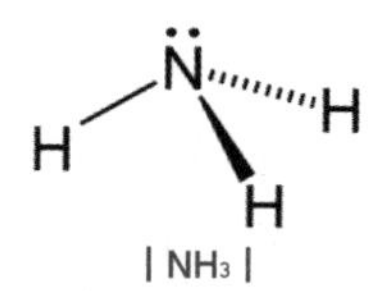

| NH_3 |

제5절 | 분자의 극성

1 무극성 분자

• 분자 안에 전하가 고르게 분포되어 부분전하를 갖지 않는 분자를 무극성 분자라 한다.

• 무극성 분자의 쌍극자 모멘트는 0이다.

(1) 이원자 분자

같은 원자로 이루어진 이원자 분자는 무극성 공유결합을 이루어 무극성 분자가 된다.

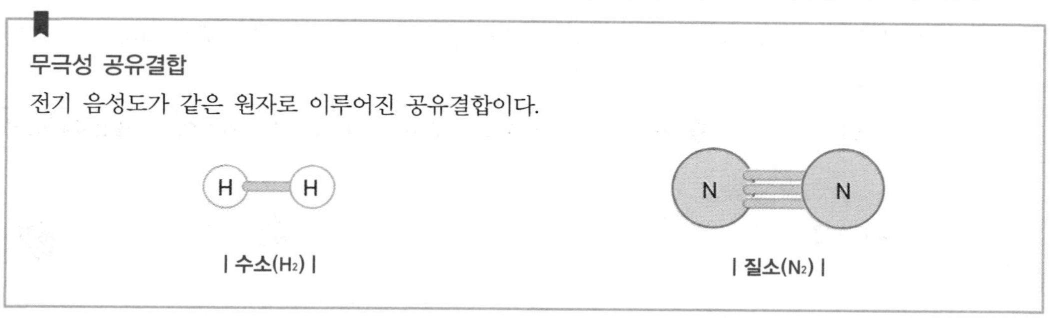

| 수소(H_2) |　　| 질소(N_2) |

(2) 다원자 분자

① 분자 내에 무극성 공유결합을 갖는 경우 쌍극자 모멘트는 “0”이 되어 무극성 분자가 된다.

② 분자 내에 극성 공유결합을 갖더라도 대칭의 구조를 이루고 있어 쌍극자 모멘트는 “0”이 되어 무극성 분자가 된다.

예	염화 베릴륨($BeCl_2$)	삼염화 붕소(BCl_3)	메테인(CH_4)	이산화탄소(CO_2)
분자 모형				
분자 구조	직선형	평면삼각형	정사면체형	직선형
	대칭 구조	대칭 구조	대칭 구조	대칭 구조
결합의 극성	Be−Cl 결합 ➡ 극성 공유결합	B−Cl 결합 ➡ 극성 공유결합	C−H 결합 ➡ 극성 공유결합	C=O 결합 ➡ 극성 공유결합
결합의 쌍극자 모멘트 합	0	0	0	0

2 극성 분자

분자 내의 전하가 부분적인 전하를 띠는 경우 쌍극자 모멘트가 0이 아니게 되므로 극성을 나타내게 된다. 이를 극성 분자라고 한다.

(1) 이원자 분자의 극성

서로 다른 원자 간의 극성 공유결합으로 형성된 분자는 극성 분자이다.

| 극성 공유결합−HF |

(2) 다원자 분자의 극성

분자의 구조가 대칭의 구조를 이루고 있지 않아 쌍극자 모멘트는 “0”이 되지 않는 분자가 극성 분자이다.

예	물(H_2O)	암모니아(NH_3)	사이안화 수소(HCN)	클로로메테인(CH_3Cl)
분자 모형				

분자 구조	굽은형 비대칭 구조	삼각뿔형 비대칭 구조	직선형 비대칭 구조	사면체형 비대칭 구조
결합의 극성	O−H ➡ 극성 공유결합	N−H ➡ 극성 공유결합	C−H, C≡N ➡ 극성 공유결합	C−H, C−Cl ➡ 극성 공유결합
결합의 쌍극자 모멘트 합	0이 아님	0이 아님	0이 아님	0이 아님

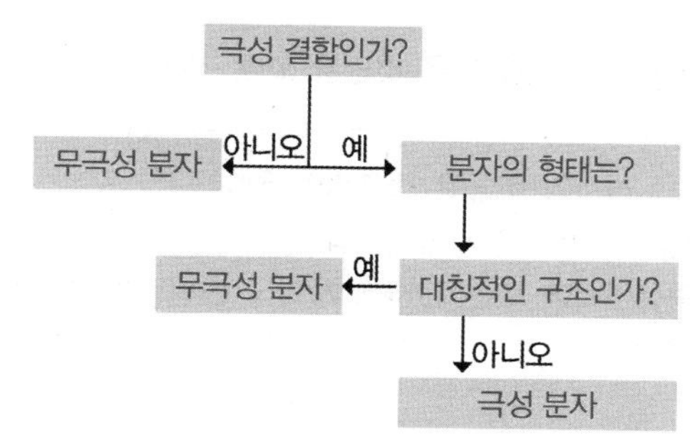

| 극성 분자와 무극성 분자의 구분 |

03

예제

01 다음 중 무극성 분자는 어떤 것인가?

① CH_3Cl　② CO_2
③ NH_3　④ H_2O

정답 ②

풀이 분자 안에 전하가 고르게 분포되어 부분전하를 갖지 않는 분자를 무극성 분자라 한다. 무극성 분자의 쌍극자 모멘트는 0이다.
① CH_3Cl : 극성, 사면체형
② CO_2 : 비극성, 선형
③ NH_3 : 극성, 삼각뿔형
④ H_2O : 극성, 굽은형

02 다음 분자들 중 쌍극자 모멘트는 0이면서 극성 결합을 갖는 것은?

① CO　② CCl_4
③ HCl　④ H_2

정답 ②

풀이 쌍극자 모멘트가 0인 경우 무극성 분자를 의미한다. 결합의 극성은 극성 공유결합이면서 분자의 극성은 무극성인 분자를 찾아야 한다.
② CCl_4 : 극성 공유결합, 무극성 분자
① CO : 극성 공유결합, 극성 분자
③ HCl : 극성 공유결합, 극성 분자
④ H_2 : 무극성 공유결합, 무극성 분자

03 그림 (가)~(다)는 3가지 화합물을 나타낸 것이다.

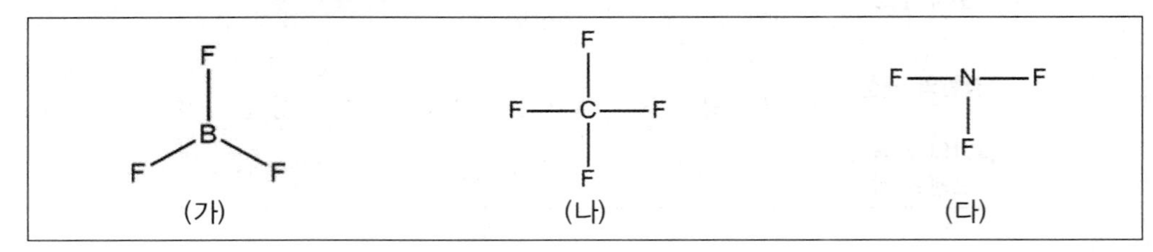

(가)~(다)에 대한 설명으로 옳은 것만을 고른 것은?

〈보 기〉

ㄱ. (가)는 중심원자에 비공유 전자쌍이 있다.
ㄴ. (나)의 분자 모양은 정사면체이다.
ㄷ. (다)의 중심원자에 있는 전자쌍 사이의 반발력의 크기는 모두 같다.

① ㄱ　　② ㄴ
③ ㄱ, ㄷ　　④ ㄱ, ㄴ, ㄷ

정답 ②

풀이 ㄱ. (가)는 중심원자에 비공유 전자쌍이 없다.
ㄷ. (다)의 중심원자에는 비공유 전자쌍이 있으며 비공유 전자쌍의 반발력이 공유 전자쌍의 반발력보다 크다.

제6절 I 분자의 성질

1 극성 분자

(1) **대전체**: 액체상태의 극성 분자는 대전체를 가까이 대면 대전체 쪽으로 끌려온다.

(2) **전기장 속에서 분자의 배열**: 기체상태의 극성 분자는 전기장에서 일정한 방향으로 배열된다.

(3) **용해도**: 극성 분자는 대부분 극성 분자에 잘 용해된다.

EX 물에 용해되는 물질: HCl, NH_3, SO_2, $NaCl$, $CuSO_4$ 등

(4) **녹는점과 끓는점**: 분자량이 비슷한 경우 극성 분자의 끓는점과 녹는점이 무극성 분자보다 높다(극성이 클수록 높다).

2 무극성 분자의 성질

(1) 대전체 : 액체상태의 무극성 분자는 대전체를 가까이 대면 대전체 쪽으로 끌려오지 않는다.

(2) 전기장 속에서 분자의 배열 : 기체상태의 무극성 분자는 전기장에서 일정한 방향으로 배열되지 않는다.

(3) 용해도 : 무극성 분자는 대부분 무극성 분자에 잘 용해된다.

EX 사염화 탄소에 용해되는 물질 : Br_2, I_2, 벤젠(C_6H_6), 헥세인(C_6H_{14}) 등

제7절 I 원자가 결합이론

1 원자가 전자

원자 간에 결합을 형성할 때 결합에 실제로 참여하는 전자의 영역을 원자가 전자라고 한다.

2 혼성화와 전자 모형

- 혼성화 : 오비탈이 합쳐지는 과정을 혼성화라고 한다.

EX 1개의 2s 오비탈 + 3개의 2p 오비탈 → 혼성화된 4개의 동등한 새로운 오비탈

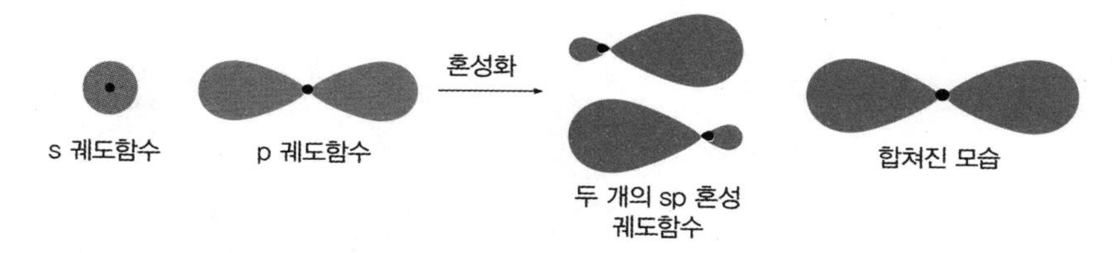

- π(파이) 결합 : 서로 평행한 2개의 p 오비탈이 측면으로 겹칠 때 전자쌍을 공유하며 형성되는 결합이다. (측면겹침)
- δ(시그마) 결합 : 서로 평행한 2개의 p 오비탈이 정면으로 겹칠 때 전자쌍을 공유하며 형성되는 결합이다.(정면겹침)

단일결합 : δ(시그마) 결합 1개
이중결합 : δ(시그마) 결합 1개 + π(파이) 결합 1개
삼중결합 : δ(시그마) 결합 1개 + π(파이) 결합 2개

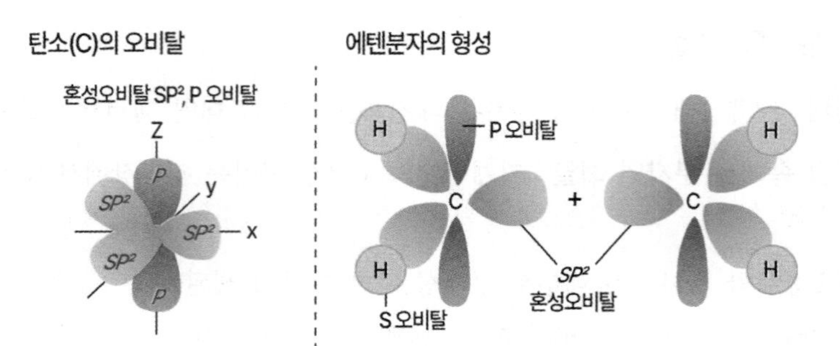

에텐분자의 결합구조

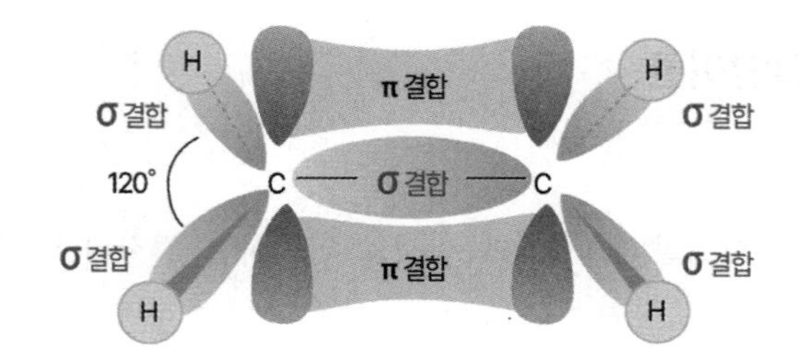

(1) sp^3 혼성

① s 오비탈 1개와 p 오비탈 3개가 혼성화하여 새로운 4개의 오비탈이 형성된다.

② 구조: 대부분 정사면체 또는 사면체 구조를 이룬다.

EX H_4, NH_3, H_2O 등

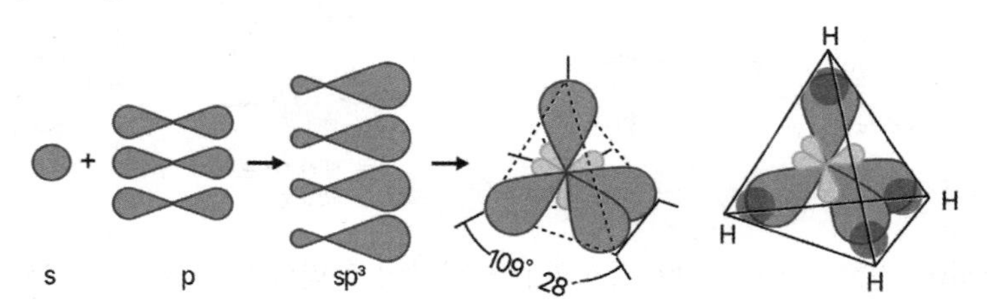

CH₄의 혼성화

- CH_4의 C가 sp^3 혼성화를 하여 4개의 sp^3 혼성 오비탈을 만든다.
- 전자가 하나씩 있는 오비탈을 사용하여 4개의 수소 s 오비탈과 각각 결합을 한다.

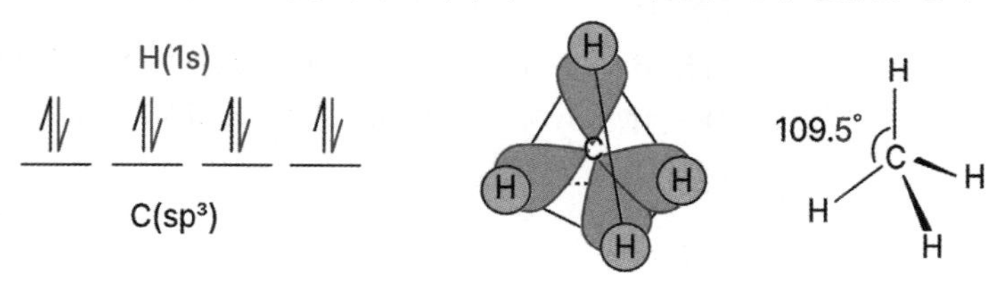

| CH_4의 혼성화 |

NH_3의 혼성화

- NH_3의 질소가 sp^3 혼성화를 하여 4개의 sp^3 혼성 오비탈을 만든다.
- 3개의 오비탈에는 전자가 하나씩 있고 1개의 오비탈에는 전자가 쌍으로 있다.
- 전자가 하나씩 있는 오비탈을 사용하여 3개의 수소 s 오비탈과 각각 결합을 한다.
- 쌍으로 있는 전자는 고립 전자쌍으로 결합에 참여하지 않는다. ➡ 비공유 전자쌍으로 존재한다.

2s ↑↓ / $2p_x$ ↑ $2p_y$ ↑ $2p_z$ ↑ → (sp^3 혼성화) → sp^3: ↑↓ ↑ ↑ ↑

H(1s)

N(sp^3): ↑↓ ↑↓ ↑↓ ↑↓

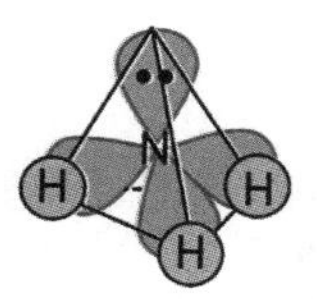

| NH_3의 혼성화 |

H_2O의 혼성화

- H_2O의 산소가 sp^3 혼성화를 하여 4개의 sp^3 혼성 오비탈을 만든다.
- 2개의 오비탈에는 전자가 하나씩 있고 2개의 오비탈에는 전자가 쌍으로 있다.
- 전자가 하나씩 있는 오비탈을 사용하여 2개의 수소 s 오비탈과 각각 결합을 한다.
- 2개 오비탈의 쌍으로 있는 전자는 고립 전자쌍으로 결합에 참여하지 않는다. ➡ 비공유 전자쌍으로 존재한다.

2s ↑↓ / $2p_x$ ↑↓ $2p_y$ ↑ $2p_z$ ↑ → (sp^3 혼성화) → sp^3: ↑↓ ↑↓ ↑ ↑

H(1s)

O(sp^3): ↑↓ ↑↓ ↑↓ ↑↓

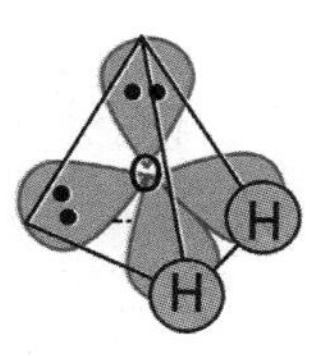

| H_2O의 혼성화 |

(2) sp^2 혼성

① s 오비탈 2개와 p 오비탈 2개가 혼성화하여 새로운 3개의 오비탈이 형성된다.

② 남아 있는 1개의 p 오비탈은 sp^2 혼성 오비탈의 평면에 수직방향으로 놓이게 된다.

③ 구조: 대부분 평면삼각형을 이룬다.

EX C_2H_4, CO_2의 산소원자 등

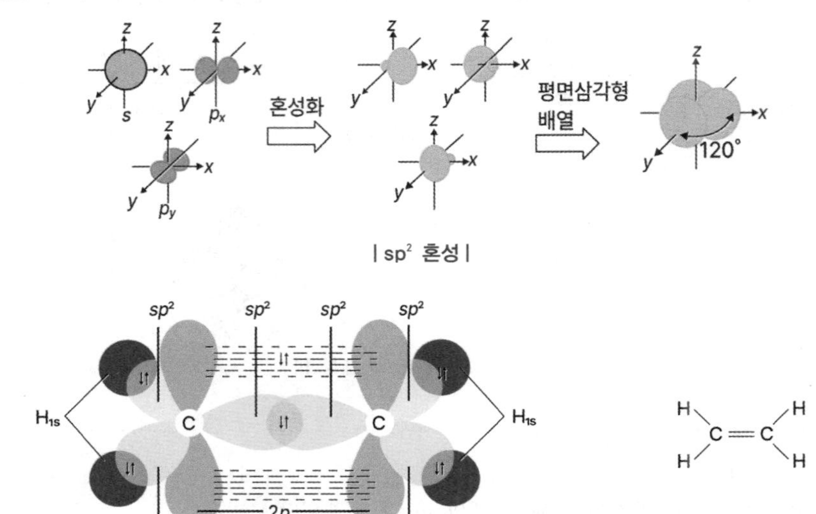

| sp^2 혼성 |

C₂H₄의 혼성화

- C_2H_4의 탄소가 sp^2 혼성화를 하여 3개의 sp^2 혼성 오비탈을 만들고 1개의 2p 오비탈을 가지고 있다.
- 남아 있는 1개의 p 오비탈은 sp^2 혼성 오비탈의 평면에 수직방향으로 놓이게 된다.
- 2개의 sp^2 혼성 오비탈은 2개의 수소 s 오비탈과 σ-결합을 하고 1개의 sp^2 혼성 오비탈은 C와 정면으로 σ-결합을 한다.
- 각 탄소에 남아 있는 1개의 p 오비탈은 서로 겹쳐져 π-결합을 형성한다.
- 탄소와 탄소의 결합은 1개의 σ-결합과 1개의 π-결합으로 이루어져 이중결합으로 존재한다.

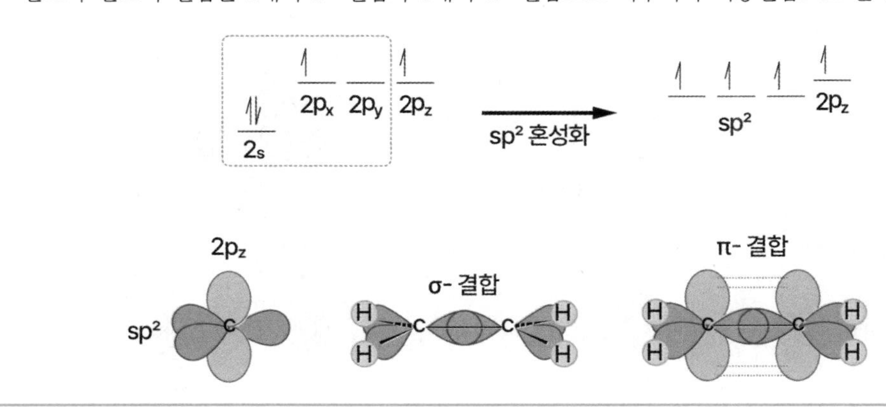

(3) sp 혼성

① s 오비탈 1개와 p 오비탈 1개가 혼성화하여 새로운 2개의 오비탈이 형성된다.

② 구조: 대부분 선형을 이룬다.

EX C_2H_2, N_2, CO_2의 탄소원자 등

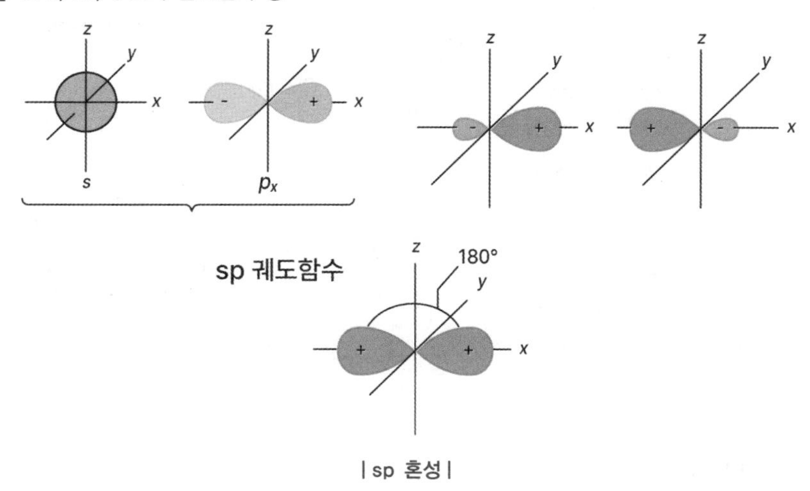

| sp 혼성 |

C_2H_2의 혼성화

- C_2H_2의 탄소가 sp 혼성화를 하여 2개의 sp 혼성 오비탈을 만들고 2개의 2p 오비탈을 가지고 있다.
- 남아 있는 2개의 p 오비탈은 sp 혼성 오비탈이 만드는 직선에 90°를 이루게 된다.
- 1개의 sp 혼성 오비탈은 1개의 수소 s 오비탈과 σ－결합을 하고 1개의 sp 혼성 오비탈은 C와 정면으로 σ－결합을 한다.
- 각 탄소에 남아 있는 2개의 p 오비탈은 서로 겹쳐져 π－결합을 형성한다. 이때 두 개의 π－결합은 서로 90°를 이룬다.
- 탄소와 탄소의 결합은 1개의 σ－결합과 2개의 π－결합으로 이루어져 삼중결합으로 존재한다.

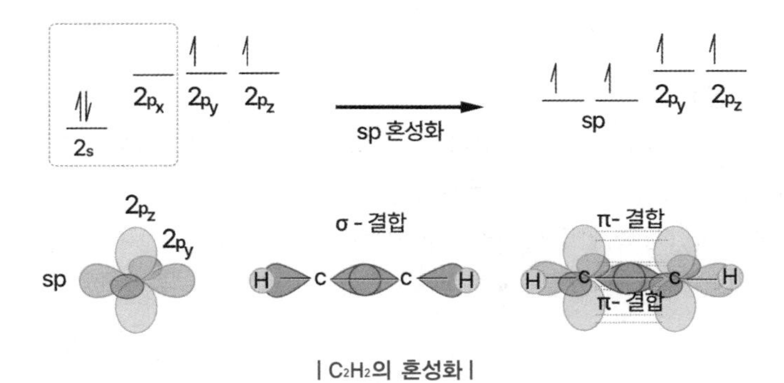

| C_2H_2의 혼성화 |

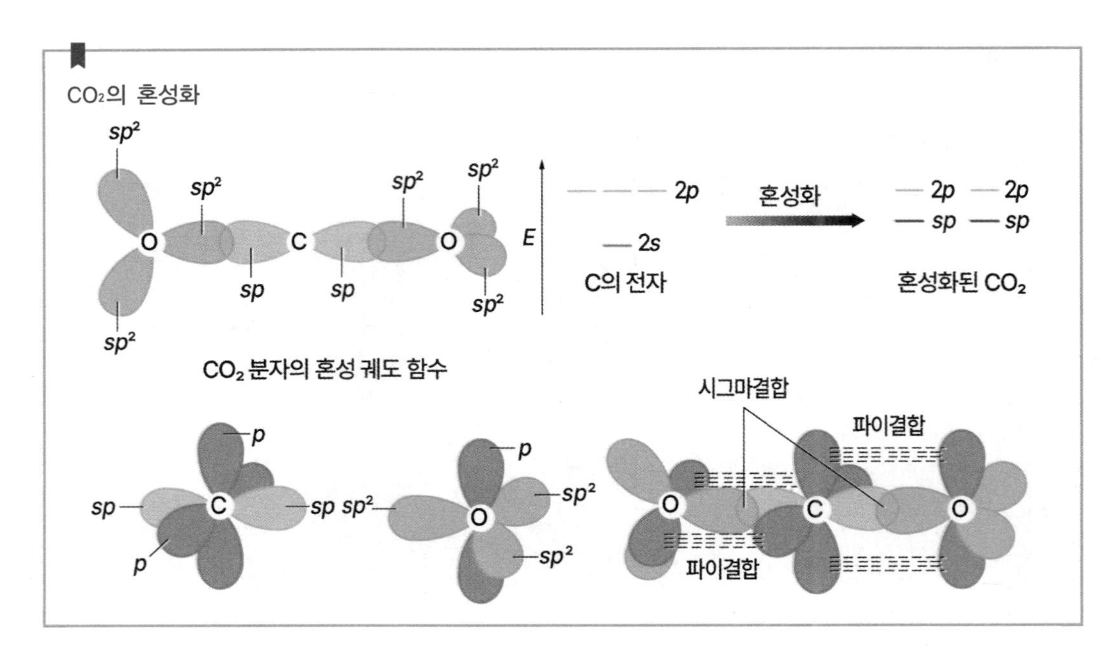

(4) dsp^3 혼성화

① s 오비탈 1개와 p 오비탈 3개, d 오비탈 1개가 혼성화되어 수평방향의 3개의 혼성 오비탈과 축방향의 2개의 혼성 오비탈이 형성되는 형태이다.

② 구조: 삼각쌍뿔 구조를 이룬다.

EX PCl_5 등

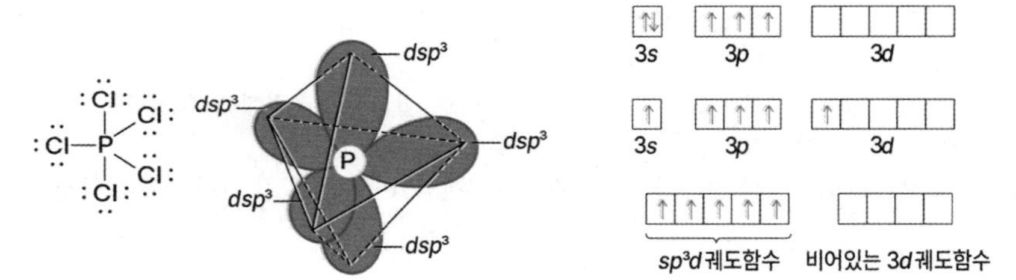

(5) d^2sp^3 혼성화

① s 오비탈 1개와 p 오비탈 3개, d 오비탈 2개가 혼성화되어 동등한 에너지와 모양의 6개의 혼성 오비탈을 형성하는 형태이다.

② 구조: 사각쌍뿔(팔면체) 구조를 이룬다.

EX SF_6

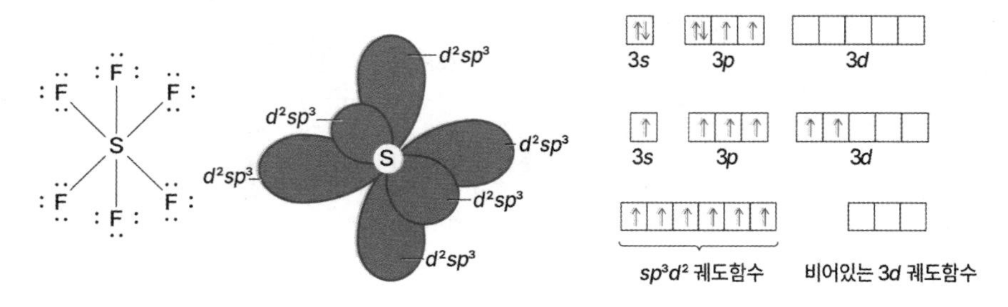

혼성화와 분자 모양

화합물	NH_3	H_2O	$BeCl_2$	BF_3	CH_4
혼성 오비탈	sp^3	sp^3	sp	sp^2	sp^3
분자 구조	삼각뿔형	굽은형	직선형	평면삼각형	사면체형
중심원자의 공유 전자쌍	3	2	2	3	4
중심원자의 비공유 전자쌍	1	2	0	0	0
결합각	107°	104.5°	180°	120°	109.5°
극성 유무	극성	극성	무극성	무극성	무극성

예제

01 아세트알데하이드(acetaldehyde)에 있는 두 탄소(ⓐ와 ⓑ)의 혼성 오비탈을 옳게 짝지은 것은?

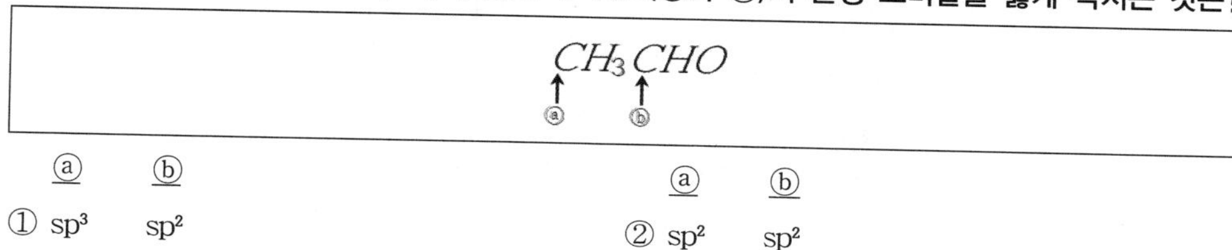

	ⓐ	ⓑ
①	sp^3	sp^2
②	sp^2	sp^2
③	sp^3	sp
④	sp^3	sp^3

정답 ①

풀이

```
    H    O
 sp³|  sp²//
H — C — C
    |    \
    H     H
```

02 원자가 결합 이론에 근거한 NO에 대한 설명으로 옳지 않은 것은?

① NO는 각각 한 개씩의 σ결합과 π결합을 가진다.

② NO는 O에 홀전자를 가진다.

③ NO의 형식전하의 합은 0이다.

④ NO는 O_2와 반응하여 쉽게 NO_2로 된다.

정답 ②

풀이 ② NO는 N에 홀전자를 가진다.

$\dot{N}=\ddot{O}$

① NO는 각각 한 개씩의 σ결합과 π결합을 가진다.

이중결합 : δ(시그마) 결합 1개 + π(파이) 결합 1개를 가진다.

③ NO의 형식전하의 합은 0이다.

형식전하 = 원자가 전자 수 − 비결합 전자 수 − (결합 전자 수/2)

(1) 각 원자의 원자가 전자 수의 합을 구한다.

N + O = 5 + 6 = 11

(2) 화합물의 기본 골격 구조를 그린다.

N − O

11 − 2 = 9 (단일결합으로 전자 2개 소모)

(3) 주위 원자들이 팔전자 규칙에 맞도록 전자를 한 쌍씩 그린다.

N − O(6)

(참고 : 원자 다음 괄호 안의 숫자 = 그 원자의 비공유 전자의 개수)

9 − 6 = 3 (산소 주위에 6개 전자 배치하여 전자 6개 소모)

(4) 중심원자도 팔전자 규칙에 맞도록 그린다.

N(3) − O(6) : 단일결합으로 산소 옥텟규칙 만족

N(3) = O(4) : 이중결합으로 산소 옥텟규칙 만족

N(4) = O(3) : 이중결합으로 질소 옥텟규칙 만족

구분	$\dot{\underset{..}{N}}=\ddot{\underset{..}{O}}$		$\ddot{\underset{..}{N}}=\dot{\underset{..}{O}}$	
	N	O	N	O
원자가 전자 수	5	6	5	6
비결합 전자 수	3	4	4	3
결합 전자 수/2	4 × 1/2	4 × 1/2	4 × 1/2	4 × 1/2
형식전하	0	0	−1	+1
형식전하가 0인 구조가 더 안정한 구조이다.				

④ NO는 O_2와 반응하여 쉽게 NO_2로 된다.

$NO + 0.5O_2 \rightarrow NO_2$

제8절 | 분자 오비탈

1 분자 오비탈 모형

(1) 결합성 분자 오비탈(δ_{1s})

두 핵 사이에서 전자가 존재할 확률이 높고 에너지가 낮은 안정한 상태의 분자 오비탈을 의미한다.

EX 수소분자에서 한 수소원자의 1s 오비탈과 다른 수소원자의 1s 오비탈을 더하여 만들어진다.

$1s_A + 1s_B \longrightarrow$

| 결합성 MO_1 |

(2) 반결합성 분자 오비탈(δ^*_{1s})

두 핵 사이에서 전자가 존재할 확률이 낮고 원자 오비탈보다 에너지가 높아 불안정한 상태의 분자 오비탈을 의미한다.

EX 수소분자에서 한 수소원자의 1s 오비탈에서 다른 수소원자의 1s 오비탈을 빼서 만들어진다.

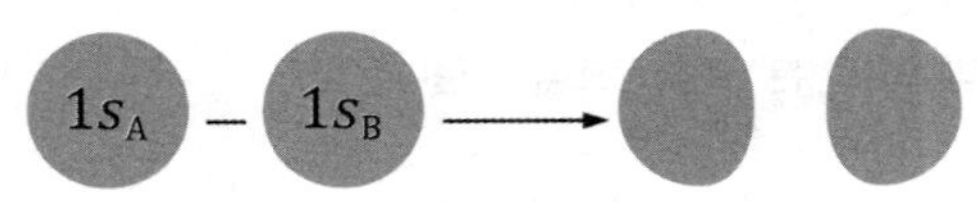

| 반결합성 MO_2 |

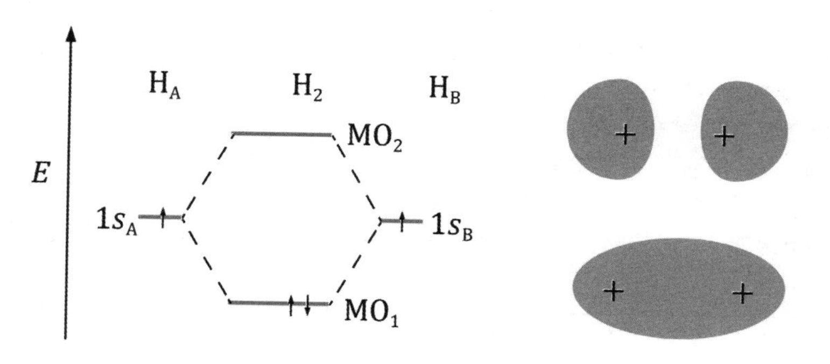

| 수소분자의 분자 오비탈 형성 |

(3) 결합 차수

① 분자 오비탈에서는 에너지가 낮은 결합성 분자 오비탈부터 전자가 채워진다.

② 결합 차수 = 0.5 × (결합성 오비탈의 전자 수 − 반결합성 오비탈의 전자 수)

EX 수소분자의 전자 구조는 δ^2_{1s}이다.

결합 차수 = 0.5 × (2 − 0) = 1

예제

원자 간 결합력이 가장 약한 화학종은 무엇인가? (단, 결합 차수로 비교)

① O_2^+

② O_2

③ O_2^-

④ O_2^{2-}

정답 ④

풀이 결합 차수가 클수록 원자 간 결합력이 강하다.

결합 차수 = 1/2 × (결합성 오비탈의 전자 수 − 반결합성 오비탈의 전자 수)

분자	O_2^+	O_2	O_2^-	O_2^{2-}
전자의 개수	15	16	17	18
결합 차수	2.5	2.0	1.5	1.0

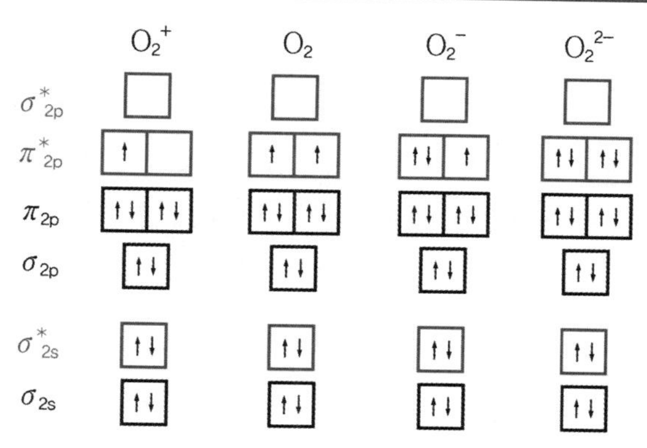

*표시가 있는 오비탈 = 반결합성 MO

*표시가 없는 오비탈 = 결합성 MO

결합 차수 = 1/2 × (결합성 오비탈의 전자 수 − 반결합성 오비탈의 전자 수)
O_2^+의 결합 차수 = (6 − 1) / 2 = 5/2 = 2.5
O_2의 결합 차수 = (6 − 2) / 2 = 4/2 = 2
O_2^-의 결합 차수 = (6 − 3) / 2 = 3/2 = 1.5
O_2^{2-}의 결합 차수 = (6 − 4) / 2 = 1
σ_{2s} 오비탈과 σ^*_{2s} 오비탈에 채워진 전자의 수는 서로 같으므로, 2s 오비탈에 존재하는 전자들은 생략하고 계산해도 된다.

O_2, O_2^+, O_2^-, O_2^{2-}의 상대적 안정도

$O_2^+ > O_2 > O_2^- > O_2^{2-}$
반결합성 MO에 전자가 더 많이 존재할수록, 결합 차수는 감소하고, 결합은 더 불안정해진다.
즉, 결합 에너지는 감소한다.
결합 차수와 결합 에너지는 비례 → O_2^+가 가장 안정 (결합 에너지가 클수록 안정)
결합 차수와 결합 길이는 반비례 → O_2^+가 가장 안정 (결합 길이가 작을수록 안정)

CHAPTER 04 전이금속과 배위결합 화합물

제1절 I 전이금속

- 전이금속은 주기율표에서 4~7주기, 3~12족까지의 원소들을 말하며 착화합물을 만든다.
- 금속에서 비금속으로의 전형원소로 중간단계 역할을 하며 같은 족과 주기에서 많은 유사성을 보인다.

1 전이금속의 특징

(1) 일정 수의 리간드와 함께 착이온의 형태로 존재하며 비금속과 결합을 이루어 이온결합 화합물을 형성하기도 한다.

(2) 열 전도도와 전기 전도도가 높으며 광택을 띠는 등 금속과 유사한 성질을 가지고 있다.

(3) 착이온을 이루고 있는 전이금속은 특정 파장의 빛을 흡수하기 때문에 색을 띠게 된다.

(4) 대부분의 전이금속은 홀전자를 가지고 있어 상자기성을 나타내기도 한다.

리간드

중심원자를 둘러싸고 배위결합을 하는 이온 또는 분자를 리간드라고 한다.

구분	리간드	착이온	중심원자
$[Co(NH_3)_6]Cl_3$	암모니아(NH_3)	$[Co(NH_3)_6]$	Co^{3+}
$K_3[FeCl_6]$	염화이온(Cl^-)	$[FeCl_6]$	Fe^{3+}
$[Cu(NH_2CH_2COO)_2]$	$NH_2CH_2COO^-$	$[Cu(NH_2CH_2COO)_2]$	Cu^{2+}

2 첫 주기 전이금속

(1) 전이금속의 전자 배치

① 4주기($_{21}Sc \sim {}_{30}Zn$) : $4s^2\ 3d^n$

② 5주기($_{39}Y \sim {}_{48}Cd$) : $5s^2\ 4d^n$

③ 6주기($_{57}La \sim {}_{80}Hg$) : $6s^2\ 5d^n$

(2) 3d 오비탈 > 4s 오비탈의 에너지 준위를 나타내고 전이금속은 4s 오비탈의 전자가 모두 채워진 후 3d 오비탈에 전자가 채워지게 된다.

(3) 전이금속 이온의 경우 3d 오비탈 < 4s 오비탈의 에너지 준위를 나타내고 3d 오비탈로 전자가 들어가게 된다.

(4) 3d 오비탈과 4s 오비탈의 에너지 준위가 비슷하여 예외적인 전자 배치에 주의해야 한다.

① $_{24}Cr$: $[Ar]4s^1 3d^5$

② $_{29}Cu$: $[Ar]4s^1 3d^{10}$

제2절 I 배위결합 화합물

1 배위결합 화합물

(1) 리간드가 함께 있는 전이금속인 착이온과 상대이온으로 구성되어 결합된 화합물을 의미한다.

(2) 상대이온: 배위 화합물의 전기적인 전하가 "0"이 되기 위해 필요한 음이온 또는 양이온을 의미한다.

구분	착이온	상대이온
$[Co(NH_3)_6]Cl_3$	$[Co(NH_3)_6]$	Cl^-
$K_3[FeCl_6]$	$[FeCl_6]$	K^+

* 착이온: 대괄호 안의 이온

2 배위공유결합(배위결합)

(1) 두 원자가 공유결합을 하는 경우 결합에 참여하는 전자를 한쪽 원자에서만 제공되면서 결합되는 경우를 배위공유결합이라 한다.

$$H:\overset{H}{\underset{H}{\ddot{N}}}: + H:\ddot{Cl}: \rightarrow \left[H:\overset{H}{\underset{H}{\ddot{N}}}:H\right]^+ + \left[:\ddot{Cl}:\right]^-$$

| NH_4Cl의 배위결합과 이온결합 |

(2) 리간드(루이스 염기)와 금속이온(루이스 산) 사이의 작용으로 금속과 리간드의 결합을 의미한다.

(3) 금속 이온의 크기와 전하에 따라 다양한 배위수를 갖는다.

배위수

결합되어 있는 분자나 결정에서 중심원자 주위에 결합하고 있는 원자나 분자 또는 이온의 수를 의미한다.

- 배위수: 6 → 팔면체
- 배위수: 4 → 사면체 또는 사각평면
- 배위수: 2 → 선형

주요 전이금속 이온의 배위수

M^+	배위수	M^{2+}	배위수	M^{3+}	배위수
Ag^+	2	Cu^{2+}	4, 6	Au^{3+}	4
Au^+	2, 4	Mn^{2+}	4, 6	Co^{3+}	6
Cu^+	2, 4	Ni^{2+}	4, 6	Sc^{3+}	6
–	–	Zn^{2+}	4, 6	Cr^{3+}	6
–	–	Co^{2+}	4, 6	–	–
–	–	Fe^{2+}	6	–	–

03

예제

다음 각 0.1M 착화합물 수용액 100mL에 0.5M $AgNO_3$ 수용액 100mL씩을 첨가했을 때, 가장 많은 양의 침전물이 얻어지는 것은?

① $[Co(NH_3)_6]Cl_3$
② $[Co(NH_3)_5Cl]Cl_2$
③ $[Co(NH_3)_4Cl_2]Cl$
④ $[Co(NH_3)_3Cl_3]$

정답 ①

풀이 착화합물과 결합되어 있는 Cl의 수가 많을수록 많은 양의 침전물(AgCl)이 얻어진다.

제3절 I 결정장 분리

(1) 정전기적 인력(이온결합)으로 금속(양이온 취급)과 리간드(음이온 취급)의 결합을 해석한다.

(2) 리간드에 있는 비공유 전자쌍과 겹치는 d 오비탈의 에너지 준위가 높아져 5개의 d 오비탈의 에너지 준위가 달라진다.

(3) 강한장 리간드일수록 결정장 갈라짐 에너지가 크고 저스핀 화합물이 된다.

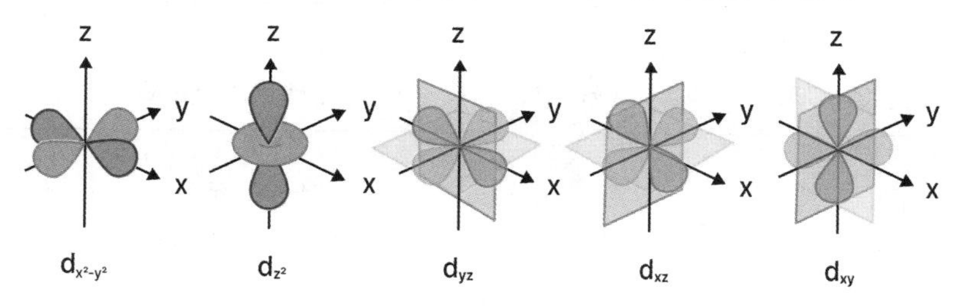

I d 오비탈 모형 I

PART 03 기출 & 예상 문제

01 다음은 3주기 원소로 이루어진 이온성 고체 AX의 단위 세포를 나타낸 것이다. 이에 대한 설명으로 옳지 않은 것은?

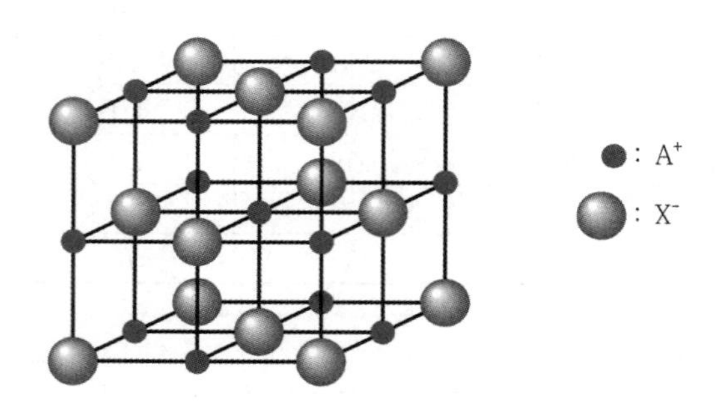

① 단위 세포 내에 있는 A 이온과 X 이온의 개수는 각각 4이다.
② A 이온과 X 이온의 배위수는 각각 6이다.
③ A(s)는 전기적으로 도체이다.
④ AX(l)는 전기적으로 부도체이다.

02 다음 분자에 대한 설명으로 옳지 않은 것은?

① SO_2는 굽은형 구조를 갖는 극성 분자이다.
② BeF_2는 선형 구조를 갖는 비극성 분자이다.
③ CH_2Cl_2는 사각 평면 구조를 갖는 극성 분자이다.
④ CCl_4는 정사면체 구조를 갖는 비극성 분자이다.

03 다음은 25°C 수용액 상태에서 산의 세기를 비교한 것이다. 옳은 것만을 모두 고른 것은?

ㄱ. $H_2O < H_2S$	ㄴ. $HI < HCl$
ㄷ. $CH_3COOH < CCl_3COOH$	ㄹ. $HBrO < HClO$

① ㄱ, ㄴ　　② ㄷ, ㄹ
③ ㄱ, ㄷ, ㄹ　　④ ㄴ, ㄷ, ㄹ

04 **수소원자가 수소분자로 형성되는 과정을 거리와 에너지의 관계로 나타낸 그림이다. 이에 대한 설명으로 틀린 것은?**

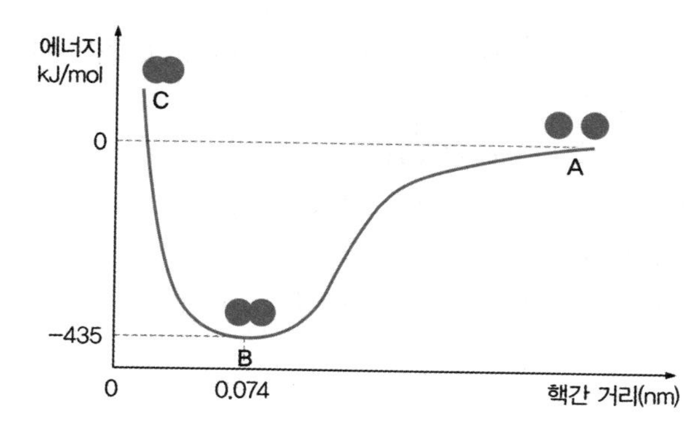

① 수소원자 2mol을 만들기 위해 H−H의 결합을 끊어야 하며 이때 필요한 에너지는 435kJ/mol이다.

② C는 B에 비하여 안정된 수소분자를 형성하는 거리이다.

③ 공유결합 에너지는 분자 내에서 원자 간의 결합을 형성할 때 방출하는 에너지를 의미한다.

④ 수소원자의 공유결합 반지름은 0.074nm이다.

정답찾기

01 3주기 원소로 이루어진 이온결합 결정으로 NaCl이다.

④ 이온결합으로 이루어진 물질은 고체에서 전기 전도성이 없으며 수용액과 액체에서 전기 전도성이 있다.

① Na^+: 단위세포 내에 있는 개수는 12 × 1/4 + 1 = 4이다(모서리에 있는 입자는 1개의 단위세포에 1/4의 입자가 존재한다).

Cl^-: 단위세포 내에 있는 개수는 8 × 1/8 + 6 × 1/2 = 4이다(꼭짓점에 있는 입자는 1개의 단위세포에 1/8, 각 면에 있는 입자는 1개의 단위세포에 1/2의 입자가 존재한다).

② 배위수: 한 원자와 가장 가까이에 있는 원자의 수이다. 배위수는 6이다.

③ Na(s)는 고체(금속)로 전기적으로 도체이다.

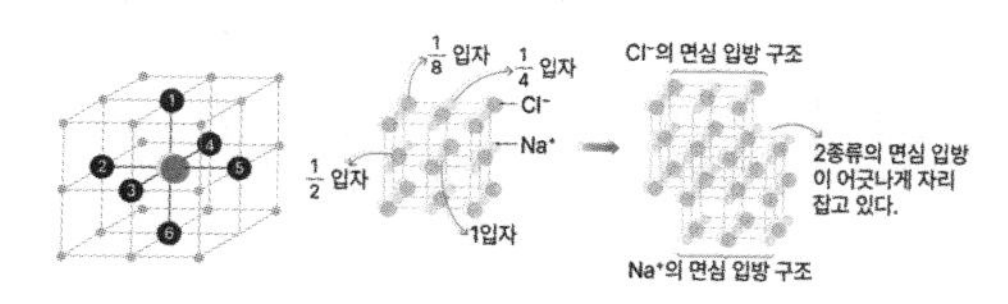

NaCl의 결정구조

02 CH_2Cl_2는 사면체의 입체 구조를 갖는 극성 분자이다.

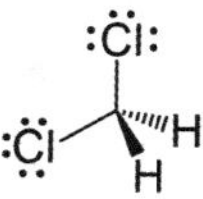

03 ㄱ. H_2O의 결합이 H_2S의 결합보다 강하므로 H_2S의 산의 세기가 더 세다.

ㄴ. 결합의 세기가 클수록 약산 산의 성질을 나타낸다. 또한 HF는 수소결합을 이루고 있어 약산이다(HI > HBr > HCl).

ㄷ. C−H 결합은 C−Cl보다 강하다. C−Cl 결합은 C−H 결합보다 극성이 더 커서 물에 녹아 쉽게 해리되므로 강한 산이다.

ㄹ. H−O−X(할로겐)인 산의 경우 X가 전자를 자기 쪽으로 끌어당기는 능력이 커지면 분자의 산의 세기는 더 커진다. 즉 X의 전기 음성도가 더 클수록 산의 세기가 더 크다.

04 수소원자의 공유결합 반지름은 0.074/2nm이다.

정답 **01** ④ **02** ③ **03** ③ **04** ④

05 **다음의 화합물을 물에 녹여 제조한 수용액의 전해질 세기를 바르게 나열한 것은? (단, 용질의 양은 동일하다)**

KCl(염화칼륨), H_2O(물), CH_3COOH(아세트산), $C_{12}H_{22}O_{11}$(설탕)

① $C_{12}H_{22}O_{11}$ > KCl > CH_3COOH > H_2O
② KCl > CH_3COOH > H_2O > $C_{12}H_{22}O_{11}$
③ KCl > $C_{12}H_{22}O_{11}$ > CH_3COOH > H_2O
④ H_2O > KCl > $C_{12}H_{22}O_{11}$ > CH_3COOH

06 **이온성 고체에 대한 설명으로 옳은 것은?**

① 격자에너지는 NaCl이 NaI보다 크다.
② 격자에너지는 NaF가 LiF보다 크다.
③ 격자에너지는 KCl이 $CaCl_2$보다 크다.
④ 이온성 고체는 표준생성엔탈피(ΔH_f)가 0보다 크다.

07 **그림은 A와 C로 이루어진 화합물(가), B와 C로 이루어진 화합물 (나)의 화학결합을 모형으로 나타낸 것이다. 이에 대한 옳은 설명만을 〈보기〉에서 고른 것은?**

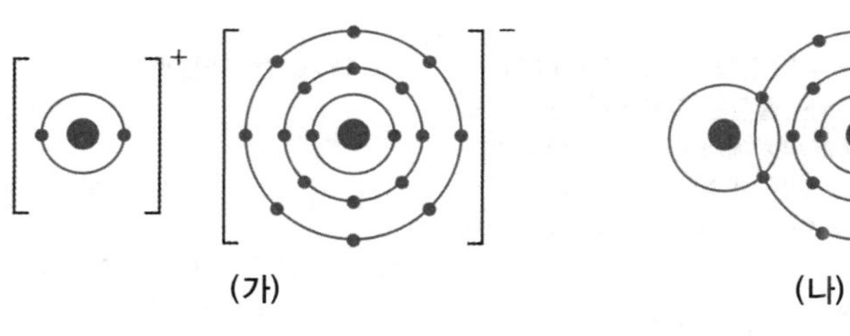

(가) (나)

〈보 기〉

ㄱ. 원자 번호는 A가 B보다 작다.
ㄴ. (가)는 액체상태에서 전류가 흐른다.
ㄷ. (나)에서 C는 옥텟규칙을 만족한다.

① ㄱ ② ㄴ
③ ㄴ, ㄷ ④ ㄱ, ㄴ

08 다음 화합물 중 무극성 분자를 모두 고른 것은?

SO_2, CCl_4, HCl, SF_6

① SO_2, CCl_4　② SO_2, HCl
③ HCl, SF_6　④ CCl_4, SF_6

정답찾기

05 • KCl : 이온결합 화합물로 물속에서 대부분 이온화된다.
• CH_3COOH : 약산으로 물속에서 일부 이온화된다.
• H_2O : 수소결합과 공유결합으로 거의 이온화되지 않는다.
• $C_{12}H_{22}O_{11}$: 비전해질인 물질이다.

06 격자에너지(E) $= k\frac{Q_1Q_2}{r^2}$
(Q_1, Q_2 : 이온의 전하량, r : 이온 간 거리)
➡ 격자에너지는 이온의 전하량의 곱에 비례하고 이온 간 거리의 제곱에 반비례한다.
① NaI는 NaCl보다 r이 크므로 격자에너지가 작다.
② NaF이 LiF보다 r이 크므로 격자에너지가 작다.
③ $CaCl_2$가 KCl보다 이온의 전하가 크므로 격자에너지가 더 크다.
④ 이온성 고체의 생성 반응은 발열 반응이므로 표준생성엔탈피는 0보다 작다.

07 A : Li^+, B : H, C : Cl
ㄱ. 원자 번호는 B(원자 번호 1번)가 A(원자 번호 3번)보다 작다.

08 • 극성 분자 : 분자 내에 전하의 분포가 고르지 않아서 부분 전하를 갖는 분자
• 무극성 분자 : 분자 내에 전하가 고르게 분포되어 있어서 부분 전하를 갖지 않는 분자(쌍극자 모멘트의 합이 "0")

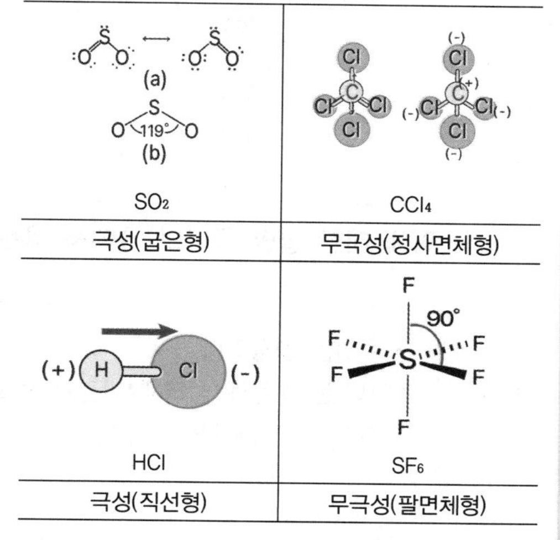

정답 05 ② 06 ① 07 ③ 08 ④

09 **표는 원소 X, Y, Z로 이루어진 3원자 분자 (가), (나)에 대한 자료이다. X, Y, Z는 각각 H, C, O 중 하나이다.**

분자	(가)	(나)
원자 수의 비	X < Y	Y < Z

이에 대한 설명 중 〈보기〉에서 옳은 것을 모두 고른 것은?

〈보 기〉

ⓐ (가)에는 이중결합이 있다.
ⓑ (나)는 무극성 분자이다.
ⓒ (가)와 (나)는 비공유 전자쌍 수/공유 전자쌍 수가 같다.

① ⓐ
② ⓑ
③ ⓐ, ⓒ
④ ⓐ, ⓑ

10 **결합의 극성 크기 비교로 옳은 것은? (단, 전기 음성도 값은 H = 2.1, C = 2.5, O = 3.5, F = 4.0, Si = 1.8, Cl = 3.0이다)**

① C−O > Si−O
② O−F > O−Cl
③ C−H > Si−H
④ C−F > Si−F

11 **표는 물질 (가)~(다)에 대한 자료이다. (가)~(다)는 각각 구리(Cu), 설탕($C_{12}H_{22}O_{11}$), 염화칼슘($CaCl_2$) 중 하나이다.**

물질	전기 전도성	
	고체상태	액체상태
(가)	없음	없음
(나)	없음	있음
(다)	있음	있음

이에 대한 설명 중 〈보기〉에서 옳은 것을 모두 고른 것은?

〈보 기〉

ⓐ (가)는 설탕이다.
ⓑ (나)는 수용액 상태에서 전기 전도성이 있다.
ⓒ (다)는 금속결합물질이다.

① ⓐ
② ⓑ
③ ⓐ, ⓒ
④ ⓐ, ⓑ, ⓒ

12 다음 중 분자 구조가 나머지와 다른 것은?

① $BeCl_2$　② CO_2
③ XeF_2　④ SO_2

13 다음은 화합물 AB의 전자 배치를 모형으로 나타낸 것이다. 이에 대한 설명으로 옳은 것은? (단, A, B는 각각 임의의 금속, 비금속 원소이다)

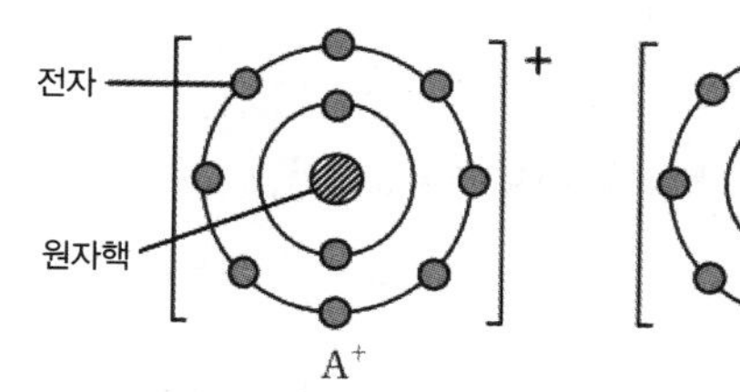

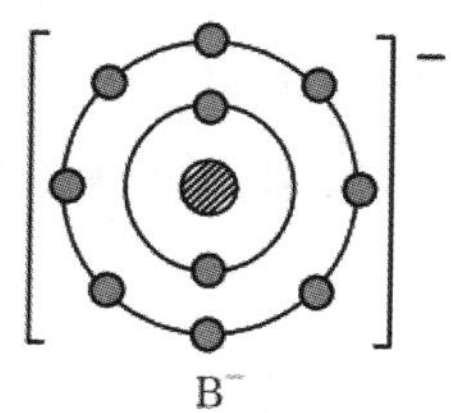

① 화합물 AB의 몰 질량은 20g/mol이다.
② 원자 A의 원자가 전자는 1개이다.
③ B_2는 이중결합을 갖는다.
④ 원자 반지름은 B가 A보다 더 크다.

정답찾기

09 X, Y, Z는 H, C, O로 이루어진 3원자 분자이므로 H_2O, CO_2이다.
X : C, Y : O, Z : H가 된다.
ⓐ (가)는 CO_2로 이중결합이 있다.
ⓑ (나)는 H_2O로 극성 분자이다.
ⓒ (가)와 (나)는 비공유 전자쌍 수/공유 전자쌍 수가 같다.
(가) 4/4, (나) 2/2

10 서로 다른 원소가 결합을 형성하여 분자를 이룬 상태에서 전자쌍은 전기 음성도가 큰 원소 쪽으로 치우친다. 따라서 전기 음성도가 큰 원소는 부분 음전하를 띠고, 전기 음성도가 작은 원소는 부분 양전하를 띠게 된다. 전기 음성도의 차이가 클수록 극성의 크기가 커진다.
③ C−H > Si−H → 2.5−2.1 > 1.8−2.1
① C−O > Si−O → 2.5−3.5 < 1.8−3.5
② O−F > O−Cl → 3.5−4.0 = 3.5−3.0
④ C−F > Si−F → 2.5−4.0 < 1.8−4.0

11

물질	전기 전도성		결합
	고체상태	액체상태	
(가) 설탕	없음	없음	공유결합
(나) 염화칼슘	없음	있음	이온결합
(다) 구리	있음	있음	금속결합

12 • $BeCl_2$, CO_2, XeF_2 : 선형
• SO_2 : 굽은형

13 A : $_{11}Na$, B : $_9F$
① 화합물 AB의 몰 질량은 23 + 19 = 42g/mol이다.
③ B_2는 단일결합을 갖는다.
④ 원자 반지름은 A가 B보다 더 크다.

정답　09 ③　10 ③　11 ④　12 ④　13 ②

14 **다음 화합물 중에서 끓는점이 가장 높은 화합물은?**

① 아세톤
② 물
③ 벤젠
④ 에탄올

15 **오존(O_3)에 대한 설명으로 옳지 않은 것은?**

① 공명 구조를 갖는다.
② 분자의 기하 구조는 굽은형이다.
③ 색깔과 냄새가 없다.
④ 산소(O_2)보다 산화력이 더 강하다.

16 **이온결합과 공유결합에 대한 설명으로 옳지 않은 것은?**

① 격자에너지는 이온 화합물이 생성되는 여러 단계의 에너지를 서로 곱하여 계산한다.
② 이온의 공간 배열이 같을 때, 격자에너지는 이온 반지름이 감소할수록 증가한다.
③ 공유결합의 세기는 결합 엔탈피로부터 측정할 수 있다.
④ 공유결합에서 두 원자 간 결합수가 증가함에 따라 두 원자 간 평균 결합 길이는 감소한다.

17 **끓는점이 가장 낮은 분자는?**

① 물(H_2O)
② 일염화 아이오딘(ICl)
③ 삼플루오린화 붕소(BF_3)
④ 암모니아(NH_3)

18 **다음 중 분자 간 힘에 대한 설명으로 옳은 것만을 모두 고르면?**

ㄱ. NH_3의 끓는점이 PH_3의 끓는점보다 높은 이유는 분산력으로 설명할 수 있다.
ㄴ. H_2S의 끓는점이 H_2의 끓는점보다 높은 이유는 쌍극자-쌍극자 힘으로 설명할 수 있다.
ㄷ. HF의 끓는점이 HCl의 끓는점보다 높은 이유는 수소결합으로 설명할 수 있다.

① ㄱ
② ㄴ
③ ㄱ, ㄷ
④ ㄴ, ㄷ

19 다음 그림은 원소 A~C의 루이스 전자식을 나타낸 것이다.

·A· :B· :C:

이에 대한 설명으로 옳은 것만을 모두 고른 것은? (단, A~C는 임의의 원소 기호이며 2주기 원소이다)

㉠ AB_2의 중심원자는 공유 전자쌍 수와 비공유 전자쌍 수가 같다.
㉡ 바닥상태의 전자 배치에서 C의 홀전자 수는 1개이다.
㉢ BC_2에서 각 원자는 옥텟규칙을 만족한다.

① ㉠
② ㉠, ㉡
③ ㉡, ㉢
④ ㉠, ㉡, ㉢

20 분자 내 원자들 간의 결합 차수가 가장 높은 것을 포함하는 화합물은?

① CO_2
② N_2
③ H_2O
④ C_2H_4

정답찾기

14 끓는점은 극성이 강할수록, 분자량이 클수록, 결합력이 강할수록 높아진다. 물은 극성 분자이면서 수소결합과 공유결합이 있어 분자량이 비슷한 다른 물질보다 끓는점이 높다.

15 오존 : 무색, 무미, 해초 냄새

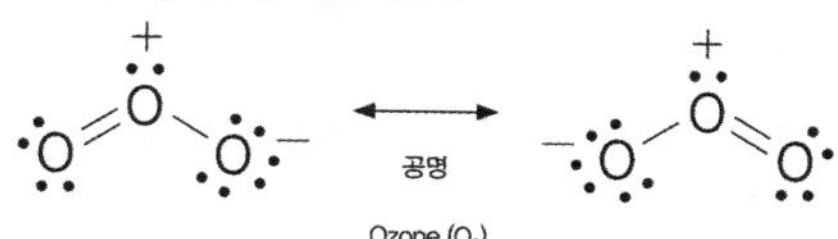

16 격자에너지는 이온성 결합에서의 결합 세기와 관련이 있으며, 이온 화합물이 생성되는 여러 단계의 에너지를 서로 합하여 계산한다.

17 ③ 삼플루오린화 붕소(BF_3) : 평면삼각형 구조의 무극성 분자
① 물(H_2O) : 100℃, 극성 분자
② 일염화 아이오딘(ICl) : 전기 음성도 차이에 의한 결합으로 극성 분자
④ 암모니아(NH_3) : 비공유 전자쌍이 존재하는 극성 분자
극성 분자의 끓는점이 무극성 분자보다 높다.

18 NH_3의 끓는점이 PH_3의 끓는점보다 높은 이유는 수소결합으로 설명할 수 있다.

19 ㉠ AB_2의 중심원자는 공유 전자쌍 수와 비공유 전자쌍 수가 같다. 중심원자에 공유 전자쌍은 4쌍이고 비공유 전자쌍은 없다.

B :: A :: B

㉡ 바닥상태의 전자 배치에서 C의 홀전자 수는 1개이다 (C : $1s^2\ 2s^2\ 2p^5$).
㉢ BC_2에서 각 원자는 옥텟규칙을 만족한다.

:C:B:C:

20 ② N_2 : 삼중결합
① CO_2 : 이중결합
③ H_2O : 단일결합
④ C_2H_4 : 이중결합

정답 14 ② 15 ③ 16 ① 17 ③ 18 ④ 19 ③ 20 ②

21 팔전자 규칙(octet rule)을 만족시키지 않는 분자는?

① NO
② F_2
③ CO_2
④ N_2

22 BF_3와 NH_3에 대한 설명으로 틀린 것은?

① BF_3는 평면삼각형 구조이고 NH_3는 삼각뿔형이다.
② 두 분자는 모두 중심원자에 비공유 전자쌍을 갖는다.
③ BF_3는 120°, NH_3는 107°의 결합각을 갖는다.
④ BF_3는 무극성 분자이고 NH_3는 극성 분자이다.

23 다음 설명 중 옳지 않은 것은?

① CH_4는 사면체 분자이며 C의 혼성 오비탈은 sp^3이다.
② NH_3는 삼각뿔형 분자이며 N의 혼성 오비탈은 sp^3이다.
③ XeF_2는 선형 분자이며 Xe의 혼성 오비탈은 sp이다.
④ CO_2는 선형 분자이며 C의 혼성 오비탈은 sp이다.

24 구조 (가)~(다)는 결정성 고체의 단위 세포를 나타낸 것이다. 이에 대한 설명으로 옳은 것만을 모두 고르면?

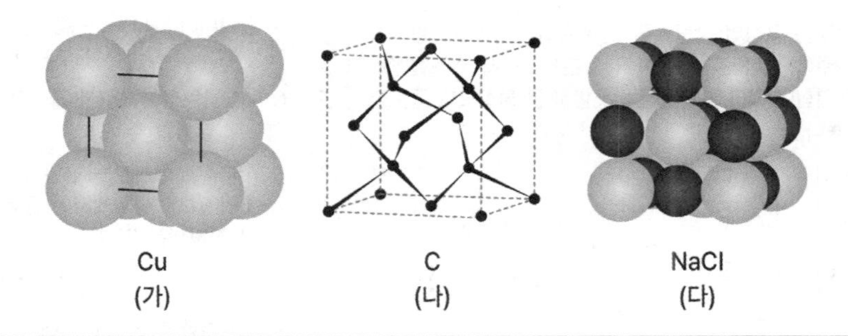

ㄱ. 전기 전도성은 (가)가 (나)보다 크다.
ㄴ. (나)의 탄소원자 사이의 결합각은 CH_4의 H－C－H 결합각과 같다.
ㄷ. (나)와 (다)의 단위 세포에 포함된 C와 Na^+의 개수비는 1 : 2이다.

① ㄱ
② ㄷ
③ ㄱ, ㄴ
④ ㄱ, ㄴ, ㄷ

25 XeF_2 분자에서 Xe 원자 주위의 전자쌍 수와 분자의 기하학적 구조는?

① 4, 굽은형　　② 4, 피라미드형
③ 5, 선형　　④ 6, 선형

26 아세트산(CH_3COOH)과 사이안화수소산(HCN)의 혼합 수용액에 존재하는 염기의 세기를 작은 것부터 순서대로 바르게 나열한 것은? (단, 아세트산이 사이안화수소산보다 강산이다)

① $CH_3COO^- < H_2O < CN^-$　　② $CN^- < CH_3COO^- < H_2O$
③ $H_2O < CN^- < CH_3COO^-$　　④ $H_2O < CH_3COO^- < CN^-$

03

정답찾기

21 질소는 원자가 전자를 7개 갖는다.

·N:C̈　:F̈:F̈:　:Ö=C=Ö:　:N⋮⋮N:　:N≡N:

22 BF_3는 비공유 전자쌍이 없으며, NH_3는 비공유 전자쌍이 1쌍 있다.

23 바르게 고쳐보면,
XeF_2는 선형 분자이며 비공유 전자쌍 3쌍과 주위 전자 2쌍이 있어 Xe의 혼성 오비탈은 sp^3d이다.

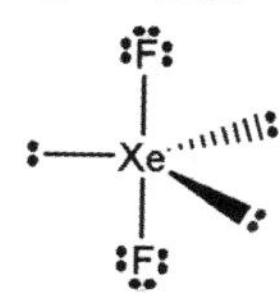

24 (가) 구리결정 구조로 면심입방 구조를 가지며 열 전도성과 전기 전도성이 크다.
(나) 탄소의 그물형 구조인 다이아몬드로 정사면체로 배열되어 메탄과 같은 109.5°의 결합각을 가지며 밀도가 크고 전기 전도성이 없다.
(다) NaCl은 1개의 Na^+은 가장 가까운 6개의 Cl^-에 둘러싸여 있고, 1개의 Cl^-도 가장 가까운 6개의 Na^+에 둘러싸여 있으며, Na^+와 Cl^-은 각각 정육면체의 꼭짓점과 각 면의 중심에 위치하고 있다.

- 단위 세포 속의 입자 수 = 체심 원자 수 + 면심 원자 수/2 + 모서리 원자 수/4 + 꼭짓점 원자 수/8
= 1 + 12/4 = 4

다이아몬드 격자의 단위 세포는 면심입방격자 내부의 정사면체 중심 위치에 4개의 탄소원자가 놓여 있다. 따라서 다이아몬드의 단위 세포에는 8개의 원자가 포함되어 있다.

- 단위 세포 속의 입자 수 = 체심 원자 수 + 면심 원자 수/2 + 모서리 원자 수/4 + 꼭짓점 원자 수/8
= 4 + 6/2 + 8/8 = 8

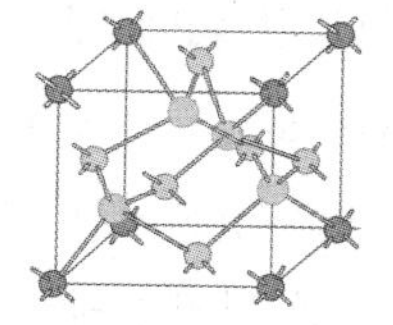

다이아몬드 구조　　NaCl 구조

- (나)와 (다)의 단위 세포에 포함된 C와 Na^+의 개수비는 2 : 1이다.

25

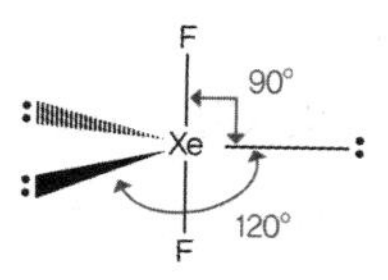

- 구조 : 입체수 5인 삼각쌍뿔의 구조, 분자 구조는 직선형
- 혼성화 : dsp^3

26 강산의 짝염기는 약염기이고 약산의 짝염기는 강염기이다. 산의 세기가 강할수록 짝염기의 세기는 약해지고 산의 세기가 약할수록 짝염기의 세기는 강하다.
아세트산이 사이안화수소산보다 강산이므로 H_2O는 가장 작은 약염기이다.

CH_3COOH + H_2O ⇄ CH_3COO^- + H_3O^+
약산　약염기　강염기　강산
산의 세기 $CH_3COOH < H_3O^+$　염기의 세기 $CH_3COO^- > H_2O$

HCN + H_2O ⇄ CN^- + H_3O^+
약산　약염기　강염기　강산
산의 세기 $HCN < H_3O^+$　염기의 세기 $CN^- > H_2O$

정답　21 ①　22 ②　23 ③　24 ③　25 ③　26 ④

27 1기압에서 녹는점이 가장 높은 이온결합 화합물은?

① NaF
② KCl
③ NaCl
④ MgO

28 철(Fe) 결정의 단위 세포는 체심 입방 구조이다. 철의 단위 세포 내의 입자 수는?

① 1개
② 2개
③ 3개
④ 4개

29 다음 중 극성 분자에 해당하는 것은?

① CO_2
② BF_3
③ PCl_5
④ CH_3Cl

30 화학 결합과 분자 간 힘에 대한 설명으로 옳은 것은?

① 메테인(CH_4)은 공유결합으로 이루어진 극성 물질이다.
② 이온결합 물질은 상온에서 항상 액체상태이다.
③ 이온결합 물질은 액체상태에서 전류가 흐르지 않는다.
④ 비극성 분자 사이에는 분산력이 작용한다.

31 끓는점이 $Cl_2 < Br_2 < I_2$의 순서로 높아지는 이유는?

① 분자량이 증가하기 때문이다.
② 분자 내 결합 거리가 감소하기 때문이다.
③ 분자 내 결합 극성이 증가하기 때문이다.
④ 분자 내 결합 세기가 증가하기 때문이다.

32 다음 각 0.1M 착화합물 수용액 100mL에 0.5M $AgNO_3$ 수용액 100mL씩을 첨가했을 때, 가장 많은 양의 침전물이 얻어지는 것은?

① $[Co(NH_3)_6]Cl_3$
② $[Co(NH_3)_5Cl]Cl_2$
③ $[Co(NH_3)_4Cl_2]Cl$
④ $[Co(NH_3)_3Cl_3]$

33 다음 그림과 같은 구조를 갖는 분자 ZY_3, XY_2에 대해 설명한 것으로 옳은 것은? (단, X, Y, Z는 임의의 2주기 원소이다)

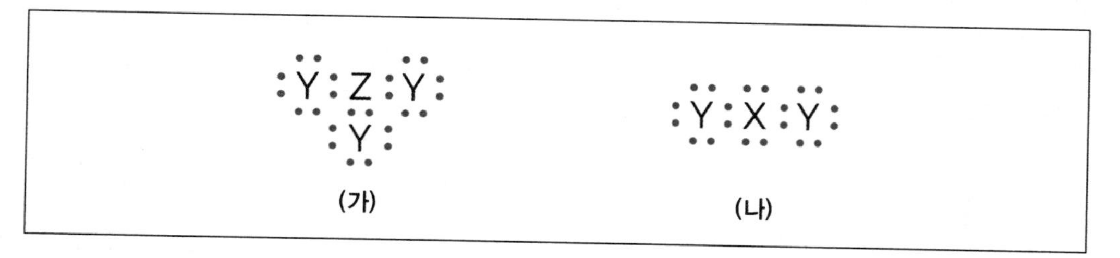

① 중심원자의 결합각은 (가)가 (나)보다 작다.
② (가)는 무극성 공유결합을 갖는다.
③ (나)의 중심원자는 옥텟규칙을 만족한다.
④ (나)의 분자모형은 선형이다.

03

정답찾기

27 이온 결합력이 클수록 녹는점과 끓는점이 높아지며 이온 결합 화합물의 결합력은 이온 전하량이 클수록 강하다.

29 Cl의 전기 음성도가 매우 크므로 쌍극자 모멘트의 합이 0이 아니다. 따라서 CH_3Cl은 극성 분자이다.

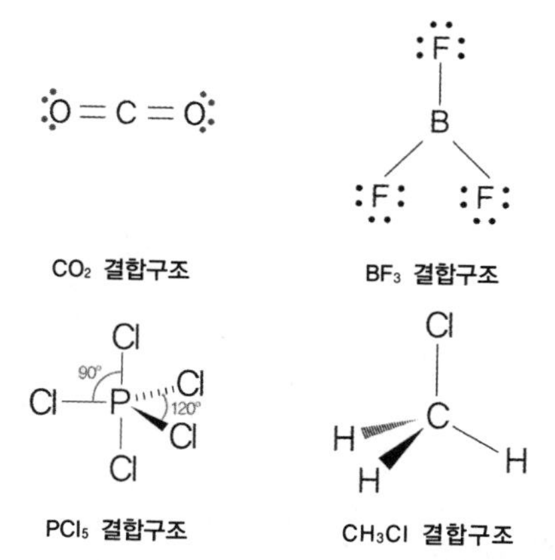

30 바르게 고쳐보면,
① 메테인(CH_4)은 공유결합으로 이루어진 무극성 물질이다.

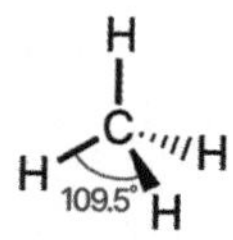

② 이온결합 물질은 녹는점과 끓는점이 비교적 높아 상온에서 고체상태이다.
③ 이온결합 물질은 고체상태에서 전류가 흐르지 않으나 액체나 수용액상태에서는 전류가 흐른다.

31
- 무극성 분자의 분자량이 클수록 편극이 생성되기 쉽다. ➡ 분자량이 큰 분자일수록 분산력이 크고, 끓는점이 높아진다.
- 무극성인 할로젠의 이원자 분자와 비활성 기체는 분자량이 클수록 끓는점이 높다. ➡ 분자량이 클수록 분산력이 커진다.

32 착화합물과 결합되어 있는 Cl의 수가 많을수록 많은 양의 침전물(AgCl)이 얻어진다.

33 ① 중심원자의 결합각은 (가)(120°)가 (나)(104.5°)보다 크다.
② (가)는 서로 다른 원소 간의 결합으로 전기 음성도 차이가 있어 극성 공유결합을 갖는 무극성 분자이다.
④ (나)는 중심원자에 비공유 전자쌍이 2쌍 존재하여 분자모형은 굽은형이다.

정답 27 ④ 28 ② 29 ④ 30 ④ 31 ① 32 ① 33 ③

이찬범 화학

합격까지 박문각

PART

04

탄소화합물의 구조와 특징

PART 04

탄소화합물의 구조와 특징

CHAPTER 01 개요

제1절 I 탄소화합물

1 정의

(1) 탄소를 중심원자로 산소, 수소, 질소, 할로겐족 원소 등 다양한 원소들이 결합하여 만든 물질을 의미한다.

(2) 탄소화합물은 대부분 유기화합물이라 한다.

2 특성

(1) 중심원자인 탄소는 4개의 공유결합을 할 수 있으며 단일결합, 이중결합, 삼중결합을 이룰 수 있다.

(2) 탄소는 대부분 수소와는 단일결합, 산소와는 이중결합, 질소와는 삼중결합을 형성한다.

(3) 탄소화합물의 공유결합은 쉽게 끊어지지 않아 안정하여 반응성이 작고 반응속도는 느리다.

(4) 탄소화합물은 대부분 물에 잘 녹지 않으며 이온화되지 않는 비전해질이다. 주로 유기용매(알코올, 에테르, 사염화탄소, 벤젠 등)에 용해되는 물질이 많다.

(5) 탄소화합물은 분자성 물질로 극성이 작아 녹는점과 끓는점이 낮은 편이고 분자 간 인력이 작다.

(6) 탄소화합물 중 탄소와 수소의 결합으로 이루어진 물질을 탄화수소라 하며 연소에 의해 이산화탄소와 물이 생성된다.

(7) 탄소화합물은 탄소 수가 증가함에 따라 사슬모양, 가지달린 사슬모양, 고리모양 등 다양한 형태의 구조로 만들어지기도 하며 다양한 이성질체가 존재한다.

구분	무기화합물	탄소화합물
화합물의 종류	적다.	많다.
구성 원소	모든 원소	C, H, O, N, S 등
화학결합	이온결합, 공유결합	공유결합
반응속도	빠름	느림
용매	극성 용매(물)	무극성 용매(알코올, 에테르, 벤젠)
녹는점	대체로 높은 편	대체로 낮은 편

제2절 I 탄화수소

1 사슬모양과 고리모양

가지형 탄화수소는 사슬형 탄화수소의 이성질체 관계이다.

* 이성질체 : 분자식은 같지만 결합 형태가 다른 화합물로 물리화학적 성질이 다르다.

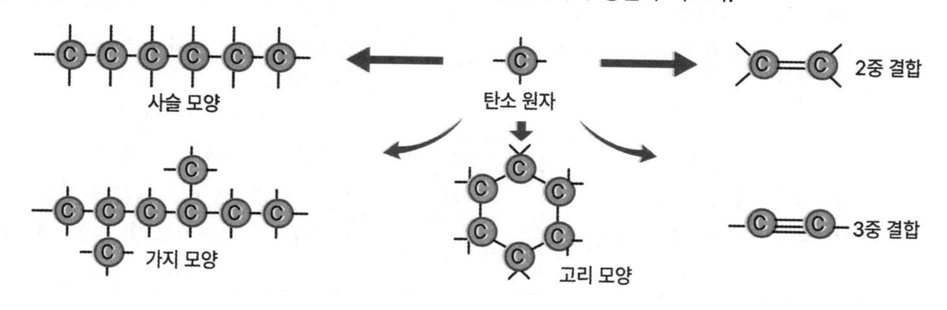

2 포화와 불포화

(1) 포화 탄화수소 : 탄소와 탄소의 결합이 단일결합으로만 이루어진 탄화수소를 의미한다.

(2) 불포화 탄화수소 : 탄소와 탄소의 결합이 이중결합 또는 삼중결합이 포함된 탄화수소를 의미한다.

—C—C—

—C—C—C—

| 포화 탄화수소 |

C=C —C≡C—

C=C, C

| 불포화 탄화수소 |

3 지방족과 방향족

(1) 지방족 탄화수소 : 벤젠고리를 가지고 있지 않는 탄화수소를 의미한다.

(2) 방향족 탄화수소 : 벤젠고리를 가지고 있거나 그와 유사한 화학적 성질을 갖는 탄화수소를 의미한다.

<table>
<tr><th colspan="3">구분</th><th>일반식</th><th>특징</th></tr>
<tr><td rowspan="3">사슬모양 탄화수소</td><td>포화 탄화수소</td><td rowspan="4">지방족 탄화수소</td><td>알케인
(C_nH_{2n+2})</td><td>• 탄소원자 모두가 단일결합을 이루며 연결된 사슬모양의 포화 탄화수소이다.</td></tr>
<tr><td rowspan="2">불포화 탄화수소</td><td>알켄
(C_nH_{2n})</td><td>• 탄소와 탄소 사이에 이중결합을 이루며 연결되어 있다.
• 알케인보다 반응성이 크고 첨가반응을 한다.</td></tr>
<tr><td>알카인
(C_nH_{2n-2})</td><td>• 탄소와 탄소 사이에 삼중결합을 이루며 연결되어 있다.
• 알케인과 알켄보다 반응성이 크고 첨가반응을 한다.</td></tr>
<tr><td rowspan="2">고리모양 탄화수소</td><td>포화 탄화수소</td><td>사이클로알케인
(C_nH_{2n})</td><td>• 포화 탄화수소로 고리모양이다.
• 알켄과 탄소 수가 같으며 이성질체 관계이다.</td></tr>
<tr><td>불포화 탄화수소</td><td>방향족 탄화수소</td><td>벤젠(C_6H_6) 등</td><td>• 벤젠고리를 가지고 있거나 그와 유사한 화학적 성질을 갖는 탄화수소이다.</td></tr>
</table>

탄소 수	접두사	화학식	명칭	
1	met-	CH_4	methane	메테인
2	et-	C_2H_6	ethane	에테인
3	prop-	C_3H_8	propane	프로페인
4	but-	C_4H_{10}	n-butane	n-부테인
5	pent-	C_5H_{12}	n-pentane	n-펜테인
6	hex-	C_6H_{14}	n-hexane	n-헥세인
7	hept-	C_7H_{16}	n-heptane	n-헵테인
8	oct-	C_8H_{18}	n-octane	n-옥테인
9	non-	C_9H_{20}	n-nonane	n-노네인
10	dec-	$C_{10}H_{22}$	n-decane	n-데케인

제3절 I 탄소화합물의 구조

1 sp^3 혼성

(1) 탄소원자의 s 오비탈 1개와 2p 오비탈 3개가 혼성화되어 4개의 혼성화된 오비탈을 생성한다.

(2) 3차원 공간에 배열되며 정사면체 또는 사면체의 구조를 갖게 된다.

EX 메테인(CH_4), 에테인(C_2H_6) 등

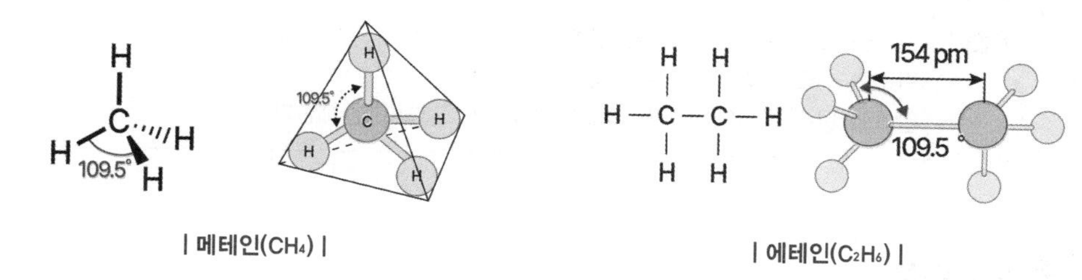

| 메테인(CH_4) |

| 에테인(C_2H_6) |

2 sp^2 혼성

(1) 탄소원자의 s 오비탈 1개와 2p 오비탈 2개가 혼성화되어 3개의 혼성화된 오비탈을 생성하여 정면겹침으로 δ(시그마) 결합에 사용된다.

(2) 남은 2p 오비탈은 측면겹침으로 π(파이) 결합을 형성하며 이중결합을 이룬다(시그마 결합 1개 + 파이 결합 1개).

(3) 정삼각형 또는 평면삼각형의 구조를 갖게 된다.

EX 에텐(에틸렌, C_2H_4) 등

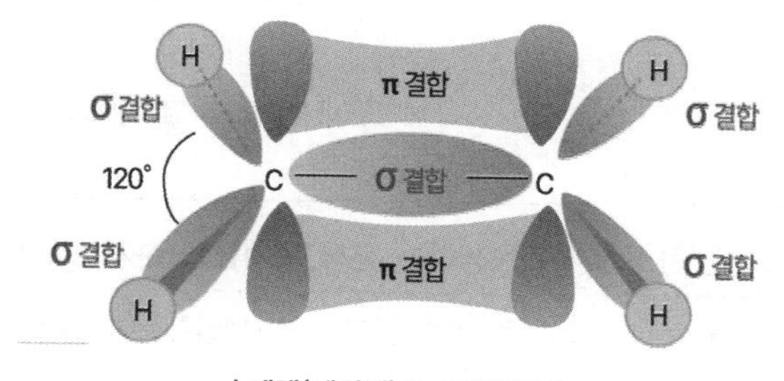

| 에텐(에틸렌)의 결합구조 |

예제

에틸렌(C_2H_4) 분자의 오비탈 혼성화에 관한 설명으로 옳은 것은?

① 탄소원자는 sp 혼성 궤도를 형성한다.
② 에틸렌에 존재하는 δ결합의 수는 모두 5개이다.
③ 탄소와 수소 사이에는 모두 π결합으로 되어 있다.
④ 탄소와 탄소 사이에는 1개의 π결합만이 존재한다.

정답 ②

풀이 ① 탄소원자는 sp^2 혼성 궤도를 형성한다.
③ 탄소와 수소 사이에는 모두 δ결합으로 되어 있다.
④ 탄소와 탄소 사이에는 1개의 π결합과 1개의 δ결합이 존재한다.

3 sp 혼성

(1) 탄소원자의 s 오비탈 1개와 2p 오비탈 1개가 혼성화되어 2개의 혼성화된 오비탈을 생성하여 정면겹침으로 δ(시그마) 결합에 사용된다.

(2) 남은 2개의 2p 오비탈은 측면겹침으로 π(파이) 결합을 형성하며 삼중결합을 이룬다(시그마 결합 1개 + 파이 결합 2개).

(3) 선형의 구조를 갖게 된다.

EX 에타인(아세틸렌, C_2H_2) 등

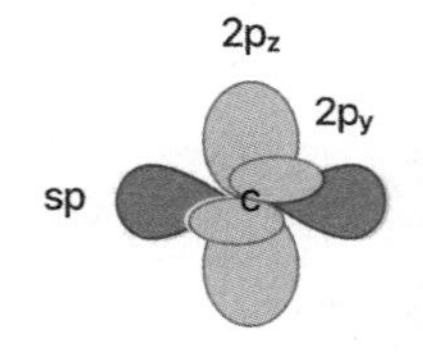

σ- 결합

H C C H

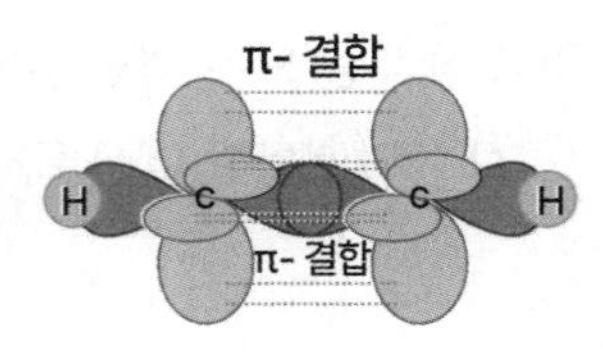

| 에타인(아세틸렌)의 결합구조 |

예제

다음 화합물에 포함된 탄소원자가 형성하는 혼성 오비탈을 순서대로 바르게 나열한 것은?

에틸렌, 메틸알코올, 아세틸렌, 이산화탄소

① sp^2, sp^3, sp, sp^2
② sp^2, sp^3, sp, sp
③ sp, sp^3, sp^2, sp^2
④ sp^2, sp^2, sp, sp^3

정답 ②

풀이
- 에틸렌(C_2H_4) : sp^2
- 에틸알코올(CH_3OH) : sp^3
- 아세틸렌(C_2H_2) : sp
- 이산화탄소(CO_2) : sp

4 벤젠(C_6H_6)

(1) 탄소원자는 sp^2 혼성을 이루며 혼성화된 3개의 혼성 오비탈은 이웃한 탄소원자 2개와 수소원자 1개에 시그마 결합(정면겹침)을 하는 형태로 사용된다.

(2) 정육각형 구조로 탄소원자가 꼭짓점에 위치하며 결합각은 120°이다.

(3) 각 탄소원자는 이중결합과 단일결합 길이의 중간 정도 결합길이를 형성하고 결합길이가 같은 공명구조를 갖는다.

✱ 공명구조 : 두 구조의 혼성을 의미

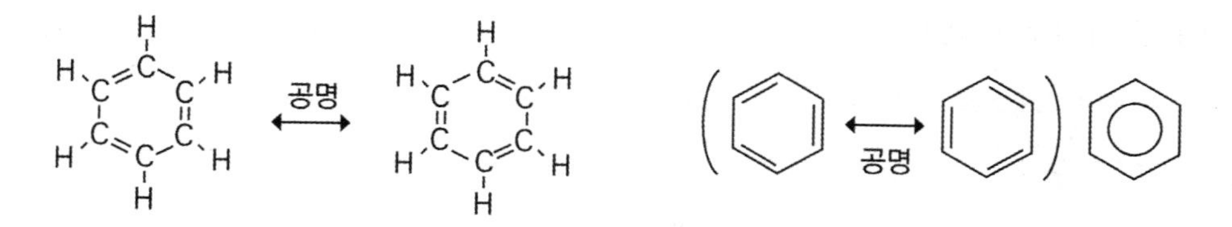

(4) 무색액체로 독특한 냄새가 나며 물에는 잘 녹지 않고 알코올, 에테르 등에 잘 녹으며 유기 용매로 사용되는 무극성 분자이다.

(5) 공기 중에서 연소될 때 불완전 연소하여 그을음이 많이 생긴다.

5 탄소의 동소체

(1) **동소체** : 같은 종류의 원소로 이루어져 있으나 원자 배열이 달라 물리적·화학적 성질이 다른 홑원소 물질을 의미한다.

(2) **종류** : 다이아몬드, 흑연, 플러렌, 탄소 나노 튜브 등이 있다.

① 다이아몬드는 탄소의 원자가 전자가 모두 결합에 참여하여 전기 전도성이 없으나 흑연은 결합에 참여하지 않는 전자가 존재하여 전기 전도성이 있다.

② 플러렌과 탄소나노튜브는 기계적 강도가 매우 높으며 전기와 열 전도도가 매우 크다.

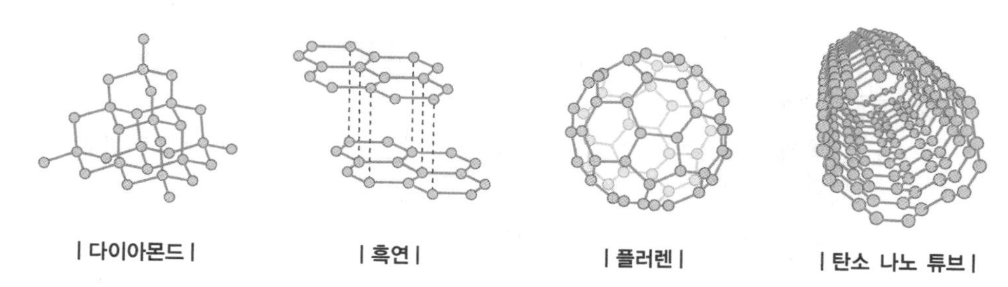

| 다이아몬드 | | 흑연 | | 플러렌 | | 탄소 나노 튜브 |

제4절 Ⅰ 고분자

1 고분자

(1) 평균 분자량이 약 10,000 이상인 중합체를 고분자라고 한다.

(2) 천연 고분자로 녹말, 셀룰로오스, 단백질, 천연고무 등이 있고 합성 고분자에 폴리에틸렌, 나일론, 폴리우레탄 등이 있다.

2 단위체와 중합체

(1) 단위체: 작은 분자 단위의 개체를 의미한다.

(2) 중합체: 단위체의 합성으로 이루어진 개체를 의미한다.

(3) 중합도(n): 중합체를 합성할 때 들어간 단위체의 수를 의미한다.

$$H_2C{=}CH_2 \longrightarrow H_3C\left[CH_2{-}CH_2\right]_n CH_3$$

| 에틸렌(ethylene) |　　| 폴리에틸렌(polyethylene) |

3 중합반응

(1) 첨가중합반응

단위체의 이중결합이 끊어지면서 이루어지는 첨가반응에 의해 형성되는 중합반응을 의미한다.

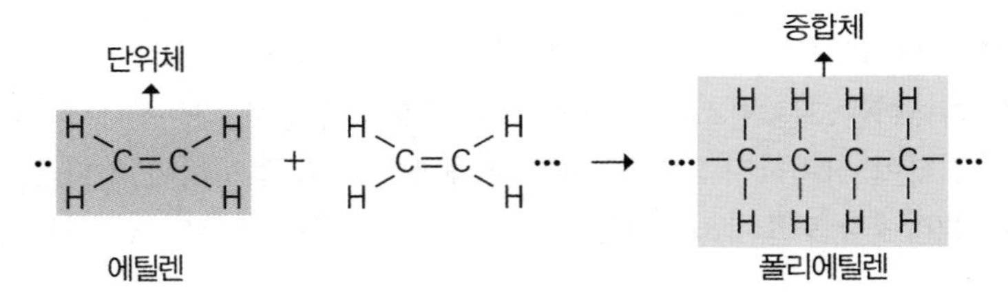

| 첨가중합반응 |

(2) 축합중합반응

① 단위체의 작용기가 결합하면서 H_2O과 같은 간단한 분자가 빠져나가면서 중합체가 이루어지는 반응을 의미한다.

② 축합중합반응을 하는 단위체에는 보통 $-COOH$, $-NH_2$, $-OH$ 등 반응성이 큰 작용기를 가지고 있다.

$$nH-\overset{H}{\overset{|}{N}}-(CH_2)_6-\overset{H}{\overset{|}{N}}-H + nHO-\overset{O}{\overset{\|}{C}}-(CH_2)_4-\overset{O}{\overset{\|}{C}}-OH$$

헥사메틸렌다이아민　　　　아디프산

$$\rightarrow \left(\overset{H}{\overset{|}{N}}-(CH_2)_6-\overset{H}{\overset{|}{N}}-\overset{O}{\overset{\|}{C}}-(CH_2)_4-\overset{O}{\overset{\|}{C}}\right)_n + 2nH_2O$$

6, 6-나일론　　　　물

| 축합중합반응 |

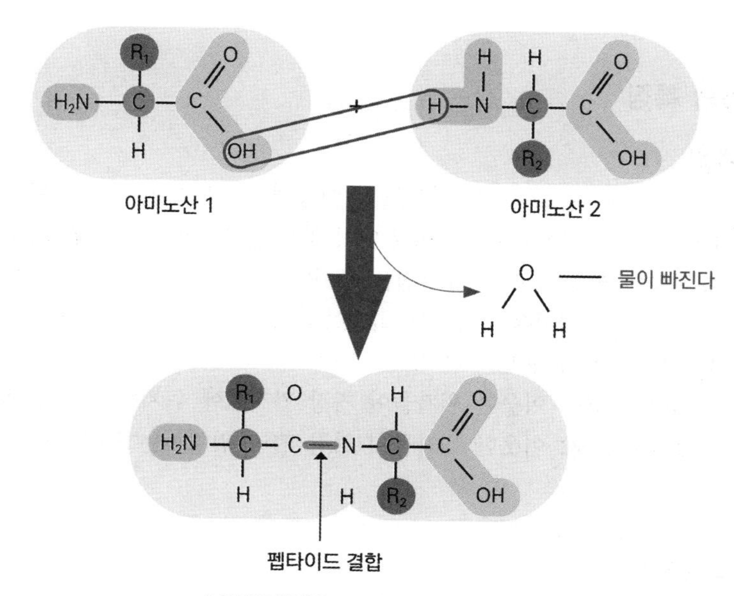

| 축합중합반응으로 형성된 펩타이드 결합 |

예제

고분자(중합체)에 대한 설명으로 옳은 것만을 모두 고르면?

> ㄱ. 폴리에틸렌은 에틸렌 단위체의 첨가 중합 고분자이다.
> ㄴ. 나일론-66은 두 가지 다른 종류의 단위체가 축합 중합된 고분자이다.
> ㄷ. 표면 처리제로 사용되는 테플론은 C-F 결합 특성 때문에 화학약품에 약하다.

① ㄱ　　　　② ㄱ, ㄴ
③ ㄴ, ㄷ　　　　④ ㄱ, ㄴ, ㄷ

정답 ②

풀이 폴리테트라플루오로에틸렌(Polytetrafluoroethylene, PTFE)은 많은 작은 분자(단위체)들을 사슬이나 그물 형태로 화학결합시켜 만드는 커다란 분자로 이루어진, 유기 중합체 계열에 속하는 비가연성 불소수지이다. 열에 강하고, 마찰 계수가 극히 낮으며, 내화학성이 좋다.

CHAPTER 02 탄소화합물의 종류

제1절 I 작용기

1 작용기의 분류

알케인, 알켄, 알카인, 알코올, 에터, 카보닐 화합물, 아민, 방향족 화합물, 할로겐 화합물 등으로 분류한다.

2 작용기의 특징

(1) 알케인

① C_nH_{2n+2}으로 탄소 수에 따른 물질 이름에 "－에인(ane)"을 붙인다.

② C－C, C－H 결합으로 이루어져 있어 원소 간의 인력이 약하고 분자량에 비해 끓는점이 낮다.

③ 분자량이 커짐에 따라 끓는점은 증가한다.

④ C－C의 단일결합은 자유롭게 회전이 가능하기 때문에 여러 가지 다른 모양으로 존재할 수 있는데 이를 형태라고 한다.

- **가려진 형태**: 이웃한 원자들이 가장 가까이에 위치하는 분자 형태를 의미한다.
- **엇갈린 형태**: 이웃한 원자들이 가장 멀리 위치하는 분자 형태를 의미한다.

형태의 표현방법

- **뉴먼투영법**: C－C의 결합을 직선상에 놓고 투영하여 분자의 배치를 나타내는 방법으로 점은 앞쪽의 탄소를 나타내고 원은 뒤쪽의 탄소를 나타낸다.
- **톱질대표현법**: C－C의 결합을 비스듬하게 놓고 분자의 배치를 나타내는 방법이다.

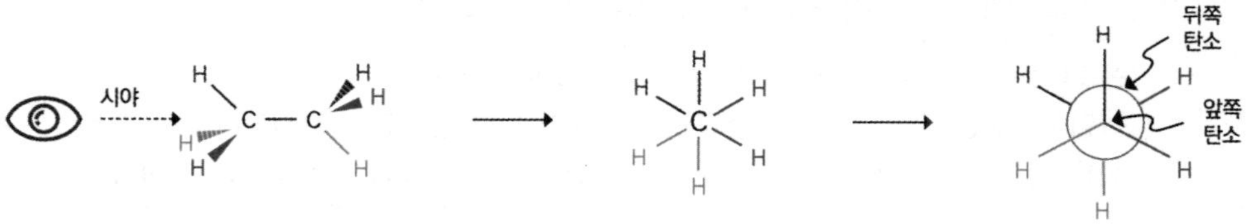

I 뉴먼투영법 I

I 톱질대표현면법 I

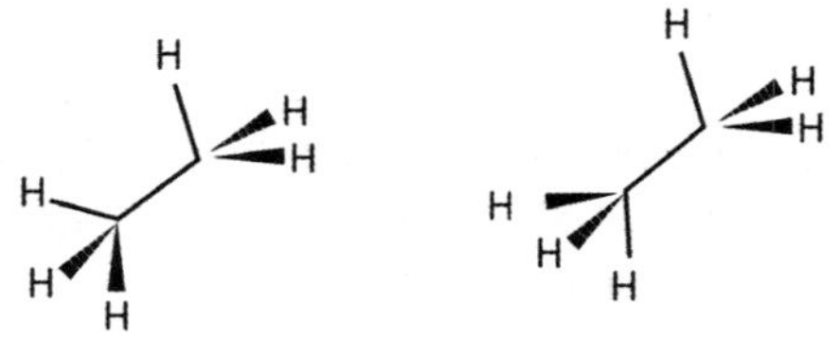

에테인의 가려진 형태와 엇갈린 형태

- C−H의 결합이 가장 멀리 있을 때 가장 안정적인 엇갈린 형태이다.
- C−H의 결합이 가장 가까울 때 불안정한 가려진 형태이다.
- 에테인의 대부분은 엇갈린 형태로 존재한다. 엇갈린 형태가 에너지적으로 낮고 가려진 형태는 에너지가 높은 상태가 된다.

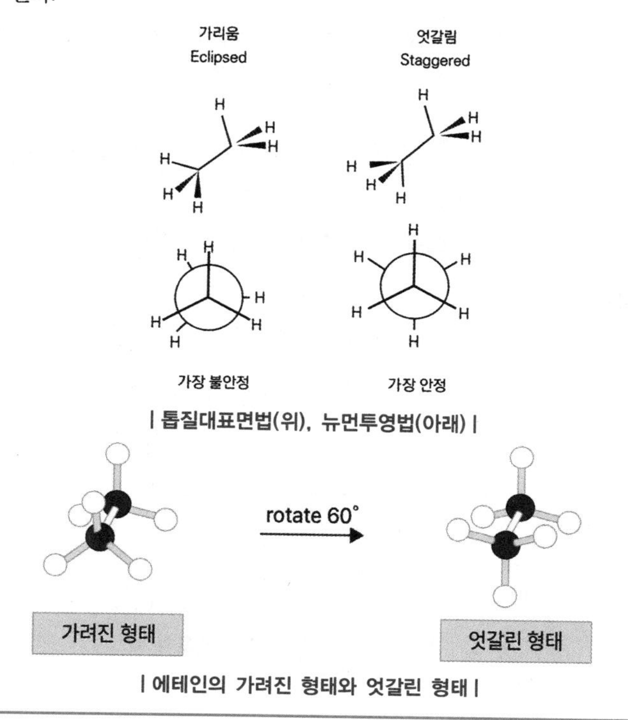

| 톱질대표면법(위), 뉴먼투영법(아래) |

rotate 60°

가려진 형태

엇갈린 형태

| 에테인의 가려진 형태와 엇갈린 형태 |

(2) 알켄

① $C_nH_{2n}(n \geq 2)$으로 탄소 수에 따른 물질 이름에 "−엔(ene)"을 붙인다.

② C−C 간의 이중결합 중의 파이 결합이 끊어져 2개의 시그마 결합을 형성하는 친전자성 첨가반응이 가능하다.

③ C−C의 이중결합은 회전이 불가능하기 때문에 치환기의 위치에 따라 시스−트랜스 이성질체가 생긴다.

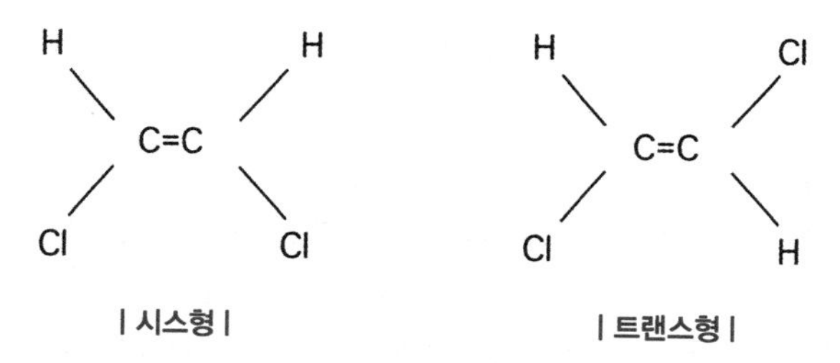

| 시스형 | | 트랜스형 |

(3) 알카인

① $C_nH_{2n-2}(n \geq 2)$으로 탄소 수에 따른 물질 이름에 "−아인(yne)"을 붙인다.

② 친전자성 첨가반응이 가능하다.

(4) 방향족 화합물 : 벤젠

① 방향족 화합물과 지방족 화합물

- 방향족 화합물 : 벤젠고리나 벤젠과 유사한 성질의 물질을 가지고 있는 화합물
- 지방족 화합물 : 벤젠고리나 벤젠과 유사한 성질의 물질을 가지고 있지 않은 화합물

② 공명구조

- 각 탄소원자는 이중결합과 단일결합 길이의 중간 정도 결합길이를 형성하고 결합길이가 같은 공명구조를 갖는다(공명구조 : 두 구조의 혼성을 의미).

③ 치환반응

- 벤젠은 불포화 탄화수소이나 매우 안정한 상태로 첨가반응보다 치환반응을 잘한다. (치환반응 > 첨가반응)
- 니트로화반응, 클로로화반응, 술폰화반응, 알킬화반응 등이 있다.

(5) 할로겐 화합물

탄소와 할로겐족 원소(F, Cl, Br, I)의 결합을 가지고 있는 화합물을 의미한다.

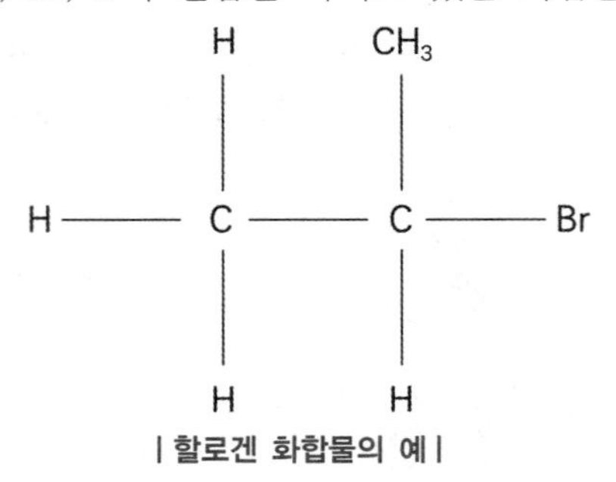

| 할로겐 화합물의 예 |

(6) 알코올

① 알코올의 정의

- 알킬기(C_nH_{2n+1})에 "-OH"가 결합한 물질을 알코올이라 한다.
- "-OH"가 결합한 탄소원자에 결합된 알킬기 수에 따라 1차 알코올, 2차 알코올, 3차 알코올로 분류할 수 있다.

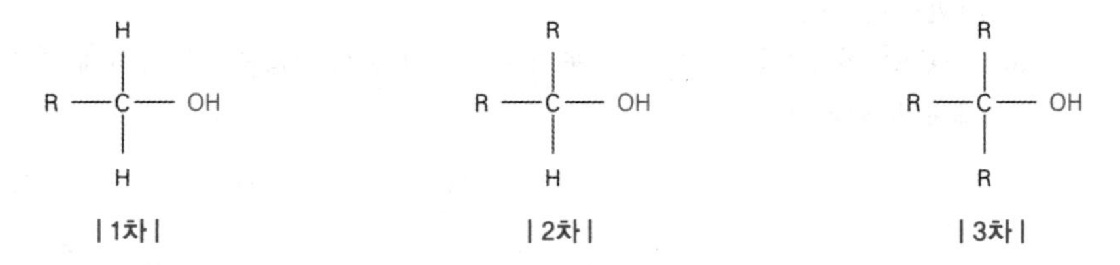

② 알코올의 성질

- 물에 녹아 이온화되지 않아 수용액은 중성이다.
- 탄소 수가 적은 알코올은 물에 잘 녹는다.
- 금속나트륨이나 칼륨 등과 반응하여 수소기체를 발생시킨다.
  $2K + 2C_2H_5OH \rightarrow 2C_2H_5OK + H_2$
- 알코올과 페놀은 분자 사이에 수소 결합을 형성하여 분자량이 비슷한 물질보다 끓는점이 높다.
- 페놀이 알코올보다 산도가 더 강하다.

예제

페놀과 알코올의 특성에 대한 설명으로 틀린 것은?

① 알코올의 끓는점은 분자량이 비슷한 에터보다 높다.
② 페놀과 알코올은 모두 -OH를 갖고 있다.
③ 페놀은 알코올보다 염기성이 강하다.
④ 알코올은 나트륨(Na)과 반응하여 수소기체를 발생시킨다.

정답 ③

풀이 페놀은 알코올보다 산성이 강하다.

③ 알코올의 반응성

- 산화반응 : 1차, 2차 알코올은 산화될 수 있으나 3차 알코올은 산화되지 않는다.
  - 1차 알코올 → 알데하이드 → 카복실산

$$C_2H_5OH \xrightarrow{\text{산화}} CH_3CHO \xrightarrow{\text{산화}} CH_3COOH$$

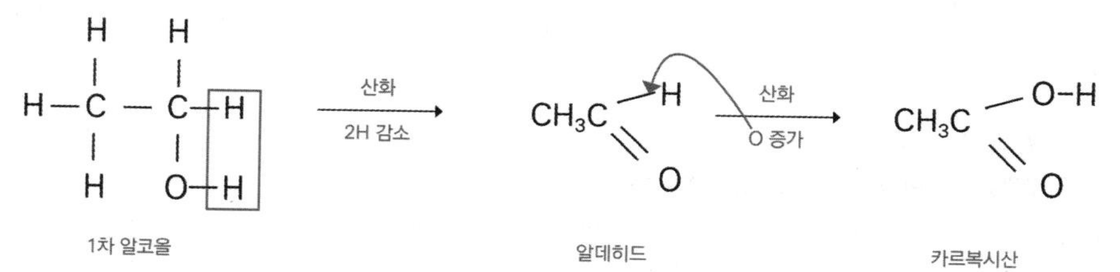

  - 2차 알코올 → 케톤

$$(CH_3)_2CHOH \xrightarrow[\text{산화}]{\text{산화}} CH_3COCH_3$$

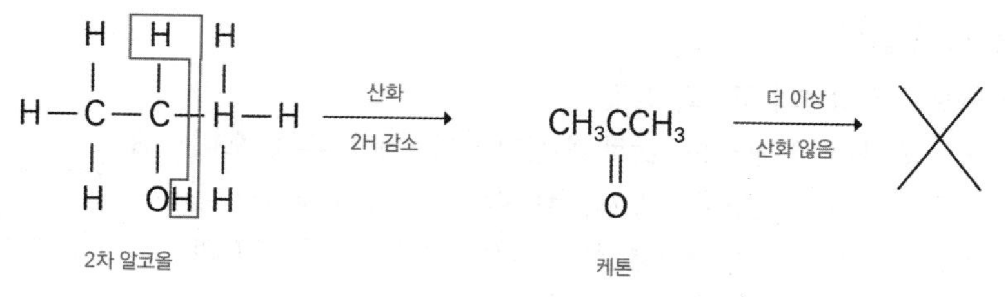

- 탈수반응 : 알코올은 탈수반응을 한다.

$$\underset{\text{에탄올}}{2CH_3CH_2OH} \xrightarrow[130\sim140℃]{c\text{-}H_2SO_4} \underset{\text{다이에틸에터}}{CH_3CH_2OCH_2CH_3} + H_2O$$

$$\underset{\text{에탄올}}{CH_3CH_2OH} \xrightarrow[160\sim170℃]{c\text{-}H_2SO_4} \underset{\text{에틸렌}}{H_2C=CH_2} + H_2O$$

가수에 따른 알코올의 분류

"-OH"의 수에 따라 n가 알코올로 분류한다.

```
  |   |                    |   |            OH  OH  OH
—C—C— OH          HO —C—C— OH          |   |   |
  |   |                    |   |          —C—C—C—
                                            |   |   |
```

1가 알코올 (-OH가 1개) / 2가 알코올 (-OH가 2개) / 3가 알코올 (-OH가 3개)

예제

다음 알코올 중 산화반응이 일어날 수 없는 것은?

① $H-C(OH)(H)-CH_3$

② $H_3C-C(OH)(H)-CH_3$

③ $H_3C-C(OH)(H)-OH$

④ $H_3C-C(OH)(CH_3)-CH_3$

정답 ④

풀이 3차 알코올은 산화하지 않는다.

(7) 에터

① R-O-R'의 구조를 가지며 산소원자에 비공유 전자쌍을 가지고 있다.

② 물이나 알코올보다는 약한 극성을 띤다.

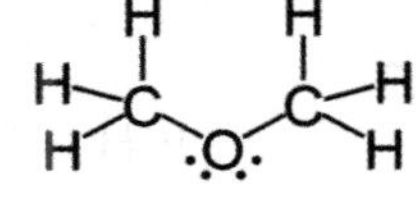

(8) 카보닐 화합물

① 카보닐 화합물의 구조와 성질

• C 원자와 O 원자는 sp^2로 혼성화되어 3개의 혼성 오비탈이 시그마 결합을 이루며 120° 각도로 평면상에 놓인다.

• 남은 p 오비탈은 측면겹침으로 파이 결합을 이루며 C와 O 간에 이중결합을 형성한다.

• 공유 전자쌍들은 전기 음성도가 큰 산소원자 쪽으로 치우쳐 극성 분자가 된다.

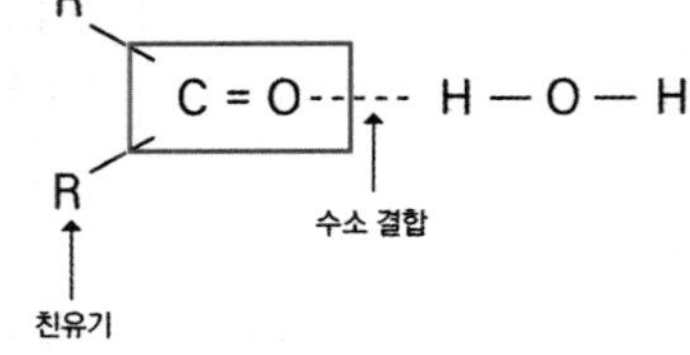

② 알데하이드

• "R-CHO"의 구조를 가지며 1차 알코올이 산화되거나 카복실산이 환원되어 생성된다.

$CH_3OH \xleftarrow{\text{환원}} HCHO \xrightarrow{\text{산화}} HCOOH$

• 환원성이 커서 은거울 반응과 펠링 반응을 한다.

은거울 반응과 펠링 반응

- **은거울 반응**: 암모니아성 질산은 용액과 알데하이드가 반응하면 은 이온(Ag^+)이 환원되어 금속 은(Ag)으로 용기 안쪽에 만들어지는 반응을 은거울 반응이라 한다.
  $RCHO + 2(Ag(NH_3)_2)^+ + 2OH^- \rightarrow RCOOH + 2Ag\downarrow + 4NH_3 + H_2O$
- **펠링 반응**: 펠링 용액과 알데하이드가 반응하면 용액 속의 푸른색 구리이온(Cu^{2+})이 환원되어 붉은색 산화구리(Ⅱ)(Cu_2O)의 앙금이 생성되는 반응이다.
  $RCHO + 2Cu^{2+} + 4OH^- \rightarrow RCOOH + Cu_2O\downarrow + 2H_2O$

③ 케톤

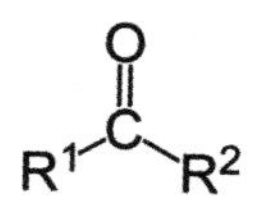

- R-CO-R'의 구조를 가지며 2차 알코올을 산화시켜 얻는다.
  $$CH_3CHOHCH_3 \xrightarrow[\text{산화}]{-H_2} CH_3COCH_3$$
- 무색의 액체이며 물에 잘 용해되고 특유한 냄새가 있다.
- 같은 탄소 수를 갖는 알데하이드와 이성질체 관계이다.

  ✱ 이성질체: 분자식이 같으나 서로 다른 화합물
  EX C_2H_5CHO와 CH_3COCH_3

④ 카복실산

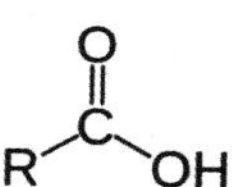

- 탄소와 산소의 이중결합과 탄소와 "-OH"의 단일결합으로 이루어져 있다.
- 알칼리 금속과 반응하여 수소기체를 발생시킨다.
- 수소결합을 이루고 있어 끓는점이 높고 수용액에서 약한 산성을 나타낸다.
- 에스터화 반응으로 에스터를 생성한다(알코올과 축합반응).

R – C(=O) – OH + H – O – R' → (에스테르화 반응) R – C(=O) – O – R' + H_2O

카르복시산 알코올 에스테르 물

- 포름산(HCOOH)은 "-COOH(카복실산)"와 "-CHO(알데하이드)"를 동시에 가지고 있어 산성을 나타내며 환원성이 있다. 은거울 반응과 펠링 반응을 한다.

H — C(=O) — OH

| 포름산(HCOOH) |

예제

01 다음과 같은 성질을 갖는 화합물은?

〈특성〉

은거울 반응을 하며 알코올과 에스터화 반응을 하고 수용액은 산성이다.

① HCHO
② C_2H_5OH
③ HCOOH
④ CH_3COOH

정답 ③

풀이
- 산성 : HCOOH, CH_3COOH
- 은거울 반응 : 포르밀기(−CHO)를 가지고 있어야 함
- 에스터화 반응 : 카복실산(−COOH)을 가지고 있어야 함

02 다음 분자에 대한 설명으로 옳지 않은 것은?

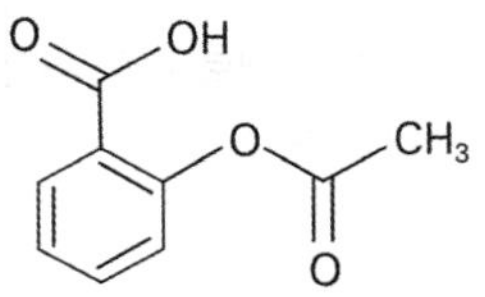

① 카복실산 작용기를 가지고 있다.
② 에스터화 반응을 통해 합성할 수 있다.
③ 모든 산소원자는 같은 평면에 존재한다.
④ sp^2 혼성을 갖는 산소원자의 개수는 2이다.

정답 ③

풀이 ③ 산소원자는 sp^3(사면체)와 sp^2(평면삼각형) 혼성을 가지고 있어 같은 평면에 존재하지 않는다.
① 카복실산 : −COOH
② 에스터화 반응 : 산과 알코올이 반응하여 에스터를 형성하는 등 에스터를 생성하는 화학적 반응을 말한다.
④ sp^2 혼성을 갖는 산소원자의 개수는 2이다.

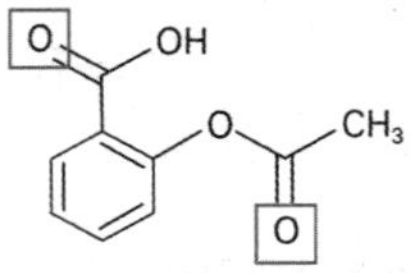

제2절 I 이성질체

1 이성질체

분자식이 같으나 원자 배열 또는 입체 구조가 다른 분자를 의미한다.

구분		정의	특징
구조 이성질체		원자들의 결합순서와 연결이 다른 이성질체를 의미한다.	물리적 성질과 화학적 성질이 서로 다르다.
입체 이성질체	거울상 이성질체	서로 거울상인 이성질체를 의미한다.	편광면의 회전방향은 다르나 물리적 성질은 같다.
	부분입체 이성질체	원자들의 3차원적 구조가 다르나 원자의 연결순서는 같은 이성질체를 의미한다.	물리적 성질이 다르다.

2 입체 이성질체

원자의 연결은 같으나 공간에서의 배열이 다른 이성질체를 의미한다.

3 구조 이성질체

(1) 원자들의 결합순서와 연결이 다른 이성질체를 의미한다.

(2) 물리적 성질과 화학적 성질이 서로 다르다.

$CH_2(Cl)-CH_2-CH_2-CH_3$

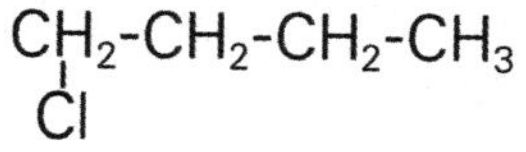

1-chlorobutane

$CH_3-CH(Cl)-CH_2-CH_3$

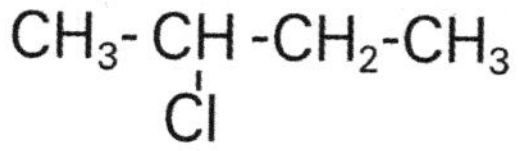

2-chlorobutane

$CH_2(Cl)-CH(CH_3)-CH_3$

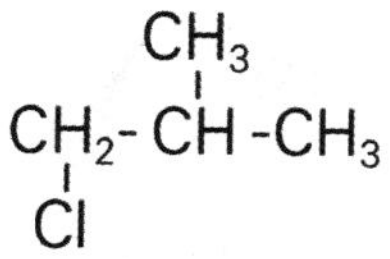

1-chloro-2-methylpropane

$CH_3-C(CH_3)(Cl)-CH_3$

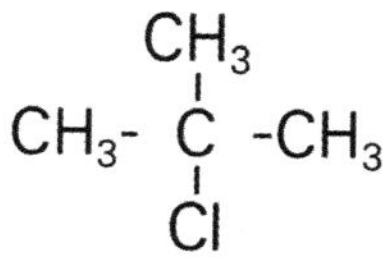

2-chloro-2-methylpropane

| 구조 이성질체의 예 |

예제

C_6H_{14}의 구조 이성질체의 수를 구하시오.

정답 5개

풀이 C_6H_{14}의 구조 이성질체

```
  |1  |2  |3  |4  |5  |6
 -C - C - C - C - C - C-
  |   |   |   |   |   |

  |1  |2  |3  |4  |5
 -C - C - C - C - C-
  |   |   |6  |   |
         -C-
          |

  |1  |2  |3  |4  |5
 -C - C - C - C - C-
  |   |  6|   |   |
     -C-
      |
```

```
      |5
     -C-
  |1  |2  |3  |4
 -C - C - C - C-
  |   |  6|   |
         -C-
          |

      |5
     -C-
  |1  |2  |3  |4
 -C - C - C - C-
  |   |6  |   |
     -C-
      |
```

4 거울상 이성질체

(1) 서로 거울상인 이성질체를 의미한다.

(2) 편광면의 회전방향은 다르나 물리적 성질은 같다.

(3) 거울상 이성질체가 존재하는 분자를 카이랄분자(Chiral)라 한다.

카이랄성

손대칭성 또는 비대칭성을 의미하며 거울상과 포개지지 않는 구조를 말한다.

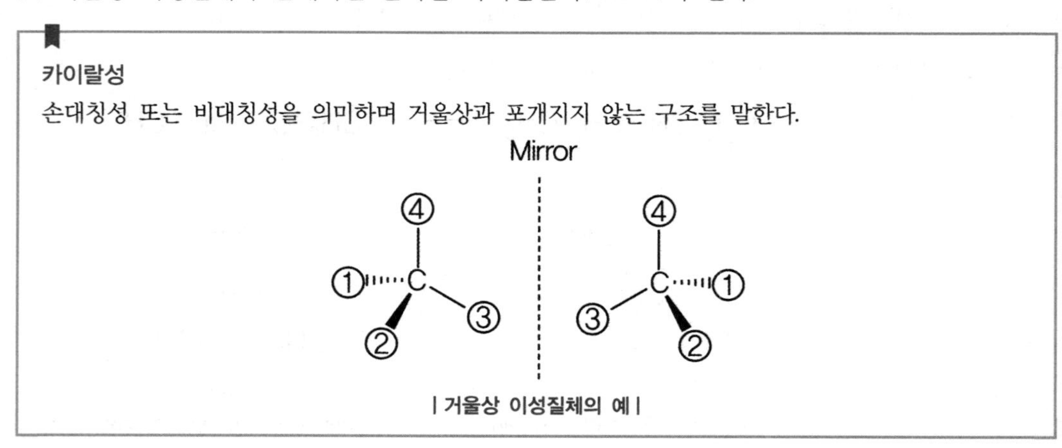

| 거울상 이성질체의 예 |

타타르산의 거울상 이성질체

1. (가)와 (나) – 거울상 이성질체
   - 서로 거울상으로 겹쳐지지 않는 입체 이성질체로 거울상 이성질체에 해당한다.
   - 거울상 이성질체는 물리적 성질이 같으며 편광면의 회전 방향이 다르다.

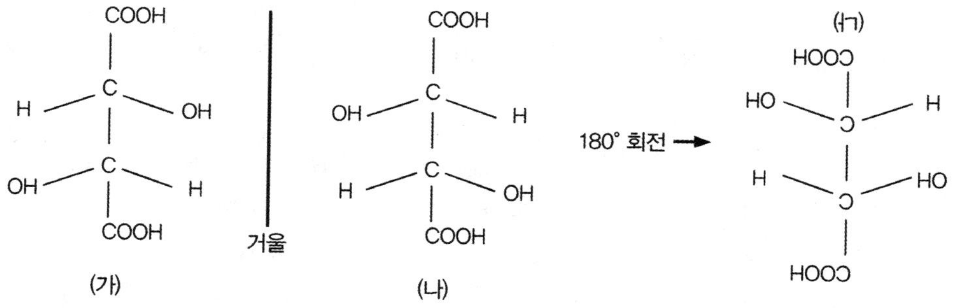

COOH
H — C — OH
OH — C — H
COOH
(가)

거울

COOH
OH — C — H
H — C — OH
COOH
(나)

180° 회전 →

(나)
COOH
HO — C — H
H — C — HO
COOH

2. (다)와 (라) – 같은 분자

서로 포개어 겹쳐지므로 거울상 이성질체가 되지 않는 같은 분자이다.

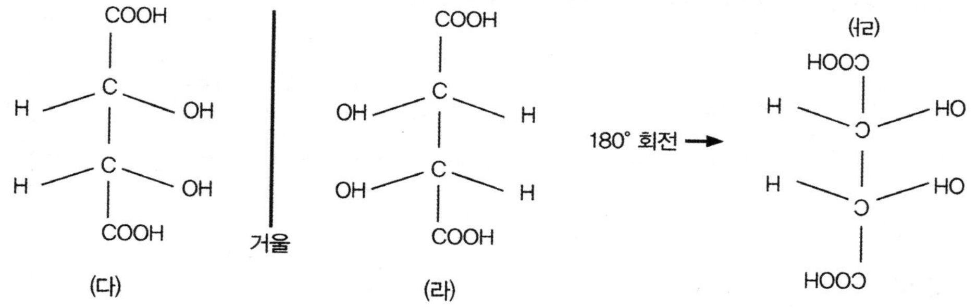

COOH
H — C — OH
H — C — OH
COOH
(다)

거울

COOH
OH — C — H
OH — C — H
COOH
(라)

180° 회전 →

(라)
COOH
H — C — HO
H — C — HO
COOH

5 부분 입체 이성질체

(1) 서로 거울상이 아닌 입체 이성질체를 말하며 서로 겹쳐질 수 없다.

(2) 물리적 성질이 다르며 cis, trans 이성질체는 모두 부분 입체 이성질체이다.

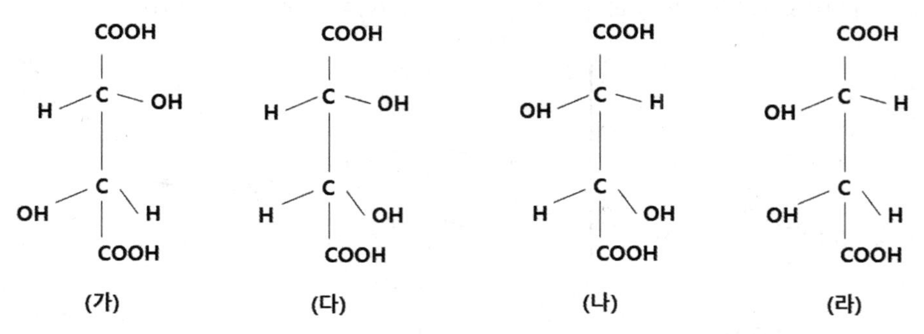

| 타타르산의 부분 입체 이성질체-(가)와 (다) | | 타타르산의 부분 입체 이성질체-(나)와 (라) |

예제

다음 분자쌍 중 성질이 다른 이성질체 관계에 있는 것은?

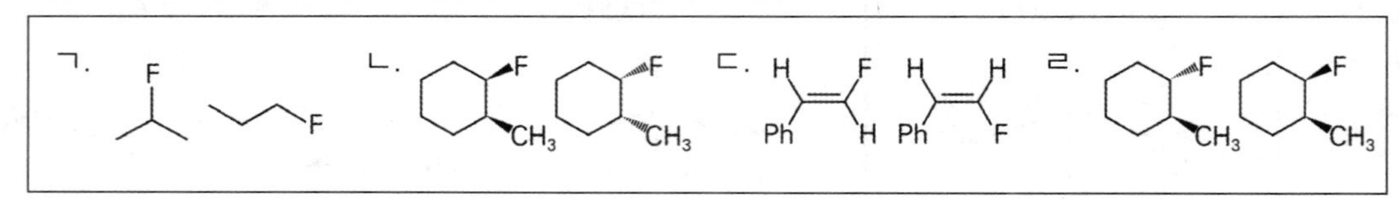

① ㄱ　　② ㄴ

③ ㄷ　　④ ㄹ

정답 ①

풀이 ㄱ은 구조 이성질체이고 나머지는 입체 이성질체이다.

| 앞쪽에 위치 |　　| 뒤쪽에 위치 |

PART 04

기출 & 예상 문제

01 아세트알데하이드(acetaldehyde)에 있는 두 탄소(ⓐ와 ⓑ)의 혼성 오비탈을 옳게 짝지은 것은?

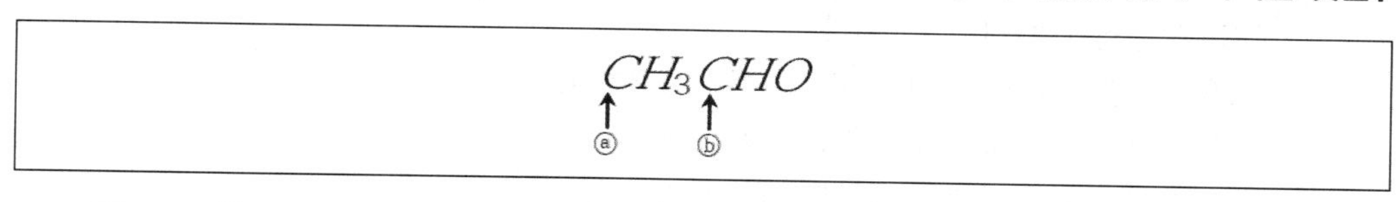

	ⓐ	ⓑ
①	sp^3	sp^2
②	sp^2	sp^2
③	sp^3	sp
④	sp^3	sp^3

02 다음 중 중심원자가 sp^3 혼성화를 이루는 화합물로 연결된 것은?

① 에테인(C_2H_6), 사이클로헥세인(C_6H_{12})
② 아세틸렌(C_2H_2), 에틸렌(C_2H_4)
③ 이산화탄소(CO_2), 아세틸렌(C_2H_2)
④ 에틸렌(C_2H_4), 벤젠(C_6H_6)

정답찾기

01

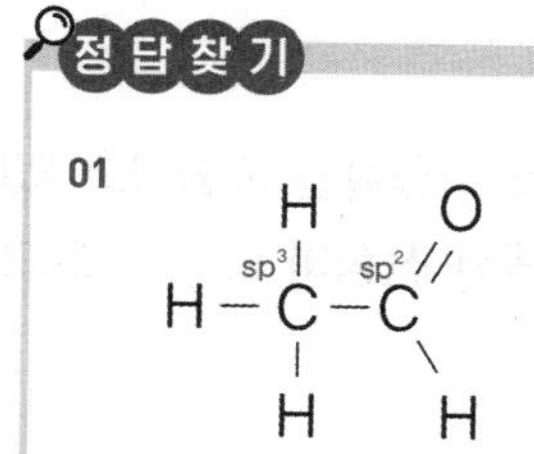

02

구분	에테인(C_2H_6) 사이클로헥세인(C_6H_{12})	에틸렌(C_2H_4) 벤젠(C_6H_6)	이산화탄소(CO_2) 아세틸렌(C_2H_2)
혼성화	sp^3	sp^2	sp
결합각	109.5°	120°	180°
구조	입체구조	평면구조	직선구조

정답 **01** ① **02** ①

03 다음 분자에 대한 설명으로 옳지 않은 것은?

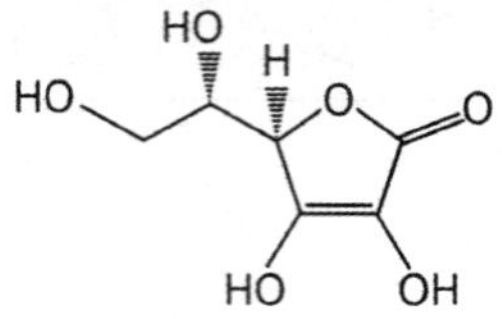

① 이중결합의 개수는 2이다.
② sp^3 혼성을 갖는 탄소원자의 개수는 3이다.
③ 산소원자는 모두 sp^3 혼성을 갖는다.
④ 카이랄 중심인 탄소원자의 개수는 2이다.

04 다음 중 카보닐기를 포함하지 않는 것은?

① 케톤
② 에터
③ 에스터
④ 알데하이드

05 다음 분자쌍 중 성질이 다른 이성질체 관계에 있는 것은?

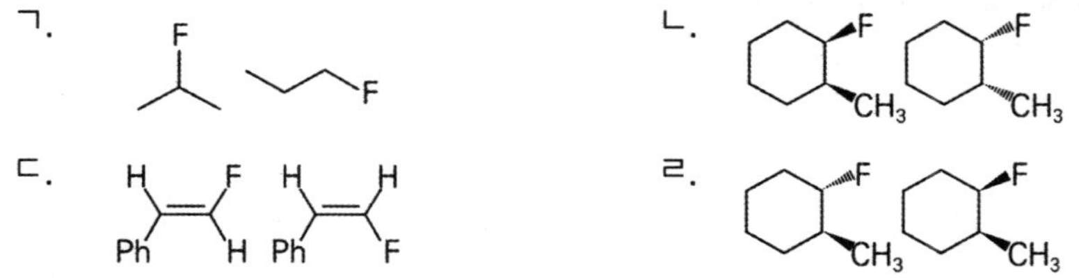

ㄱ. ㄴ. ㄷ. ㄹ.

① ㄱ
② ㄴ
③ ㄷ
④ ㄹ

06 화석 연료는 주로 탄화수소(C_nH_{2n+2})로 이루어지며, 소량의 황, 질소 화합물을 포함하고 있다. 화석 연료를 연소하여 에너지를 얻을 때, 연소 반응의 생성물 중에서 산성비 또는 스모그의 주된 원인이 되는 물질이 아닌 것은?

① CO_2
② SO_2
③ NO
④ NO_2

07 다음 알코올 중 산화 반응이 일어날 수 없는 것은?

① $H-\overset{\overset{OH}{|}}{\underset{\underset{H}{|}}{C}}-CH_3$

② $H_3C-\overset{\overset{OH}{|}}{\underset{\underset{H}{|}}{C}}-CH_3$

③ $H_3C-\overset{\overset{OH}{|}}{\underset{\underset{H}{|}}{C}}-OH$

④ $H_3C-\overset{\overset{OH}{|}}{\underset{\underset{CH_3}{|}}{C}}-CH_3$

08 메테인(CH_4)과 에텐(C_2H_4)에 대한 설명으로 옳은 것은?

① ∠H−C−H의 결합각은 메테인이 에텐보다 크다.
② 메테인의 탄소는 sp^2 혼성을 한다.
③ 메테인 분자는 극성 분자이다.
④ 에텐은 Br_2와 첨가 반응을 할 수 있다.

정답찾기

03 바르게 고쳐보면,
산소원자는 sp^2, sp^3 혼성을 갖는다.

04 • 카보닐기 : "C=O"의 이중결합으로 결합한 작용기
• 종류 : 알데하이드, 케톤, 카복실산, 에스터, 아마이드

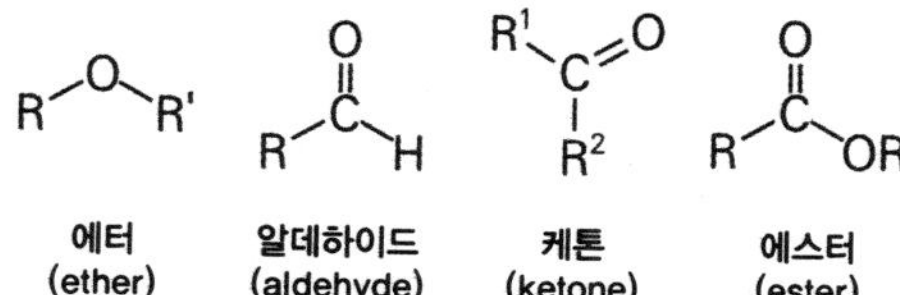

에터 (ether)	알데하이드 (aldehyde)	케톤 (ketone)	에스터 (ester)

05 ㄱ은 구조 이성질체이고 나머지는 입체 이성질체이다.

앞쪽에 위치 뒤쪽에 위치

07 3차 알코올은 산화되지 않는다.

08 ① ∠H−C−H의 결합각은 메테인(109.5°)이 에텐(120°)보다 작다.
② 메테인의 탄소는 sp^3 혼성을 한다.
③ 메테인 분자는 무극성 분자이다.

정답 **03** ③ **04** ② **05** ① **06** ① **07** ④ **08** ④

09 **분자식이 C_5H_{12}인 화합물에서 가능한 이성질체의 총 개수는?**

① 1 ② 2

③ 3 ④ 4

10 **고분자(중합체)에 대한 설명으로 옳은 것만을 모두 고르면?**

ㄱ. 폴리에틸렌은 에틸렌 단위체의 첨가 중합 고분자이다.
ㄴ. 나일론-66은 두 가지 다른 종류의 단위체가 축합 중합된 고분자이다.
ㄷ. 표면 처리제로 사용되는 테플론은 C-F 결합 특성 때문에 화학약품에 약하다.

① ㄱ ② ㄱ, ㄴ

③ ㄴ, ㄷ ④ ㄱ, ㄴ, ㄷ

11 **팔면체 철 착이온 $[Fe(CN)_6]^{3-}$, $[Fe(en)_3]^{3+}$, $[Fe(en)_2Cl_2]^{+}$에 대한 설명으로 옳은 것만을 모두 고르면? (단, en은 에틸렌다이아민이고 Fe는 8족 원소이다)**

ㄱ. $[Fe(CN)_6]^{3-}$는 상자기성이다.
ㄴ. $[Fe(en)_3]^{3+}$는 거울상 이성질체를 갖는다.
ㄷ. $[Fe(en)_2Cl_2]^{+}$는 3개의 입체 이성질체를 갖는다.

① ㄱ ② ㄴ

③ ㄷ ④ ㄱ, ㄴ, ㄷ

12 **다음 분자에 대한 설명으로 옳지 않은 것은?**

① 카복실산 작용기를 가지고 있다.
② 에스터화 반응을 통해 합성할 수 있다.
③ 모든 산소원자는 같은 평면에 존재한다.
④ sp^2 혼성을 갖는 산소원자의 개수는 2이다.

정답찾기

09

Pentane

Isopentane

Neopentane

10 폴리테트라플루오로에틸렌(Polytetrafluoroethylene, PTFE)은 많은 작은 분자(단위체)들을 사슬이나 그물 형태로 화학결합시켜 만드는 커다란 분자로 이루어진 유기 중합체 계열에 속하는 비가연성 불소수지이다. 열에 강하고, 마찰 계수가 극히 낮으며, 내화학성이 좋다.

- 첨가중합반응 : 단위체의 이중결합이 끊어지면서 이루어지는 첨가반응에 의해 형성되는 중합반응을 의미한다.

11 ㄱ. 어떤 물질을 자기장에 놓았을 때 자기장에 물질이 끌려가는 것을 상자기성, 반대로 밀려나는 것을 반자기성이라고 한다. 연구에 따르면 분자 내에 홀전자(unpaired electron)가 있으면 상자기성, 모든 전자가 짝지어져 있으면(paired electron) 반자기성이다. 홀전자가 하나라도 있으면 상자기성의 성질을 나타낸다. $[Fe(CN)_6]^{3-}$에서 Fe는 3+이며 아래와 같이 전자가 배치되어 홀전자가 생겨 상자기성의 형태를 갖는다.

$_{26}Fe \rightarrow 1s^22s^22p^63s^23p^63d^64s^2$ $\quad$ $_{26}Fe^{3+} \rightarrow 1s^22s^22p^63s^23p^63d^54s^0$

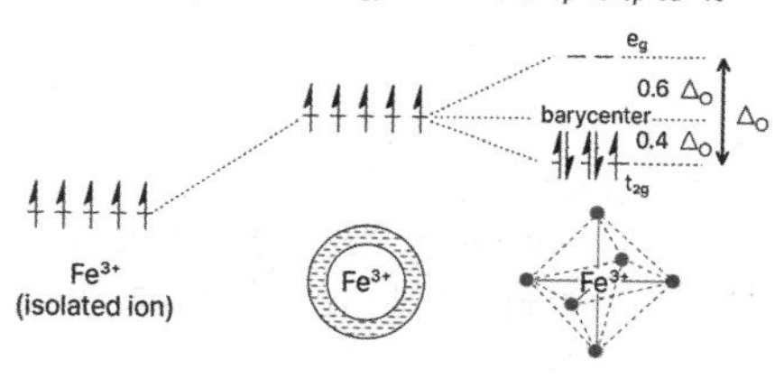

ㄴ. 거울상 이성질체란 서로 상과 거울상의 관계에 있는 1쌍의 입체 이성질체이다. $[Fe(en)_3]^{3+}$는 아래와 같은 거울상 이성질체를 갖는다.

ㄷ. $[Fe(en)_2Cl_2]^+$은 아래와 같은 3개의 입체 이성질체를 갖는다.

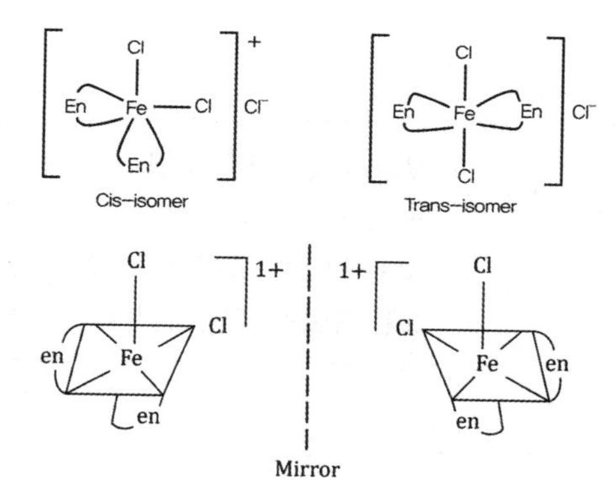

12 산소원자는 sp^3(사면체)와 sp^2(평면삼각형) 혼성을 가지고 있어 같은 평면에 존재하지 않는다.

정답 **09** ③ **10** ② **11** ④ **12** ③

13 다음 분자에서 파이 결합 개수와 시그마 결합 개수는?

$$H_2C=CH_2$$

| 에틸렌(C_2H_4) |

	파이 결합	시그마 결합		파이 결합	시그마 결합
①	2	4	②	4	2
③	5	1	④	1	5

14 다음 알렌(allene) 분자에 대한 설명으로 옳은 것만을 모두 고르면?

$$(H_a)(H_b)C=C=C(H_c)(H_d)$$

ㄱ. H_a와 H_b는 같은 평면 위에 있다.
ㄴ. H_a와 H_c는 같은 평면 위에 있다.
ㄷ. 모든 탄소는 같은 평면 위에 있다.
ㄹ. 모든 탄소는 같은 혼성화 오비탈을 가지고 있다.

① ㄱ, ㄴ　　② ㄱ, ㄷ
③ ㄴ, ㄹ　　④ ㄷ, ㄹ

정답찾기

13 • 단일결합: 시그마 결합
• 이중결합: 시그마 결합 1개 + 파이 결합 1개
• 삼중결합: 시그마 결합 1개 + 파이 결합 2개

14 C_3H_4(Allene)
ㄴ. Ha와 Hc는 다른 평면 위에 있다.
ㄹ. 가운데 탄소는 sp, 양쪽 탄소는 sp^2 혼성화 오비탈을 가지고 있다.

정답 **13** ④ **14** ②

MEMO

이찬범 화학

합격까지 박문각

PART

05

화학 반응

PART 05 화학 반응

CHAPTER 01 화학 반응과 동적평형

1 화학 반응

(1) 정반응과 역반응

① 정반응: 반응물이 생성물로 되는 반응으로 화학 반응식에서 왼쪽 → 오른쪽으로 진행된다.
② 역반응: 생성물이 반응물로 되는 반응으로 화학 반응식에서 오른쪽 → 왼쪽으로 진행된다.
③ 정반응은 "→"로, 역반응은 "←"로 나타낸다.

(2) 가역 반응과 비가역 반응

① 가역 반응
주어진 조건에 따라 정반응과 역반응이 모두 일어날 수 있는 반응으로 "⇄"로 표시한다.
EX 물의 증발과 응축: 물은 증발되어 기체가 되었다가 다시 물방울로 응축되어 액체가 되기도 한다.

- 구리의 석출과 이온화: $Cu^{2+}(aq) + 2e^- \rightleftarrows Cu(s)$
- 염화암모늄의 분해와 생성: $NH_4Cl(s) \rightleftarrows NH_3(g) + HCl(g)$
- 석회동굴과 종유석, 석순의 생성 반응: $CaCO_3(s) + CO_2(g) + H_2O(l) \rightleftarrows Ca(HCO_3)_2(aq)$
- 광합성과 호흡: $6CO_2(g) + 6H_2O(l) \rightleftarrows C_6H_{12}O_6 + 6O_2(g)$
- 탄산칼슘의 생성과 분해: $CaO(s) + CO_2(g) \rightleftarrows CaCO_3(s)$

② 비가역 반응
역반응이 일어나지 않고 정반응이 일어나는 반응을 비가역 반응이라 한다.
EX 연소 반응: 주로 가연물이 산소에 의해 산화되어 열과 빛을 발생하며 이산화탄소와 수증기도 발생시킨다.

- 중화: $HCl(aq) + NaOH(aq) \rightarrow H_2O(l) + NaCl(aq)$
- 앙금 생성: $NaCl(aq) + AgNO_3(aq) \rightarrow AgCl(s) + NaNO_3(aq)$
- 기체 발생: $Mg(s) + 2HCl(aq) \rightarrow MgCl_2(aq) + H_2(g)$
- 연소: $CH_4(g) + 2O_2(g) \rightarrow CO_2(g) + 2H_2O(l)$

2 평형

(1) 동적평형

정반응 속도와 역반응 속도가 같은 상태로 가역 반응에서 나타나며 겉으로는 변화가 없는 것처럼 보이는 상태이다.

(2) 상평형

액체의 증발속도와 기체의 응축속도가 같은 상태로 겉으로는 변화가 없는 것처럼 보이는 상태이다.

(3) 용해평형

용질의 용해속도와 석출도가 같은 상태로 겉으로는 변화가 없는 것처럼 보이는 상태이다.

(4) 화학평형

① 가역 반응의 화학 반응에서 정반응 속도와 역반응 속도가 같은 상태로 반응물의 농도와 생성물의 농도가 일정하게 유지되는 상태를 의미한다.

② 화학 반응의 자유 에너지의 변화가 없는 상태($\triangle G = 0$)를 의미한다.

CHAPTER 02 물의 자동이온화

제1절 I 산과 염기

1 산과 염기의 성질

(1) 산의 성질

① 금속과 반응하여 수소 기체를 발생시키고 탄산칼슘과 반응하여 이산화탄소 기체를 발생시킨다.

② 신맛이 나고 푸른색 리트머스 종이를 붉게 변화시킨다.

③ 산 수용액에 존재하는 이온으로 인해 전류가 흐른다.

(2) 염기의 성질

① 단백질을 녹이는 성질이 있어 만지면 미끌미끌하다.

② 쓴맛이 나고 붉은색 리트머스 종이를 푸르게 변화시킨다.

③ 페놀프탈레인 용액을 붉게 변화시킨다.

④ 염기 수용액에 존재하는 이온으로 인해 전류가 흐른다.

2 아레니우스의 산과 염기

(1) 산: 물에 녹아 수소 이온(H^+)을 내놓는 물질

(2) 염기: 물에 녹아 수산화 이온(OH^-)을 내놓는 물질

아레니우스 정의의 한계
- 수소 이온(H^+)이나 수산화 이온(OH^-)을 내놓지 않는 반응을 설명할 수 없다.
- 수용액이 아닌 경우 적용할 수 없다.
- 아레니우스 산의 경우 수소 이온을 내놓는 물질로 정의하지만 수용액에서 하이드로늄 이온(H_3O^+)으로 존재한다.

3 브뢴스테드-로리의 산과 염기

(1) 산과 염기의 정의

① 산: 다른 물질에 수소 이온(H^+)을 내놓는 물질

② 염기: 다른 물질로부터 수소 이온(H^+)을 받는 물질

EX $HCl(g) + H_2O(l) \rightarrow H_3O^+(aq) + Cl^-(aq)$

- HCl는 H^+을 내놓으므로 산이고, H_2O은 H^+을 받으므로 염기이다.

$H_2O(l) + NH_3(g) \rightarrow NH_4^+(aq) + OH^-(aq)$

- 물(H_2O)은 H^+을 내놓으므로 산이고, 암모니아(NH_3)는 H^+을 받으므로 염기이다.

(2) 양쪽성 물질

반응조건에 따라 산으로 작용할 수도 있고 염기로도 작용할 수 있는 물질을 의미한다.

EX H_2O, HCO_3^-, HS^-, HSO_4^-, $H_2PO_4^-$ 등

EX $HCl(g) + H_2O(l) \rightarrow H_3O^+(aq) + Cl^-(aq)$

- HCl는 H^+을 내놓으므로 산이고, H_2O는 H^+을 받으므로 염기이다.

$H_2O(l) + NH_3(g) \rightarrow NH_4^+(aq) + OH^-(aq)$

- 물(H_2O)은 H^+을 내놓으므로 산이고, 암모니아(NH_3)는 H^+을 받으므로 염기이다.

➡ 물(H_2O)은 양쪽성 물질이다.

(3) 짝산–짝염기

① 수소 이온(H^+)의 이동으로 산과 염기가 되는 한 쌍의 산과 염기를 의미한다.

② 정반응에서 산의 짝은 역반응에서의 염기이고, 정반응에서 염기의 짝은 역반응에서의 산이다.

③ 강산의 짝염기는 약염기이고 약산의 짝염기는 강염기이다.

④ 강염기의 짝산은 약산이고 약염기의 짝산은 강산이다.

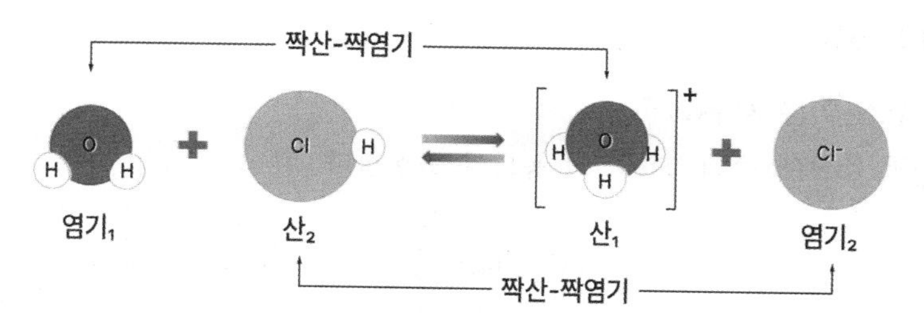

제2절 I pH와 pOH

1 물의 자동이온화

물분자끼리 서로 수소 이온(H^+)을 주고받아 하이드로늄 이온(H_3O^+)과 수산화 이온(OH^-)으로 이온화하는 현상을 의미한다.

$$H_2O(l) + H_2O(l) \rightleftarrows H_3O^+(aq) + OH^-(aq)$$

2 물의 이온화 상수(K_w)

(1) 물의 이온화 상수(K_w)

① 물의 자동이온화로 동적평형 상태가 되면 하이드로늄 이온(H_3O^+)의 몰 농도와 수산화 이온(OH^-)의 몰 농도가 일정하게 유지된다. 이 두 농도의 곱이 일정한 온도에서 일정한 값을 가지는데 이를 물의 이온화 상수라고 한다.

$$K_w = [H_3O^+][OH^-] = \text{일정}$$

② 25℃에서 물의 이온화 상수 : $K_w = [H_3O^+][OH^-] = 1.0 \times 10^{-14}$

③ $[H_3O^+]$와 $[OH^-]$는 1.0×10^{-7}로 같은 값을 갖는다.

(2) 수용액의 액성

수용액의 액성	산성	중성	염기성
농도 비교	$[H_3O^+] > [OH^-]$	$[H_3O^+] = [OH^-]$	$[H_3O^+] < [OH^-]$

3 pH와 pOH

(1) 수소 이온 지수(pH)

① 수용액 중의 $[H_3O^+]$의 농도를 표현한다.

$$pH = \log\frac{1}{[H_3O^+]} = -\log[H_3O^+] \rightarrow [H_3O^+] = 10^{-pH}$$

② $[H_3O^+]$가 커지면 pH는 작아지고 산성은 강해진다.

③ pH가 1 차이나는 경우 $[H_3O^+]$의 몰 농도는 10배 차이가 난다.

(2) 수산화 이온 지수

① 수용액 중의 $[OH^-]$의 농도를 표현한다.

$$pOH = \log\frac{1}{[OH^-]} = -\log[OH^-] \rightarrow [OH^-] = 10^{-pOH}$$

② $[OH^-]$가 커지면 pOH는 작아지고 염기성은 강해진다.

③ pOH가 1 차이나는 경우 $[OH^-]$의 몰 농도는 10배 차이가 난다.

(3) 수용액의 액성과 pH, pOH(25℃)

액성	pH	pOH
산성	$pH < 7$	$pOH > 7$
중성	$pH = 7$	$pOH = 7$
염기성	$pH > 7$	$pOH < 7$

• $pH + pOH = 14$ at 25℃

4 용액의 pH 구분

구분	리트머스 종이	페놀프탈레인 용액	메틸 오렌지 용액	BTB 용액
산성	푸른색 → 붉은색	무색	붉은색	노란색
중성	–	무색	노란색	초록색
염기성	붉은색 → 푸른색	붉은색	노란색	파란색

예제

25℃에서 측정한 용액 A의 $[OH^-]$가 1.0×10^{-6}M일 때, pH 값은? (단, $[OH^-]$는 용액 내의 OH^- 몰 농도를 나타낸다)

① 6.0　　② 7.0
③ 8.0　　④ 9.0

정답 ③

풀이 pH + pOH = 14

(1) pOH 산정

$pOH = -\log[OH^-] = -\log[1.0 \times 10^{-6}] = 6.0$

(2) pH 산정

$pH + pOH = 14$

$pH = 14 - pOH = 14 - 6 = 8$

CHAPTER 03 산-염기 중화 반응

1 산-염기 중화 반응

(1) 산-염기 중화 반응

① 중화 반응

산과 염기가 만나 물과 염을 만드는 반응을 의미한다.

EX $HCl(aq) + NaOH(aq) \rightarrow H_2O(l) + NaCl(aq)$
산 염기 물 염

② 알짜 이온 반응식

- 실제 반응에 참여한 이온만을 이용하여 나타낸 반응식을 의미한다.
- 중화 반응의 알짜 이온 반응식은 수소 이온과 수산화 이온의 반응으로 같다.

EX $H^+(aq) + OH^-(aq) \rightarrow H_2O(l)$

- 반응에 참여하지 않고 반응 후에 그대로 남아 있는 이온을 구경꾼 이온이라 한다.

EX $HCl(aq) + NaOH(aq) \rightarrow H_2O(l) + NaCl(aq)$ ➡ 구경꾼 이온: Na^+, Cl^-

③ 염

- 염기의 양이온과 산의 음이온이 만나 생성된 이온결합 화합물을 의미한다.
- 산과 염기의 종류에 따라 달라지며 NaCl, KNO_3 등 다양한 염이 존재한다.

(2) 중화 반응의 양적 관계

① 중화 반응에서 산의 H^+과 염기의 OH^-은 1 : 1의 몰비로 반응한다.

② 완전 중화란 산과 염기의 몰(mol) 또는 당량(eq)이 같을 때를 의미한다.

산이 내놓은 H^+의 양(mol) = 염기가 내놓은 OH^-의 양(mol) 또는

산이 내놓은 H^+의 양(eq) = 염기가 내놓은 OH^-의 양(eq)

$n_1M_1V_1 = n_2M_2V_2$ 또는 $N_1V_1 = N_2V_2$

③ 불완전 중화란 산과 염기의 몰(mol) 또는 당량(eq)가 다를 때를 의미한다.

④ 액성이 다른 경우 혼합액의 액성은 산과 염기 중 큰 값의 액성을 따른다.

$M_0 = \frac{n_1M_1V_1 - n_2M_2V_2}{V_1 + V_2}$ 또는 $n_1M_1V_1$(큰 값) $-$ $n_2M_2V_2$(작은 값) $= (V_1 + V_2)M_0$

$N_0 = \frac{N_1V_1 - N_2V_2}{V_1 + V_2}$ 또는 N_1V_1(큰 값) $-$ N_2V_2(작은 값) $= (V_1 + V_2)N_0$

[n: 가수, M: 몰 농도, N: 노르말 농도, V: 부피(유량)]

⑤ 액성이 같은 경우 두 용액의 mol 또는 eq를 더하여 농도를 산정한다.

예제

01 **0.1M 염산($HCl(aq)$) 200mL를 완전 중화하기 위해 수산화 바륨($Ba(OH)_2$) 수용액 100mL를 사용하였다. 수산화바륨의 몰 농도를 구하시오.**

풀이 $n_1M_1V_1 = n_2M_2V_2$

$1 \times 0.1M \times 200mL = 2 \times \square M \times 100mL$

$\square = 0.1M$

02 **pH = 3.0이고 부피는 1000m³인 용액과 부피 10,000m³이고 pH = 8.0를 혼합하였다. 온도는 일정하고 완충작용이 없다면 혼합 용액의 pH를 구하시오. (단, log3 = 0.48이고 용액의 가수는 1가이다)**

풀이 (1) 관계식의 산정

불완전 중화로 산의 eq와 염기의 eq를 비교하여 차이만큼이 pH에 영향을 주게 된다.

$N_1V_1 - N_2V_2 = N(V_1 + V_2)$

(2) $[H^+]$의 eq 산정

pH = 3이므로 $H^+ = 10^{-3}mol/L = 10^{-3}eq/L$

$$[H^+]\text{의 eq} = \frac{10^{-3}eq}{L} \times \frac{1{,}000m^3}{day} \times \frac{10^3L}{1m^3}$$

(3) $[OH^-]$의 eq 산정

pH = 8이므로 pOH = 6이며,

$[OH^-] = 10^{-6}mol/L = 10^{-6}eq/L$

$$[OH^-]\text{의 eq} = \frac{10^{-6}eq}{L} \times \frac{10{,}000m^3}{day} \times \frac{10^3L}{1m^3}$$

(4) 혼합폐수의 eq

산의 eq가 염기의 eq보다 크므로 $[H^+]$의 eq − $[OH^-]$의 eq = 남은 $[H^+]$의 eq가 된다.

$N_1V_1 - N_2V_2 = N(V_1 + V_2)$

$$\underbrace{\frac{10^{-3}eq}{L} \times \frac{1{,}000m^3}{day} \times \frac{10^3L}{1m^3}}_{\text{산의 eq}} - \underbrace{\frac{10^{-6}eq}{L} \times \frac{10{,}000m^3}{day} \times \frac{10^3L}{1m^3}}_{\text{염기의 eq}}$$

$$= \underbrace{N(1000+10000)\frac{m^3}{day} \times \frac{1{,}000L}{1m^3}}_{\text{혼합폐수의 eq}}$$

$N = 9 \times 10^{-5}eq/L = 9 \times 10^{-5}mol/L$

(5) pH 산정

$pH = -\log(9 \times 10^{-5}) = -\log(9) + (-\log(10^{-5})) = -2 \times 0.48 + 5 = 4.04$

2 중화 적정

(1) 중화 적정

① 중화 적정을 통해 모르는 산이나 염기의 농도를 알 수 있다.

② 표준용액: 농도를 미리 알고 있는 산이나 염기 수용액을 의미한다.

③ 중화점: "산의 H^+의 양(mol 또는 eq) = 염기의 OH^-의 양(mol 또는 eq)"인 완전 중화가 되는 지점을 의미한다.

(2) 중화 적정과 이온 수 변화

아래의 그래프는 일정량의 HCl(aq)에 NaOH(aq)를 조금씩 늘려가며 중화 적정을 할 때 이온 수의 변화이다.

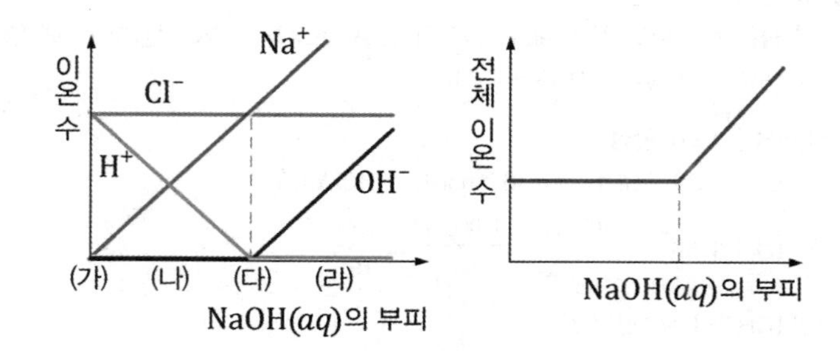

구분	(가)	(나)	(다) 중화점	(라)
H^+의 수	2	1	0	0
Cl^-의 수	2	2	2	2
Na^+의 수	0	1	2	3
OH^-의 수	0	0	0	1
전체 이온 수	4	4	4	6
액성	산성	산성	중성	염기성

- H^+: NaOH를 주입하면서 생성되는 OH^- 이온과 반응하면서 점점 감소하며 중화점 이후에는 존재하지 않는다.
- Cl^-: 구경꾼 이온으로 다른 이온과 반응하지 않으며 이온 수의 변화가 없고 일정한 값을 나타낸다.
- Na^+: 구경꾼 이온으로 다른 이온과 반응하지 않으며 주입하는 양에 비례하여 이온 수가 증가한다.
- OH^-: NaOH를 주입하면서 생성되는 OH^- 이온은 HCl의 H^+ 이온과 반응하여 중화점 이전에서는 나타나지 않으나 중화점 이후부터 넣어주는 양에 비례하며 증가한다.

CHAPTER 04 화학 반응과 열의 출입

제1절 I 산화–환원 반응

1 산소의 이동과 산화–환원

(1) 산화 : 산소와 결합하는 반응을 의미한다.

(2) 환원 : 산소를 잃는 반응을 의미한다.

2 산화–환원 반응의 동시성

산화와 환원은 항상 동시에 일어난다.

3 전자의 이동과 산화–환원

(1) 산화 : 전자를 잃는 반응을 의미한다.

(2) 환원 : 전자를 얻는 반응을 의미한다.

4 금속의 이온화 경향

(1) 금속원소가 전자를 잃고 양이온이 되려고 하는 경향을 의미하며, 이온화 경향이 크면 전자를 잃기 쉬워 산화가 잘되며 반응성이 크다고 볼 수 있다.

(2) K > Ca > Na > Mg > Al > Zn > Fe > Ni > Sn > Pb > (H) > Cu > Hg > Ag > Pt > Au

5 산화수 변화와 산화–환원

(1) 산화수

구성 원자의 산화 정도를 나타내는 가상적인 전하를 의미한다.

(2) 이온결합 화합물과 산화수

이온결합을 이루는 물질의 각 이온의 전하와 같다.

EX NaCl : Na의 산화수는 +1이고, Cl의 산화수는 –1이다.

(3) 공유결합 물질과 산화수

전기 음성도가 큰 쪽으로 공유 전자쌍이 전부 이동한 상태로 가정하고 각 원자의 산화수를 산정한다.

EX H_2O에서 O의 전기 음성도가 더 크므로 H : +1, O : –2의 산화수를 나타낸다.

(4) 산화수 규칙

① 원소를 구성하는 원자의 산화수는 "0"이다.

EX H_2, O_2, N_2, Mg에서 각 원자의 산화수는 0이다.

② 일원자 이온의 산화수는 그 이온의 전하와 같다.

EX Na^+ : +1, Cl^- : −1, Ca^{2+} : +2

③ 다원자 이온의 산화수는 각 원자의 산화수 합과 같다.

EX OH^- : (−2) + 1 = −1

SO_4^{2-} : (−2) + (−2) × 4 = −2

④ 화합물에서 각 원자의 산화수의 합은 "0"이다.

EX H_2O : (+1) × 2 + (−2) = 0

⑤ 화합물에서 1족 알칼리 금속의 산화수는 +1, 2족 알칼리 토금속의 산화수는 +2이다.

EX NaCl : Na의 산화수는 +1, MgO : Mg의 산화수는 +2

⑥ 화합물에서 F의 산화수는 −1이다.

EX LiF : F의 산화수는 −1, Li의 산화수는 +1

⑦ 화합물에서 H의 산화수는 +1이고 금속의 수소 화합물에서는 −1이다.

EX LiH : H의 산화수는 −1, Li의 산화수는 +1

⑧ O의 산화수는 일반적으로 화합물에서 −2, 과산화물에서는 −1, 플루오린 화합물에서는 +2이다.

EX H_2O : H의 산화수는 −1, O의 산화수는 −2

H_2O_2 : H의 산화수는 +1, O의 산화수는 −1

OF_2 : F의 산화수는 −1, O의 산화수는 +2

(5) 산화수와 산화−환원 반응

① 산화 : 산화수가 증가하는 반응

② 환원 : 산화수가 감소하는 반응

EX $Fe_2O_3(s)$ + $3CO(g)$ → $2Fe(s)$ + $3CO_2(g)$

+3 −2   +2 −2   0   +4 −2

Fe의 산화수는 +3 → 0으로 감소하여 환원되었고, C의 산화수는 +2 → +4로 증가하여 산화되었다.

(6) 산화−환원 반응의 동시성

산화와 환원은 항상 동시에 일어난다.

6 산화제와 환원제

(1) 산화제

① 스스로 환원되고 다른 물질을 산화시키는 물질이다.

② 전자를 얻기 쉬운 비금속원소나 산화수가 큰 원자가 포함되어 있는 화합물이 속한다.

EX F_2, Cl_2, O_3, $KMnO_4$, $K_2Cr_2O_7$ 등

(2) 환원제

① 스스로 산화되고 다른 물질을 환원시키는 물질이다.

② 전자를 잃기 쉬운 금속원소나 산화수가 작은 원자가 포함되어 있는 화합물이 속한다.

EX Li, Na, K, $SnCl_2$, CO 등

예제

01 산화－환원 반응이 아닌 것은?

① $2HCl + Mg \rightarrow MgCl_2 + H_2$

② $CH_4 + 2O_2 \rightarrow CO_2 + 2H_2O$

③ $CO_2 + H_2O \rightarrow H_2CO_3$

④ $3NO_2 + H_2O \rightarrow 2HNO_3 + NO$

정답 ③

풀이 $CO_2 + H_2O \rightarrow H_2CO_3$는 산화수의 변화가 없다.

02 황(S)의 산화수가 나머지와 다른 것은?

① H_2S ② SO_3

③ $PbSO_4$ ④ H_2SO_4

정답 ①

풀이 ① H_2S

H_2 : $+1 \times 2 = +2$

S : -2

② SO_3

O_3 : $-2 \times 3 = -6$

S : $+6$

③ $PbSO_4$

Pb : $+2$

O_4 : $-2 \times 4 = -8$

S : $+6$

④ H_2SO_4

H_2 : $+1 \times 2 = +2$

O_4 : $-2 \times 4 = -8$

S : $+6$

03 $KMnO_4$에서 Mn의 산화수는?

① +1 ② +3

③ +5 ④ +7

정답 ④

풀이 K : +1, O_2 : -2×4이므로 Mn의 산화수는 +7이 되어야 한다.

7 산화 - 환원 반응식

(1) 산화 - 환원 반응식 완성하기(산화수법)

산화 - 환원 반응은 동시에 일어나고 산화수의 증감이 동일하다. 이를 이용하여 산화 - 환원 반응식을 완성할 수 있다. (증가한 산화수 = 감소한 산화수)

옥살산 이온($C_2O_4^{2-}$)과 과망가니즈산 이온(MnO_4^-)의 반응식

(1) 반응물과 생성물을 쓰고 각 원자의 산화수를 구한다.

$C_2O_4^{2-}(aq) + MnO_4^-(aq) + H^+(aq) \rightarrow CO_2(g) + Mn^{2+}(aq) + H_2O(l)$

+3 −2 　 +7 −2 　 +1 　 +4 −2 　 +2 　 +1 −2

(2) 반응 전후의 산화수 변화 확인

C: +3 → +4 : 1 증가

Mn: +7 → +2 : 5 감소

(3) 산화수의 변화가 있는 원자들의 수가 다른 경우 같도록 계수를 조절한다.

$C_2O_4^{2-}(aq) + MnO_4^-(aq) + H^+(aq) \rightarrow 2CO_2(g) + Mn^{2+}(aq) + H_2O(l)$

(4) 산화수를 다시 산정한다.

$C_2O_4^{2-}(aq) + MnO_4^-(aq) + H^+(aq) \rightarrow 2CO_2(g) + Mn^{2+}(aq) + H_2O(l)$

C : 1 증가 × 2 = 2 증가

Mn : 5 감소

(5) 증가한 산화수와 감소한 산화수가 같도록 계수를 맞춘다.

$5C_2O_4^{2-}(aq) + 2MnO_4^-(aq) + H^+(aq) \rightarrow 10CO_2(g) + 2Mn^{2+}(aq) + H_2O(l)$

(2) 산화-환원 반응의 양적 관계

산화 - 환원 반응식의 계수비는 산화제나 환원제의 몰비와 같으므로 산화 - 환원 반응에 필요한 산화제나 환원제의 양을 알아낼 수 있다.

제2절 | 발열 반응과 흡열 반응

1 화학 반응에서 열의 출입

(1) 발열 반응

① 반응물의 에너지 합 > 생성물의 에너지 합

② 에너지 차이만큼 열을 주위로 방출시켜 주위의 온도가 올라간다.

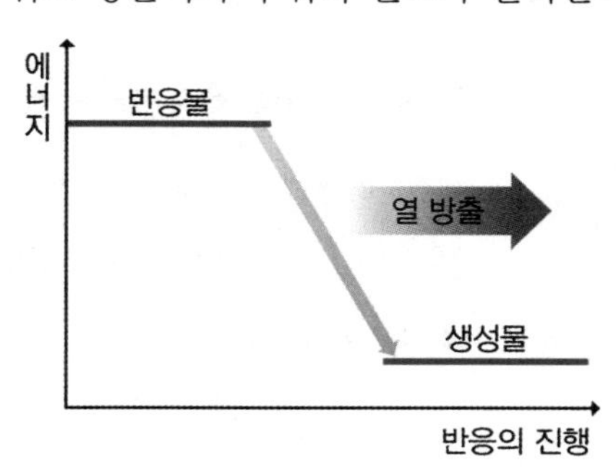

| 발열 반응 |

③ **발열 반응의 예**: 금속과 산의 반응, 연소 반응, 금속의 산화 반응, 산의 용해 반응, 중화 반응 등이 있다.

(2) 흡열 반응

① 반응물의 에너지 합 < 생성물의 에너지 합

② 에너지 차이만큼 주위 열을 흡수시켜 주위의 온도가 내려간다.

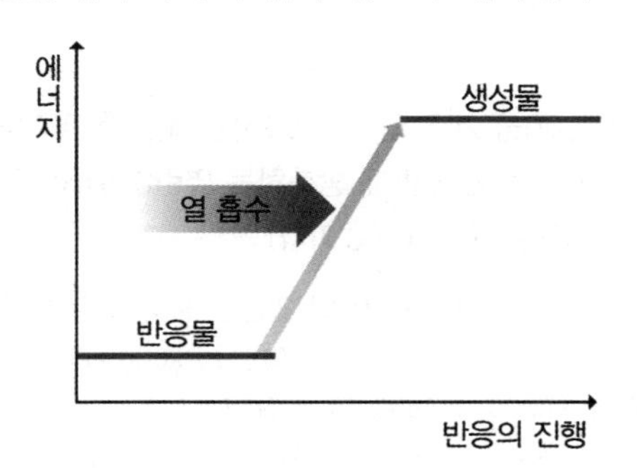

| 흡열 반응 |

③ **흡열 반응의 예**: 광합성 반응, 물의 전기분해, 질산암모늄의 용해 반응 등이 있다.

상태변화에 따른 열의 출입

- **흡열 반응**: 융해, 기화, 기체로의 승화
- **발열 반응**: 응고, 액화, 고체로의 승화

2 화학 반응과 열에너지의 측정

(1) 열용량과 비열

① 비열(c) : 어떤 물질 1g의 온도를 1℃ 높이는 데 필요한 열량[J/(g · ℃)]이다.

② 열용량(C) : 어떤 물질의 온도를 1℃ 높이는 데 필요한 열량[J/℃]이다.

$$\text{열용량(C)} = \text{비열(c)} \times \text{질량(m)} \text{ 또는 } \text{열용량(J/℃)} = \frac{\text{열량(J)}}{\text{온도변화(℃)}}$$

③ 열량(Q) : 어떤 물질이 열에너지를 흡수하거나 방출할 때 사용하는 단위이다.

$$Q = c \times m \times \Delta t = C \times \Delta t$$

$$\text{열량(cal)} = \text{비열}\left(\frac{J}{g \cdot ℃}\right) \times \text{질량(g)} \times \text{온도변화(℃)}$$

※ 1J = 4.2cal

(2) 열량계

① 일반적으로 단열반응용기, 온도계, 젓개 등으로 구성되어 있으며 화학 반응에서 출입하는 열량을 측정하는 장치이다.

② 열량계를 이용한 열량의 측정

$$\text{방출하거나 흡수한 열량(Q)} = \text{물이 얻거나 잃은 열량} + \text{통열량계가 얻거나 잃은 열량}$$
$$= (c_{물} \times m_{물} \times \Delta t) + (C_{통열량계} \times \Delta t)$$

($c_{물}$: 물의 비열, $m_{물}$: 물의 질량, Δt : 물의 온도 변화, $C_{통열량계}$: 통열량계의 열용량)

예제

통열량계에 탄소(C) 3.0g을 20℃의 물 200g을 채운 후 뚜껑을 닫고 완전 연소시켰더니 온도가 20℃가 되었다. 탄소(C) 1몰이 완전 연소할 때 방출하는 열량(kJ/mol)을 구하시오. (단, 물의 비열은 4.2 J/(g · ℃)이고, 통열량계의 열용량은 2.0 kJ/℃이다)

풀이 (1) 탄소 3.0g이 완전 연소할 때 방출한 열량은 물이 흡수한 열량과 통열량계가 흡수한 열량의 합이다.

$Q = 4.2J/g \cdot ℃ \times 200g \times (40 - 20)℃ + 2000\ J/℃ \times (40 - 20)℃$

$= 16800 + 40000 = 56800\ J = 56.8\ kJ$

(2) 1mol의 탄소는 12g이므로 56.8 × 12/3 = 227.2 kJ/mol이 된다.

MEMO

이찬범 화학

합격까지 박문각

PART

06

물질의 상태와 용액

PART 06

물질의 상태와 용액

CHAPTER 01 기체

제1절 I 기체

1 대기압

(1) 지구를 둘러싼 공기로 인해 생기는 압력을 의미한다.

> 1기압(atm) = 760mmHg = 1013mbar = 101325N/m² = 101325Pa = 10332mmH₂O = 10.332mH₂O = 14.7PSI = 1.0332kgf/cm²

(2) 압력 : 단위 면적에 작용하는 힘, 단위는 Pa(파스칼)이다.

> 압력(Pa) = 작용하는 힘(N) / 힘을 받는 면의 넓이(m²)

2 기체의 압력

(1) 단위면적에 작용하는 기체분자의 힘을 의미한다.

(2) 기체분자는 자유롭게 운동하며 끊임없이 용기의 벽면에 충돌하는데, 충돌횟수가 많을수록, 강하게 충돌할수록 압력은 크다.

3 기체의 압력과 부피

(1) 일정한 온도에서 기체에 작용하는 압력이 증가하면 기체의 부피는 감소한다.

(2) 보일의 법칙

일정한 온도에서 일정량의 기체의 부피(V)는 압력(P)에 반비례한다.

$$V \propto \frac{1}{P} \text{ 또는 } PV = k \text{ (k: 상수)} \rightarrow P_1 \times V_1 = P_2 \times V_2$$

(P_1 : 처음 압력, V_1 : 처음 부피, P_2 : 나중 압력, V_2 : 나중 부피)

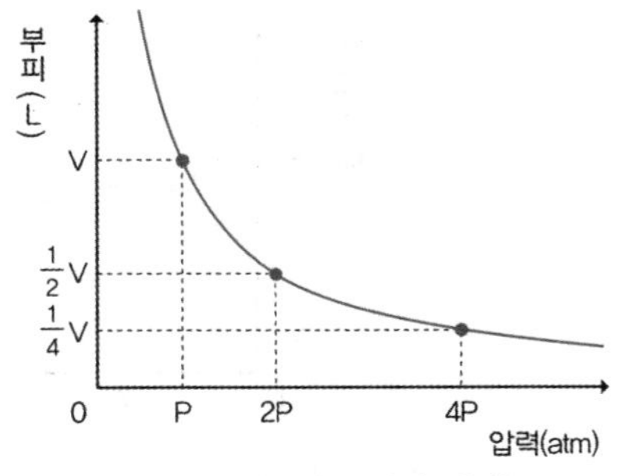

| 기체의 압력과 부피의 관계 |

예제

10℃, 2기압에서 부피가 500mL인 A 기체에 압력을 가했더니 부피가 100mL가 되었다. 이때 A 기체에 가한 압력을 구하시오.

풀이 $P_1 \times V_1 = P_2 \times V_2$

2기압 × 500mL = P × 100mL, P=10기압

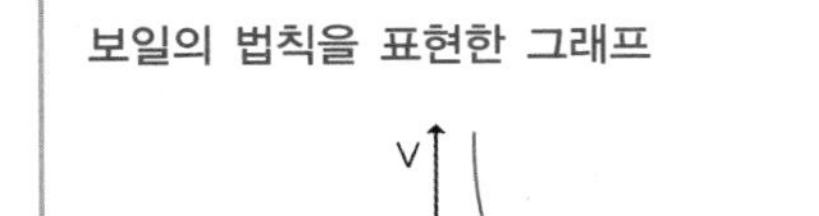

보일의 법칙을 표현한 그래프

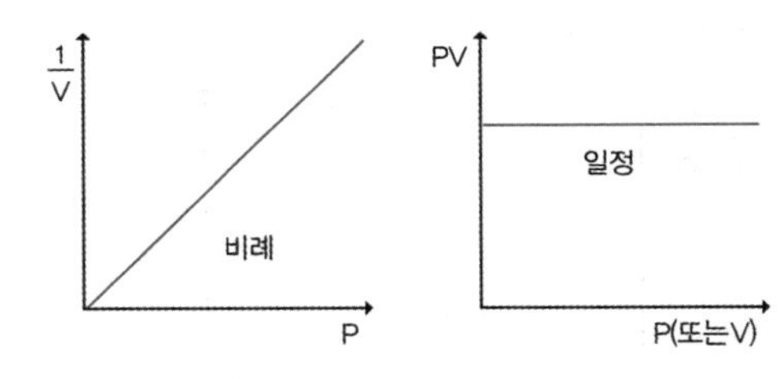

- 기체의 압력과 부피는 서로 반비례한다. ➡ $P \propto \frac{1}{V}$
- 기체의 압력과 1/부피는 비례한다. ➡ $P \propto \frac{1}{V}$
- 기체의 압력과 부피의 곱(PV)은 일정하다. ➡ PV = 일정

4 기체의 온도와 부피

(1) 일정한 압력에서 기체는 온도가 높아지면 부피가 증가한다.

(2) 샤를의 법칙

① 일정한 압력에서 일정량의 기체의 부피(V)는 절대온도(K)에 비례한다.

② 절대온도(K) = 273 + 섭씨온도(℃)

$$V = kT \rightarrow \frac{V}{T} = k, \ \frac{V_1}{T_1} = \frac{V_2}{T_2}$$

(T_1: 처음 온도(K), V_1: 처음 부피, T_2: 나중 온도(K), V_2: 나중 부피)

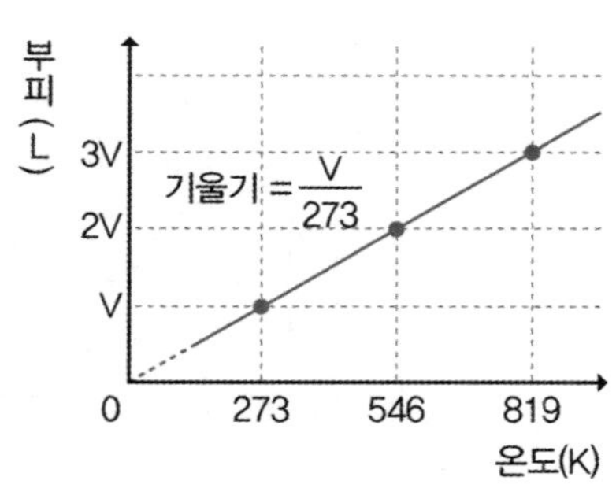

| 절대온도와 기체의 부피 관계 |

예제

−73℃ 1atm에서 A 기체의 부피는 15L였다. 이 기체를 123℃로 온도를 증가시켰을 때 차지하는 부피는 몇 L인가?

풀이 일정한 압력에서 기체의 부피는 절대온도에 비례하므로,

$$15\text{L} \times \frac{(123+273)\text{K}}{(-73+273)\text{K}} = 30\text{L}$$

샤를의 법칙을 표현한 그래프

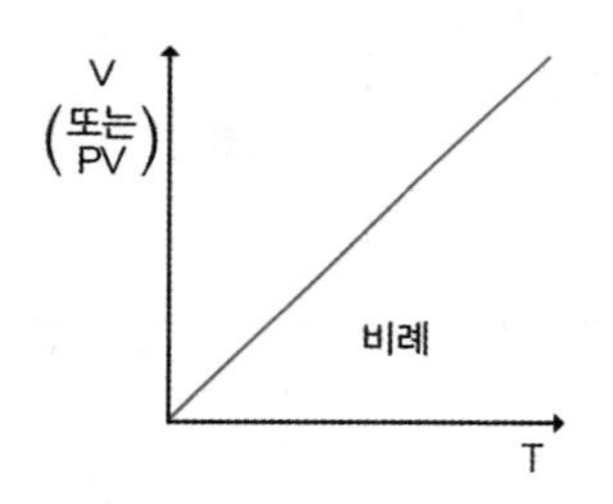

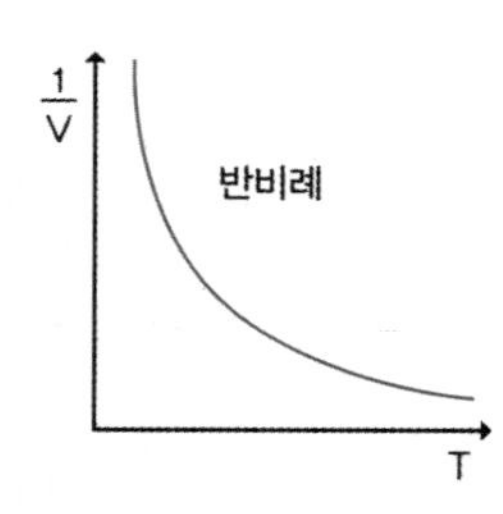

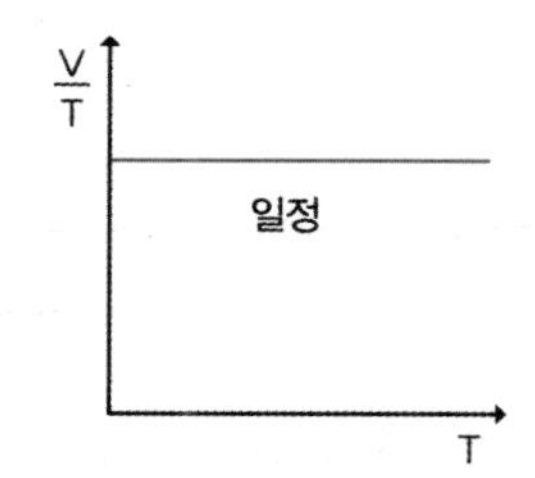

- 절대온도와 기체의 부피는 비례한다. ➡ $T \propto V$
- 절대온도는 1/부피에 반비례 한다. ➡ $T \propto V$
- 온도가 변해도 부피/절대온도는 일정하다. ➡ V/T = 일정

보일−샤를의 법칙

기체의 부피는 절대온도에 비례하고 압력에 반비례한다.

$$\frac{P_1V_1}{T_1} = \frac{P_2V_2}{T_2} = k$$

예제

샤를의 법칙을 옳게 표현한 식은? (단, V, P, T, n은 각각 이상 기체의 부피, 압력, 절대온도, 몰수이다)

① V = 상수/P ② V = 상수 × n
③ V = 상수 × T ④ V = 상수 × P

정답 ③

풀이 샤를의 법칙은 일정한 압력에서 일정량의 기체의 부피는 절대온도에 비례한다는 법칙이다.

5 기체의 양(mol)과 부피

(1) 같은 온도와 압력에서 모든 기체는 같은 부피 속에 같은 수의 입자를 포함하게 된다.

(2) 아보가드로 법칙

① 일정한 온도와 압력에서 기체의 종류에 관계 없이 기체의 부피와 기체의 mol수는 비례한다.

$$V = kn \ (k: \text{상수})$$

② 표준상태(0℃, 1기압)에서 1몰(mol)은 22.4L의 부피를 차지한다.

제2절 I 기체 관련 법칙

1 이상기체 상태 방정식

(1) 보일의 법칙과 샤를의 법칙, 아보가드로의 법칙을 통해 이상기체 상태 방정식을 유도할 수 있다.

(2) 이상기체 상태 방정식: $V \propto \frac{nT}{P}$ 식에 이상기체 상수(R)를 대입하여 정리하여 기체의 압력, 부피, 양(mol), 온도의 관계를 나타낸다.

$$V = \frac{nRT}{P} \rightarrow PV = nRT$$

(3) 이상기체 상수(R): 0.082

표준상태(0℃, 1기압)에서 1몰(mol)은 22.4L의 부피를 차지하므로,

$$PV = nRT \rightarrow R = \frac{PV}{nT} = \frac{1atm \times 22.4L}{1mol \times 273K} = 0.082atm \cdot L/(mol \cdot K)$$

이상기체와 실제기체

기체 1몰의 (PV)/(RT) 값이 1에 가까울수록 이상기체에 가깝게 행동한다.

➡ 온도가 높을수록, 압력이 작을수록, 분자량이 작을수록 실제기체는 이상기체에 가깝게 된다.

이상기체	실제기체
• 이상기체 방정식을 적용할 수 있는 이상적인 기체이다. • 분자 사이에 인력이나 반발력이 작용하지 않는다. • 분자의 크기를 무시할 수 있을 정도로 작아 분자 자체의 부피가 없다. • 압력과 온도에 관계없이 기체 1몰의 (PV)/(RT) 값은 항상 1이다.	• 분자 사이에 인력과 반발력이 작용한다. • 분자 자체의 부피가 존재한다. • 기체 1몰의 (PV)/(RT) 값은 1을 벗어날 수 있다.

예제

27℃, 380mmHg에서 기체 N_2 5.6g이 있다. 기체의 부피는 몇이 L인가? (단, 이상기체로 가정한다)

풀이 PV = nRT

$$380\text{mmHg} \times \frac{1\text{atm}}{760\text{mmHg}} \times V(L) = 5.6\text{g} \times \frac{1\text{mol}}{28\text{g}} \times \frac{0.082\text{atm}\cdot\text{L}}{\text{mol}\cdot\text{K}} \times (27+273)\text{K}$$

V = 9.84L

2 이상기체 방정식을 이용하여 기체의 분자량(M) 구하기

(1) 기체의 질량(w) 이용

$$PV = nRT \rightarrow = \frac{w}{M}RT \rightarrow M = \frac{wRT}{PV}$$

(2) 기체의 밀도(d) 이용

$$M = \frac{wRT}{PV} = \frac{w}{V} \times \frac{RT}{P} = \frac{dRT}{P}$$

(w: 기체의 질량, n: 기체의 몰수, M: 기체의 분자량, d: 기체의 밀도(질량/부피), V: 기체의 부피, R: 0.082)

예제

이상기체 (가), (나)의 상태가 다음과 같을 때, P는?

기체	양[mol]	온도[K]	부피[L]	압력[atm]
(가)	n	300	1	1
(나)	n	600	2	P

① 0.5 ② 1

③ 2 ④ 4

정답 ②

풀이 이상기체의 mol은 변화가 없고 온도와 부피가 2배가 되었으므로 압력은 변화가 없어야 한다.

$PV = nRT$

$1 \times 1 = n \times 0.082 \times 300$

$P \times 2 = n \times 0.082 \times 600$

연립하여 계산하면 P = 1atm이다.

---

3 기체분자 운동론

(1) 기체의 성질을 기체분자의 운동으로 설명한 이론이다.

> **기체분자 운동론의 가정**
> - 기체분자 사이에는 반발력이나 인력이 작용하지 않는다.
> - 기체분자의 크기는 기체 부피에 비해 무시할 정도로 매우 작다.
> - 기체분자의 평균 운동 에너지는 절대온도에 비례하며 온도가 같으면 기체의 종류에 관계없이 기체분자의 평균 운동 에너지는 같다.
> - 기체분자는 불규칙한 직선 운동을 끊임없이 한다.
> - 기체분자끼리의 충돌이나 용기 벽면과의 충돌 과정에서 운동 에너지는 손실되지 않는다.

(2) 기체분자의 평균 운동 속력

① 같은 종류의 기체인 경우 온도와 기체분자의 평균 운동 에너지는 비례한다.

② 온도가 높을수록 평균 운동 속력이 빠르다.

(3) 기체분자 운동론에 따른 이상기체 방정식의 해석

① 온도(T)와 압력(P)

- 기체의 양(n)과 부피(V)가 일정할 때 온도(T)와 압력(P)은 비례한다.
- $PV = nRT$에서 n과 V가 일정하다면 T와 P는 비례한다.

② 온도(T)와 부피(V)

- 기체의 양(n)과 압력(P)이 일정할 때 온도(T)와 부피(V)는 비례한다.
- $PV = nRT$에서 n과 P가 일정하다면 T와 V는 비례한다.

③ 압력(P)과 부피(V)

- 기체의 양(n)과 온도(T)가 일정할 때 압력(P)과 부피(V)는 반비례한다.
- $PV = nRT$에서 n과 T가 일정하다면 P와 V는 반비례한다.

④ 기체분자 운동론과 이상기체 상태 방정식

$T \propto P$, $T \propto V$, $P \propto 1/V$이므로 $PV \propto T$이고 아보가드로 법칙에 의해 기체의 부피는 기체의 양(mol)에 비례($V \propto n$)하므로 $PV = nRT$가 성립한다.

4 기체의 분출과 확산

(1) 분출

기체분자가 압력이 낮은 공간으로 뿜어져 나가는 현상을 의미한다.

(2) 확산

기체분자가 다른 기체 속으로 스스로 움직여 퍼져 나가는 현상을 의미한다.

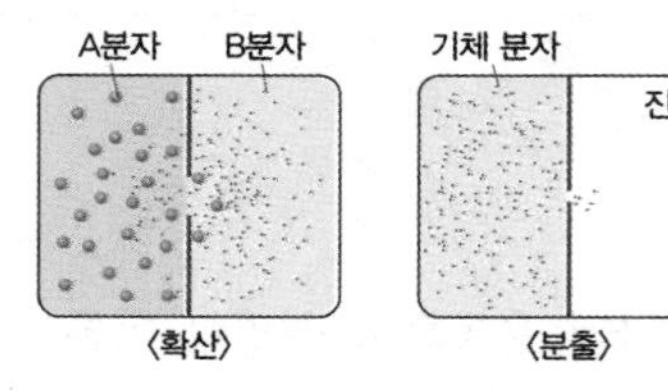

(3) 그레이엄의 법칙

일정한 온도와 압력에서 기체의 확산속도는 기체분자량의 제곱근에 반비례한다는 법칙이다.

$$\frac{v_A}{v_B}=\sqrt{\frac{M_B}{M_A}}=\sqrt{\frac{d_B}{d_A}}\rightarrow v=k\frac{1}{\sqrt{M}}$$

(v: 속도, M: 기체의 분자량, d: 기체의 밀도)

> 기체의 확산속도가 빠르기 위한 조건
> - 온도는 높고 분자량은 작을수록 빠르다.
> - 기체의 밀도가 작을수록 빠르다.

예제

어떤 기체 X 60mL가 확산되는 데 10초 걸렸다. 수소기체 480mL가 확산하는 데 20초가 걸렸다면 기체 X의 분자량은? (단, 온도와 압력은 일정하다)

① 4 ② 16
③ 32 ④ 64

정답 ③

풀이 일정한 온도와 압력에서 기체의 확산속도는 기체분자량의 제곱근에 반비례한다는 법칙이다.

$$\frac{v_A}{v_B}=\sqrt{\frac{M_B}{M_A}}=\sqrt{\frac{d_B}{d_A}}\rightarrow v=k\frac{1}{\sqrt{M}}$$

(v: 속도, M: 기체의 분자량, d: 기체의 밀도)

- 수소: $V=k\frac{1}{\sqrt{M}}\rightarrow 480mL/20sec$

  $=k\frac{1}{\sqrt{2}}\rightarrow k=24\times\sqrt{2}$

- X: $V=k\frac{1}{\sqrt{M}}\rightarrow 60mL/10sec$

  $60mL/10sec=24\times\sqrt{2}\times\frac{1}{\sqrt{M}}$

  M = 32

5 기체의 부분 압력

(1) 전체 압력

서로 반응을 일으키지 않는 두 종류 이상의 기체가 혼합되어 있는 용기에서 나타내는 혼합기체의 전체 압력을 의미한다.

(2) 부분 압력(분압)

서로 반응을 일으키지 않는 두 종류 이상의 기체가 혼합되어 있는 용기에서 나타내는 각 성분의 기체가 나타내는 압력을 의미한다.

(3) 부분 압력 법칙

각 성분기체의 부분 압력의 합은 혼합기체의 전체 압력과 같다.

$$P_T = P_A + P_B + \cdots$$

(P_T : 혼합기체의 전체 압력, P_A, P_B ⋯ : 각 성분기체의 부분 압력)

예제

01 일정한 온도에서 꼭지로 분리된 두 개의 용기에 서로 반응하지 않는 산소기체와 질소기체가 들어 있다. 꼭지를 열고 충분한 시간이 지났을 때 혼합기체의 전체 압력은 몇 atm인가?

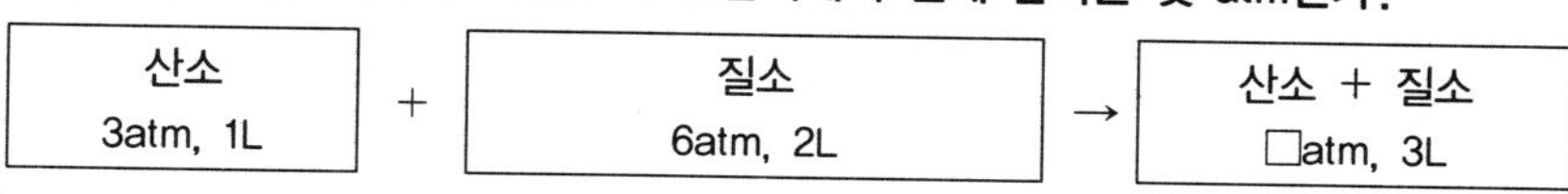

풀이 PV = nRT에서 T는 일정하므로 $P \times V \propto n$이다. 반응이 일어나지 않아 꼭지를 열어도 기체의 몰수는 변하지 않는다(꼭지를 열기 전 mol = 꼭지를 연 후 mol).

산소 : $3atm \times 1L = P_{산소} \times 3L \rightarrow P_{산소} = 1atm$

질소 : $6atm \times 2L = P_{질소} \times 3L \rightarrow P_{질소} = 4atm$

전체 압력 $= P_{산소} + P_{질소} = 5atm$

02 산소와 헬륨으로 이루어진 가스통을 가진 잠수부가 바닷속 60m에서 잠수 중이다. 이 깊이에서 가스통에 들어있는 산소의 부분 압력이 1140mmHg일 때, 헬륨의 부분 압력[atm]은? (단, 이 깊이에서 가스통의 내부 압력은 7.0atm이다)

① 5.0 ② 5.5
③ 6.0 ④ 6.5

정답 ②

풀이 가스통 내부의 압력 = 산소의 압력 + 헬륨의 압력

- 산소의 압력 : $1140mmHg \times \frac{1atm}{760mmHg} = 1.5atm$
- 헬륨의 압력 : 7.0atm − 1.5atm = 5.5atm

6 몰분율과 부분 압력

(1) 몰분율

① 전체 물질의 mol수와 각 성분물질의 mol수와의 비율을 의미한다.

② A와 B가 혼합되어 있는 경우 각 성분의 몰분율은 아래와 같다.

- A의 몰분율 $X_A = \dfrac{n_A}{n_A + n_B}$

- B의 몰분율 $X_B = \dfrac{n_B}{n_A + n_B}$

(2) 몰분율과 부분 압력

몰분율과 각 성분기체의 부분 압력은 비례한다.

- $P_A = P \times \dfrac{n_A}{n_A + n_B} = P \times X_A$

- $P_B = P \times \dfrac{n_B}{n_A + n_B} = P \times X_B$

CHAPTER 02 분자 간 상호작용

제1절 I 쌍극자–쌍극자 힘

1 쌍극자

(1) 정의

① 극성 공유결합을 이루는 분자 안에 존재하는 부호가 반대이고 크기가 같은 두 전하를 쌍극자라고 한다.

② 서로 다른 원자들의 결합으로 전기 음성도의 차이로 공유 전자쌍이 한쪽으로 치우쳐져 부분적인 전하가 생긴다.

③ 전기 음성도가 큰 원자는 부분적인 음전하(δ^-), 전기 음성도가 작은 원자는 부분적인 양전하(δ^+)를 갖는다.

④ 쌍극자 모멘트(μ) : 결합하는 두 원자의 전하량과 두 전하 사이의 거리를 곱하여 계산하며 결합의 극성 정도를 나타내는 물리량이다.

쌍극자 모멘트(μ) = q(전하량) × r(두 전하 사이의 거리)

(2) 쌍극자–쌍극자 힘의 크기

① 분자의 전기 음성도 차이가 클수록 쌍극자 모멘트가 커지고 쌍극자–쌍극자 힘도 크다.

② 분자량이 비슷할 때 쌍극자–쌍극자 힘이 클수록 끓는점이 높아진다.

③ 분자량이 비슷할 때 끓는점은 극성 분자가 무극성 분자보다 높다.

2 분산력

(1) 편극과 순간 쌍극자

① 편극 : 전자가 분자의 한 방향으로 치우치는 현상이다.

② 순간 쌍극자 : 무극성 분자에서 편극이 일어나 일시적으로 생성되는 쌍극자를 말한다.

(2) 분산력

모든 분자에 작용하는 힘으로 순간 쌍극자와 순간 쌍극자 사이에 작용하는 정전기적 인력이다.

무극성 분자 사이에서의 분산력 형성 과정

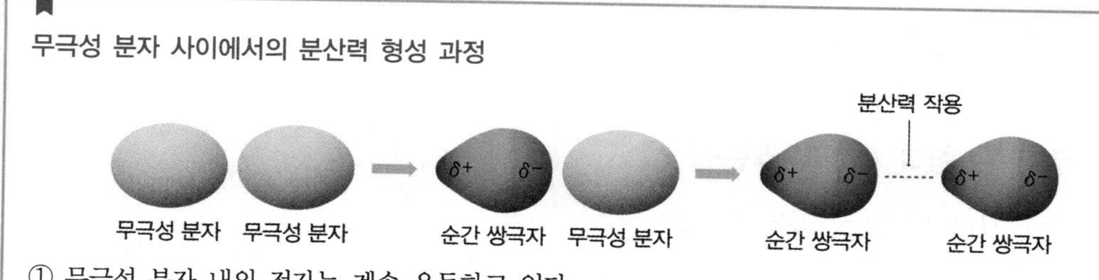

① 무극성 분자 내의 전자는 계속 운동하고 있다.

② 전자들이 순간적으로 한쪽으로 치우쳐 편극이 형성되고 이로 인해 순간 쌍극자가 나타난다.

③ 순간 쌍극자에 의해 다른 분자의 편극이 형성되고 이로 인해 순간 쌍극자가 나타난다.

④ 무극성 분자 사이에 생성된 순간 쌍극자에 의해 정전기적 인력인 분산력이 작용하게 된다.

(3) 분산력의 크기

① 분자량: 분자량이 클수록 쉽게 편극이 일어나 큰 분산력을 얻을 수 있어 끓는점이 높다.

② 분자 모양: 분자량이 비슷한 경우 넓게 퍼진 모양일수록 쉽게 편극이 일어나 큰 분산력을 얻을 수 있어 끓는점이 높다.

제2절 | 수소결합

1 수소결합

(1) 한 분자 안에 존재하는 F, O, N 원자와 결합한 H 원자가 이웃한 분자의 F, O, N 원자와 형성된 강한 정전기적 인력을 수소결합이라 한다.

(2) F, O, N 원자와 H 원자 사이의 전기 음성도 차이가 커서 강한 정전기적 인력이 작용할 수 있다.

(3) 수소결합을 이루는 물질로 물(H_2O), 플루오린화 수소(HF), 암모니아(NH_3), 에탄올(C_2H_5OH) 등이 있다.

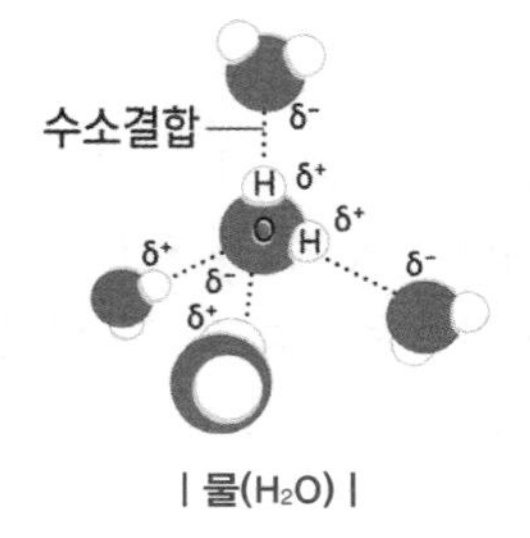

| 물(H_2O) |

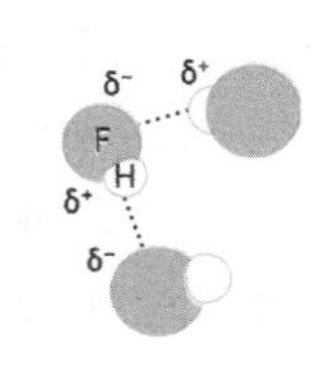

| 플루오린화 수소(HF) |

2 수소결합의 크기

(1) 공유결합보다는 약하지만 쌍극자－쌍극자 힘, 분산력보다는 강하다.
(공유결합 > 수소결합 > 쌍극자－쌍극자 힘 > 분산력)

(2) 수소결합은 분자 간에 작용하는 강한 힘이지만, 금속결합, 공유결합, 이온결합과 같은 화학결합과 비교해서는 약하다.

3 분자 간 힘과 물질의 끓는점

(1) 분자량이 비슷한 경우 끓는점
수소결합 물질 > 쌍극자－쌍극자 힘이 존재하는 극성 물질 > 무극성 물질

(2) 무극성 물질의 끓는점
분자량이 클수록 분산력이 커져 끓는점이 높아진다.

(3) 분자량이 비슷한 경우 극성 물질과 무극성 물질의 끓는점

극성 물질(쌍극자−쌍극자의 힘) > 무극성 분자(분산력)

EX 아세톤(CH_3COCH_3) > 뷰테인(C_4H_{10}), 포스핀(PH_3) > 산소(O_2)

(4) 수소결합을 형성하는 경우 끓는점이 더 높다.

EX 암모니아(NH_3) > 포스핀(PH_3)

예제

01 끓는점이 가장 낮은 분자는?

① 물(H_2O)
② 일염화 아이오딘(ICl)
③ 삼플루오린화 붕소(BF_3)
④ 암모니아(NH_3)

정답 ③

풀이 ③ 삼플루오린화 붕소(BF_3) : 평면삼각형 구조의 무극성 분자
① 물(H_2O) : 100℃, 극성 분자
② 일염화 아이오딘(ICl) : 전기 음성도 차이에 의한 결합으로 극성 분자
④ 암모니아(NH_3) : 비공유 전자쌍이 존재하는 극성 분자
극성 분자의 끓는점이 무극성 분자보다 높다.

02 다음 중 분자 간 힘에 대한 설명으로 옳은 것만을 모두 고르면?

ㄱ. NH_3의 끓는점이 PH_3의 끓는점보다 높은 이유는 분산력으로 설명할 수 있다.
ㄴ. H_2S의 끓는점이 H_2의 끓는점보다 높은 이유는 쌍극자−쌍극자 힘으로 설명할 수 있다.
ㄷ. HF의 끓는점이 HCl의 끓는점보다 높은 이유는 수소결합으로 설명할 수 있다.

① ㄱ
② ㄴ
③ ㄱ, ㄷ
④ ㄴ, ㄷ

정답 ④

풀이 NH_3의 끓는점이 PH_3의 끓는점보다 높은 이유는 수소결합으로 설명할 수 있다.

CHAPTER 03 액체

제1절 | 물의 특성

1 물분자의 구조와 수소결합

(1) 산소원자 1개와 수소원자 2개의 공유결합으로 이루어져 있으며 결합각은 104.5°로 굽은형의 구조를 갖는다.

(2) 산소원자는 부분적인 음전하를 띠고 수소원자는 부분적인 양전하를 띠어 물분자는 극성 공유결합으로 이루어진 극성 분자이다.

(3) 전기 음성도가 큰 산소원자와 다른 물분자의 수소원자 사이에 수소결합을 갖는다.

(4) 물의 상태가 변할 때 수소결합만 끊어진다.

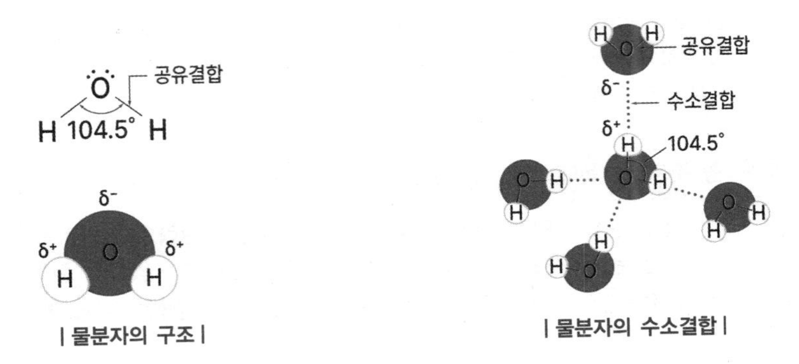

| 물분자의 구조 | | 물분자의 수소결합 |

2 물의 밀도

(1) 같은 질량인 경우 물의 부피는 기체 > 고체 > 액체로 밀도의 크기는 액체 > 고체 > 기체가 된다.

(2) 고체의 밀도가 액체의 밀도보다 작은 이유는 고체일 때 수소결합에 의해 육각형 구조를 이루기 때문에 빈 공간이 많기 때문이다.

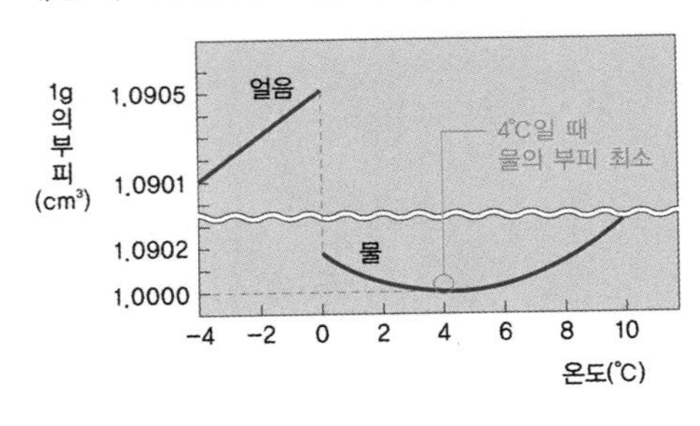

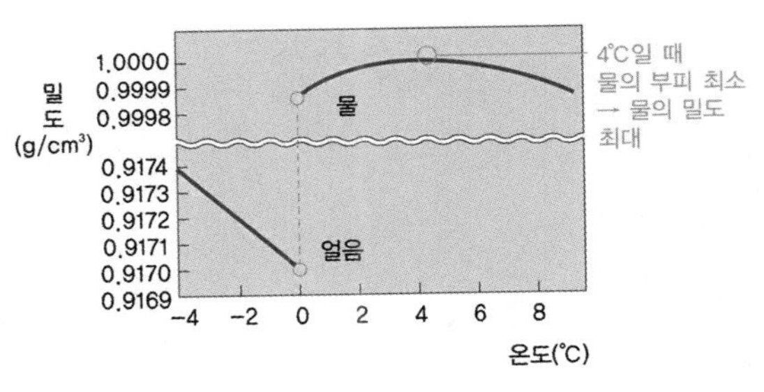

3 물의 열용량

(1) 물은 비슷한 질량의 다른 액체에 비해 열용량이 커 쉽게 가열이나 냉각이 되지 않는다.

(2) 가열할 때 흡수되는 열에너지가 물분자 사이의 수소결합을 끊는 데 사용되어 다른 액체에 비해 온도의 변화가 작다.

✱ 열용량 : 물질의 온도를 1℃ 높이는 데 필요한 열량

4 물의 녹는점과 끓는점

(1) 비슷한 분자량의 다른 물질에 비해 끓는점과 녹는점이 매우 높다.

(2) 융해열과 기화열도 다른 물질에 비해 매우 크다.

(3) 이는 수소결합을 이루기 때문에 분자 사이의 인력이 강하기 때문이다.

5 물의 표면장력

(1) 액체가 표면적을 최소화하려는 힘을 표면장력이라 한다.

(2) 물은 수소결합을 이루기 때문에 다른 액체에 비해 표면장력이 크다.

(3) 표면장력이 클수록 더 둥근 모양을 유지하며 표면장력의 크기는 "수은 > 물 > 비눗물 > 에탄올"이다.

6 물의 모세관 현상

(1) 액체가 가는 관을 따라 올라가는 현상을 모세관 현상이라 한다.

(2) 물은 수소결합을 이루기 때문에 응집력이 커 다른 액체에 비해 모세관 현상이 잘 일어난다.

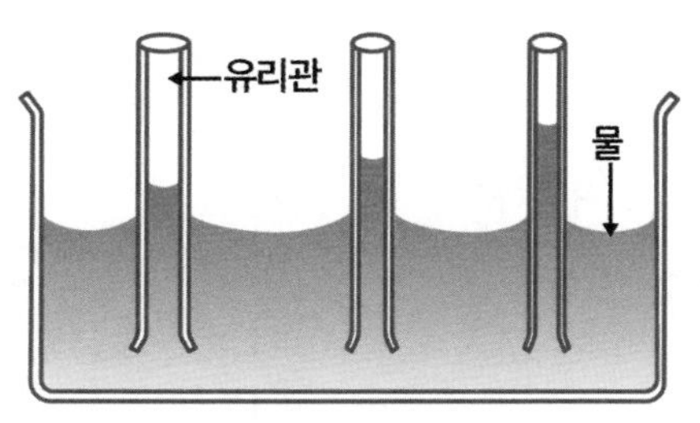

(가) 물에 모세관을 담글 경우

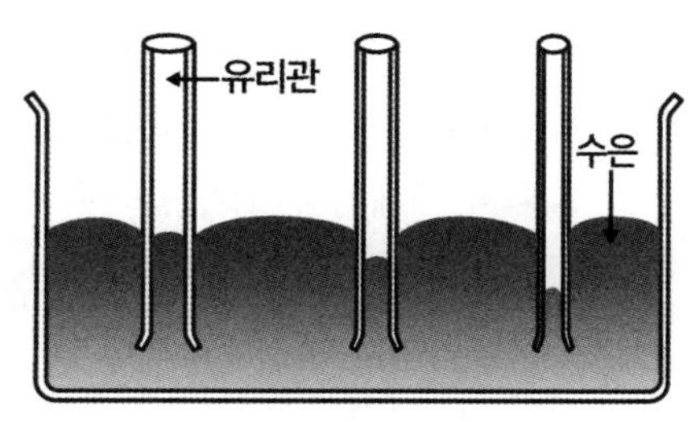

(나) 수은에 모세관을 담글 경우

•물: 모세관이 가늘수록 수면이 많이 상승
•수은: 모세관이 가늘수록 수면이 많이 하강

예제

01 물에 대한 설명으로 옳은 것은?

① 무극성 분자이며 액체에서 고체로 상태가 변하면 부피가 감소한다.
② 다른 물질들보다 온도가 쉽게 올라간다.
③ H_2, N_2, O_2와 같은 물질들을 잘 녹인다.
④ 분자량이 비슷한 다른 분자보다 분자 사이의 힘이 강하다.

정답 ④

풀이 ④ 물은 수소결합이 존재하기 때문에 분자량이 비슷한 다른 분자보다 분자 사이의 힘이 강하다.
① 극성 분자이며 수소결합에 의해 빈 공간이 많은 구조로 변하므로 부피는 커지고 밀도는 감소한다.
② 물은 비열이 크기 때문에 다른 물질에 비해 온도가 쉽게 올라가지 않는다.
③ 물은 극성 용매이기 때문에 H_2, N_2, O_2와 같은 물질들을 쉽게 녹이지 못한다.

02 얼음과 물에 대한 비교로 옳은 것은?

〈보 기〉

ㄱ. 밀도 : 물 < 얼음
ㄴ. 수소결합 수 : 물 < 얼음
ㄷ. 분자 내 원자 사이의 결합력 : 물 < 얼음

① ㄱ　② ㄴ
③ ㄱ, ㄷ　④ ㄱ, ㄴ

정답 ②

풀이 ㄱ. 물의 밀도 > 얼음의 밀도
ㄷ. 분자 내 원자 사이의 결합력은 물과 얼음에서 모두 같다. 상태가 변한다고 해서 원자 사이의 결합력이 변하는 것은 아니다.

제2절 | 증기압력

1 증기압력

(1) 일정 온도의 밀폐된 용기 안에서 응축과 증발의 동적평형 상태에 도달했을 때 증기가 나타내는 압력을 증기압력이라 한다.

(2) 증기압력의 크기는 온도와 액체의 종류에 따라 달라지며 액체의 온도가 높을수록 증기압력은 커진다.

(3) 분자 간의 힘이 작은 액체일수록 같은 온도에서 증기압력이 크다.

(4) 증기압력 곡선은 온도에 따른 액체의 증기압력을 나타낸 그래프이며 증기압력 곡선상에서는 액체와 기체는 동적평형 상태이다.

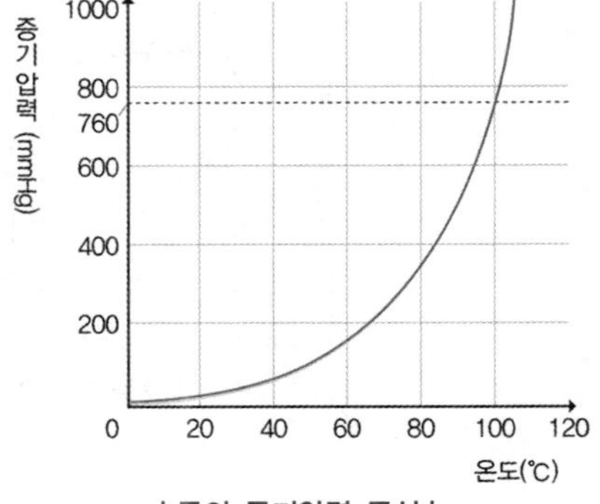

| 물의 증기압력 곡선 |

2 증기압력과 끓는점

(1) 액체에 가열을 하여 나타나는 증기압력이 외부압력과 같아져 액체 내부에서도 기화로 인한 기포가 발생하는 현상을 "끓음"이라 한다.

(2) 이때 증기압력과 외부압력이 같아져 끓기 시작하는 온도를 끓는점이라 하고, 특히 외부압력이 1기압(=760mmHg)일 때의 끓는점을 기준 끓는점이라 한다.

(3) 외부압력이 높으면 끓는점은 높아지고 외부압력이 낮으면 끓는점은 낮아진다.

(4) 증기압력과 끓는점: 증기압력 큼 = 끓는점 낮음 = 증발하기 쉬움 = 분자 간의 힘이 작음

예제

물질 A, B, C에 대한 다음 그래프의 설명으로 옳은 것만을 모두 고르면?

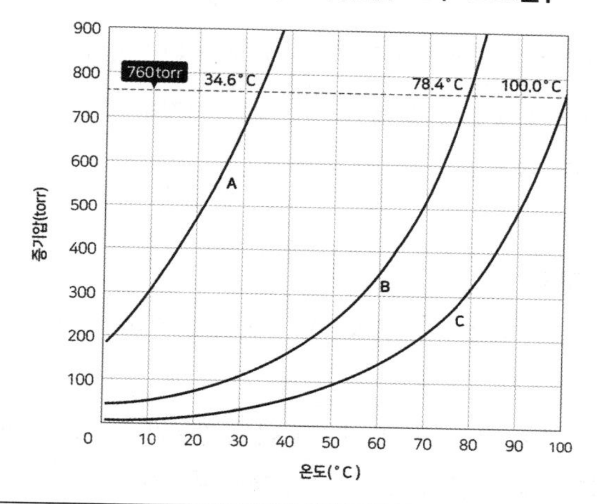

ㄱ. 30°C에서 증기압 크기는 C < B < A이다.
ㄴ. B의 정상 끓는점은 78.4℃이다.
ㄷ. 25℃ 열린 접시에서 가장 빠르게 증발하는 것은 C이다.

① ㄱ, ㄴ
② ㄱ, ㄷ
③ ㄴ, ㄷ
④ ㄱ, ㄴ, ㄷ

정답 ①

풀이 같은 온도에서 증기압이 클수록 끓는점은 낮은 물질이다.
ㄷ. 25℃ 열린 접시에서 가장 빠르게 증발하는 것은 A이다.

CHAPTER 04 고체

제1절 Ⅰ 고체의 분류

1 결정성 고체

(1) 입자들이 규칙적으로 배열되어 있는 고체를 의미한다.

(2) 입자들의 결합력이 동일하여 녹는점이 일정하다.

EX 얼음, 금속류, 석영, 염화나트륨, 다이아몬드 등

2 비결정성 고체

(1) 입자들이 불규칙적으로 배열되어 있는 고체를 의미한다.

(2) 입자들의 결합력이 동일하지 않아 녹는점이 일정하지 않다.

EX 플라스틱, 고무, 유리 등

3 결정성 고체의 분류

이온결정, 분자결정, 공유결정(원자결정), 금속결정 등이 있다.

(1) 이온결정

① 금속의 양이온과 비금속의 음이온 사이의 정전기적 인력에 의한 결합으로 이루어진 결정이다.

EX 염화나트륨(NaCl), 염화세슘(CsCl), 산화마그네슘(MgO) 등

② 양이온과 음이온의 정전기적 인력이 강해 녹는점이 높다.

③ 액체나 수용액 상태에서 전기 전도성이 있고 고체에서는 전기 전도성이 없다.

④ 단단하나 외부의 힘에 의해 쉽게 부서진다.

염화나트륨(NaCl)과 염화세슘(CsCl)의 결정

염화나트륨(NaCl)	염화세슘(CsCl)
• Na^+ : 1개의 Na^+ 주위에 6개의 Cl^-이 둘러싸고 있다. • Cl^- : 1개의 Cl^- 주위에 6개의 Na^+이 둘러싸고 있다.	• Cs^+ : 1개의 Cs^+ 주위에 8개의 Cl^-이 둘러싸고 있다. • Cl^- : 1개의 Cl^- 주위에 8개의 Cs^+이 둘러싸고 있다.
Na^+, Cl^-, Na^+, Cl^- Ⅰ NaCl 결정 Ⅰ	Cl^-, Cs^+, Cl^-, Cs^+ Ⅰ CsCl 결정 Ⅰ

(2) 분자결정

① 공유결합에 의해 형성된 분자들이 분자 간의 힘으로 형성되어 규칙적으로 배열된 결정이다.
EX 드라이아이스(CO_2), 얼음(H_2O), 나프탈렌($C_{10}H_8$), 아이오딘(I_2) 등

② 분자 간의 힘으로 형성되어 입자 간 결합력이 약한 편이다.

③ 녹는점과 끓는점이 매우 낮고 승화성이 있는 물질도 있다.

④ 구성 입자가 전기적인 전하를 띠지 않고 전자의 이동이 없기 때문에 전기 전도성이 없다.

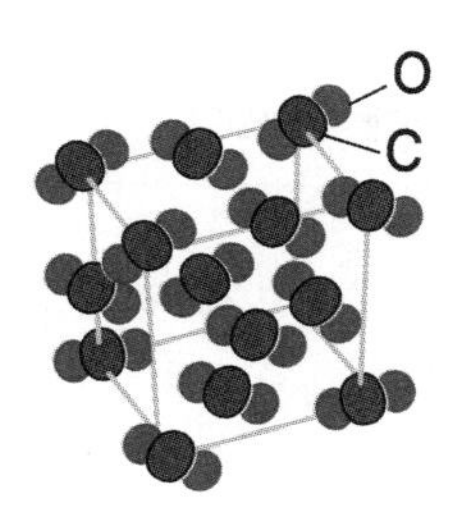

| 드라이아이스(CO_2) |

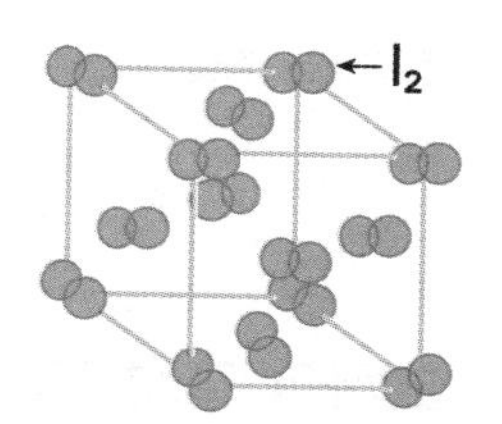

| 아이오딘(I_2) |

(3) 공유결정(원자결정)

① 원자들 간의 공유결합으로 연결된 결정이다.
EX 다이아몬드(C), 흑연(C), 석영(SiO_2) 등

② 강한 공유결합으로 모두 이루어져 있어 녹는점과 끓는점이 높다.

③ 구성 입자가 전기적인 전하를 띠지 않고 전자의 이동이 없기 때문에 대부분 전기 전도성이 없다. 하지만 흑연은 전기 전도성이 있다.

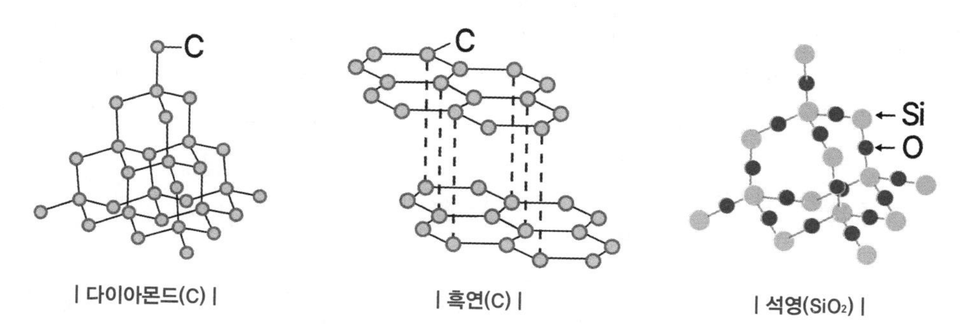

| 다이아몬드(C) | | 흑연(C) | | 석영(SiO_2) |

(4) 금속결정

① 금속 원자 간에 자유전자에 의한 금속결합으로 이루어진 결정이다.
EX 구리(Cu), 칼륨(K), 나트륨(Na), 마그네슘(Mg) 등

② 광택이 있고 전기 전도성과 열 전도성이 크다.

③ 녹는점과 끓는점이 높고 전성(펴짐성)과 연성(뽑힘성)이 있다.

예제

금속결정에 대한 설명으로 옳지 않은 것은?

① 금속의 모든 특성은 자유전자의 특성에 기인한다.
② 금속에 힘을 주면 양이온 사이의 반발력이 생겨나 쉽게 부서진다.
③ 자유전자가 열을 전달하므로 열 전도성이 좋다.
④ 자유전자가 자유롭게 전하를 운반하므로 고체와 액체에서 전기 전도성이 좋다.

정답 ②

풀이 이온결정은 힘을 주면 양이온 사이의 반발력이 생겨나 쉽게 부서진다.

제2절 | 고체의 결정구조

1 단위세포와 결정구조

(1) 고체를 구성하는 입자들은 규칙적인 구조를 가지며 그 결정은 배열방법에 따라 다양한 구조를 이룬다.

(2) 단위세포(단위격자) : 가장 간단한 기본단위로 결정구조에서 반복된다.

(3) 단위세포와 결정구조

구분	단순입방구조	체심입방구조	면심입방구조
구조	정육면체의 각 꼭짓점에 입자가 1개씩 있는 구조	정육면체의 각 꼭짓점에 1개씩 + 정육면체의 중심에 입자가 1개씩 있는 구조	정육면체의 각 꼭짓점에 1개씩 + 정육면체의 6면 중심에 입자가 1개씩 있는 구조
결정구조			
단위세포	$\frac{1}{8}$ 입자	$\frac{1}{8}$ 입자, 1입자	$\frac{1}{8}$ 입자, $\frac{1}{2}$ 입자
단위세포당 입자 수	1/8 × 8 = 1	(1/8) × 8 + 1 = 2	(1/8) × 8 + (1/2) × 6 = 4
1개 입자와 가장 인접한 입자 수	6개 (같은 층에 4개, 위·아래층에 1개씩)	8개	12개
해당 물질	폴로늄(Po)	리튬(Li), 나트륨(Na), 칼륨(K) 등	알루미늄(Al), 니켈(Ni), 구리(Cu) 등

단위세포당 입자 수

- 꼭짓점에 위치한 입자 1개: 1/8
- 각 모서리에 위치한 입자 1개: 1/4
- 각 면에 위치한 입자 1개: 1/2

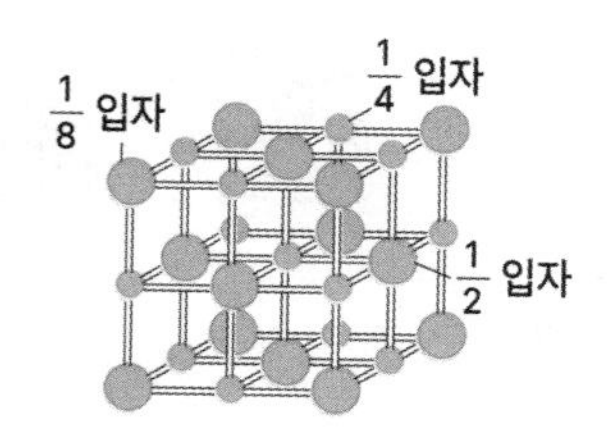

염화나트륨(NaCl)의 결정구조

- Na^+와 Cl^-가 어긋난 면심입방구조를 가지고 있다.
- Na^+수: (1/4) × 12 + 1 = 4
- Cl^-수: (1/8) × 8 + (1/2) × 6 = 4

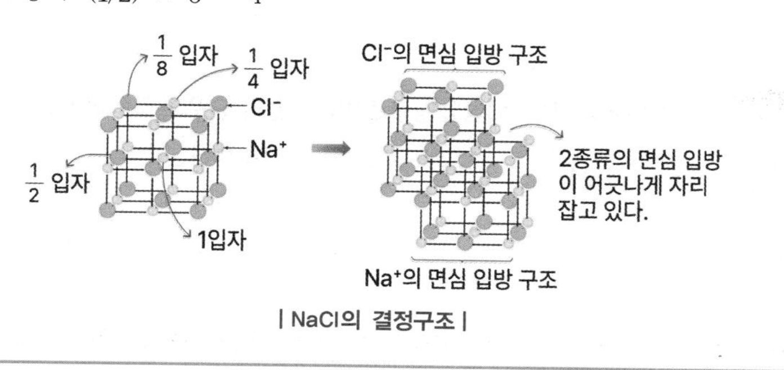

| NaCl의 결정구조 |

염화세슘(CsCl)의 결정구조

- Cs^+와 Cl^-가 정육면체의 꼭짓점과 중심에 자리 잡은 구조를 가지고 있다.
- Cs는 단순입방격자의 형태이고 Cl은 체심에 위치한다.
- Cs^+수: (1/8) × 8 = 1
- Cl^-수: 1

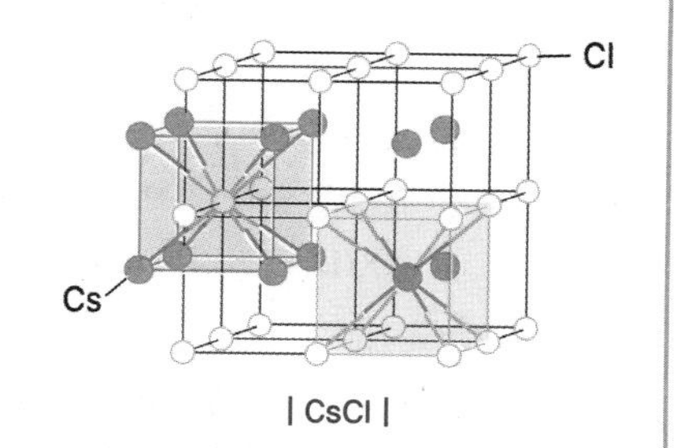

| CsCl |

2 배위수

(1) 배위수: 결정구조에서 한 원자와 가장 가까이 있는 원자의 수를 의미한다(영이온과 가장 가까이 있는 양이온의 수 또는 음이온과 가장 가까이에 있는 음이온의 수 등으로 표현됨).

(2) 단순: 6개, 체심: 8개, 면심: 12개

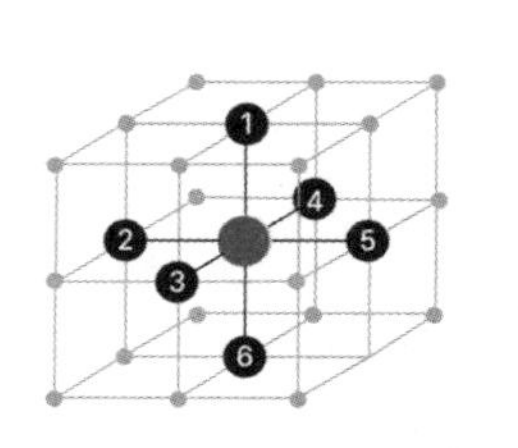

| 단순입방격자 배위수 : 6 |

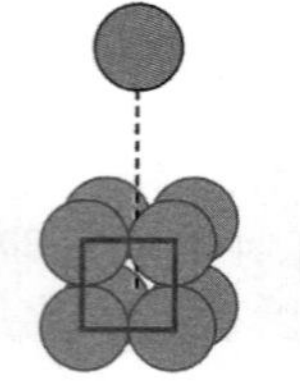
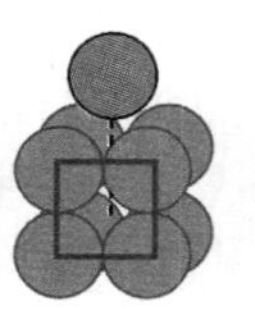
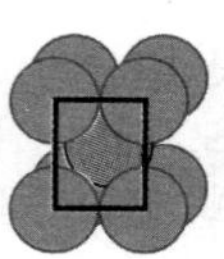
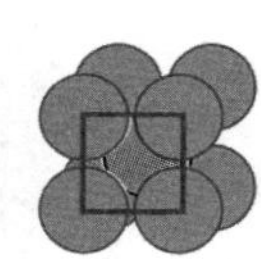

| 체심입방격자 배위수 : 8 |

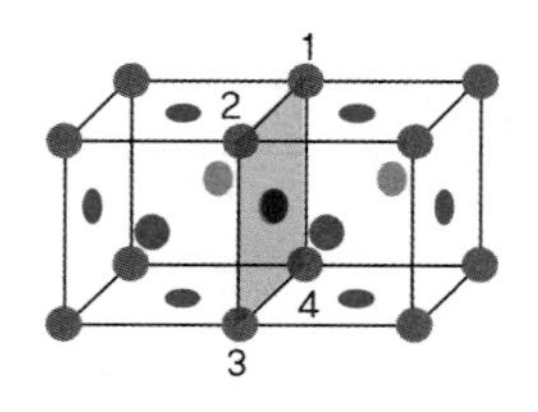

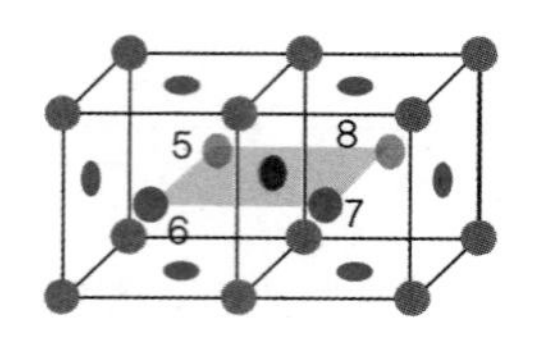

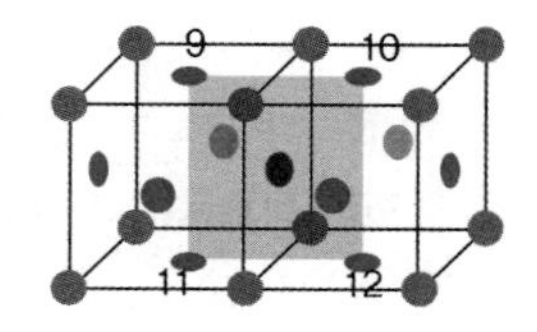

| 면심입방격자 배위수 : 12 |

예제

01 철(Fe) 결정의 단위세포는 체심입방구조이다. 철의 단위세포 내의 입자 수는?

① 1개　　② 2개

③ 3개　　④ 4개

정답 ②

02 다음은 3주기 원소로 이루어진 이온성 고체 AX의 단위세포를 나타낸 것이다. 이에 대한 설명으로 옳지 않은 것은?

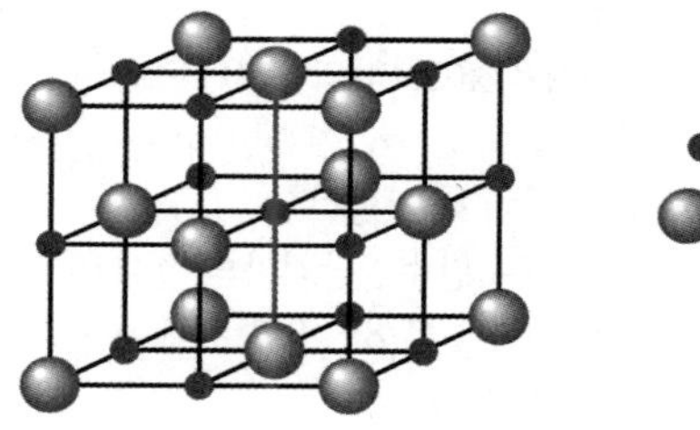
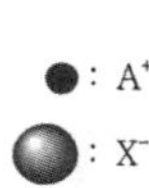

① 단위세포 내에 있는 A 이온과 X 이온의 개수는 각각 4이다.

② A 이온과 X 이온의 배위수는 각각 6이다.

③ A(s)는 전기적으로 도체이다.

④ AX(l)는 전기적으로 부도체이다.

정답 ④

풀이 3주기 원소로 이루어진 이온결합 결정으로 NaCl이다.

④ 이온결합으로 이루어진 물질은 고체에서 전기 전도성이 없으며 수용액과 액체에서 전기 전도성이 있다.

① Na^+ : 단위세포 내에 있는 개수는 $12 \times 1/4 + 1 = 4$이다(모서리에 있는 입자는 1개의 단위세포에 1/4의 입자가 존재한다).

Cl^- : 단위세포 내에 있는 개수는 $8 \times 1/8 + 6 \times 1/2 = 4$이다(꼭짓점에 있는 입자는 1개의 단위세포에 1/8, 각 면에 있는 입자는 1개의 단위세포에 1/2의 입자가 존재한다).

② 배위수 : 한 원자와 가장 가까이에 있는 원자의 수이다. 배위수는 6이다.

③ Na(s)는 고체(금속)로 전기적으로 도체이다.

CHAPTER 05 용액

제1절 | 용액과 용해

1 용액과 용해

(1) 용질 : 녹아 들어가는 물질 EX 소금

(2) 용매 : 녹이는 물질 EX 물

➡ 같은 상태의 물질이 섞여 있는 경우 많은 양을 갖는 것이 용매가 된다.

(3) 용액 : 2가지 이상의 순물질이 균일하게 섞여 있는 혼합물 EX 소금물

(4) 용해 : 2가지 이상의 순물질이 균일하게 섞이는 현상

(5) 용액의 농도 : 용매에 녹아 있는 용질의 양으로 일반적으로 용질/용액으로 표현

2 물질의 성질과 용해

(1) 용해는 용매와 용질 사이의 인력의 차에 영향을 받는다.

(2) [용매－용질 입자 사이에 작용하는 인력] > [용매－용매, 용질－용질 입자 사이에 작용하는 인력]일 때 잘 용해된다.

(3) 극성 물질은 대부분 극성 용매에 잘 녹고 무극성 물질은 무극성 용매에 대부분 잘 녹는다.

제2절 | 용액의 농도

1 퍼센트 농도

(1) 용액 100g에 녹아 있는 용질의 질량(g)을 백분율로 나타낸 것으로 단위는 %이다.

$$\text{퍼센트 농도}(\%) = \frac{\text{용질의 질량}(g)}{\text{용액의 질량}(g)} \times 100 = \frac{\text{용질의 질량}(g)}{(\text{용질}+\text{용매})\text{의 질량}(g)} \times 100$$

(2) 일상생활에서 가장 많이 쓰이며 온도와 압력에 영향을 받지 않는다.

(3) %농도가 같더라도 용질의 종류에 따라 일정한 질량의 용액에 녹아 있는 용질의 입자 수(몰수)는 다르다.

EX 염화나트륨(NaCl) 수용액 10% = 용질(염화나트륨) 10g + 용매(물) 90g

➡ 용액의 양은 100g, 용질의 양은 10g이므로 용액의 퍼센트 농도는 10%이다.

2 ppm 농도

(1) 용액 10^6g 속에 녹아 있는 용질의 질량(g)을 나타낸 것으로 단위는 ppm이다.

$$\text{ppm 농도(ppm)} = \frac{\text{용질의 질량(g)}}{\text{용액의 질량(g)}} \times 10^6 = \frac{\text{용질의 질량(g)}}{\text{(용매+용질)의 질량(g)}} \times 10^6$$

(2) 미량의 농도를 표현할 때 많이 쓰이며 온도와 압력에 영향을 받지 않는다.

(3) 질량뿐만 아니라 부피에 대한 농도로도 표현이 가능하다.

(4) 1% = 10000ppm

ppb 농도
- 용액 10^9g 속에 녹아 있는 용질의 질량(g)을 나타낸 것으로 단위는 ppb이다.
- 1ppm = 1000ppb

3 몰 농도

(1) 용액 1L에 녹아 있는 용질의 mol 수로 나타내며 단위는 mol/L 또는 M으로 표기한다.

$$\text{몰 농도(M)} = \frac{\text{용질의 mol}}{\text{용액의 부피(L)}}$$

(2) 용액의 부피는 온도에 따라 달라지므로 몰 농도는 온도에 영향을 받는다.

4 몰랄 농도

(1) 용액 1kg에 녹아 있는 용질의 mol 수로 나타내며 단위는 mol/kg 또는 m으로 표기한다.

$$\text{몰랄 농도(m)} = \frac{\text{용질의 질량(mol)}}{\text{용매의 질량(kg)}}$$

(2) 온도와 압력에 영향을 받지 않는다.

예제

NaOH 20g을 물 100g에 녹였을 때 이 수용액의 몰랄 농도를 구하시오.

풀이

$$\text{몰랄 농도(m)} = \frac{\text{용질의 질량(mol)}}{\text{용매의 질량(kg)}} = \frac{20\text{g} \times \frac{1\text{mol}}{40\text{g}}}{0.1\text{kg}} = 5\text{m}$$

5 당량(eq)

$$당량(eq) = \frac{분자량}{가수}$$

(1) H^+, OH^-의 수, 양이온의 산화수, 산화제의 경우 내보낸 전자 수로 가수가 결정된다.

가수	종류	가수	종류
1가	H^+, Na^+, K^+, Cl^-, OH^-	5가	$KMnO_4$
2가	Ca^{2+}, Mg^{2+}, Sr^{2+}, SO_4^{2-}, CO_3^{2-}	6가	$K_2Cr_2O_7$
3가	PO_4^{3-}, Cr^{3+}	–	–

명칭	분자기호	분자량	가수	당량
수산화나트륨	NaOH	40g	1가	1eq = 40g/1가 = 40g/eq
황산	H_2SO_4	98g	2가	1eq = 98g/2가 = 49g/eq
탄산칼슘	$CaCO_3$	100g	2가	1eq = 100g/2가 = 50g/eq

(2) 노르말 농도(N) = eq/L

(3) 몰 농도와의 관계 : N = nM(n은 가수)

06

예제

X가 녹아 있는 용액에서, X의 농도에 대한 설명으로 옳지 않은 것은?

① 몰 농도[M]는 X의 몰(mol) 수/용액의 부피[L]이다.
② 몰랄 농도[m]는 X의 몰(mol) 수/용매의 질량[kg]이다.
③ 질량 백분율[%]은 X의 질량/용매의 질량 × 100이다.
④ 1ppm 용액과 1,000ppb 용액은 농도가 같다.

정답 ③

풀이 질량 백분율[%]은 X의 질량/용액의 질량 × 100이다.

6 혼합과 중화

(1) 혼합

혼합 농도란 농도와 부피(유량)이 다른 두 물질이 완전히 섞였을 때의 농도를 의미한다,

$$C_m = \frac{C_1Q_1 + C_2Q_2}{Q_1 + Q_2}$$

(C_m : 혼합 농도 C_1, C_2 : 농도 Q_1, Q_2 : 유량)

(2) 중화

① 완전 중화란 산과 염기의 몰(mol) 또는 당량(eq)이 같을 때를 의미한다.
산이 내놓은 H^+의 양(mol) = 염기가 내놓은 OH^-의 양(mol) 또는
산이 내놓은 H^+의 양(eq) = 염기가 내놓은 OH^-의 양(eq) 또는
$n_1M_1V_1 = n_2M_2V_2$ 또는 $N_1V_1 = N_2V_2$

② 불완전 중화란 산과 염기의 몰(mol) 또는 당량(eq)이 다를 때를 의미한다.

③ 액성이 다른 경우 혼합액의 액성은 산과 염기 중 큰 값의 액성을 따른다.

$M_0 = \dfrac{n_1M_1V_1 - n_2M_2V_2}{V_1+V_2}$ 또는 $n_1M_1V_1$ (큰 값) − $n_2M_2V_2$ (작은 값) = $(V_1 + V_2)M_0$

$N_0 = \dfrac{N_1V_1 - N_2V_2}{V_1+V_2}$ 또는 N_1V_1 (큰 값) − N_2V_2 (작은 값) = $(V_1 + V_2)N_0$

[n : 가수, M : 몰 농도, N : 노르말 농도, V : 부피(유량)]

④ 액성이 같은 경우 두 용액의 mol 또는 eq를 더하여 농도를 산정한다.

예제

1.0M KOH 수용액 30mL와 2.0M KOH 수용액 40mL를 섞은 후 증류수를 가해 전체 부피를 100mL로 만들었을 때, KOH 수용액의 몰 농도[M]는? (단, 온도는 25℃이다)

① 1.1 ② 1.3 ③ 1.5 ④ 1.7

정답 ①

풀이 $C_m = \dfrac{C_1Q_1 + C_2Q_2}{Q_1 + Q_2}$ (C_m : 혼합 농도 C_1, C_2 : 농도 Q_1, Q_2 : 유량)

(1) 1.0M KOH 수용액 30mL의 mol

$\dfrac{1\text{mol}}{\text{L}} \times 0.03\text{L} = 0.03\text{mol}$

(2) 2.0M KOH 수용액 40mL

$\dfrac{2\text{mol}}{\text{L}} \times 0.04\text{L} = 0.08\text{mol}$

(3) 혼합 용액의 몰 농도

$\dfrac{0.03 + 0.08}{0.1\text{L}} = 1.1\text{M}$

제3절 I 농도의 단위 환산

(1) %농도 → mol 농도

예제

35% 염산(HCl(aq))의 몰 농도를 구하시오. (단, HCl의 분자량은 36.5이고, HCl(aq)의 밀도는 1.2 g/mL이다)

풀이

$$\frac{1.2\text{g} \times \dfrac{35}{100} \times \dfrac{\text{mol}}{36.5\text{g}}}{\text{mL} \times \dfrac{1\text{L}}{1000\text{mL}}} = 11.5\text{M}$$

(2) mol 농도 → %농도

예제

1M 염산(HCl(aq))의 %농도를 구하시오. (단, HCl의 분자량은 36.5이고, HCl(aq)의 밀도는 1.2g/mL이다)

풀이 1M HCl(aq) 1L라 하면,

용질 : $\frac{1\text{mol}}{\text{L}} \times 1\text{L} \times \frac{36.5\text{g}}{\text{mol}} = 36.5\text{g}$

용액 : $1\text{L} \times \frac{1.2\text{g}}{\text{mL}} \times \frac{1000\text{mL}}{1\text{L}} = 1200\text{g}$

퍼센트 농도(%) : $= \frac{\text{용질의 질량(g)}}{\text{용액의 질량(g)}} \times 100 = \frac{36.5\text{g}}{1200\text{g}} \times 100 = 3.04\%$

(3) %농도 → 몰랄 농도

예제

35% 염산(HCl(aq))의 몰랄 농도를 구하시오. (단, HCl의 분자량은 36.5이고, HCl(aq)의 밀도는 1.2 g/mL 이다)

풀이 35% HCl(aq)는 35g의 HCl(용질)과 100g의 용액이다.
용매 = 용액 − 용질이므로 용매는 100 − 35 = 65g이다.

몰랄 농도(m) = $\frac{\text{용질의 질량(mol)}}{\text{용매의 질량(kg)}} = \frac{35\text{g} \times \frac{\text{mol}}{36.5\text{g}}}{0.065\text{kg}} = 14.75\text{m}$

(4) mol 농도 → 몰랄 농도

예제

1M 염산(HCl(aq))의 몰랄 농도를 구하시오. (단, HCl의 분자량은 36.5이고, HCl(aq)의 밀도는 1.2g/mL 이다)

풀이 용액의 부피를 1L라 하면,

용질의 mol수 : $\frac{1\text{mol}}{\text{L}} \times 1\text{L} = 1\text{mol}$

용질의 g : $1\text{mol} \times \frac{36.5\text{g}}{1\text{mol}} = 36.5\text{g}$

용액의 g : $1\text{L} \times \frac{1.2\text{g}}{\text{mL}} \times \frac{1000\text{mL}}{\text{L}} = 1200\text{g} = 1.2\text{kg}$

용매의 kg : 용액 − 용질 = 1200g − 36.5g = 1163.5g = 1.1635kg

몰랄 농도(m) = $\frac{\text{용질의 질량(mol)}}{\text{용매의 질량(kg)}} = \frac{1\text{mol}}{1.1635\text{kg}} = 0.86\text{m}$

제4절 I 묽은 용액의 총괄성

1 증기압력 내림

(1) 증기압력 내림(△P)

① 일정한 온도에서 비휘발성 용질이 녹아 있는 용액의 증기압력이 순수한 용매의 증기압력보다 낮은 현상을 의미한다. (증기압력 : 순수한 용매 > 용액)

② 순수한 용매의 끓는점이 비휘발성 용질이 녹아 있는 용액의 끓는점보다 더 낮다. (끓는점 : 순수한 용매 < 용액)

③ 증기압력 내림 현상은 용매의 종류와 용질의 몰분율에만 영향을 받고 용질의 종류에는 영향을 받지 않는다.

$$\triangle P = P^{\circ}_{용매} - P_{용액}$$

($P^{\circ}_{용매}$: 용매의 증기압력, $P_{용액}$: 용액의 증기압력)

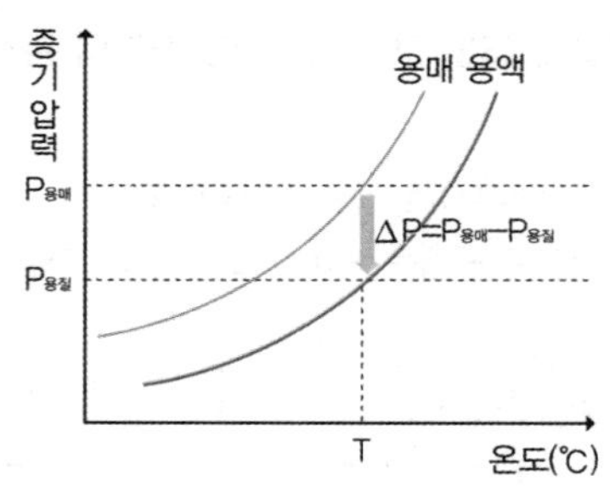

| 용액과 용매의 증기압력 곡선 |

(2) 증기압력 내림이 나타나는 이유

① 용액의 표면 일부를 용질이 자리 잡고 있어 증발할 수 있는 용매의 입자 수를 감소시킨다.

② 용질과 용매 사이에 인력이 작용하여 증발을 방해한다.

(3) 증기압력 내림과 용액의 농도

용액의 농도가 클수록 입자 수가 많아 증기압력 내림이 커진다.

휘발성 용질이 녹아 있는 용액의 증기압력

용질도 함께 증발하기 때문에 혼합 용액의 증기압력은 용매와 용질의 증기압력을 합하여 산정한다.

$$P_{전체} = P_{용매} + P_{용질}$$

2 라울의 법칙

(1) 라울의 법칙

비전해질, 비휘발성 용질이 녹아 있는 묽은 용액의 증기압력($P_{용액}$)은 순수한 용매의 증기압력($P^{\circ}_{용액}$)과 용매의 몰분율($X_{용매}$)을 곱한 값으로 나타낼 수 있다.

$$P_{용액} = P^{\circ}_{용매} \times X_{용매}$$

($P^{\circ}_{용매}$: 용매의 증기압력, $X_{용매}$: 용매의 몰분율)

예제

25℃에서 물의 증기압력은 24mmHg이다. 같은 온도에서 물 90g에 포도당 36g을 녹인 포도당 수용액의 증기압력을 구하시오. (단, 물과 포도당의 분자량은 각각 18, 180이다)

풀이 $P^{\circ}_{용매} = 24mmHg$,

$n_{용매} = \frac{90g}{18g/mol} = 5mol$

$n_{용질} = \frac{36g}{180g/mol} = 0.2mol$

$X_{용매} = \frac{n_{용매}}{n_{용매} + n_{용질}} = \frac{5mol}{5mol + 0.2mol} = 0.96$

$P_{용액} = P^{\circ}_{용매} \times X_{용매} = 24mmHg \times 0.96 = 23.04mmHg$

(2) 라울의 법칙과 증기압력 내림

① 용액의 증기압력 내림은 용매의 종류에 따라 달라지고 용질의 몰분율($X_{용질}$)에 비례한다.

② 용질의 종류와는 관련이 없다.

$$\Delta P = P^{\circ}_{용매} \times X_{용질}$$

($P^{\circ}_{용매}$: 용매의 증기압력, $X_{용질}$: 용질의 몰분율)

예제

25℃에서 물의 증기압력은 24mmHg이다. 같은 온도에서 물 90g에 포도당 36g을 녹인 포도당 수용액의 증기압력 내림을 구하시오. (단, 물과 포도당의 분자량은 각각 18, 180이다)

풀이 $P^{\circ}_{용매} = 24mmHg$,

$n_{용매} = \frac{90g}{18g/mol} = 5mol$

$n_{용질} = \frac{36g}{180g/mol} = 0.2mol$

$X_{용질} = \frac{n_{용질}}{n_{용매} + n_{용질}} = \frac{0.2mol}{5mol + 0.2mol} = 0.04$

$\Delta P = P^{\circ}_{용매} \times X_{용질} = 24mmHg \times 0.04 = 0.96mmHg$

전해질 용액의 증기압력 내림

전해질 용액은 이온화되지 못한 용질 입자 수와 이온화된 입자의 수에 의해 증기압력 내림을 결정한다.

EX 1N개의 NaCl이 100% 이온화한다면 Na^+와 Cl^-로 이온화되기 때문에 입자의 수는 2N이 된다.

3 끓는점 오름과 어는점 내림

(1) 끓는점 오름($\triangle T_b$)

① 비휘발성 용질이 녹아 있는 용액의 끓는점은 순수한 용매의 끓는점보다 높아지는 현상을 의미한다.

② 끓는점 오름은 용질의 종류에 관계없이 몰랄 농도(m)에 비례한다.

$$\triangle T_b = K_b \times m$$

(K_b: 끓는점 오름 상수, m: 용액의 몰랄 농도)

예제

포도당 18g을 물 100g에 녹인 용액의 끓는점(℃)을 구하시오. (단, 포도당의 분자량은 180이고, 물의 K_b는 0.5℃/m, 1기압이다)

풀이

몰랄 농도(m) $= \dfrac{\dfrac{18g}{180g/mol}}{0.1kg} = 1m$

$\triangle T_b = K_b \times m = 0.5℃/m \times 1m = 0.5$

용액의 끓는점 $T_b' = T_b + \triangle T_b = 100℃ + 0.5℃ = 100.5℃$

(2) 어는점 내림($\triangle T_f$)

① 비휘발성 용질이 녹아 있는 용액의 어는점은 순수한 용매의 어는점보다 낮아지는 현상을 의미한다.

② 어는점 내림은 용질의 종류에 관계없이 몰랄 농도(m)에 비례한다.

$$\triangle T_f = K_f \times m$$

(K_f: 어는점 내림 상수, m: 용액의 몰랄 농도)

예제

01 포도당 18g을 물 100g에 녹인 용액의 어는점(℃)을 구하시오. (단, 포도당의 분자량은 180이고, 물의 K_f는 1.8℃/m, 1기압이다)

풀이

몰랄 농도(m)$=\dfrac{\dfrac{18g}{180g/mol}}{0.1kg}=1m$

$\triangle T_f = K_f \times m = 1.8℃/m \times 1m = 1.8$

용액의 어는점 $T_f' = T_f + \triangle T_f = 0℃ - 1.8℃ = -1.8℃$

02 용액의 총괄성에 해당하지 않는 현상은?

① 산 위에 올라가서 끓인 라면은 설익는다.

② 겨울철 도로 위에 소금을 뿌려 얼음을 녹인다.

③ 라면을 끓일 때 수프부터 넣으면 면이 빨리 익는다.

④ 서로 다른 농도의 두 용액을 반투막을 사용해 분리해 놓으면 점차 그 농도가 같아진다.

정답 ①

풀이 용액의 총괄성: 비휘발성, 비전해질인 용질이 녹아 있는 묽은 용액에서 용질의 종류에는 관계없이 입자 수에 관계되는 성질을 묽은 용액의 총괄성이라고 한다.

① 고도가 높아짐에 따라 압력이 내려가 끓는점이 낮아진다. 이 때문에 끓인 라면이 설익게 된다.

06

03 용액의 총괄성에 대한 설명으로 옳은 것만을 모두 고르면?

ㄱ. 용질의 종류와 무관하고, 용질의 입자 수에 의존하는 물리적 성질이다.
ㄴ. 증기압력은 0.1M NaCl 수용액이 0.1M 설탕 수용액보다 크다.
ㄷ. 끓는점 오름의 크기는 0.1M NaCl 수용액이 0.1M 설탕 수용액보다 크다.
ㄹ. 어는점 내림의 크기는 0.1M NaCl 수용액이 0.1M 설탕 수용액보다 작다.

① ㄱ, ㄴ　② ㄱ, ㄷ

③ ㄴ, ㄹ　④ ㄷ, ㄹ

정답 ②

풀이 바르게 고쳐보면,

ㄴ. 증기압력은 0.1M NaCl 수용액이 0.1M 설탕 수용액보다 작다.

ㄹ. 어는점 내림의 크기는 0.1M NaCl 수용액이 0.1M 설탕 수용액보다 크다.

용액에 녹아 있는 비전해질, 비휘발성 용질의 입자 수가 많을수록 용액의 증발은 느려지게 된다.

CHAPTER 06 삼투압

1 삼투 현상과 삼투압

(1) 반투막

크기가 작은 입자인 용매는 통과시키지만 크기가 큰 용질입자는 통과시키지 못하는 막이다.

(2) 삼투 현상

서로 다른 농도의 용액 사이에 반투막을 두면 농도가 작은 용액의 용매가 농도가 큰 용액 쪽으로 이동하는 현상이다(용매 이동, 낮은 농도 → 높은 농도).

(3) 삼투압(π)

삼투 현상이 일어나지 않게 하기 위해 농도가 높은 용액 쪽에 가해야 하는 압력이며, 그 크기는 농도가 작은 용액에서 큰 용액으로 가해지는 압력의 크기와 같다.

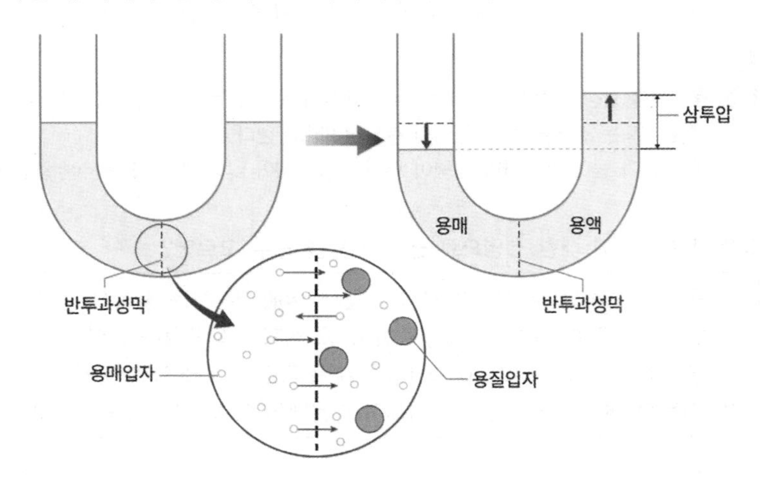

예제

삼투 현상에 대한 설명으로 옳지 않은 것은?

① 용매분자는 반투막을 통과한다.
② 삼투 현상이 일어나면 반투막에 압력이 미친다.
③ 진한 용액 쪽의 용질은 묽은 용액 쪽으로 이동한다.
④ 두 용액의 농도가 같아지려는 쪽으로 용매가 이동한다.

정답 ③

풀이 삼투 현상은 반투막을 사이에 두고 용액을 분리했을 때 묽은 용액 쪽의 용매가 진한 용액 쪽으로 이동하는 현상을 말하며 용질은 반투막을 통과하지 못한다.

(4) 반트호프 법칙

비휘발성, 비전해질 용질이 녹아 있는 묽은 용액의 삼투압은 용액의 몰 농도와 절대온도에 영향이 있으며 용매나 용질의 종류와는 관계가 없다.

$$\pi = CRT = \frac{wRT}{MV} \rightarrow M = \frac{wRT}{\pi V}$$

[π: 삼투압, C: 몰 농도, T: 절대온도, w: 질량, M: 분자량, V: 부피, R: 기체 상수(0.082 atm·L/(mol·K))]

역삼투 현상

- 삼투압보다 더 큰 압력으로 농도가 높은 용액 쪽에 가했을 때 용매의 이동이 고농도 → 저농도로 진행되는 현상이다.
- 해수의 담수화 등에 이용된다.

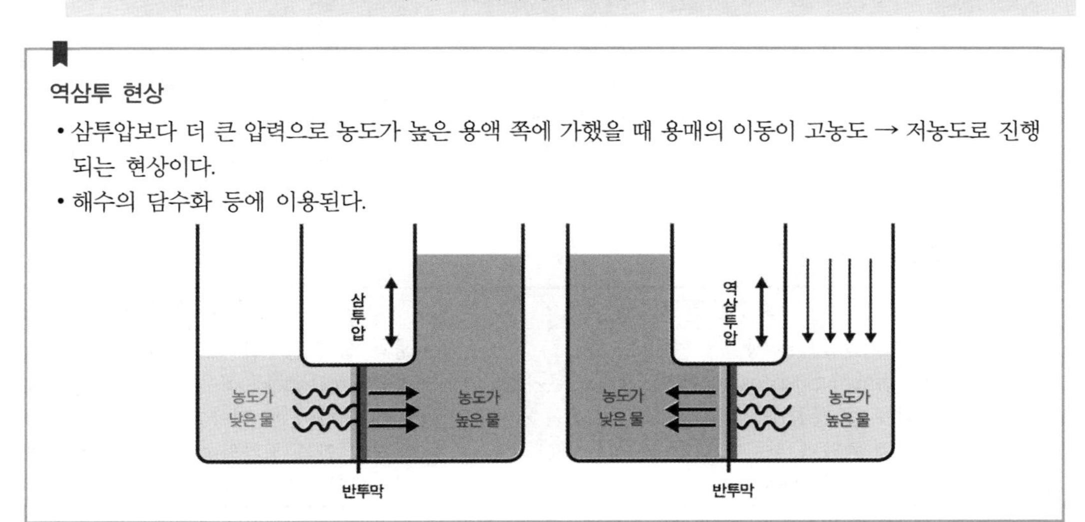

2 묽은 용액의 총괄성

(1) 비휘발성, 비전해질 용질이 녹아 있는 묽은 용액에서 나타나는 끓는점 오름, 어는점 내림, 증기압력 내림, 삼투 등의 현상을 말한다.

(2) 이러한 현상은 용질의 입자 수에 비례하고 용질의 종류와는 관계가 없는데 이러한 성질을 "용액의 총괄성"이라 한다.

예제

용액에 대한 설명으로 옳은 것은?

① 순수한 물의 어는점보다 소금물의 어는점이 더 높다.
② 용액의 증기압은 순수한 용매의 증기압보다 높다.
③ 순수한 물의 끓는점보다 설탕물의 끓는점이 더 낮다.
④ 역삼투 현상을 이용하여 바닷물을 담수화할 수 있다.

정답 ④

풀이 ① 순수한 물의 어는점보다 소금물의 어는점이 더 낮다.
② 용액의 증기압은 순수한 용매의 증기압보다 낮다.
③ 순수한 물의 끓는점보다 설탕물의 끓는점이 더 높다.

3 콜로이드

(1) 콜로이드 입자와 용액

① **콜로이드 입자**: 지름 10^{-5}~10^{-7}cm(1nm ~ 1μm) 정도인 용질 입자를 의미한다.

② **콜로이드 용액**: 콜로이드 입자가 분산되어 있는 용액을 의미한다.

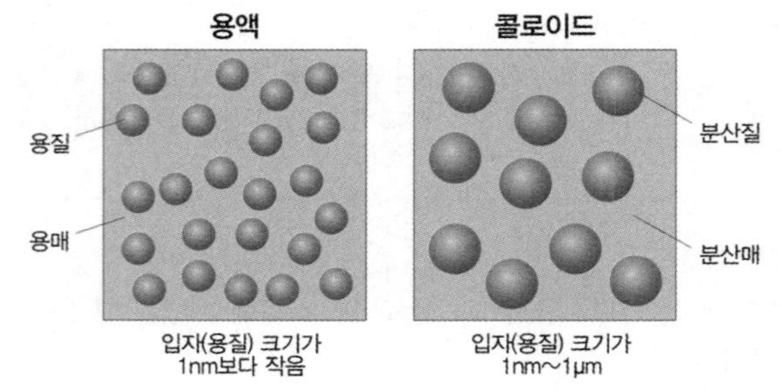

| 용액과 콜로이드 |

(2) 콜로이드의 분류

소수성 콜로이드	친수성 콜로이드
• 물과 반발하는 성질을 가진다. • 물속에서 Suspension(현탁) 상태로 존재한다. • 염에 큰 영향을 받는다. • 틴들 효과가 현저하게 크다. • 점도는 분산매보다 작다.	• 물과 쉽게 반응한다. • 물속에서 Emulsion(유탁) 상태로 존재한다. • 염에 대하여 큰 영향을 받지 않는다. • 다량의 염을 첨가하여야 응결 침전된다. • 분산매의 점도를 증가시킨다.

(3) 콜로이드의 특성

① 콜로이드의 안정도는 반발력(제타전위), 중력, 인력(Van der Waals의 힘)의 관계에 의해 결정된다.

② 콜로이드 입자는 질량에 비해서 표면적이 크므로 용액 속에 있는 다른 입자를 흡착하는 힘이 크다.

③ **반투막 통과**: 콜로이드는 반투막의 pore size보다 크기 때문에 보통의 반투막을 통과하지 못한다.

④ **브라운 운동**: 콜로이드 입자가 분산매 및 다른 입자와 충돌하여 불규칙한 운동을 하게 된다.

⑤ **틴들 현상**: 광선을 통과시키면 입자가 빛을 산란하여 빛의 진로를 볼 수 있게 된다.

PART 06

기출 & 예상 문제

01 1.0M KOH 수용액 30mL와 2.0M KOH 수용액 40mL를 섞은 후 증류수를 가해 전체 부피를 100mL로 만들었을 때, KOH 수용액의 몰 농도[M]는? (단, 온도는 25℃이다)

① 1.1
② 1.3
③ 1.5
④ 1.7

02 27℃에서 500mL들이 플라스크 안의 압력이 820mmHg가 되도록 하려면 몇 몰의 이산화탄소 기체를 채워야 하는지 구하시오.

① 0.044mol
② 0.011mol
③ 0.022mol
④ 0.088mol

03 용액에 대한 설명으로 옳은 것은?

① 순수한 물의 어는점보다 소금물의 어는점이 더 높다.
② 용액의 증기압은 순수한 용매의 증기압보다 높다.
③ 순수한 물의 끓는점보다 설탕물의 끓는점이 더 낮다.
④ 역삼투 현상을 이용하여 바닷물을 담수화할 수 있다.

정답찾기

01 $C_m = \frac{C_1Q_1 + C_2Q_2}{Q_1 + Q_2}$

(C_m : 혼합 농도 C_1, C_2 : 농도 Q_1, Q_2 : 유량)

(1) 1.0M KOH 수용액 30mL의 mol

$\frac{1\text{mol}}{\text{L}} \times 0.03\text{L} = 0.03\text{mol}$

(2) 2.0M KOH 수용액 40mL

$\frac{2\text{mol}}{\text{L}} \times 0.04\text{L} = 0.08\text{mol}$

(3) 혼합 용액의 몰 농도

$\frac{0.03 + 0.08}{0.1\text{L}} = 1.1\text{M}$

02 실측상태 → 표준상태 → 몰 산정

$0.5\text{L} \times \frac{273\text{K}}{(273+27)\text{K}} \times \frac{820\text{mmHg}}{760\text{mmHg}} \times \frac{\text{mol}}{22.4\text{L}} = 0.022\text{mol}$

03 ① 순수한 물의 어는점보다 소금물의 어는점이 더 낮다.
② 용액의 증기압은 순수한 용매의 증기압보다 낮다.
③ 순수한 물의 끓는점보다 설탕물의 끓는점이 더 높다.

정답 **01** ① **02** ③ **03** ④

04 **묽은 설탕 수용액에 설탕을 더 용해시킬 경우의 변화를 설명한 것으로 옳은 것은?**

① 끓는점이 낮아진다.　② 삼투압이 낮아진다.
③ 증기압이 높아진다.　④ 어는점이 낮아진다.

05 **용액의 총괄성에 해당하지 않는 현상은?**

① 산 위에 올라가서 끓인 라면은 설익는다.
② 겨울철 도로 위에 소금을 뿌려 얼음을 녹인다.
③ 라면을 끓일 때 수프부터 넣으면 면이 빨리 익는다.
④ 서로 다른 농도의 두 용액을 반투막을 사용해 분리해 놓으면 점차 그 농도가 같아진다.

06 **농도가 10%인 황산나트륨 수용액을 만들려고 한다. 증류수 100g에 황산나트륨 수화물($Na_2SO_4 \cdot 10H_2O$) 결정 몇 g을 녹이면 되는가? (H : 1, O : 16, Na : 23, S : 32)**

① 9.3g　② 19.3g
③ 29.3g　④ 35.2g

07 **전해질(electrolyte)에 대한 설명으로 옳은 것은?**

① 물에 용해되어 이온 전도성 용액을 만드는 물질을 전해질이라 한다.
② 설탕($C_{12}H_{22}O_{11}$)을 증류수에 녹이면 전도성 용액이 된다.
③ 아세트산(CH_3COOH)은 KCl보다 강한 전해질이다.
④ NaCl 수용액은 전기가 통하지 않는다.

08 **황산마그네슘 수용액에 황산마그네슘($MgSO_4$)이 질량 백분율로 20%만큼 포함되어 있다. 이 용액의 몰랄 농도를 구하시오. (MW 120)**

09 **묽은 설탕 수용액에 설탕을 더 녹일 때 일어나는 변화를 설명한 것으로 옳은 것은?**

① 용액의 증기압이 높아진다.
② 용액의 끓는점이 낮아진다.
③ 용액의 어는점이 높아진다.
④ 용액의 삼투압이 높아진다.

10 대기 오염 물질인 기체 A, B, C가 〈보기 1〉과 같을 때 〈보기 2〉의 설명 중 옳은 것만을 모두 고른 것은?

〈보기 1〉

A : 연료가 불완전 연소할 때 생성되며, 무색이고 냄새가 없는 기체이다.
B : 무색의 강한 자극성 기체로, 화석 연료에 포함된 황 성분이 연소 과정에서 산소와 결합하여 생성된다.
C : 자극성 냄새를 가진 기체로 물의 살균 처리에도 사용된다.

〈보기 2〉

ㄱ. A는 헤모글로빈과 결합하면 쉽게 해리되지 않는다.
ㄴ. B의 수용액은 산성을 띤다.
ㄷ. C의 성분 원소는 세 가지이다.

① ㄱ, ㄴ　　② ㄱ, ㄷ
③ ㄴ, ㄷ　　④ ㄱ, ㄴ, ㄷ

06

정답찾기

04 설탕의 입자 수가 증가한다.
① 끓는점이 높아진다.
② 삼투압이 높아진다.
③ 증기압이 낮아진다.

05 용액의 총괄성 : 비휘발성, 비전해질인 용질이 녹아 있는 묽은 용액에서 용질의 종류에는 관계없이 입자 수에 관계되는 성질을 묽은 용액의 총괄성이라고 한다.
① 산 위에 올라가서 끓인 라면은 설익는다. : 고도가 높아짐에 따라 압력이 내려가 끓는점이 낮아진다. 이 때문에 끓인 라면이 설익게 된다.

06 $Na_2SO_4 \cdot 10H_2O$ = 322
Na_2SO_4 = 142
녹여야 하는 $Na_2SO_4 \cdot 10H_2O$ 질량 = □

$$10\% = \frac{\text{용질의 질량}}{\text{용액의 질량}} \times 100 = \frac{\frac{142}{322} \times \square}{100 + \square} \times 100$$

□ = 29.3

07 바르게 고쳐보면,
② 설탕($C_{12}H_{22}O_{11}$)을 증류수에 녹이면 전도성 용액이 되지 않는다.
③ 아세트산(CH_3COOH)은 KCl보다 약한 전해질이다. 아세트산은 약산, KCl은 강염기에 해당한다.
④ NaCl 수용액은 전기가 통한다.

08 몰랄 농도 = 용질의 mol / 용매의 kg
전체 질량을 100g이라 하면,
용질의 mol : $20\text{g} \times \frac{1\text{mol}}{120\text{g}} = 0.167\text{mol}$
용매의 kg : 80g = 0.08kg
몰랄 농도 = 0.167mol / 0.08kg = 2.08m

09 ④ 비휘발성, 비전해질 용질이 녹아 있는 묽은 용액의 삼투압은 용매나 용질의 종류에 관계없이 용액의 몰 농도(M)와 절대온도(T)에 비례하므로 삼투압은 높아진다.
① 용액의 증기압이 낮아진다.
② 용액의 끓는점이 높아진다.
③ 용액의 어는점이 낮아진다.

10 A : 불완전 연소 시 CO가 발생되며 헤모글로빈과 결합하면 쉽게 해리되지 않는다.
B : 연료 중 황성분과 산소가 결합하여 SO_2가 형성되며 수용액은 산성을 띤다.
C : 특유한 냄새를 가진 오존은 물의 살균처리에 사용되며 산소원자 3개가 결합되어 형성된다.

정답 **04** ④ **05** ① **06** ③ **07** ① **08** 2.08m **09** ④ **10** ①

11 온도와 부피가 일정한 상태의 밀폐된 용기에 15.0mol의 O_2와 25.0mol의 He가 들어있다. 이 때 전체 압력은 8.0atm이었다. O_2 기체의 부분 압력[atm]은? (단, 용기에는 두 기체만 들어 있고, 서로 반응하지 않는 이상기체라고 가정한다)

① 3.0　② 4.0
③ 5.0　④ 8.0

12 1M NaCl 수용액 200mL와 1M $MgCl_2$ 수용액 200mL를 혼합하였다. 이 용액 속의 Cl^-의 농도는?

① 1.0M　② 1.5M
③ 2.0M　④ 2.5M

13 산소와 헬륨으로 이루어진 가스통을 가진 잠수부가 바닷속 60m에서 잠수 중이다. 이 깊이에서 가스통에 들어 있는 산소의 부분 압력이 1140mmHg일 때, 헬륨의 부분 압력[atm]은? (단, 이 깊이에서 가스통의 내부압력은 7.0atm이다)

① 5.0　② 5.5
③ 6.0　④ 6.5

14 체심입방(bcc)구조인 타이타늄(Ti)의 단위세포에 있는 원자의 알짜 개수는?

① 1　② 2
③ 4　④ 6

15 0.50M NaOH 수용액 500mL를 만드는 데 필요한 2.0M NaOH 수용액의 부피[mL]는?

① 125　② 200
③ 250　④ 500

16 **샤를의 법칙을 옳게 표현한 식은? (단, V, P, T, n은 각각 이상기체의 부피, 압력, 절대온도, 몰수이다)**

① V = 상수/P
② V = 상수 × n
③ V = 상수 × T
④ V = 상수 × P

17 **49% 황산의 비중이 1.4이다. 이 용액의 몰 농도를 옳게 구한 것은?**

① 6M
② 7M
③ 8M
④ 9M

18 **온실가스가 아닌 것은?**

① $CH_4(g)$
② $N_2(g)$
③ $H_2O(g)$
④ $CO_2(g)$

정답찾기

11 $8\text{atm}\times\frac{15}{15+25}=3\text{atm}$

12
- NaCl 속의 Cl^- : 1mol/L × 0.2L = 0.2mol
- $MgCl_2$ 속의 Cl^- : 1mol/L × 0.2L × 2 = 0.4mol
- 혼합 용액의 Cl^- 몰 농도 : $\frac{0.2+0.4\text{mol}}{0.4\text{L}}=1.5\text{mol/L}$

13 가스통 내부의 압력 = 산소의 압력 + 헬륨의 압력
- 산소의 압력 : $1140\text{mmHg}\times\frac{1\text{atm}}{760\text{mmHg}}=1.5\text{atm}$
- 헬륨의 압력 : 7.0atm − 1.5atm = 5.5atm

14 체심입방구조의 단위세포 속 원자의 수 = 1 + 8/8 = 2이다.

15 $\frac{0.5\text{mol}}{\text{L}}\times500\text{mL}=\frac{2.0\text{mol}}{\text{L}}\times\square\text{mL}$
□ = 125mL

16 샤를의 법칙은 일정한 압력에서 일정량의 기체의 부피는 절대온도에 비례한다는 법칙이다.

17 $\frac{1.4\text{g}}{\text{mL}}\times\frac{49}{100}\times\frac{1\text{mol}}{98\text{g}}\times\frac{1000\text{mL}}{1\text{L}}=7\text{mol/L}$

18 "온실가스"란 적외선 복사열을 흡수하여 온실 효과를 유발하는 대기 중 가스상태 물질로 CO_2, CFC, N_2O, CH_4, SF_6(육불화황) 등이 있다(대기환경보전법).
H_2O는 「대기환경보전법」에서 정한 온실가스에 포함되지 않으나 온실 효과에 기여하는 것으로 알려져 있다.

정답 **11** ① **12** ② **13** ② **14** ② **15** ① **16** ③ **17** ② **18** ②

19 **용액의 총괄성에 대한 설명으로 옳은 것만을 모두 고르면?**

ㄱ. 용질의 종류와 무관하고, 용질의 입자 수에 의존하는 물리적 성질이다.
ㄴ. 증기압력은 0.1M NaCl 수용액이 0.1M 설탕 수용액보다 크다.
ㄷ. 끓는점 오름의 크기는 0.1M NaCl 수용액이 0.1M 설탕 수용액보다 크다.
ㄹ. 어는점 내림의 크기는 0.1M NaCl 수용액이 0.1M 설탕 수용액보다 작다.

① ㄱ, ㄴ　　② ㄱ, ㄷ
③ ㄴ, ㄹ　　④ ㄷ, ㄹ

20 **25℃에서 측정한 용액 A의 $[OH^-]$가 1.0×10^{-6}M일 때, pH 값은? (단, $[OH^-]$는 용액 내의 OH^- 몰 농도를 나타낸다)**

① 6.0　　② 7.0
③ 8.0　　④ 9.0

21 **진한 염산(HCl) 37.0wt%, 밀도는 1.19g/mL이다. 이 진한 염산의 몰랄 농도(m)는? (단, 원자량 H = 1.0, Cl = 35.5이다)**

① 10.1　　② 12.1
③ 16.1　　④ 17.0

22 **물 분자의 결합 모형을 그림처럼 나타낼 때, 결합 A와 결합 B에 대한 설명으로 옳은 것은?**

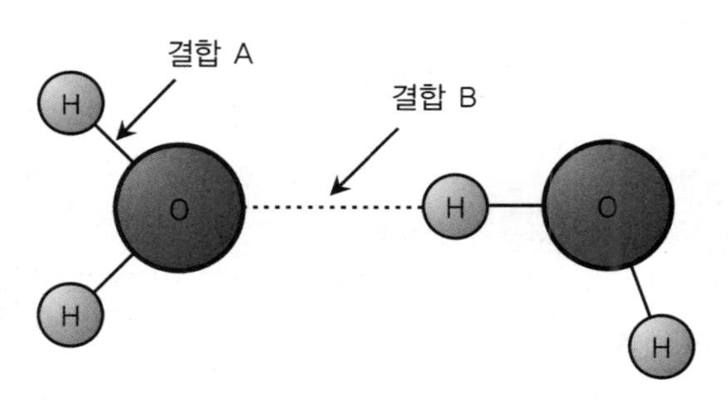

① 결합 A는 결합 B보다 강하다.
② 액체에서 기체로 상태변화를 할 때 결합 A가 끊어진다.
③ 결합 B로 인하여 산소원자는 팔전자 규칙(octet rule)을 만족한다.
④ 결합 B는 공유결합으로 이루어진 모든 분자에서 관찰된다.

23 다음의 화합물 중에서 원소 X가 산소(O)일 가능성이 가장 낮은 것은? (단, O의 몰 질량[g/mol]은 16이다)

화합물	ㄱ	ㄴ	ㄷ	ㄹ
분자량	160	80	70	64
원소 X의 질량 백분율(%)	30	20	30	50

① ㄱ ② ㄴ
③ ㄷ ④ ㄹ

24 0.1M 황산(H_2SO_4) 용액 2L를 만드는 데 필요한 10M 황산의 부피는?

① 0.02L ② 0.2L
③ 0.002L ④ 0.0002L

정답찾기

19 바르게 고쳐보면,
ㄴ. 증기압력은 0.1M NaCl 수용액이 0.1M 설탕 수용액보다 작다.
ㄹ. 어는점 내림의 크기는 0.1M NaCl 수용액이 0.1M 설탕 수용액보다 크다.
용액에 녹아 있는 비전해질, 비휘발성 용질의 입자 수가 많을수록 용액의 증발은 느려지게 된다.

20 pH + pOH = 14
• pOH 산정
$pOH = -\log[OH^-] = -\log[1.0 \times 10^{-6}] = 6.0$
• pH 산정
pH + pOH = 14
pH = 14 − pOH = 14 − 6 = 8

21 전체를 1L라 가정하면,
HCl 용액 : 1.19g/mL × 1000mL = 1190g

HCl 질량 : $\dfrac{1.19g \times \dfrac{37}{100}}{mL} \times 1000mL = 440.3g$

용매 : 용액 − 용질 = 1190 − 440.3 = 749.7g
= 0.7497kg

몰랄 농도 = $\dfrac{\text{용질의 mol}}{\text{용매의 kg}} = \dfrac{440.3g \times \dfrac{mol}{36.5g}}{0.7497kg}$
$= 16.0904m$

22 ① 결합 A는 공유결합, 결합 B는 수소결합으로 공유결합이 수소결합보다 강하다.
② 액체에서 기체로 상태변화를 할 때 결합 B가 끊어진다.
③ 결합 A로 인하여 산소원자는 팔전자 규칙(octet rule)을 만족한다.
④ 결합 A는 공유결합으로 이루어진 모든 분자에서 관찰된다.

23

화합물	ㄱ	ㄴ	ㄷ	ㄹ
분자량	160	80	70	64
원소 X의 질량 백분율	30	20	30	50
원소 X의 질량	160 × 0.3 = 48	80 × 0.2 = 16	70 × 0.3 = 21	64 × 0.5 = 32

화합물은 성분원소들의 가장 간단한 정수비로 결합되어 있기 때문에 X의 질량이 산소원자량의 정수배로 나와야 한다. 16의 정수비가 아닌 ㄷ.이 산소일 가능성이 가장 낮다.

24 MV = M`V`
10M × x = 0.1M × 2L
x = 0.02L

정답 19 ② 20 ③ 21 ③ 22 ① 23 ③ 24 ①

25 용액에 대한 설명으로 옳지 않은 것은?

① 용액의 밀도는 용액의 질량을 용액의 부피로 나눈 값이다.
② 용질 A의 몰 농도는 A의 몰수를 용매의 부피(L)로 나눈 값이다.
③ 용질 A의 몰랄 농도는 A의 몰수를 용매의 질량(kg)으로 나눈 값이다.
④ 1ppm은 용액 백만 g에 용질 1g이 포함되어 있는 값이다.

26 바닷물의 염도를 1kg의 바닷물에 존재하는 건조 소금의 질량(g)으로 정의하자. 질량 백분율로 소금 3.5%가 용해된 바닷물의 염도[g/kg]는?

① 0.35　　② 3.5
③ 35　　④ 350

27 물질 A, B, C에 대한 다음 그래프의 설명으로 옳은 것만을 모두 고르면?

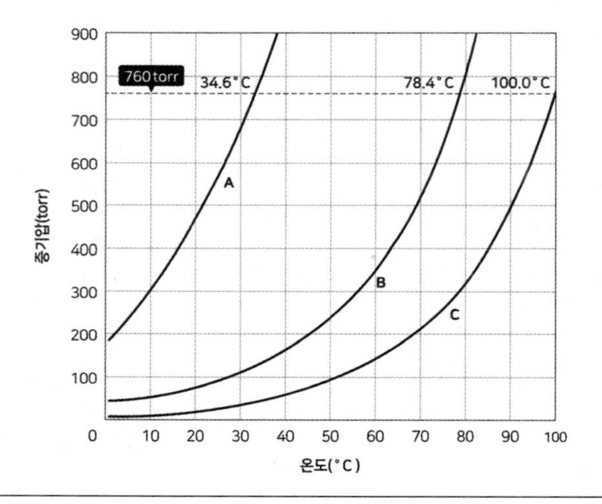

ㄱ. 30°C에서 증기압 크기는 C < B < A이다.
ㄴ. B의 정상 끓는점은 78.4℃이다.
ㄷ. 25℃ 열린 접시에서 가장 빠르게 증발하는 것은 C이다.

① ㄱ, ㄴ　　② ㄱ, ㄷ
③ ㄴ, ㄷ　　④ ㄱ, ㄴ, ㄷ

28 강철 용기에서 암모니아(NH_3) 기체가 질소(N_2) 기체와 수소기체(H_2)로 완전히 분해된 후의 전체 압력이 900mmHg이었다. 생성된 질소와 수소기체의 부분 압력[mmHg]을 바르게 연결한 것은? (단, 모든 기체는 이상기체의 거동을 한다)

	질소기체	수소기체
①	200	700
②	225	675
③	250	650
④	275	625

29 산소 16g과 수소 4g이 들어 있는 용기의 압력이 5기압이었다. 산소의 부분압력을 구하시오.

30 이상기체 (가), (나)의 상태가 다음과 같을 때, P는?

기체	양[mol]	온도[K]	부피[L]	압력[atm]
(가)	n	300	1	1
(나)	n	600	2	P

① 0.5 ② 1
③ 2 ④ 4

06

정답찾기

25 용질 A의 몰 농도는 A의 몰수를 용액의 부피(L)로 나눈 값이다.

26 1kg = 1,000g
1,000g × 3.5/100 = 35g
염도는 35g/kg이다.

27 같은 온도에서 증기압이 클수록 끓는점은 낮은 물질이다.
ㄷ. 25℃ 열린 접시에서 가장 빠르게 증발하는 것은 A이다.

28 $2NH_3 \rightarrow N_2 + 3H_2$
암모니아 분해 후 생성된 질소와 수소기체의 전체 몰수는 4mol이다.
각 기체의 부분압력은 전체 몰수에 대한 각 기체의 몰수와 관계가 있다.
질소기체(1mol 생성) : 900mmHg × 1/4 = 225mmHg
수소기체(3mol 생성) : 900mmHg × 3/4 = 675mmHg

29 산소 : 16g = 0.5mol
수소 : 4g = 2mol
전체 mol : 2.5mol
산소의 부분압력 = $5\text{atm} \times \frac{0.5}{2.5} = 1\text{atm}$

30 이상기체의 mol은 변화가 없고 온도와 부피가 2배가 되었으므로 압력은 변화가 없어야 한다.
PV = nRT
1 × 1 = n × 0.082 × 300
P × 2 = n × 0.082 × 600
연립하여 계산하면 P = 1atm이다.

정답 **25** ② **26** ③ **27** ① **28** ② **29** 1atm **30** ②

31 X가 녹아 있는 용액에서 X의 농도에 대한 설명으로 옳지 않은 것은?

① 몰 농도[M]는 X의 몰(mol)수/용액의 부피[L]이다.
② 몰랄 농도[m]는 X의 몰(mol)수/용매의 질량[kg]이다.
③ 질량 백분율[%]은 X의 질량/용매의 질량 × 100이다.
④ 1ppm 용액과 1,000ppb 용액은 농도가 같다.

32 다음 중 온실 효과가 가장 작은 것은?

① CO_2
② CH_4
③ C_2H_5OH
④ Hydrofluorocarbons(HFCs)

33 $Ba(OH)_2$ 0.1mol이 녹아 있는 10L의 수용액에서 H_3O^+ 이온의 몰 농도[M]는? (단, 온도는 25℃이다)

① 1×10^{-13}
② 5×10^{-13}
③ 1×10^{-12}
④ 5×10^{-12}

34 25℃, 1atm에서 부피가 2L인 산소를 380mmHg인 곳으로 옮겼을 때 부피는 몇 L인가? (단, 온도는 변화하지 않는다)

① 1.0L
② 2.0L
③ 4.0L
④ 8.0L

35 **대기 오염 물질에 대한 설명으로 옳지 않은 것은?**

① 이산화황(SO_2)은 산성비의 원인이 된다.
② 휘발성 유기 화합물(VOCs)은 완전 연소된 화석 연료로부터 주로 발생한다.
③ 일산화탄소(CO)는 혈액 속 헤모글로빈과 결합하여 산소 결핍을 유발한다.
④ 오존(O_3)은 불완전 연소된 탄화수소, 질소 산화물, 산소 등의 반응으로 생성되기도 한다.

정답찾기

31 질량 백분율[%]은 X의 질량/용액의 질량 × 100이다.

32
- 「대기환경보전법」상 온실가스 정의: 적외선 복사열을 흡수하여 온실 효과를 유발하는 대기 중 가스상태 물질로 CO_2, CFC, N_2O, CH_4, SF_6(육불화황) 등이 있다.
- 교토의정서상 온실 효과에 기여하는 6대 물질: 이산화탄소(CO_2), 메탄(CH_4), 아산화질소(N_2O), 불화탄소(PFC), 수소화불화탄소(HFC), 육불화황(SF_6)

33 0.1mol/10L = 0.01M
$Ba(OH)_2 \rightarrow Ba^{2+} + 2OH^-$
1 : 2이므로 OH^-의 몰 농도는 2 × 0.01M이다.
$[H_3O^+][OH^-] = 1.0 \times 10^{-14}$
$[H_3O^+][2 \times 0.01] = 1.0 \times 10^{-14}$
$[H_3O^+] = 5 \times 10^{-13}$

34
$$2L \times \frac{760mmHg}{380mmHg} = 4.0L$$

35 휘발성 유기 화합물(VOCs)은 건축자재, 접착제 등에서 주로 발생한다.

정답 **31** ③ **32** ③ **33** ② **34** ③ **35** ②

이찬범 화학

합격까지 박문각

PART

07

에너지와 화학평형

PART 07 에너지와 화학평형

CHAPTER 01 반응 엔탈피

제1절 I 반응 엔탈피

1 반응열(Q)

화학 반응에서 반응물과 생성물 사이의 에너지 차이에 의해 출입하는 열을 의미한다.

(1) 발열 반응과 흡열 반응

① 발열 반응: 화학 반응으로 열을 방출하여 주위의 온도가 올라가는 반응이다.

② 흡열 반응: 화학 반응으로 열을 흡수하여 주위의 온도가 내려가는 반응이다.

(2) 반응열의 측정

화학 반응으로 출입하는 열을 열량계를 이용하여 측정할 수 있다.

$$\text{열량(Q)} = c \times m \times \Delta t$$

$$\text{열량(cal)} = \text{비열}\left(\frac{\text{cal}}{\text{g}\cdot℃}\right) \times \text{질량(g)} \times \text{온도변화(℃)}$$

(c: 용액의 비열, m: 용액의 질량, Δt: 용액의 온도 변화)

예제

단열된 용기 안에 있는 25℃의 물 150g에 60℃의 금속 100g을 넣어 열평형에 도달하였다. 평형 온도가 30℃일 때, 금속의 비열[$Jg^{-1}℃^{-1}$]은? (단, 물의 비열은 $4Jg^{-1}℃^{-1}$이다)

① 0.5 ② 1 ③ 1.5 ④ 2

정답 ②

풀이 물이 얻은 열량 = 금속이 잃은 열량

$$150g \times (30-25)℃ \times \frac{4J}{g℃} = 100g \times (60-30)℃ \times \square \frac{J}{g℃}$$

2 반응 엔탈피

(1) 엔탈피(H)

① 일정한 압력과 온도에서 가지는 고유한 에너지의 총량을 엔탈피라 한다.

② 어떤 물질이 가지는 엔탈피의 값은 알아낼 수 없으나 화학 반응을 통해 출입하는 열량으로 엔탈피의 변화를 알 수 있다.

(2) 반응 엔탈피(△H)

① 화학 반응을 일어날 때 변화하는 엔탈피의 값을 의미한다.

② 생성물의 엔탈피 합과 반응물의 엔탈피 합의 차이로 결정된다.

반응 엔탈피 = 생성물의 엔탈피 합 − 반응물의 엔탈피 합

$\Delta H = H_{생성물} - H_{반응물}$

(3) 발열 반응과 흡열 반응에서의 반응 엔탈피(△H)

구분	발열 반응	흡열 반응
엔탈피 변화	$H_{생성물} < H_{반응물}$ 에너지 / 반응물 / 엔탈피 감소 / 열 방출 / ΔH / 생성물 / 반응의 진행 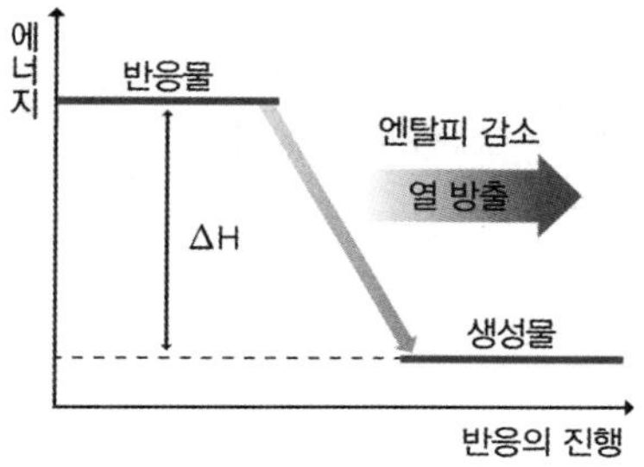	$H_{생성물} > H_{반응물}$ 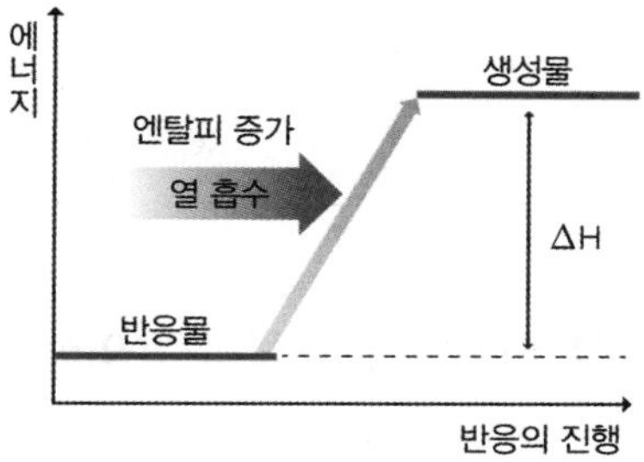 에너지 / 생성물 / 엔탈피 증가 / 열 흡수 / ΔH / 반응물 / 반응의 진행
열의 출입	열을 방출 / 주위 온도 상승	열을 흡수 / 주위 온도 하강
반응 엔탈피 (△H)	$\Delta H < 0$	$\Delta H > 0$
반응열(Q)	$Q > 0$	$Q < 0$
반응의 예	중화반응, 연소반응, 산과 금속의 반응, 강산의 희석 등	전기분해, 광합성, 열분해 등

예제

다음 중 발열 반응에 대한 설명으로 옳은 것은?

① 열을 흡수하는 반응으로 생성 물질의 에너지가 반응 물질의 에너지보다 크다.

② 반응 엔탈피(△H)는 0보다 작다.

③ 반응 물질이 생성 물질보다 안정하다.

④ 반응이 일어나면 주위의 온도가 내려간다.

정답 ②

풀이 ① 열을 방출하는 반응으로 생성 물질의 에너지가 반응 물질의 에너지보다 작다.

③ 생성 물질이 반응 물질보다 안정하다.

④ 반응이 일어나면 주위의 온도가 올라간다.

제2절 I 열화학 반응식

1 열화학 반응식

(1) 화학 반응식에 출입하는 열을 함께 나타낸 식을 열화학 반응식이라 한다.

(2) 반응 엔탈피(△H)를 나타낼 경우 ", △H"로 나타낸다.

> 발열 반응: $CH_4(g) + 2O_2(g) \rightarrow CO_2(g) + 2H_2O(l)$, $\Delta H = -890.8kJ$
> 흡열 반응: $CaCO_3(s) \rightarrow CaO(s) + CO_2(g)$, $\Delta H = 178.3kJ$

(3) 반응열(Q)을 나타낼 경우 발열 반응은 "+", 흡열 반응은 "−"로 생성물에 이어서 나타낸다.

> 발열 반응: $CH_4(g) + 2O_2(g) \rightarrow CO_2(g) + 2H_2O(l) + 890.8kJ$
> 흡열 반응: $CaCO_3(s) \rightarrow CaO(s) + CO_2(g) - 178.3kJ$

2 열화학 반응식의 유의점

(1) 물질의 상태

① 물질의 상태에 따라 △H가 다르게 나타나므로 상태를 함께 표시한다.
② 고체: s(solid), 액체: l(liquid), 기체: g(gas), 수용액: aq(aqueous)

(2) 온도와 압력

① 엔탈피는 온도와 압력에 따라 변하기 때문에 반응 조건을 표시한다.
② 주어지지 않았다면 일반적으로 25℃, 1기압이다.

(3) 반응물의 양

반응물의 양과 △H는 비례하므로 반응식의 계수가 변하게 되면 △H도 비례하여 변하게 된다.
$CH_4(g) + 2O_2(g) \rightarrow CO_2(g) + 2H_2O(l)$, $\Delta H = -890.8kJ$
$2CH_4(g) + 4O_2(g) \rightarrow 2CO_2(g) + 4H_2O(l)$, $\Delta H = -890.8 \times 2kJ$

(4) 역반응의 반응 엔탈피(△H)

역반응의 경우 절댓값은 같고 부호는 반대이다.
$A(g) + B(g) \rightarrow C(g) + D(g)$, $\Delta H = -100kJ$
$C(g) + D(g) \rightarrow A(g) + B(g)$, $\Delta H = 100kJ$

예제

01 다음 열화학 반응식을 이용하여 메탄 4g이 연소할 때 발생하는 열량(kJ)를 구하시오.

$CH_4(g) + 2O_2(g) \rightarrow CO_2(g) + 2H_2O(l) + 890kJ$

풀이 16g : 890kJ = 4g : x kJ
x = 222.5kJ

02 다음 열화학 반응식에 대한 설명으로 옳지 않은 것은? (단, C, H, O의 원자량은 각각 12, 1, 16이다)

$$C_2H_5OH(l) + 3O_2(g) \rightarrow 2CO_2(g) + 3H_2O(l) \quad \triangle H = -1371kJ$$

① 주어진 열화학 반응식은 발열 반응이다.
② CO_2 4mol과 H_2O 6mol이 생성되면 2742kJ의 열이 방출된다.
③ C_2H_5OH 23g이 완전 연소되면 H_2O 27g이 생성된다.
④ 반응물과 생성물이 모두 기체상태인 경우에도 △H는 동일하다.

정답 ④

풀이 반응물과 생성물이 모두 기체상태인 경우에도 △H는 달라진다. C_2H_5OH와 H_2O의 기화 에너지가 추가되어야 한다.

제3절 I 반응 엔탈피의 종류

1 용해 엔탈피

(1) 1몰의 물질이 용매에 용해될 때의 반응 엔탈피를 용해 엔탈피라 한다.

(2) 고체: 대부분 물에 용해될 때 흡열 반응이 일어난다. 단, NaOH(s), KOH(s), $CaCl_2$(s) 등은 발열 반응이 일어난다.
NaCl(s) → NaCl(aq), △H = 3.9kJ ➡ 용해 엔탈피: 3.9kJ/mol
NaOH(s) → NaOH(aq) △H = -44.5 kJ ➡ 용해 엔탈피: -44.5kJ/mol

(3) 액체와 기체: 용해될 때 발열 반응이 일어난다.
HCl(g) → HCl(aq) △H = -75.3 kJ ➡ 용해 엔탈피: -75.3kJ/mol
H_2SO_4(l) → H_2SO_4(aq), △H = -79.8 kJ ➡ 용해 엔탈피: -79.8kJ/mol

2 중화 엔탈피

(1) 중화 반응을 통하여 물 1몰이 생성될 때의 반응 엔탈피를 중화 엔탈피라 한다.

(2) 알짜 이온 반응식: $H^+(aq) + OH^-(aq) \rightarrow H_2O(l)$, △H = -55.8kJ

(3) 산과 염기의 종류에 관계없이 알짜 이온 반응식이 동일하여 중화 엔탈피는 동일하다.

3 연소 엔탈피

(1) 1몰의 물질이 연소하여 가장 안정한 상태의 생성물이 될 때의 반응 엔탈피를 연소 엔탈피라 한다.

(2) 연소 반응은 발열 반응이므로 연소 엔탈피는 항상 (−)의 값을 갖는다.

$CH_4(g) + 2O_2(g) \rightarrow CO_2(g) + 2H_2O(l)$, $\triangle H = -890.8$ kJ ➡ 연소 엔탈피 : -890.8kJ/mol

$C(s) + O_2(g) \rightarrow CO_2(g)$ $\triangle H = -393.5$ kJ ➡ 연소 엔탈피 : -393.5kJ/mol

$2CO(g) + O_2(g) \rightarrow 2CO_2(g)$ $\triangle H = -565.6$ kJ ➡ 연소 엔탈피 : -282.8kJ/mol

4 생성 엔탈피($\triangle H_f$)

(1) 가장 안정한 성분원소가 어떤 물질 1몰을 만들 때의 반응 엔탈피를 생성 엔탈피라고 한다.

(2) **표준 생성 엔탈피($\triangle H_f^\circ$)** : 25℃, 1기압에서의 생성 엔탈피를 표준 생성 엔탈피라고 한다(표준 생성 엔탈피와 관련하여 표준상태를 25℃, 1기압으로 정의한다).

(3) **표준 반응 엔탈피($\triangle H^\circ$)** : $\triangle H^\circ = \Sigma H^\circ_{생성물} - \Sigma H^\circ_{반응물}$

EX 표준상태에서 $H_2O(l)$를 구성하는 가장 안정한 성분원소는 $H_2(g)$와 $O_2(g)$이다. 따라서 표준 생성 엔탈피를 표현하는 식은 아래와 같다.

$H_2(g) + 0.5O_2(g) \rightarrow H_2O(l)$, $\triangle H = -285.8$kJ ➡ 표준 생성 엔탈피 : −285.8kJ/mol

EX 표준상태에서 $NH_3(g)$를 구성하는 가장 안정한 성분원소는 $N_2(g)$와 $H_2(g)$이다. 따라서 표준 생성 엔탈피를 표현하는 식은 아래와 같다.

$N_2(g) + 3H_2(g) \rightarrow 2NH_3(g)$, $\triangle H = -92.2$ kJ ➡ 표준 생성 엔탈피 : −46.1kJ/mol

(4) 가장 안정한 성분원소의 표준 생성 엔탈피는 0이다.

(5) 같은 원소로 여러 가지 화합물이 생성될 때 표준 생성 엔탈피가 작을수록 안정한 물질이다.

EX C(다이아몬드, s) + $O_2(g) \rightarrow CO_2(g)$, $\triangle H = -395.4$ kJ

C(흑연, s) + $O_2(g) \rightarrow CO_2(g)$, $\triangle H = -393.5$ kJ

$\triangle H$가 "흑연 < 다이아몬드"이므로 C의 안정한 원소는 흑연이고 C(흑연, s)의 표준 생성 엔탈피($\triangle H_f^\circ$)는 0이다.

5 분해 엔탈피

(1) 어떤 물질 1몰이 가장 안정한 성분원소로 분해될 때의 반응 엔탈피를 분해 엔탈피라고 한다.

(2) 생성 엔탈피와 크기는 같고 부호는 반대이다.

예제

다음 중 반응 엔탈피($\triangle H$)에 대한 설명으로 옳지 않은 것은?

① 크기 성질이다.
② (+)값은 반응 시 열을 방출한다는 것을 의미한다.
③ 생성 물질의 에너지와 반응 물질의 에너지 차이이다.
④ 일정한 압력에서 화학 반응이 일어날 때 출입하는 열과 같다.

정답 ②

풀이
- $\triangle H$가 (+)값일 때에는 엔탈피가 증가하는 것으로 열을 흡수하는 흡열 반응임을 의미한다.
  반응 엔탈피 = 반응 물질의 총 엔탈피 − 생성 물질의 총 엔탈피 ➡ 출입하는 열
- $\triangle H$가 (−)값일 때에는 엔탈피가 감소하는 것으로 열을 방출하는 발열 반응임을 의미한다.
- $\triangle H$가 (−)값은 반응 물질의 에너지가 생성 물질의 에너지보다 크다는 것을 의미한다.

CHAPTER 02 헤스 법칙

제1절 | 결합 에너지와 반응 엔탈피

1 결합 에너지

(1) 화학 결합과 에너지 출입

화학 반응이 진행되면 원자들의 결합이 끊어지거나 결합하게 되어 에너지의 출입이 발생하게 된다.

(2) 결합 에너지

기체상태의 분자에서 공유결합을 이루는 1몰의 두 원자 사이의 결합을 끊는 데 필요한 에너지를 의미한다.

EX • $H_2(g) \rightarrow H(g) + H(g)$, $\triangle H = 436$ kJ

➡ 수소기체(수소분자) 1몰이 결합을 끊고 수소원자 2몰을 형성할 때 436kJ의 에너지를 흡수한다.

• $H(g) + H(g) \rightarrow H_2(g)$, $\triangle H = -436$ kJ

➡ 수소원자 2몰이 서로 결합하여 수소기체(수소분자) 1몰을 형성할 때 436kJ의 에너지를 방출한다.

(3) 결합 에너지와 결합의 세기

① 결합 에너지가 클수록 결합이 강해 결합을 끊기 어렵다.

② 두 원자 사이의 결합 차수가 늘어나면 커진다(단일결합 < 2중결합 < 3중결합).

③ 결합의 극성이 클수록 결합 에너지는 커진다. EX H−Cl < H−F

2 결합 에너지와 반응 엔탈피

결합 에너지를 이용한 반응 엔탈피는 아래와 같은 관계가 있다.

$$\triangle H = (\text{끊어지는 결합 에너지의 합}) - (\text{생성되는 결합 에너지의 합})$$
$$= (\text{반응물의 결합 에너지 합}) - (\text{생성물의 결합 에너지 합})$$

예제

01 **$H_2(g) + F_2(g) \rightarrow 2HF(g)$의 반응에서 결합 에너지를 이용하여 반응 엔탈피($\triangle H$)를 구하시오. (단, 25℃, 1기압이며 결합 에너지는 H−H : 436kJ, F−F : 159kJ, H−F : 570kJ이다)**

풀이 $\triangle H$ = (반응물의 결합 에너지 합) − (생성물의 결합 에너지 합)

$\triangle H$ = [(H−H의 결합 에너지) + (F−F의 결합 에너지)] − [2 × H−F의 결합 에너지]

= [436 + 159] − [2 × 570] = −545kJ

02 25℃, 1atm에서 메테인(CH_4)이 연소되는 반응의 열화학 반응식과 4가지 결합의 평균 결합 에너지이다. 제시된 자료로부터 구한 a는?

$$CH_4(g) + 2O_2(g) \rightarrow CO_2(g) + 2H_2O(g) \quad \triangle H = akcal$$

결합	C−H	O=O	C=O	O−H
평균 결합 에너지[kcal mol^{-1}]	100	120	190	110

① -180　② -40　③ 40　④ 180

정답 ①

풀이 반응물의 결합 에너지: 4(C−H) + 2(O=O) = 4 × 100 + 2 × 120 = 640
생성물의 결합 에너지: 2(C=O) + 2 × 2(O−H) = 2 × 190 + 2 × 2 × 110 = 820
△H = (끊어지는 결합 에너지의 합) − (생성되는 결합 에너지의 합)
= (반응물의 결합 에너지 합) − (생성물의 결합 에너지 합)
= 640−820 = −180[kcal mol^{-1}]

제2절 I 헤스 법칙

1 헤스 법칙(총열량 불변 법칙)

화학 반응에서 반응물과 생성물의 종류와 상태가 같다면 반응경로에 상관없이 반응 엔탈피의 합은 일정하다.

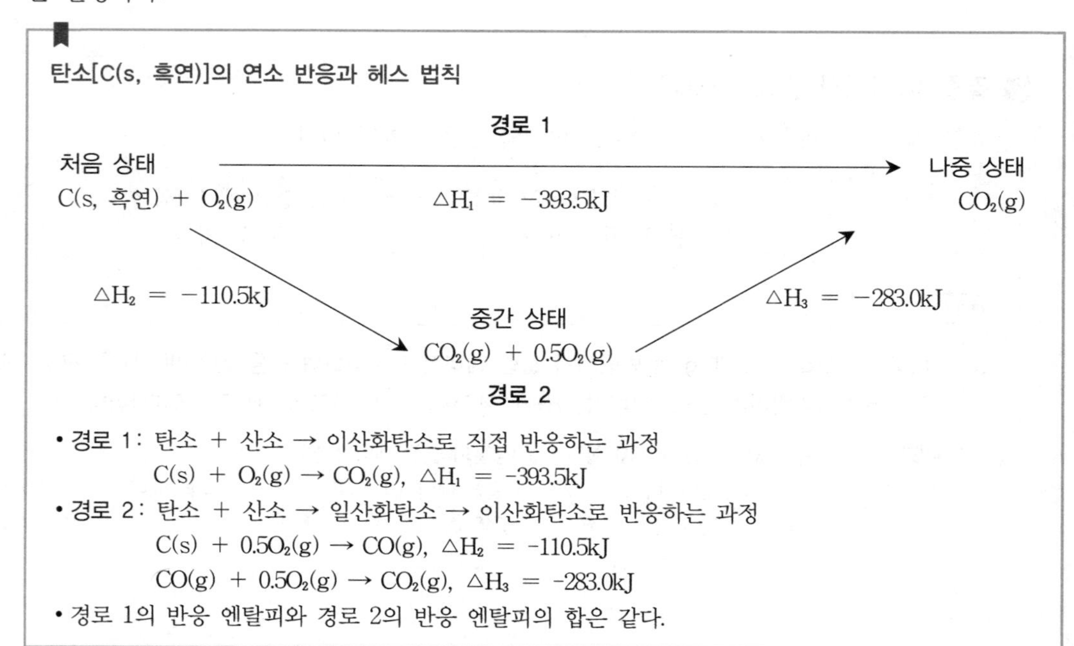

- 경로 1: 탄소 + 산소 → 이산화탄소로 직접 반응하는 과정
  $C(s) + O_2(g) \rightarrow CO_2(g)$, $\triangle H_1$ = -393.5kJ
- 경로 2: 탄소 + 산소 → 일산화탄소 → 이산화탄소로 반응하는 과정
  $C(s) + 0.5O_2(g) \rightarrow CO(g)$, $\triangle H_2$ = -110.5kJ
  $CO(g) + 0.5O_2(g) \rightarrow CO_2(g)$, $\triangle H_3$ = -283.0kJ
- 경로 1의 반응 엔탈피와 경로 2의 반응 엔탈피의 합은 같다.

2 헤스 법칙의 이용

알고 있는 반응 엔탈피를 이용하여 구하기 어려운 반응의 반응 엔탈피를 구할 수 있다.

EX $C(s) + O_2(g) \rightarrow CO_2(g)$, $\triangle H_1 = -393.5$ kJ ········ ①

$C(s) + 0.5O_2(g) \rightarrow CO(g)$, $\triangle H_2 = -110.5$ kJ ····· ②

$CO(g) + 0.5O_2(g) \rightarrow CO_2(g)$, $\triangle H_3 = \square$ kJ ········ ③

③ 반응의 반응 엔탈피를 구하기 위해 ① 반응식과 ②의 역반응식을 더한다.

$C(s) + O_2(g) \rightarrow CO_2(g)$, $\triangle H_1 = -393.5$ kJ ········ ①

$CO(g) \rightarrow C(s) + 0.5O_2(g)$, $\triangle H_2 = 110.5$ kJ ········ ②

$CO(g) + 0.5O_2(g) \rightarrow CO_2(g)$, $\triangle H_3 = \triangle H_1 + (-\triangle H_2) = -393.5 + 110.5 = -283.0$ kJ

3 표준 생성 엔탈피와 반응 엔탈피

(1) 표준 생성 엔탈피를 이용하여 반응 엔탈피를 구할 수 있다.

$\triangle H$=생성물의 표준 생성 엔탈피의 합($\triangle H_f°$) − 반응물의 표준 생성 엔탈피의 합($\triangle H_f°$)

EX 메테인(CH_4) 연소 반응의 반응 엔탈피와 표준 생성 엔탈피

$CH_4(g) + 2O_2(g) \rightarrow CO_2(g) + 2H_2O(l)$, $\triangle H = \square$kJ

(2) 반응물의 표준 생성 엔탈피($\triangle H_f°$)

$C(s) + 2H_2(g) \rightarrow CH_4(g)$, $\triangle H_f° = -74.3$ kJ ··· ①

$O_2(g)$는 가장 안정한 원소로 $\triangle H_f° = 0$이다.

(3) 생성물의 표준 생성 엔탈피($\triangle H_f°$)

$C(s) + O_2(g) \rightarrow CO_2(g)$, $\triangle H_f° = -393.5$ kJ ··· ②

$H_2(g) + 0.5O_2(g) \rightarrow H_2O(l)$, $\triangle H_f° = -285.8$ kJ ··· ③

(4) 전체 반응에서의 $\triangle H$

$\triangle H$ = 생성물의 표준 생성 엔탈피의 합($\triangle H_f°$) − 반응물의 표준 생성 엔탈피의 합($\triangle H_f°$)

[② + ③ × 2] ··· ①

$C(s) + O_2(g) \rightarrow CO_2(g)$, $\triangle H_f° = -393.5$kJ ··· ②

$2H_2(g) + O_2(g) \rightarrow 2H_2O(l)$, $\triangle H_f° = -285.8 \times 2$kJ ··· ③×2

$CH_4(g) \rightarrow C(s) + 2H_2(g)$, $\triangle H_f° = 74.3$kJ ··· −①

전체 반응식 : $CH_4(g) + 2O_2(g) \rightarrow CO_2(g) + 2H_2O(l)$, $\triangle H = -890.8$kJ

CHAPTER 03 반응의 자발성

제1절 I 자발적 변화와 비자발적 변화

(1) 자발적 변화

외부의 조건이나 영향 없이 스스로 일어나는 변화를 의미한다.

(2) 비자발적 변화

외부의 조건이나 영향이 있을 때 일어나는 변화를 의미한다.

제2절 I 엔트로피와 반응의 자발성

1 엔트로피(S)

(1) 엔트로피는 무질서한 정도를 나타내며 무질서도가 클수록 엔트로피는 커진다.

(2) 엔트로피가 증가하는 과정은 자발적으로 일어나는 반응이다.

EX 고체 → 액체 → 기체로 될 때 : 엔트로피 증가
반응 후 기체분자 수 증가 : 엔트로피 증가
온도가 높아지면 분자 운동이 활발 : 엔트로피 증가

(3) 엔트로피 변화($\triangle S$)는 최종 상태의 엔트로피($S_{최종}$)와 초기 상태의 엔트로피($S_{초기}$)의 차이로 나타낸다.

$\triangle S = S_{최종} - S_{초기}$

$\triangle S > 0$: 엔트로피(무질서도)가 증가

$\triangle S < 0$: 엔트로피(무질서도)가 감소

예제

01 얼음은 상온에서 녹아서 물이 된다. 이 과정의 엔탈피 변화($\triangle H$)의 엔트로피 변화($\triangle S$)를 모두 옳게 나타낸 것은?

① $\triangle H > 0$, $\triangle S > 0$
② $\triangle H > 0$, $\triangle S < 0$
③ $\triangle H < 0$, $\triangle S > 0$
④ $\triangle H < 0$, $\triangle S < 0$

정답 ①

풀이 얼음이 녹아서 물이 되는 반응은 고체에서 액체로의 상태 변화이므로 흡열 반응이다($\triangle H > 0$). 분자 배열이 규칙적인 고체상태에서 흐트러진 액체상태로 변하기 때문에 $\triangle S$는 0보다 크다.

02 다음 중 엔트로피(무질서도)가 증가하는 반응은?

① $H_2O(l) \rightarrow H_2O(s)$
② $N_2(g) + 3H_2(g) \rightarrow 2NH_3(g)$
③ $2H_2(g) + O_2(g) \rightarrow 2H_2O(l)$
④ $CaCO_3(s) \rightarrow CaO(s) + CO_2(g)$

정답 ④

풀이 고체 → 액체 → 기체로의 상태 변화가 일어날 때와 기체분자 수가 많아지는 반응에서 엔트로피는 증가한다.
① $H_2O(l) \rightarrow H_{22}O(s)$: 액체 → 고체 : 액체 → 고체, 엔트로피 감소
② $N_2(g) + 3H_2(g) \rightarrow 2NH_3(g)$: 기체분자 수 감소, 엔트로피 감소
③ $2H_2(g) + O_2(g) \rightarrow 2H_2O(l)$: 기체 → 액체, 엔트로피 감소

03 298K에서 다음 반응에 대한 계의 표준 엔트로피 변화($\triangle S°$)는? (단, 298K에서 $N_2(g)$, $H_2(g)$, $NH_3(g)$의 표준 몰 엔트로피[$J\ mol^{-1}K^{-1}$]는 각각 191.5, 130.6, 192.5이다)

$N_2(g) + 3H_2(g) \rightarrow 2NH_3(g)$

① -129.6
② 129.6
③ -198.3
④ 198.3

정답 ③

풀이 엔트로피 변화($\triangle S$)는 최종 상태의 엔트로피($S_{최종}$)에서 초기 상태의 엔트로피($S_{초기}$)를 뺀 값으로 나타낸다.
$2 \times 192.5 - (191.5 + 3 \times 130.6) = -198.3$

---

2 자발적 과정과 엔트로피

(1) 반응계

① 반응계: 반응이 일어나는 영역을 의미한다.
② 주위: 계를 제외한 영역을 의미한다.
③ 고립계: 주위와 에너지와 물질을 모두 교환할 수 없는 반응계
④ 닫힌계: 주위와 에너지는 교환할 수 있지만 물질은 교환할 수 없는 반응계
⑤ 열린계: 주위와 에너지와 물질을 모두 교환할 수 있는 반응계

(2) 반응의 자발성

화학 반응에서 자발적인 반응은 엔트로피가 증가하는 방향으로 진행된다.

- 자발적 과정 : $\triangle S_{전체} > 0$
- 비자발적 과정: $\triangle S_{전체} < 0$

제3절 | 자유에너지와 반응의 자발성

(1) 자유 에너지(G)

일정한 온도와 압력의 반응계에서 일로 전환될 수 있는 열역학적 에너지를 자유 에너지라 한다.

자유 에너지 변화: $\Delta G = \Delta H - T\Delta S$
(ΔG: 자유 에너지 변화량, ΔH: 반응 엔탈피, T: 온도, ΔS: 엔트로피 변화량)

(2) 자발적인 반응

자발적인 반응은 ΔG(자유 에너지 변화량)이 "0"보다 작을 때이다($\Delta G < 0$).

	$\Delta S > 0$(무질서도 증가)	$\Delta S < 0$(무질서도 감소)
$\Delta H > 0$ (흡열 반응)	높은 온도에서 자발적($\Delta G < 0$) EX 얼음이 녹는 과정($\Delta H > 0$, $\Delta S > 0$)	항상 비자발적(모든 온도에서 $\Delta G > 0$)
$\Delta H < 0$ (발열 반응)	항상 자발적(모든 온도에서 $\Delta G < 0$)	낮은 온도에서 자발적($\Delta G < 0$) EX 물이 어는 과정($\Delta H < 0$, $\Delta S < 0$)

예제

다음 그림은 어떤 반응의 자유 에너지 변화(ΔG)를 온도(T)에 따라 나타낸 것이다. 이에 대한 설명으로 옳은 것만을 모두 고른 것은? (단, ΔH는 일정하다)

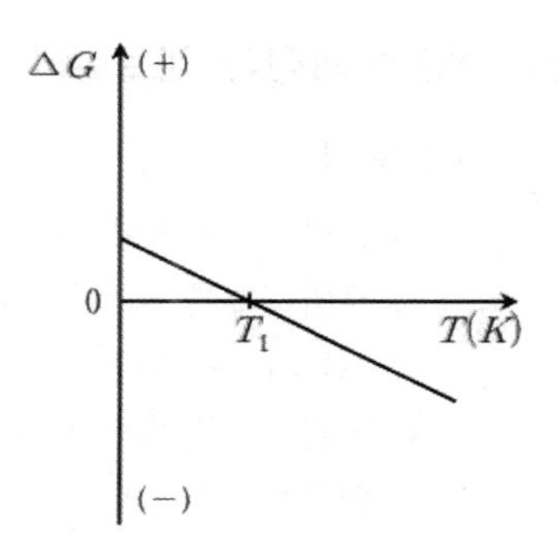

ㄱ. 이 반응은 흡열 반응이다.
ㄴ. T_1보다 낮은 온도에서 반응은 비자발적이다.
ㄷ. T_1보다 높은 온도에서 반응의 엔트로피 변화(ΔS)는 0보다 크다.

① ㄱ, ㄴ　② ㄱ, ㄷ
③ ㄴ, ㄷ　④ ㄱ, ㄴ, ㄷ

정답 ④

풀이 $\Delta G = \Delta H - T\Delta S$

T_1보다 온도가 낮을 때 $\Delta G > 0$: 비자발적인 반응
온도가 T_1일 때 $\Delta G = 0$: 평형상태
T_1보다 온도가 높을 때 $\Delta G < 0$: 자발적인 반응
ㄱ. 온도가 높을 때 자발적인 반응이 일어나므로 이 반응은 흡열 반응이다.
ㄴ. T_1보다 낮은 온도에서 $\Delta G > 0$이므로 반응은 비자발적이다.
ㄷ. T_1보다 높은 온도에서 $\Delta G < 0$이기 위해서는 $\Delta H > 0$이므로 $\Delta S > 0$이어야 한다.

CHAPTER 04 화학평형과 평형 상수

제1절 | 화학평형

1 화학 반응에서 동적평형

(1) 가역 반응

① 주어진 조건에 따라 정반응과 역반응이 모두 일어날 수 있는 반응으로 "⇄"로 표시한다.

② 정반응: 반응물이 생성물로 되는 반응으로 화학 반응식에서 왼쪽 → 오른쪽으로 진행된다.

③ 역반응: 생성물이 반응물로 되는 반응으로 화학 반응식에서 오른쪽 → 왼쪽으로 진행된다.

④ 정반응은 "→"로, 역반응은 "←"로 나타낸다.

(2) 화학 반응에서의 동적평형

정반응 속도와 역반응 속도가 같은 상태로 가역 반응에서 나타나며 겉으로는 변화가 없는 것처럼 보이는 상태이다.

2 화학평형

(1) 화학평형

가역 반응의 화학 반응에서 정반응 속도와 역반응 속도가 같은 상태로 반응물의 농도와 생성물의 농도가 일정하게 유지되는 상태를 의미한다.

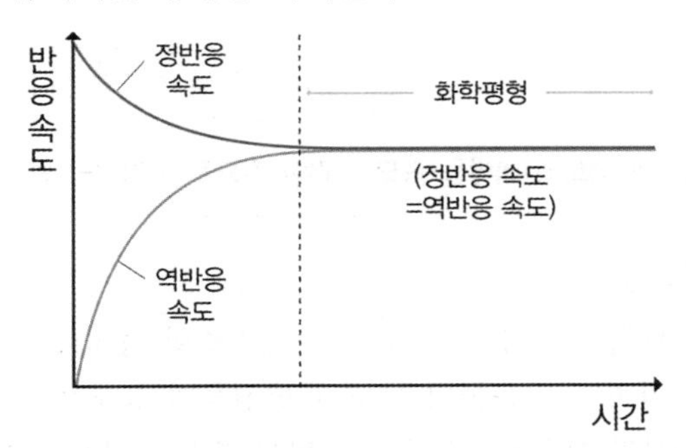

자유 에너지와 화학평형

정반응과 역반응에 의한 자유 에너지의 변화가 없는 상태(△G=0)가 화학평형에 도달한 상태이다.

자유 에너지 변화(△G)	반응의 자발성
△G<0	정반응 자발적
△G>0	역반응 자발적
△G = 0	평형상태

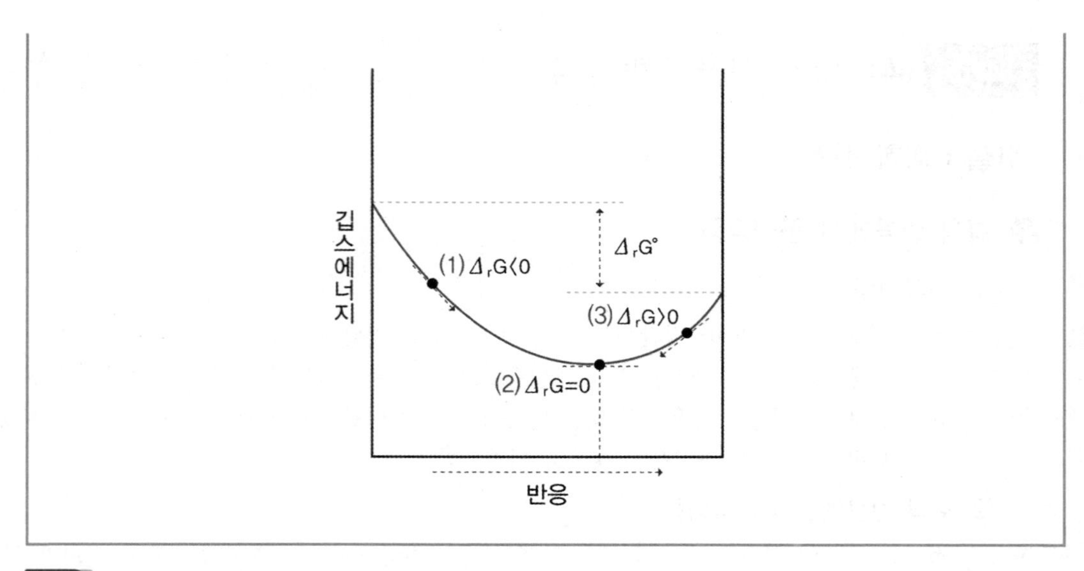

예제

화학평형에 대한 설명으로 옳은 것을 보기에서 모두 고른 것은?

ㄱ. 평형에 이르면 반응이 정지된다.
ㄴ. 평형에 이르는 반응은 가역 반응이다.
ㄷ. 평형상태에서는 반응 물질과 생성 물질이 공존한다.
ㄹ. 평형상태에서는 정반응 속도보다 역반응 속도가 더 빠르다.

① ㄱ, ㄴ　　② ㄱ, ㄷ
③ ㄴ, ㄷ　　④ ㄴ, ㄹ

정답 ③

풀이 평형상태는 정반응 속도와 역반응 속도가 같아 겉으로 보기에만 변화가 없다.

(2) 화학평형의 특징

① 정반응 속도와 역반응 속도가 같은 동적평형 상태로 반응물과 생성물이 동시에 존재한다.
② 평형에 도달하면 반응물의 농도와 생성물의 농도는 일정하게 유지된다.
③ 화학 반응식의 계수비는 평형에 도달할 때까지 반응에 참여한 반응물과 생성물의 농도비와 같다.
④ 화학 반응식의 계수비는 평형에 도달 후 남은 반응물과 생성물의 농도비와는 관계가 없다.

(3) 평형을 결정하는 요인

① **엔탈피의 변화**(△H): 자연계에서 일어나는 자발적인 반응은 "높은 에너지 → 낮은 에너지" 상태로의 변화이다.
② **엔트로피의 변화**(△S): 자연계에서 일어나는 자발적인 반응은 엔트로피(무질서도)가 증가의 변화이다.

EX
- 고체 → 액체 → 기체로의 상태변화
- 용질이 용매에 용해되는 반응
- 온도가 높아져 분자의 운동 에너지가 증가하는 경우
- 기체의 몰수가 증가하는 반응

제2절 | 평형 상수

1 평형 상수

(1) 반응물과 생성물의 농도비

일정한 온도에서 화학평형에 도달했을 때 반응물의 농도곱과 생성물의 농도곱의 비율은 항상 일정하다.

(2) 평형 상수(K)

① 화학 평형 상수는 반응물의 몰 농도의 곱에 대한 생성물의 몰 농도의 곱으로 표현하며 온도가 일정한 경우 그 값은 변하지 않는다.

$$aA + bB \rightleftarrows cC + dD$$

$$K = \frac{[C]^c[D]^d}{[A]^a[B]^b}$$ [A], [B], [C], [D] : 평형상태에서 각 물질의 농도

② 화학 평형 상수는 단위를 표시하지 않는다.

③ 일정한 온도에서는 농도에 관계없이 일정한 값을 갖는다.

④ 용매나 고체의 경우 화학 평형 상수식에 포함하지 않는다.

⑤ 기체의 반응인 경우 부분압력을 이용하여 평형 상수를 나타내기도 한다(부분압력과 농도가 비례).

⑥ 평형 상수가 1보다 큰 경우 정반응이 우세하여 생성물의 반응물보다 많다.

⑦ 평형 상수가 1보다 작은 경우 역반응이 우세하여 반응물이 생성물보다 많다.

⑧ 정반응의 평형 상수가 K라면 역반응의 평형 상수는 $\frac{1}{K}$ 이다.

예제

다음 반응에 대한 평형 상수는?

$$2CO(g) \rightleftarrows CO_2(g) + C(s)$$

① $K = \frac{[CO_2]}{[CO]^2}$

② $K = \frac{[CO]^2}{[CO_2]}$

③ $K = \frac{[CO_2][C]}{[CO]^2}$

④ $K = \frac{[CO]^2}{[CO_2][C]}$

정답 ①

풀이 순수한 고체나 액체는 농도가 거의 일정하여 상수 취급하므로 평형 상수식에서는 제외시킨다.

2 평형 상수 산정

화학평형에 도달하였을 때 반응물과 생성물의 농도를 이용하여 평형 상수를 구한다.

예제

일정한 온도에서 부피가 1L인 밀폐된 용기에 A 0.6몰과 B 0.2몰을 넣고 반응을 시켰다. 평형에 도달하였을 때 C가 0.2몰 생성되었다. 아래의 반응에서 평형 상수를 구하시오.

$$2A(g) + B(g) \rightleftarrows 2C(g)$$

풀이 전체 용기가 1L이므로 초기 농도는 A 0.6M, B 0.2M이고 생성물인 C의 농도는 0.2M이다.

	2A(g) +	B(g) ⇄	2C(g)
초기 농도	0.6M	0.2M	0
반응	−0.2M	−0.1M	+0.2M
평형 농도	0.4M	0.1M	0.2M

$$K = \frac{[C]^2}{[A]^2[B]} = \frac{0.2^2}{0.4^2 \times 0.1} = 2.5$$

3 반응의 진행 방향 예상

(1) 반응 지수(Q)

현재 농도를 화학 평형 상수식에 대입하여 산정한 값을 의미한다.

$$aA + bB \rightleftarrows cC + dD$$

$$Q = \frac{[C]^c[D]^d}{[A]^a[B]^b}$$ [A], [B], [C], [D] : 각 물질의 현재 농도

(2) 반응의 진행 방향 예상

반응 지수(Q)와 평형 상수(K)의 값을 비교하여 반응의 진행 방향을 알 수 있다.

① Q(현재) < K(평형) : 정반응으로 반응이 진행된다.

② Q(현재) = K(평형) : 평형상태이다.

③ Q(현재) > K(평형) : 역반응으로 반응이 진행된다.

예제

다음 반응은 500°C에서 평형 상수 K = 48이다.

$$H_2(g) + I_2(g) \rightleftarrows 2HI(g)$$

같은 온도에서 10L 용기에 H_2 0.01mol, I_2 0.03mol, HI 0.02mol로 반응을 시작하였다. 이때 반응 지수 Q의 값과 평형을 이루기 위한 반응의 진행 방향으로 옳은 것은?

① Q = 1.3, 왼쪽에서 오른쪽

② Q = 13, 왼쪽에서 오른쪽

③ Q = 1.3, 오른쪽에서 왼쪽

④ Q = 13, 오른쪽에서 왼쪽

정답 ①

풀이 $Q = \frac{[HI]^2}{[H_2][I_2]} = \frac{[0.02]^2}{[0.01][0.03]} = 1.3$

불포화 상태로 반응은 왼쪽에서 오른쪽으로 진행된다.

CHAPTER 05 화학평형 이동

제1절 I 화학평형

1 개요

(1) 화학평형에서 온도, 압력, 반응물과 생성물의 농도 등에 따라 반응의 우세한 정도가 달라져 새로운 평형에 도달하게 되는데 이를 평형 이동이라 한다.

(2) 어떤 조건이 증가하면 감소하는 방향으로 평형이 이동하여 새로운 평형에 도달하게 된다. 이를 "평형 이동 법칙(르샤틀리에 원리)"이라고 한다.

2 농도 변화와 평형 이동

(1) 온도가 일정한 경우 농도의 변화는 평형의 이동에 영향이 있으나 평형 상수 값에는 영향을 주지 않아 평형 상수는 변하지 않는다.

(2) 반응물의 농도가 증가하면 반응물의 농도가 감소(생성물 증가)하는 정반응 쪽으로 평형이 이동한다.

(3) 반응물의 농도가 감소하면 반응물의 농도가 증가(생성물 감소)하는 역반응 쪽으로 평형이 이동한다.

(4) 생성물의 농도가 증가하면 생성물의 농도가 감소(반응물 증가)하는 역반응 쪽으로 평형이 이동한다.

(5) 생성물의 농도가 감소하면 생성물의 농도가 증가(반응물 감소)하는 정반응 쪽으로 평형이 이동한다.

농도 변화	평형 이동 방향	반응 지수
반응물 증가 또는 생성물 감소	정반응	$Q < K$
반응물 감소 또는 생성물 증가	역반응	$Q > K$

3 압력 변화와 평형 이동

(1) 반응물과 생성물이 고체, 액체, 기체가 있더라도 압력에 의한 평형 이동은 기체의 양만 비교한다.

(2) 반응 전후 반응물의 기체 전체 양(mol)과 생성물의 기체 전체 양(mol)이 같은 경우 압력에 의한 평형 이동은 일어나지 않는다.

EX $A(g) + B(g) \rightleftarrows 2C(g)$: 반응 전후의 기체 양(mol)이 같아 압력에 의한 평형은 이동하지 않는다.

07

(3) 부피가 일정한 반응기에 반응에 영향이 없는 비활성 기체를 넣어 압력을 증가시킨 경우 평형의 이동에 영향을 주지 않는다.

(4) 온도가 일정한 경우 압력의 변화는 평형의 이동에 영향이 있으나 평형 상수 값에는 영향을 주지 않아 평형 상수는 변하지 않는다.

① 압력 증가 → 부피 감소 → 기체의 양(mol)이 감소하는 방향으로 평형 이동

② 압력 감소 → 부피 증가 → 기체의 양(mol)이 증가하는 방향으로 평형 이동

4 온도 변화와 평형 이동

(1) 온도 변화로 인해 평형에 영향을 주어 새로운 평형에 도달하고 평형 상수 값도 변하게 된다.

① 온도 증가 → 온도가 감소하는 반응으로 평형 이동(흡열 반응)

② 온도 감소 → 온도가 증가하는 반응으로 평형 이동(발열 반응)

(2) 반응이 발열 반응 또는 흡열 반응인지에 따라 정반응과 역반응으로의 평형 이동이 결정된다.

구분	흡열 반응($\triangle H > 0$)		발열 반응($\triangle H < 0$)	
온도 변화	온도 증가	온도 감소	온도 증가	온도 감소
평형 이동 방향	정반응	역반응	역반응	정반응
평형 상수	증가	감소	감소	증가

조건에 변화와 평형의 이동

평형 이동	감소	〈조건〉	증가	평형 이동
농도가 증가하는 방향으로 평형 이동	←	농도	→	농도가 감소하는 방향으로 평형 이동
기체 전체의 압력이 증가하는 방향으로 평형 이동	←	압력	→	기체 전체의 압력이 감소하는 방향으로 평형 이동
발열 반응 방향으로 평형 이동	←	온도	→	흡열 반응 방향으로 평형 이동

예제

01 다음 반응에서 생성 물질의 수득률을 높일 수 있는 조건으로 옳게 나열한 것은?

$$2NO_2(g) \rightleftarrows N_2O_4(g),\ \triangle H = -54.8kJ$$

① 냉각, 감압 ② 가열, 가압

③ 냉각, 가압 ④ 가열, 감압

정답 ③

풀이
• 정반응이 발열 반응: 온도를 낮추면 정반응으로 평형 이동 → 수득률을 높일 수 있음
• 생성물의 분자 수가 감소: 압력 증가 → 부피 감소 → 몰수가 작은 쪽으로 평형 이동 → 정반응으로 평형 이동 → 수득률을 높일 수 있음

02 다음 반응의 평형상태에 대한 설명 중 옳은 것은?

$$2SO_3(g) \rightleftarrows 2SO_2(g) + O_2(g),\ \triangle H = +189kJ$$

① 온도를 낮추면 K값이 감소한다.
② $SO_2(g)$을 첨가하면 K값이 증가한다.
③ 촉매를 가하면 평형은 정반응 쪽으로 이동한다.
④ 압력을 가하면 평형은 정반응 쪽으로 이동한다.

정답 ①

풀이 ① 온도를 높이면 흡열 반응 쪽으로 반응이 진행되고 온도를 낮추면 발열 반응 쪽으로 반응이 진행된다. 발열 반응에서는 온도가 높아지면 K값이 작아지고 흡열 반응에서는 온도가 높아지면 K값이 커진다. 위의 반응은 흡열 반응이므로 온도를 낮추면 평형 상수 K값이 감소한다.
② SO_2를 첨가하면 역반응 쪽으로 반응이 진행되지만 K값은 변하지 않는다.
③ 촉매는 평형 이동에 영향을 끼치지 않는다.
④ 압력을 가하면 기체의 몰수가 감소하는 방향인 역반응 쪽으로 반응이 진행된다.

03 다음은 평형에 놓여 있는 화학 반응이다. 이에 대한 설명으로 옳은 것은?

$$SnO_2(s) + 2CO(g) \rightleftarrows Sn(s) + 2CO_2(g)$$

① 반응 용기에 SnO_2를 더 넣어주면 평형은 오른쪽으로 이동한다.
② 평형 상수(K_c)는 $\frac{[CO_2]^2}{[CO]^2}$ 이다.
③ 반응 용기의 온도를 일정하게 유지하면서 CO의 농도를 증가시키면 평형 상수(K_c)는 증가한다.
④ 반응 용기의 부피를 증가시키면 생성물의 양이 증가한다.

정답 ②

풀이 ① 반응 용기에 SnO_2는 고체로 평형에 영향을 주지 않는다.
③ 반응 용기의 온도를 일정하게 유지하면서 평형 상수(K_c)는 변하지 않는다.
④ 반응 용기의 부피변화(압력변화)는 반응 계수가 같으므로 평형에 영향을 주지 않는다.

제2절 I 상평형

1 상평형

(1) 상(Phase): 고체, 액체, 기체와 같이 물질의 세 가지 상태를 상이라 한다.

(2) 상평형: 둘 이상의 상이 동시에 존재하면서 같은 속도로 상태변화가 일어나는 동적평형 상태를 상평형이라 한다.

(3) 온도와 압력에 따라 상이 결정되며 평형을 이룰 수 있다.

2 상평형 그림

(1) 온도와 압력에 따른 존재하는 상을 그래프로 표현한 것을 상평형 그림이라 한다.

(2) 융해 곡선(BT 곡선) : 고체와 액체의 동적평형을 나타낸 곡선으로 녹는점(어는점)을 나타낸다.

(3) 증기압력 곡선(AT 곡선) : 액체와 기체의 동적평형을 나타낸 곡선으로 끓는점을 나타낸다.

(4) 승화 곡선(TC 곡선) : 고체와 기체의 동적평형을 나타낸 곡선이다.

(5) 3중점(T) : 고체, 액체, 기체가 동시에 존재하는 온도와 압력이다.

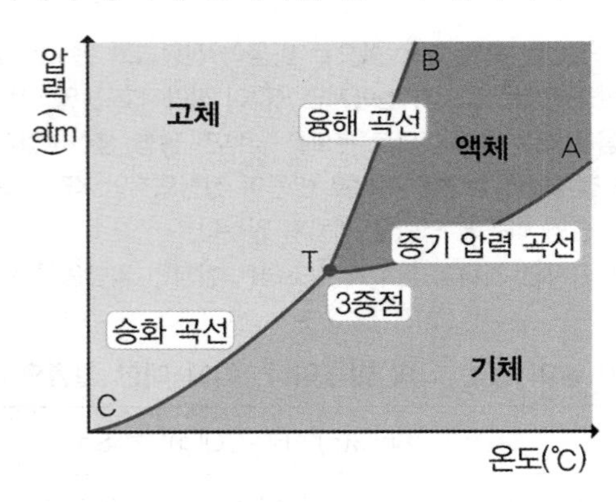

물과 이산화탄소의 상평형 그림

	물	이산화탄소
상평형 그림	압력(atm) 218 1.0 0.0006 / 융해 곡선 / 증기 압력 곡선 / 고체(얼음) / 액체(물) / 기체(수증기) / 승화 곡선 / 3중점 / 0 0.01 100 374 온도(℃)	압력(atm) 72.8 5.1 1.0 / 융해 곡선 / 증기 압력 곡선 / 고체 / 액체 / 기체 / 승화 곡선 / 3중점 / −78.5 −56.6 31 온도(℃)
융해 곡선	• 기울기가 음의 값 • 외부압력이 높아지면 녹는점(어는점)이 낮아진다.	• 기울기가 양의 값 • 외부압력이 높아지면 녹는점(어는점)이 높아진다.
승화 곡선	• 3중점의 압력이 0.006기압 • 1기압에서는 승화가 일어나지 않는다.	• 3중점의 압력이 5.1기압 • 1기압에서 승화가 일어나는 승화성 물질이다.
증기압력 곡선	기울기가 양의 값을 가지므로, 외부압력이 높아지면 끓는점이 높아진다.	
밀도	융해 곡선의 기울기가 음의 값을 가지면 밀도는 고체 < 액체이다.	

3 용해 현상과 자유 에너지 변화($\triangle G_{용해}$)

$\triangle G_{용해} < 0$이 될 때 용해가 자발적으로 일어난다.

용해 과정	$\triangle H_{용해}$	$\triangle S_{용해}$	$\triangle G_{용해}$
발열 반응	−	+	항상 자발적 반응 → $\triangle G_{용해} < 0$
흡열 반응	+	+	$\triangle H > T\triangle S$ → $\triangle G_{용해} > 0$ → 비자발적
			$\triangle H < T\triangle S$ → $\triangle G_{용해} < 0$ → 자발적

4 용해평형과 용해도

(1) 용해평형

① 일정 온도에서 용매에 용질이 용해될 때 용해되는 속도와 석출되는 속도가 같은 상태를 의미한다.

② 용해평형에 도달하면 더 이상 용해되지 않는 것처럼 보인다.

(2) 고체의 용해도

① 고체의 용해도 = 녹아 있는 용질의 g수/용매 100g (%로 표현하는 경우 ×100)

② 용해 곡선상의 점은 포화, 곡선의 위는 과포화, 곡선의 아래는 불포화 상태를 의미한다.

③ 고체의 용해도는 온도가 증가함에 따라 대부분 증가한다[용해과정(정반응)은 흡열 반응].

(3) 기체의 용해도

① 온도가 증가하면 기체의 용해도는 감소한다.

② 헨리의 법칙: 난용성 기체에 적용되는 법칙으로 일정한 온도에서 일정한 용매에 용해되는 기체의 질량은 기체의 부분압력에 비례한다는 법칙이다($P = HC$).

07

예제

01 용해 과정에 대한 설명으로 옳은 것은?

ㄱ. 용해 현상의 자발성 여부는 엔트로피 변화에 의해서만 결정된다.
ㄴ. 용해 과정이 흡열 반응인 경우에도 자유 에너지 변화 값이 음의 값일 수 있다.
ㄷ. 용해 과정이 발열 반응인 경우는 용액으로 존재하는 것이 용매와 용질로 각각 존재하는 것보다 안정하다.

① ㄱ　　② ㄴ
③ ㄱ, ㄷ　　④ ㄴ, ㄷ

정답 ④

풀이 용해 현상의 자발성 여부는 자유 에너지 변화에 의해 결정되므로 엔트로피 변화뿐 아니라 엔탈피 변화와도 관계가 있다.

02 **다음 중 헨리 법칙이 가장 잘 적용되는 기체는?**

① O_2 ② HF
③ HCl ④ SO_2

정답 ①

풀이 헨리 법칙은 난용성 기체에 잘 적용된다(H_2, He, N_2, O_2, Ne 등).

03 **어떤 물질 X의 상평형 그림에 대한 설명으로 옳은 것을 보기에서 모두 고른 것은?**

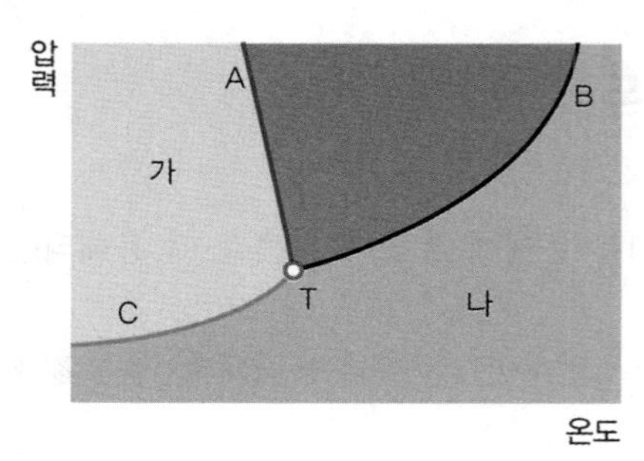

> a. 압력이 증가하면 물질 X의 녹는점과 끓는점이 높아진다.
> b. (가) 상태보다 (나) 상태에서 물질 X의 분자 운동이 더 활발하다.
> c. (가) 상태의 물질 X가 들어 있는 용기의 압력을 작게 하면 액체가 된다.

① a ② b
③ a, b ④ a, c

정답 ②

풀이 a. 압력이 증가하면 AT선의 기울기가 (−)이므로 물질 X의 녹는점은 낮아지고, BT선의 기울기가 (+)이므로 끓는점은 높아진다.
b. (가) 상태보다 (나) 상태의 온도가 높으므로 (나) 상태에서 물질 X의 분자 운동이 (가) 상태보다 더 활발하다.
c. (가) 상태에서 용기의 압력을 작게 하면 승화 곡선인 CT곡선을 통과하게 되어 기체로 승화하게 된다.

제3절 I 산−염기 평형

1 산−염기의 정의

(1) 아레니우스 정의

① 산: 물에 녹아 수소 이온(H^+)을 내놓는 물질
② 염기: 물에 녹아 수산화 이온(OH^-)을 내놓는 물질

(2) 브뢴스테드·로리 산−염기

① 산: 다른 물질에 수소 이온(H^+)을 내놓는 물질
② 염기: 다른 물질로부터 수소 이온(H^+)을 받는 물질

(3) 루이스의 산-염기

① 산: 일반적으로 전자쌍을 받는 물질(전자쌍 받개)

② 염기: 일반적으로 전자쌍을 주는 물질(전자쌍 주개)

2 이온화 상수와 산-염기의 세기

(1) 산의 이온화

① 강산: 수용액에서 대부분 이온화하여 수용액의 하이드로늄 이온(H_3O^+)의 농도가 큰 물질이다. EX 염산(HCl), 황산($H_{22}SO_4$), 질산(HNO_3) 등

② 약산: 수용액에서 일부만 이온화하여 수용액의 하이드로늄 이온(H_3O^+)의 농도가 작은 물질이다. EX 아세트산(CH_3COOH), 탄산(H_2CO_3) 등

(2) 염기의 이온화

① 강염기: 수용액에서 대부분 이온화하여 수용액의 수산화 이온(OH^-)의 농도가 큰 물질이다. EX 수산화 나트륨($NaOH$), 수산화 칼륨(KOH), 수산화 칼슘($Ca(OH)_2$) 등

② 약염기: 수용액에서 일부만 이온화하여 수용액의 수산화 이온(OH^-)의 농도가 작은 물질이다. EX 암모니아(NH_3), 메틸아민(CH_3NH_2) 등

(3) 이온화도

① $\text{이온화도}(\alpha) = \dfrac{\text{이온화한 전해질의 양(몰)}}{\text{용해된 전해질의 양(몰)}} (0 < \alpha \leq 1)$

② 이온화도가 클수록 강산 또는 강염기이다.

③ 이온화도가 크면 이온수가 많아져 전기 전도도가 커진다.

④ 동일한 전해질인 경우 온도가 높을수록, 농도가 묽을수록 이온화도는 커진다.

예제

0.1M 산 HA 수용액 중에 존재하는 $[H^+]$의 농도는 0.02M이다. 이 산의 이온화도(α)를 구한 것으로 옳은 것은?

① 0.01
② 0.02
③ 0.1
④ 0.2

정답 ④

풀이 몰 농도가 Cmol/L인 산 수용액에서 산의 이온화도가 α일 때 $[H^+] = C\alpha$

$0.02 = 0.1 \times \alpha$

$\alpha = 0.2$

(4) 이온화 상수

이온화 상수는 온도에 의해 달라지며 온도가 같은 경우 산과 염기의 농도와 관계없이 이온화 상수는 일정하다.

① 산(HA)의 이온화 상수(K_a)

$HA(aq) + H_2O(l) \rightleftarrows H_3O^+(aq) + A^-(aq)$

산의 이온화 상수 $K_a = \frac{[H_3O^+][A^-]}{[HA]}$

② 염기(B)의 이온화 상수(K_b)

$B(aq) + H_2O(l) \rightleftarrows HB^+(aq) + OH^-(aq)$

염기의 이온화 상수 $K_b = \frac{[HB^+][A^-]}{[B]}$

(5) 이온화도와 이온화 상수

① 농도 C, 이온화도 α인 약산 HA의 이온화도와 이온화 상수와의 관계

	$HA(aq) + H_2O(l) \rightleftarrows$	$H_3O^+(aq)$	$+ A^-(aq)$
처음 농도(M)	C	0	0
이온화한 농도(M)	$-C\alpha$	$+C\alpha$	$+C\alpha$
평형 농도(M)	$C(1-\alpha)$	$C\alpha$	$C\alpha$

$\therefore K_a = \frac{[H_3O^+][A^-]}{[HA]} = \frac{C\alpha \times C\alpha}{C(1-\alpha)} = \frac{C\alpha^2}{1-\alpha}$

약산의 α는 매우 작아 $1 - \alpha = 1$로 취급할 수 있다.

따라서 약산의 $K_a = C\alpha^2$이다.($\alpha = \sqrt{\frac{K_a}{C}}$)

② K_a는 상수이므로 농도(C)가 묽을수록 이온화도(α)는 커진다.

예제

01 산 HA의 K_a는 1.0×10^{-5}이다. 0.1M HA 수용액의 이온화도(α)를 구하시오.

풀이 $\alpha = \sqrt{\frac{K_a}{C}} = \sqrt{\frac{1.0 \times 10^{-5}}{0.1}} = 0.01$

02 25℃에서 산 HA는 다음과 같이 이온화한다.

$HA + H_2O \rightleftarrows H_3O^+ + A^-$

이 산 0.01M 수용액의 이온화도 α가 0.2라고 할 때 이온화 상수 K_a의 값은?

① 1.25×10^{-4}
② 2.5×10^{-4}
③ 5.0×10^{-4}
④ 2.5×10^{-3}

정답 ③

풀이 $K_a = \frac{[H_3O^+][A^-]}{[HA]} = \frac{C\alpha^2}{1-\alpha} = \frac{(0.01) \times (0.2)^2}{1-0.2} = 5.0 \times 10^{-4}$

(6) 이온화 상수와 산-염기의 세기

① 이온화 상수가 크면 정반응이 우세하여 산이나 염기의 세기가 강해진다.

② 이온화 상수가 작으면 역반응이 우세하여 산이나 염기의 세기가 약해진다.

3 짝산-짝염기

(1) 브뢴스테드·로리 산과 염기에 의한 짝산-짝염기

① 수소 이온(H^+)의 이동으로 산과 염기가 되는 한 쌍의 산과 염기를 의미한다.

② 정반응에서 산의 짝은 역반응에서의 염기이고, 정반응에서 염기의 짝은 역반응에서의 산이다.

(2) 산-염기의 상대적인 세기

① 강산의 짝염기는 약염기이고 약산의 짝염기는 강염기이다.

② 강염기의 짝산은 약산이고 약염기의 짝산은 강산이다.

EX $HCl(aq)$ + $H_2O(l)$ ⇄ H_3O^+ + $Cl^-(aq)$
강산1 강염기2 약산2 약염기1

짝산-짝염기 : $HCl - Cl^-$ / $H_2O - H_3O^+$

산의 세기 : $HCl > H_3O^+$

염기의 세기 : $H_2O > Cl^-$

③ 산과 그 짝염기의 이온화 상수를 곱하면 물의 이온화곱(K_w)이 된다.

$HA(aq) + H_2O(l) \rightleftarrows A^-(aq) + H_3O^+(aq)$	$A^-(aq) + H_2O(l) \rightleftarrows HA(aq) + OH^-(aq)$
$K_a = \frac{[A^-][H_3O^+]}{[HA]}$	$K_b = \frac{[HA][OH^-]}{[A^-]}$

$$K_a \times K_b = \frac{[A^-][H_3O^+]}{[HA]} \times \frac{[HA][OH^-]}{[A^-]} = [H_3O^+][OH^-] = K_w$$

$\therefore K_a \times K_b = K_w$

④ **양쪽성 물질** : 산으로도 작용하고 다른 반응에서 염기로도 작용하는 물질을 의미한다.

EX H_2O, HSO_4^-, HCO_3^-, $H_2PO_4^-$, HS^- 등

예제

25℃에서 0.1M HCl 수용액이 있다. 이 용액에서 $[H^+]$와 $[OH^-]$를 구한 것으로 옳은 것은?

① $[H^+]$: 1.0×10^{-14}M $[OH^-]$: 1.0×10^{-14}M

② $[H^+]$: 1.0×10^{-13}M $[OH^-]$: 1.0×10^{-1}M

③ $[H^+]$: 1.0×10^{-7}M $[OH^-]$: 1.0×10^{-7}M

④ $[H^+]$: 1.0×10^{-1}M $[OH^-]$: 1.0×10^{-13}M

정답 ④

풀이 HCl은 강산이므로 거의 100% 이온화하므로 다음과 같다.

$[H^+] = 0.1M$

$$[OH^-] = \frac{K_w}{[H^+]} = \frac{1.0 \times 10^{-14}}{0.1} = 1.0 \times 10^{-13}M$$

제4절 I 물의 자동 이온화와 수소 이온 지수(pH)

1 물의 자동 이온화

(1) 물은 극히 일부가 H_3O^+과 OH^-으로 이온화하여 평형을 이룬다.

$$H_2O(l) + H_2O(l) \rightleftarrows H_3O^+(aq) + OH^-(aq)$$

(2) 물의 이온적(곱) 상수(K_w) : $K_w = [H_3O^+][OH^-]$
25℃에서 $K_w = [H_3O^+][OH^-] = 1.0 \times 10^{-14}$M이고 $[H_3O^+] = [OH^-] = 1.0 \times 10^{-7}$M로 일정하다.

(3) 물의 이온적(곱) 상수는 온도가 올라가면 증가한다(물의 이온화는 흡열 반응).

2 수소 이온 지수(pH)와 수산화 이온 지수(pOH)

(1) $pH = \log\frac{1}{[H_3O^+]} = -\log[H_3O^+]$

(2) $pOH = \log\frac{1}{[OH^-]} = -\log[OH^-]$

(3) 25℃에서 $K_w = [H_3O^+][OH^-] = 1.0 \times 10^{-14}$M이므로 pH + pOH = 14(25℃)이다.

제5절 I 중화 반응과 염

1 중화 반응

(1) 중화 반응
① 산과 염기가 만나 물과 염을 형성하는 반응을 의미한다.
② 중화 반응의 알짜 이온 반응식 : $H^+(aq) + OH^-(aq) \rightarrow H_2O(l)$
③ 완전 중화 : H^+와 OH^-의 몰수가 같은 반응이다.

(2) 지시약

지시약	변색범위(pH)	색깔		
		산성	중성	염기성
메틸오렌지	3.1~4.4	붉은색	노란색	노란색
브로모티몰블루	6.0~7.6	노란색	녹색	푸른색
페놀프탈레인	8.2~10	무색	무색	붉은색

(3) 중화 적정

중화 반응의 양론적 관계를 이용하여 산이나 염기의 농도를 알아내는 실험을 의미한다.

중화 적정 곡선

약산을 강염기로 적정	약산을 약염기로 적정
• 중화점: pH 7보다 큼 • pH가 급격히 변하는 범위가 적음 • 지시약: 페놀프탈레인	• 중화점: pH 7 • 중화점 부근에서 pH 변화가 거의 없음 • pH미터 사용

강산을 강염기로 적정	강산을 약염기로 적정
• 중화점: pH 7 • 중화점 부근에서 pH가 급격히 변화 • 지시약: 메틸오렌지, 페놀프탈레인	• 중화점: pH 7보다 작음 • pH가 급격히 변하는 범위가 적음 • 지시약: 메틸오렌지

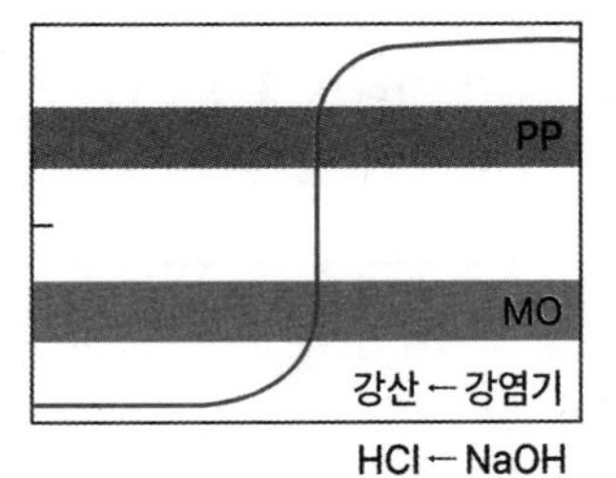

HCl ← NaOH

| 어느 지시약이나 사용 가능 |

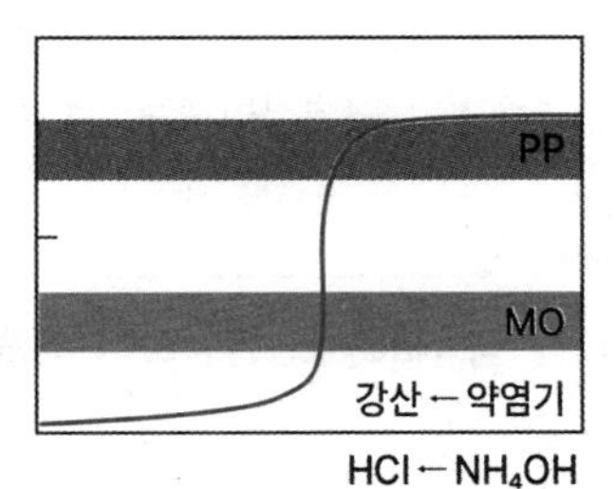

$HCl \leftarrow NH_4OH$

| 메틸오렌지만 사용 가능 |

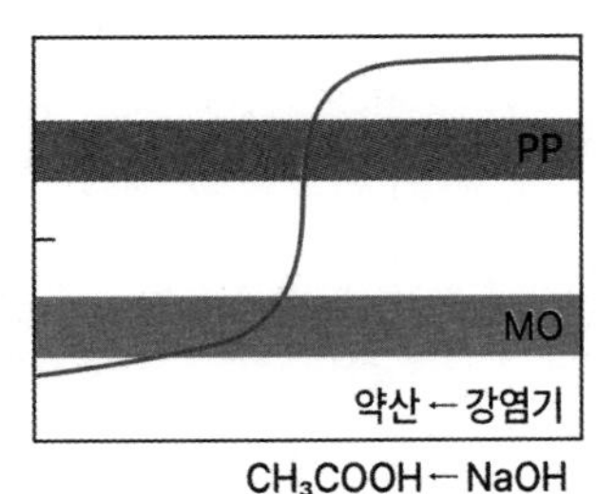

$CH_3COOH \leftarrow NaOH$

| 페놀프탈레인만 사용 가능 |

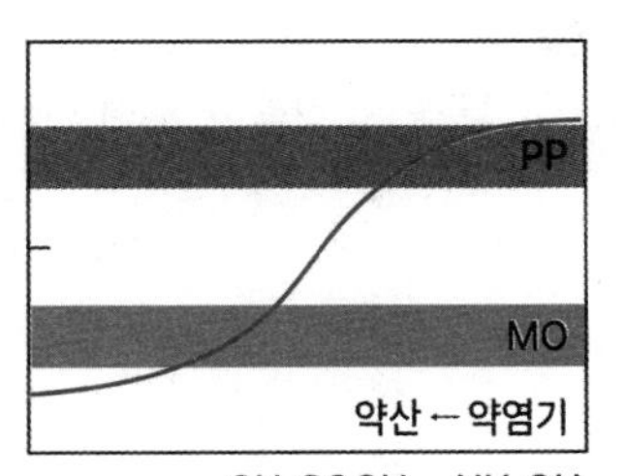

$CH_3COOH \leftarrow NH_4OH$

| 지시약 사용 불가능 |

2 염

(1) 염

① 염기의 양이온과 산의 음이온이 정전기적 인력(이온결합)에 의해 결합되어 있는 물질을 의미한다.

$$\underset{\text{산}}{HCl(aq)} + \underset{\text{염기}}{NaOH(aq)} \rightarrow \underset{\text{염}}{NaCl(aq)} + \underset{\text{물}}{H_2O(l)}$$

② 종류

- 산성염: H^+를 포함하는 염
- 염기성염: OH^-를 포함하는 염
- 정염: H^+나 OH^-를 포함하지 않는 염

(2) 염의 가수분해

수용액 중 염에 의해 생성된 이온 중 일부가 물과 반응하여 H_3O^+나 OH^-을 생성하는 반응을 의미한다.

가수분해

큰 분자가 물과 반응하여 몇 개의 작은 분자나 이온으로 분해되는 반응을 의미한다.
- 강산 + 약염기의 중화 반응으로 생성된 염: 수용액은 산성
- 약산 + 강염기의 중화 반응으로 생성된 염: 수용액은 염기성
- 약산 + 약염기로부터 생성된 염: 수용액은 거의 중성
- 강산 + 강염기의 중화 반응으로 생성된 염: 염의 종류에 따라 수용액의 액성은 달라짐

예제

다음 중 NaOH와 반응하여 염을 생성하는 것은?

① MgO ② CaO
③ Na_2O ④ SO_2

정답 ④

풀이 금속 + 산소 = 염기성 산화물
비금속 + 산소 = 산성 산화물
산성: SO_2
염기성: MgO, CaO, Na_2O, Fe_2O_3

제6절 | 완충 용액

1 개요

(1) 소량의 산이나 염기를 첨가하더라도 pH가 크게 변하지 않는 용액을 의미한다.

(2) 약산과 그 약산의 짝염기, 약염기와 그 약염기의 짝산이 섞여 있는 수용액으로 만든다.

EX
- 약산에 그 짝염기가 포함된 염을 넣어 만든 용액
  CH_3COOH(약산) + CH_3COONa(약산의 짝염기) 용액
  HCOOH(약산) + HCOONa(약산의 짝염기) 용액
- 약염기에 그 짝산이 포함된 염을 넣어 만든 용액
  NH_3(약염기) + NH_4Cl(약염기의 짝산) 용액

2 완충 용액의 원리

(1) 공통이온 효과

① 이온화 평형상태에 있는 수용액 속에 들어 있는 이온과 같은 이온을 공통이온이라 한다.

② 공통이온을 넣었을 때 평형 이동 원리에 의해 그 이온의 농도가 감소하는 방향으로 평형이 이동하는 현상이 발생하는데 이를 공통이온 효과라고 한다.

(2) 아세트산(CH_3COOH)과 아세트산 나트륨(CH_3COONa)의 완충 용액

$CH_3COOH(aq) + H_2O(l) \rightleftarrows CH_3COO^-(aq) + H_3O^+(aq)$ ➡ 약산으로 일부 이온화

$CH_3COONa(aq) \rightarrow CH_3COO^-(aq) + Na^+(aq)$ ➡ 약산의 짝염기로 대부분 이온화

여기서 CH_3COO^-는 공통이온으로 작용한다.

아세트산(CH_3COOH)의 K_a는 아래와 같다.

$$K_a = \frac{[CH_3COO^-][H_3O^+]}{[CH_3COOH]},\ [H_3O^+] = K_a \times \frac{[CH_3COOH]}{[CH_3COO^-]}$$

① 이온화 상수 K_a는 온도에 의해서만 변하므로 완충 용액의 pH는 $\frac{[CH_3COOH]}{[CH_3COO^-]}$에 의해 결정된다. 또한 $CH_3COO^-(aq)$의 대부분은 $CH_3COONa(aq)$에서 왔으므로 pH는 $\frac{[CH_3COOH]}{[CH_3COONa]}$에 의해 결정된다고 할 수 있고 $[H_3O^+] = K_a \times \frac{[CH_3COOH]}{[CH_3COONa]}$로 표현할 수 있다.

➡ 완충 방정식: $pH = pK_a + \log\frac{[염]}{[산]}$

② **CH_3COO^-의 공통이온 효과**: CH_3COO^-의 농도가 증가하면 CH_3COO^-의 농도가 감소하는 역반응으로 평형이 이동하여 새로운 평형에 도달한다. 수용액 안에서는 CH_3COO^-와 CH_3COOH의 농도는 비슷하게 존재한다.

③ **완충작용**: 소량의 산(H^+)를 첨가하면 CH_3COO^-과 반응하여 CH_3COOH를 형성한다. 넣어 준 산(H^+)은 CH_3COO^-과 결합하여 pH는 일정하게 유지된다. 마찬가지로 소량의 염기(OH^-)를 첨가하면 수용액 속의 CH_3COOH와 중화 반응하여 pH는 일정하게 유지된다.

(3) 완충 용량

산과 염기가 첨가될 때 pH의 변화를 얼마나 완충시킬 수 있는지에 대한 의미로 완충 용량이 최대일 때는 $pH = pK_a$일 때이다.

(4) 완충 용액의 희석

완충 용액을 희석하여도 산과 염기의 농도가 모두 작아져 완충 용액의 pH는 거의 변하지 않는다.

예제

01 pH4가 되는 CH_3COOH와 CH_3COOK의 완충액을 만들려면 CH_3COOH와 CH_3COOK의 혼합비율은? (단, $K_a = 1.8 \times 10^{-5}$, $\log 1.8 = 0.255$, $10^{-0.74} = 0.18$)

풀이

$$pH = pKa + \log\frac{[염]}{[산]}$$

$$4 = \log\frac{1}{1.8\times10^{-5}} + \log\frac{[CH_3COOK]}{[CH_3COOH]}$$

$$\frac{[CH_3COOK]}{[CH_3COOH]} = 10^{-0.744} = 0.18$$

∴ $CH_3COOH : CH_3COOK = 5.6 : 1$

02 0.1M $CH_3COOH(aq)$ 50mL를 0.1M $NaOH(aq)$ 25mL로 적정할 때, 알짜 이온 반응식으로 옳은 것은? (단, 온도는 일정하다)

① $H_3O^+(aq) + OH^-(aq) \rightarrow 2H_2O(l)$

② $CH_3COOH(aq) + NaOH(aq) \rightarrow CH_3COONa(aq) + H_2O(l)$

③ $CH_3COOH(aq) + OH^-(aq) \rightarrow CH_3COO^-(aq) + H_2O(l)$

④ $CH_3COO^-(aq) + Na^+(aq) \rightarrow CH_3COONa(aq)$

정답 ③

풀이 아세트산과 수산화나트륨의 중화반응－약산과 강염기의 중화반응

아세트산은 약산으로 수용액 상태에서 대부분 분자 상태로 존재한다.

- 분자 반응식: $CH_3COOH(aq) + NaOH(aq) \rightarrow CH_3COONa(aq) + H_2O(l)$
- 이온 반응식: $CH_3COOH(aq) + Na^+(aq) + OH^-(aq) \rightarrow Na^+(aq) + CH_3COO^-(aq) + H_2O(l)$

구경꾼 이온인 Na를 제거한 알짜 이온 반응식을 만들면

- 알짜 이온 반응식: $CH_3COOH(aq) + OH^-(aq) \rightarrow CH_3COO^-(aq) + H_2O(l)$

03 0.100M $CH_3COOH(K_a = 1.8 \times 10^{-5})$ 수용액 20.0mL에 0.100M NaOH 수용액 10.0mL를 첨가한 후, 용액의 pH를 구하면? (단, $\log 1.80 = 0.255$이다)

① 2.875 ② 4.745

③ 5.295 ④ 7.875

정답 ②

풀이 (1) CH_3COOH의 mol = 0.1mol/L × 0.02L = 0.002mol

(2) NaOH의 mol = 0.1mol/L × 0.01L = 0.001mol

(3) CH_3COONa의 mol = 0.001mol

$CH_3COOH + NaOH \rightarrow CH_3COONa + H_2O$

(4) 남은 CH_3COOH의 mol = 0.001mol/L

(5) pH 산정

$$pH = pKa + \log\frac{염}{산},\ pH = -\log(1.8\times10^{-5}) + \log\frac{0.001}{0.001} = 4.745$$

제7절 | 다양성자성 산-염기의 평형

1 다양성자성 산

산성인 분자 1개에서 1개보다 많은 수소 이온을 낼 수 있는 산을 의미한다.

(1) 일양성자성 산: HF, HCl, HNO_3, CH_3COOH 등

(2) 다양성자성 산: H_2CO_3, H_2SO_4, H_3PO_4 등

2 임의의 pH에서 주된 화학종

수소원자가 2개 포함된 이양성자성 화합물(H_2A)의 경우 다음과 같이 평형을 이룬다.

$$H_2A \overset{K_{a1}}{\rightleftarrows} HA^- \overset{K_{a2}}{\rightleftarrows} A^{2-}$$

$pH < pK_{a1}$ → 주된 화학종: H_2A

$pK_{a1} < pH < pK_{a2}$ → 주된 화학종: HA^-

$pH > pK_{a2}$ → 주된 화학종: A^{2-}

예제

다음 평형 반응식의 평형 상수 K값의 크기를 순서대로 바르게 나열한 것은?

ㄱ. $H_3PO_4(aq) + H_2O(l) \rightleftarrows H_2PO_4^-(aq) + H_3O^+(aq)$
ㄴ. $H_2PO_4^-(aq) + H_2O(l) \rightleftarrows HPO_4^{2-}(aq) + H_3O^+(aq)$
ㄷ. $HPO_4^{2-}(aq) + H_2O(l) \rightleftarrows PO_4^{3-}(aq) + H_3O^+(aq)$

① ㄱ > ㄴ > ㄷ
② ㄱ = ㄴ = ㄷ
③ ㄴ > ㄷ > ㄱ
④ ㄷ > ㄴ > ㄱ

정답 ①

풀이 다양성자성 산의 평형에서 HA^-가 주된 화학종인 경우 $pK_1 < pK_2 < pK_3$이다.
인산은 3가산인 다양성자성 산으로 3단계에 걸쳐 이온화되며 $K_1 > K_2 > K_3$이 된다.
$K_1 = 7.5 \times 10^{-3}$ $K_2 = 6.2 \times 10^{-8}$ $K_3 = 4.8 \times 10^{-13}$

3 아미노산

(1) 아미노산의 구조

중심 탄소에 $-NH_2$, $-COOH$, $-H$, $-R$(곁사슬)이 결합되어 있는 물질이다.

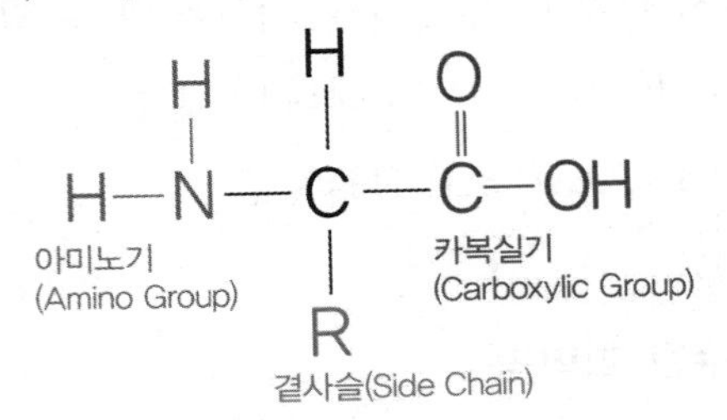

| 아미노산의 구조 |

(2) 아미노산의 성질

① 극성을 띠며 대부분 물에 잘 녹는다.

② $-R$(곁사슬)에 따라 아미노산의 종류가 달라지므로 성질이 달라진다.

③ $-NH_3$의 N에는 비공유 전자쌍이 있어 H^+을 받아들일 수 있어 염기로 작용하고, $-COOH$는 H^+을 내놓을 수 있어 산으로 작용하여 양쪽성 물질에 해당한다.

(3) 액성에 따른 아미노산의 형태

① 산성 용액: H^+이 $-NH_2$과 결합하여 $-NH_3^+$의 양이온으로 존재한다.

② 중성 용액: $-COOH$의 H^+이 NH_2에 결합하여 (−)전하와 (+)전하를 함께 지닌 형태로 존재한다.

③ 염기성 용액: OH^-이 $-COOH$와 중화 반응하여 $-COO^-$의 음이온으로 존재한다.

기출 & 예상 문제

01 약산 HA가 포함된 어떤 시료 0.5g이 녹아 있는 수용액을 완전히 중화하는 데 0.15M의 NaOH(aq) 10mL가 소비되었다. 이 시료에 들어있는 HA의 질량 백분율[%]은? (단, HA의 분자량은 120이다)

① 72　　② 36
③ 18　　④ 15

02 $CO_2(g) \rightarrow CO(g) + 0.5O_2(g)$의 반응에서 △H는 280kJ이다. 다음 반응식에서 △H를 구하시오. (25℃, 1기압이다)

$2CO(g) + O_2(g) \rightarrow 2CO_2(g)$

① -560kJ　　② -280kJ
③ +560kJ　　④ +280kJ

07

정답찾기

01 산의 mol = 염기의 mol

$\frac{0.15\text{mol}}{\text{L}} \times 0.01\text{L} \times \frac{120\text{g}}{\text{mol}} = 0.18\text{g}$

질량 백분율 : $\frac{0.18\text{g}}{0.5\text{g}} \times 100 = 36\%$

02 구하고자 하는 반응식은 주어진 식의 역반응에 계수는 2배이다. 따라서 역반응인 경우 부호는 반대로 하여 −280 × 2 = −560kJ이 된다.

정답　**01** ②　**02** ①

03 **$CaCO_3(s)$가 분해되는 반응의 평형 반응식과 온도 T에서의 평형 상수(K_p)이다. 이에 대한 설명으로 옳은 것만을 〈보기〉에서 모두 고르면? (단, 반응은 온도와 부피가 일정한 밀폐 용기에서 진행된다)**

$$CaCO_3(s) \rightleftarrows CaO(s) + CO_2(g) \qquad k_p = 0.1$$

〈보 기〉

ㄱ. 온도 T의 평형상태에서 $CO_2(g)$의 부분압력은 0.1atm이다.
ㄴ. 평형상태에 $CaCO_3(s)$를 더하면 생성물의 양이 많아진다.
ㄷ. 평형상태에서 $CO_2(g)$를 일부 제거하면 $CaO(s)$의 양이 많아진다.

① ㄱ, ㄴ　　② ㄱ, ㄷ
③ ㄴ, ㄷ　　④ ㄱ, ㄴ, ㄷ

04 **다음 그림은 어떤 반응의 자유 에너지 변화(△G)를 온도(T)에 따라 나타낸 것이다. 이에 대한 설명으로 옳은 것만을 모두 고른 것은? (단, △H는 일정하다)**

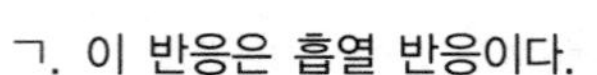
ㄱ. 이 반응은 흡열 반응이다.
ㄴ. T_1보다 낮은 온도에서 반응은 비자발적이다.
ㄷ. T_1보다 높은 온도에서 반응의 엔트로피 변화(△S)는 0보다 크다.

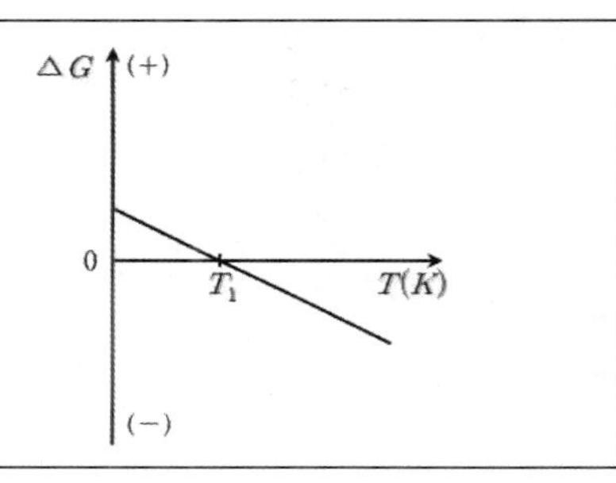

① ㄱ, ㄴ　　② ㄱ, ㄷ
③ ㄴ, ㄷ　　④ ㄱ, ㄴ, ㄷ

05 **다음 반응식을 이용하여 프로페인(C_3H_8)의 생성열(△H)을 구한 것으로 옳은 것은?**

a. $H_2(g) + 0.5O_2(g) \rightarrow H_2O(l)$, $\triangle H_1 = -286kJ$
b. $C(s) + O_2(g) \rightarrow CO_2(g)$, $\triangle H_2 = -394kJ$
c. $C_3H_8(g) + 5O_2(g) \rightarrow 3CO_2(g) + 4H_2O(l)$, $\triangle H_3 = -2220kJ$

① +73kJ　　② +106kJ
③ -106kJ　　④ -73kJ

06 **다음 열화학 반응식에 대한 설명으로 옳지 않은 것은?**

$$2Mg(s) + O_2(g) \rightarrow 2MgO(s) \quad \triangle H° = -1204kJ$$

① 산-염기 중화 반응　② 결합 반응
③ 산화-환원 반응　④ 발열 반응

07 **다음 반응이 화학평형을 이루고 있을 때 다음과 같은 변화에 의해 평형이 정반응 쪽으로 이동하는 경우는?**

$$2SO_3(g) \rightleftarrows 2SO_2(g) + O_2(g),\ \triangle = +189kJ$$

① 반응계의 부피 감소　② 반응계의 온도 감소.
③ $SO_2(g)$ 기체 제거　④ $O_2(g)$ 첨가

정답찾기

03 $CaCO_3$는 고체이므로 평형에 영향을 미치지 않는다.

04 $\triangle G = \triangle H - T\triangle S$
T_1보다 온도가 낮을 때 $\triangle G > 0$: 비자발적인 반응
온도가 T_1일 때 $\triangle G = 0$: 평형상태
T_1보다 온도가 높을 때 $\triangle G < 0$: 자발적인 반응
ㄱ. 온도가 높을 때 자발적인 반응이 일어나므로 이 반응은 흡열 반응이다.
ㄴ. T_1보다 낮은 온도에서 $\triangle G > 0$이므로 반응은 비자발적이다.
ㄷ. T_1보다 높은 온도에서 $\triangle G < 0$이기 위해서는 $\triangle H > 0$이므로 $\triangle S > 0$이어야 한다.

05 프로페인 생성열 :
$3C(s) + 4H_2(g) \rightarrow C_3H_8(g),\ \triangle H = ?$
a × 4 + b × 3 + (-c)로 구할 수 있다.
- a × 4: $4H_2(g) + 2O_2(g) \rightarrow 4H_2O(l),\ \triangle H_1 = -4 \times 286kJ$
- b × 3: $3C(s) + 3O_2(g) \rightarrow 3CO_2(g),\ \triangle H_2 = -3 \times 394kJ$
- -c: $3CO_2(g) + 4H_2O(l) \rightarrow C_3H_8(g) + 5O_2(g),$
  $\triangle H_3 = 2220kJ$
- a × 4 + b × 3 + (-c): $3C(s) + 4H_2(g) \rightarrow C_3H_8(g)$
  $\triangle H = 4 \times (-286) + 3 \times (-394) + 2220 = -106kJ$

06 산-염기 중화 반응은 산과 염기가 만나 물과 염을 형성하는 반응이다.

07 ① 부피 감소 → 압력 증가 → 몰수가 작아지는 역반응 이동
② 온도 감소 → 발열 반응인 역반응 이동
③ 이산화황 기체를 제거하면 이산화황의 농도가 증가하는 정반응으로 이동
④ 산소기체를 넣어주면 산소기체가 감소하는 역반응 쪽으로 평형 이동

정답　**03** ②　**04** ④　**05** ③　**06** ①　**07** ③

08 다음은 밀폐된 용기에서 오존(O_3)의 분해 반응이 평형상태에 있을 때를 나타낸 것이다. 평형의 위치를 오른쪽으로 이동시킬 수 있는 방법으로 옳지 않은 것은? (단, 모든 기체는 이상기체의 거동을 한다)

$$2O_3(g) \rightleftarrows 3O_2(g),\ \triangle H^\circ = -284.6kJ$$

① 반응 용기 내의 O_2를 제거한다.
② 반응 용기의 온도를 낮춘다.
③ 온도를 일정하게 유지하면서 반응 용기의 부피를 두 배로 증가시킨다.
④ 정촉매를 가한다.

09 1L의 용기에 0.6mol의 기체 A와 0.9mol의 기체 B를 놓고 반응시켰더니 기체 C가 0.3mol 생성되며 평형에 도달하였다. 이 반응의 평형 상수는?

$$A(g) + B(g) \rightleftarrows C(g) + D(g)$$

① 0.5　② 1.0
③ 1.5　④ 2.0

10 25℃에서 농도가 0.01M인 약염기 수용액에서 약염기 BOH의 이온화도(α)가 0.01이다. 이 용액에서 $[H^+]$와 $[OH^-]$를 구한 것으로 옳은 것은?

① $[H^+]$: 1.0×10^{-14}M　$[OH^-]$: 1.0×10^{-14}M
② $[H^+]$: 1.0×10^{-12}M　$[OH^-]$: 1.0×10^{-2}M
③ $[H^+]$: 1.0×10^{-10}M　$[OH^-]$: 1.0×10^{-4}M
④ $[H^+]$: 1.0×10^{-7}M　$[OH^-]$: 1.0×10^{-7}M

11 일정 압력에서 2몰의 공기를 40℃에서 80℃로 가열할 때, 엔탈피 변화(△H)[J]는? (단, 공기의 정압열용량은 $20Jmol^{-1}℃^{-1}$이다)

① 640　② 800
③ 1,600　④ 2,400

12 0.06M HCl 수용액 70mL와 0.03M $Ba(OH)_2$ 수용액 50mL를 혼합시킨 용액이 있다. 이 혼합 용액의 pH는 얼마인가?

① 1　② 2
③ 3　④ 4

13 다음 반응에 대한 평형 상수는?

$2CO(g) \rightleftarrows CO_2(g) + C(s)$

① $K=\dfrac{[CO_2]}{[CO]^2}$　② $K=\dfrac{[CO]^2}{[CO_2]}$
③ $K=\dfrac{[CO_2][C]}{[CO]^2}$　④ $K=\dfrac{[CO]^2}{[CO_2][C]}$

14 25°C에서 $[OH^-] = 2.0 \times 10^{-5}$M일 때, 이 용액의 pH값은? (단, log2 = 0.30이다)

① 2.70　② 4.70
③ 9.30　④ 11.30

정답찾기

08 촉매는 평형의 이동과 무관하다.
① 반응 용기 내의 생성물을 제거하면 생성물이 많아지는 정반응 쪽으로 평형이 이동한다.
② 정반응이 발열 반응인 상태에서 반응 용기의 온도를 낮추면 발열 반응인 정반응 쪽으로 평형이 이동한다.
③ 온도를 일정하게 유지하면서 반응 용기의 부피를 두 배로 증가시키면 압력이 감소하여 기체의 몰수가 많은 쪽으로 평형이 이동한다.

09

	A(g)	+ B(g) ⇄	C(g)	+ D(g)
처음	0.6	: 0.9		
반응	−0.3	: −0.3	: 0.3	: 0.3
평형	0.3	: 0.6	: 0.3	: 0.3

$K=\dfrac{[C][D]}{[A][B]}=\dfrac{0.3\times0.3}{0.3\times0.6}=0.5$

10 $BOH \rightleftarrows B^+ + OH^-$
α=0.01이므로 $[OH^-] = 1.0 \times 10^{-4}$M이다.
$[H^+]=\dfrac{K_w}{[OH^-]}=\dfrac{1.0\times10^{-14}}{1.0\times10^{-4}}=1.0\times10^{-10}$

11 공기의 정압열용량을 이용하여 산정한다.
$\dfrac{20J}{mol\ ℃}\times(80-40)℃\times2mol=1600J$

12 HCl의 nMV 값이 크므로 혼합액에는 $[H^+]$가 남아 산성이다.
$nMV - n'M'V' = M''(V + V')$
$1 \times 0.05 \times 70 - 2 \times 0.03 \times 50 = M'' \times 120$
$M'' = 0.01M$
혼합액의 $[H^+] = 0.01M$
$pH = -\log[H^+] = -\log[0.01] = 2$

13 순수한 고체나 액체는 농도가 거의 일정하여 상수 취급하므로 평형 상수식에서는 제외시킨다.

14 pH + pOH = 14
$pOH = -\log[OH^-] = -\log[2.0\times10^{-5}] = 4.7$
pH = 14 − 4.7 = 9.3

정답　08 ④　09 ①　10 ③　11 ③　12 ②　13 ①　14 ③

15 25℃에서 에텐(C_2H_4) 기체의 생성 엔탈피는 52kJ/mol이고 에테인(C_2H_6) 기체의 생성 엔탈피는 −85kJ/mol이다. 다음 화학 반응의 엔탈피 변화(△H)는 몇 kJ인가?

$$C_2H_4(g) + H_2(g) \rightarrow C_2H_6(g)$$

① -137kJ
② -33kJ
③ 33kJ
④ 137kJ

16 온도가 400K이고 질량이 6.0kg인 기름을 담은 단열 용기에 온도가 300K이고 질량이 1.0kg인 금속공을 넣은 후 열평형에 도달했을 때, 금속공의 최종 온도[K]는? (단, 용기나 주위로 열 손실은 없으며, 금속공과 기름의 비열[J/(kg·K)]은 각각 1.0과 0.50로 가정한다)

① 350
② 375
③ 400
④ 450

17 다음 반응은 300K의 밀폐된 용기에서 평형상태를 이루고 있다. 이에 대한 설명으로 옳은 것만을 모두 고른 것은? (단, 모든 기체는 이상기체이다)

$$A_2(g) + B_2(g) \rightleftarrows 2AB(g),\ \triangle H = 150kJ/mol$$

ㄱ. 온도가 낮아지면, 평형의 위치는 역반응 방향으로 이동한다.
ㄴ. 용기에 B_2 기체를 넣으면, 평형의 위치는 정반응 방향으로 이동한다.
ㄷ. 용기의 부피를 줄이면, 평형의 위치는 역반응 방향으로 이동한다.
ㄹ. 정반응을 촉진시키는 촉매를 용기 안에 넣으면, 평형의 위치는 정반응 방향으로 이동한다.

① ㄱ, ㄴ
② ㄱ, ㄷ
③ ㄴ, ㄹ
④ ㄷ, ㄹ

18 다음 열화학 반응식을 이용하여 HBr의 결합 에너지를 구하시오. (단, H_2의 결합 에너지는 436kJ/mol, Br_2의 결합 에너지는 194kJ/mol이다)

$$H_2(g) + Br_2(g) \rightarrow 2HBr(g),\ \triangle H = -111kJ$$

① 370.5kJ/mol
② 388.5kJ/mol
③ 630.5kJ/mol
④ 741kJ/mol

19 **0.100M의 NaOH 수용액 24.4mL를 중화하는 데 H_2SO_4 수용액 20.0mL를 사용하였다. 이때 사용한 H_2SO_4 수용액의 몰 농도는?**

$$2NaOH(aq) + H_2SO_4(aq) \rightarrow NaSO_4(aq) + 2H_2O(l)$$

① 0.0410
② 0.0610
③ 0.122
④ 0.244

정답찾기

15 • 에텐(C_2H_4)기체의 생성 엔탈피
$2C(s) + 2H_2 \rightarrow C_2H_4(g)$, $\triangle H = 52kJ$ …①
• 에테인(C_2H_6)기체의 생성 엔탈피
$2C(s) + 3H_2 \rightarrow C_2H_6(g)$, $\triangle H = -85kJ$ …②
②−①을 하면
$C_2H_4(g) + H_2(g) \rightarrow C_2H_6(g)$
$\triangle H = -52 + (-85) = -137kJ/mol$

16 온도 변화 시 열량 $Q = cm\triangle T$
[c : 물체의 비열, m : 물체의 질량, △T : 온도변화(K)]
(1) 기름이 잃은 열량 $Q_1 = 0.5 \times 6 \times (400 - t)$
(2) 금속공이 얻은 열량 $Q_2 = 1 \times 1 \times (t - 300)$
$Q_1 = Q_2$이므로
$t = 375K$

17 ㄱ. $\triangle H > 0$이므로 정반응은 흡열 반응이다.
• 온도 상승 : 정반응이 우세하게 일어나고 평형은 오른쪽(정반응)으로 이동
• 온도 하강 : 역반응이 우세하게 일어나고 평형은 왼쪽(역반응)으로 이동

ㄴ. 반응물질 첨가 시 반응물질을 제거하는 쪽으로 평형이 이동한다. 즉 정반응이 우세하게 일어나고 평형은 오른쪽(정반응)으로 이동한다.
ㄷ. 용기의 부피를 줄이면 기체의 압력이 증가하여 기체의 몰수를 감소시키는 방향으로 평형이 이동하지만 위의 반응은 반응물질의 계수의 합과 생성물질의 계수의 합이 같아 압력변화에 의한 평형 이동은 일어나지 않는다.
ㄹ. 촉매는 평형에 도달하는 시간만 빠르게 할 뿐 평형을 이동시키지 못한다.

18 $\triangle H$ = 끊어지는 결합 에너지 − 생성되는 결합 에너지
= 반응물의 결합 에너지 − 생성물의 결합 에너지
$= D_{H-H} + D_{Br-Br} - 2_{DH-Br}$
$-111 = 436 + 194 - 2_{DH-Br}$
D_{H-Br} : 370.5kJ/mol

19 $0.1mol/L \times 24.4mL = 2 \times \square mol/L \times 20mL$
$\square = 0.061mol/L$

정답 15 ① 16 ② 17 ① 18 ① 19 ②

20 다음은 $H_2SO_4(aq)$, $H_2O(g)$, $SO_2(g)$의 생성열을 나타낸 것이다.

a. $H_2(g) + S(s) + 2O_2(g) \rightarrow H_2SO_4(aq) + 814kJ$
b. $H_2(g) + 0.5O_2(g) \rightarrow H_2O(g) + 243kJ$
c. $S(s) + O_2(g) \rightarrow SO_2(g) + 298kJ$

위 열화학 반응식을 보고 다음 반응의 반응열(Q)을 구한 것으로 옳은 것은?

$$H_2SO_4(aq) \rightarrow SO_2(g) + H_2O(g) + 0.5O_2(g) + Q$$

① -273kJ
② -760kJ
③ -869kJ
④ -1356kJ

21 다음 반응은 500°C에서 평형 상수 K = 48이다.

$$H_2(g) + I_2(g) \rightleftarrows 2HI(g)$$

같은 온도에서 10L 용기에 H_2 0.01mol, I_2 0.03mol, HI 0.02mol로 반응을 시작하였다. 이때 반응 지수 Q의 값과 평형을 이루기 위한 반응의 진행 방향으로 옳은 것은?

① Q = 1.3, 왼쪽에서 오른쪽
② Q = 13, 왼쪽에서 오른쪽
③ Q = 1.3, 오른쪽에서 왼쪽
④ Q = 13, 오른쪽에서 왼쪽

22 다음 반응에 대한 설명으로 옳은 것을 보기에서 모두 고른 것은?

$$H_2(g) + Br_2(g) \rightleftarrows 2HBr(g),\ \triangle H = -110kJ$$

ㄱ. 생성 물질은 반응 물질보다 안정하다.
ㄴ. 평형상태에서 HBr의 분해 속도와 생성 속도는 서로 같다.
ㄷ. 반응에 필요한 에너지는 역반응이 정반응보다 크다.

① ㄱ
② ㄴ
③ ㄴ, ㄷ
④ ㄱ, ㄴ

23 0.100M CH_3COOH(K_a = 1.8 × 10^{-5}) 수용액 20.0mL에 0.100M NaOH 수용액 10.0mL를 첨가한 후, 용액의 pH를 구하면? (단, log1.80 = 0.255이다)

① 2.875 ② 4.745
③ 5.295 ④ 7.875

24 다음 중 화학평형에 대한 설명으로 옳은 것은?

① 평형상태에서 정반응 속도는 0이고 역반응 속도는 일정하다.
② 평형상태에서 반응 물질의 전체 농도는 생성 물질의 전체 농도와 같다.
③ 평형상태에서 정반응 속도는 역반응 속도와 같다.
④ 평형상태에서는 한 가지만의 평형 농도가 존재한다.

정답찾기

20 (1) b + c
b. $H_2(g) + 0.5O_2(g) \rightarrow H_2O(g)$ + 243kJ
c. $S(s) + O_2(g) \rightarrow SO_2(g)$ + 298kJ
➡ $H_2(g) + S(s) + 1.5O_2(g) \rightarrow H_2O(g) + SO_2(g)$ + 541kJ
(2) b + c − a
b + c. $H_2(g) + S(s) + 1.5O_2(g) \rightarrow H_2O(g) + SO_2(g)$ + 541kJ
−a. $H_2SO_4(aq) \rightarrow H_2(g) + S(s) + 2O_2(g)$ − 814kJ
➡ $H_2SO_4(aq) \rightarrow H_2O(g) + SO_2(g) + 0.5O_2(g)$ − 273kJ

21 $Q = \frac{[HI]^2}{[H_2][I_2]} = \frac{[0.02]^2}{[0.01][0.03]} = 1.3$
불포화 상태로 반응은 왼쪽에서 오른쪽으로 진행된다.

22 ㄱ. 흡열 반응이므로 생성 물질은 반응 물질보다 안정하다.
ㄴ. 평형상태에서는 정반응 속도와 역반응 속도가 같아 HBr의 분해 속도와 생성 속도는 서로 같다.
ㄷ. 정반응이 흡열 반응인 경우 필요한 에너지는 역반응이 정반응보다 크다.

23 (1) CH_3COOH의 mol = 0.1mol/L × 0.02L = 0.002mol
(2) NaOH의 mol = 0.1mol/L × 0.01L = 0.001mol
(3) CH_3COONa의 mol = 0.001mol
$CH_3COOH + NaOH \rightarrow CH_3COONa + H_2O$
(4) 남은 CH_3COOH의 mol = 0.001mol
(5) pH 산정
$pH = pK_a + \log\frac{염}{산}$,
$pH = -\log(1.8\times10^{-5}) + \log\frac{0.001}{0.001}$ = 4.745

24 ① 평형상태에서 정반응 속도와 역반응 속도는 같다.
② 평형상태에서 반응 물질의 전체 농도와 생성 물질의 전체 농도는 평형에 따라 다를 수 있다.
④ 평형상태에서는 초기 반응 물질의 농도에 따라 평형 농도가 달라질 수 있다.

정답 20 ① 21 ① 22 ③ 23 ② 24 ③

25 $CH_2O(g) + O_2(g) \rightarrow CO_2(g) + H_2O(g)$ 반응에 대한 $\triangle H°$ 값[kJ]은?

> $CH_2O(g) + H_2O(g) \rightarrow CH_4(g) + O_2(g)$: $\triangle H° = +275.6kJ$
> $CH_4(g) + 2O_2(g) \rightarrow CO_2(g) + 2H_2O(l)$: $\triangle H° = -890.3kJ$
> $H_2O(g) \rightarrow H_2O(l)$: $\triangle H° = -44.0kJ$

① -658.7 ② -614.7
③ -570.7 ④ -526.7

26 단열된 용기 안에 있는 25℃의 물 150g에 60℃의 금속 100g을 넣어 열평형에 도달하였다. 평형 온도가 30℃일 때, 금속의 비열[$Jg^{-1}℃^{-1}$]은? (단, 물의 비열은 $4Jg^{-1}℃^{-1}$이다)

① 0.5 ② 1
③ 1.5 ④ 2

27 25℃ 표준상태에서 아세틸렌($C_2H_2(g)$)의 연소열이 $-1,300kJ\ mol^{-1}$일 때, C_2H_2의 연소에 대한 설명으로 옳은 것은?

① 생성물의 엔탈피 총합은 반응물의 엔탈피 총합보다 크다.
② C_2H_2 1몰의 연소를 위해서는 1,300kJ이 필요하다.
③ C_2H_2 1몰의 연소를 위해서는 O_2 5몰이 필요하다.
④ 25℃의 일정 압력에서 C_2H_2이 연소될 때 기체의 전체 부피는 감소한다.

28 다음은 1L에 용해되는 수소기체의 부피와 질량을 측정한 자료이다. 온도는 일정하고 압력을 변화시켜 실험을 하였다. 수소기체의 압력이 4기압일 때 물 1L에 용해되는 수소기체의 부피와 질량을 옳게 짝지은 것은?

수소기체의 압력(기압)	용해되는 수소기체의 부피(mL)	용해되는 수소기체의 질량(g)
1	22.4	0.002
2	22.4	0.004
3	22.4	0.006

다음 중 수소기체의 압력이 4기압일 때 물 1L에 용해되는 수소기체의 부피와 질량을 옳게 짝지은 것은?

① 부피 : 22.4mL, 질량 : 0.008g ② 부피 : 22.4mL, 질량 : 0.010g
③ 부피 : 11.2mL, 질량 : 0.004g ④ 부피 : 11.2mL, 질량 : 0.002g

29 0.1M $CH_3COOH(aq)$ 50mL를 0.1M $NaOH(aq)$ 25mL로 적정할 때, 알짜 이온 반응식으로 옳은 것은? (단, 온도는 일정하다)

① $H_3O^+(aq) + OH^-(aq) \rightarrow 2H_2O(l)$
② $CH_3COOH(aq) + NaOH(aq) \rightarrow CH_3COONa(aq) + H_2O(l)$
③ $CH_3COOH(aq) + OH^-(aq) \rightarrow CH_3COO^-(aq) + H_2O(l)$
④ $CH_3COO^-(aq) + Na^+(aq) \rightarrow CH_3COONa(aq)$

07

정답찾기

25 $CH_2O(g) + H_2O(g) \rightarrow CH_4(g) + O_2(g)$: $\triangle H° = +275.6kJ$
$CH_4(g) + 2O_2(g) \rightarrow CO_2(g) + 2H_2O(l)$: $\triangle H° = -890.3kJ$
$2H_2O(l) \rightarrow 2H_2O(g)$: $\triangle H° = +2 \times 44.0kJ$
위의 반응을 합하면
$CH_2O(g) + O_2(g) \rightarrow CO_2(g) + H_2O(g)$: $\triangle H° = -526.7kJ$

26 물이 얻은 열량 = 금속이 잃은 열량

$$150g \times (30-25)℃ \times \frac{4J}{g℃}$$
$$= 100g \times (60-30)℃ \times □\frac{J}{g℃}$$

□ = 1

27 연소열은 어떤 물질 1몰이 완전 연소할 때 발생하는 열량으로 연소 반응은 발열 반응이므로 연소열($\triangle H$)는 (−) 값을 가진다.
반응 엔탈피 = 생성물의 엔탈피의 합 − 반응물의 엔탈피의 합
④ 25℃의 일정 압력에서 C_2H_2이 연소될 때 기체의 전체 부피는 감소한다. 3.5부피 → 3부피
① 발열 반응이므로 반응물의 엔탈피 총합은 생성물의 엔탈피 총합보다 크다.
② C_2H_2 1몰의 연소 시 1,300kJ이 방출된다.
③ C_2H_2 1몰의 연소를 위해서는 O_2 2.5몰이 필요하다.
$C_2H_2 + 2.5O_2 \rightarrow 2CO_2 + H_2O$

28 같은 온도에서 용해되는 기체의 질량은 압력에 비례한다.

29 아세트산과 수산화나트륨의 중화 반응−약산과 강염기의 중화 반응 : 아세트산은 약산으로 수용액 상태에서 대부분 분자 상태로 존재한다.
- 분자 반응식 : $CH_3COOH(aq) + NaOH(aq) \rightarrow CH_3COONa(aq) + H_2O(l)$
- 이온 반응식 : $CH_3COOH(aq) + Na^+(aq) + OH^-(aq) \rightarrow Na^+(aq) + CH_3COO^-(aq) + H_2O(l)$
- 구경꾼 이온인 Na를 제거한 알짜 이온 반응식을 만들면
알짜 이온 반응식 : $CH_3COOH(aq) + OH^-(aq) \rightarrow CH_3COO^-(aq) + H_2O(l)$

정답 25 ④ 26 ② 27 ④ 28 ① 29 ③

30 **25℃, 1atm에서 메테인(CH_4)이 연소되는 반응의 열화학 반응식과 4가지 결합의 평균 결합 에너지이다. 제시된 자료로부터 구한 α는?**

$$CH_4(g) + 2O_2(g) \rightarrow CO_2(g) + 2H_2O(g) \quad \triangle H = \alpha kcal$$

결합	C−H	O=O	C=O	O−H
평균 결합 에너지[kcal mol^{-1}]	100	120	190	110

① -180　　② -40
③ 40　　④ 180

31 **아래의 표준 생성 엔탈피를 이용하여 다음 반응의 표준 엔탈피 변화(△H°)를 구한 것으로 옳은 것은?**

$$4NH_3(g) + 5O_2(g) \rightarrow 6H_2O(g) + 4NO(g)$$

물질	표준 생성 엔탈피(kJ/mol)
$H_2O(g)$	-240
$NO(g)$	90
$NH_3(g)$	-50

① 880kJ　　② 440kJ
③ -440kJ　　④ -880kJ

32 **다음 열화학 반응식에 대한 설명으로 옳지 않은 것은? (단, C, H, O의 원자량은 각각 12, 1, 16이다)**

$$C_2H_5OH(l) + 3O_2(g) \rightarrow 2CO_2(g) + 3H_2O(l) \quad \triangle H = -1371kJ$$

① 주어진 열화학 반응식은 발열 반응이다.
② CO_2 4mol과 H_2O 6mol이 생성되면 2742kJ의 열이 방출된다.
③ C_2H_5OH 23g이 완전 연소되면 H_2O 27g이 생성된다.
④ 반응물과 생성물이 모두 기체상태인 경우에도 △H는 동일하다.

33 298K에서 다음 반응에 대한 계의 표준 엔트로피 변화(△S°)는? (단, 298K에서 $N_2(g)$, $H_2(g)$, $NH_3(g)$의 표준 몰 엔트로피[J $mol^{-1}K^{-1}$]는 각각 191.5, 130.6, 192.5이다)

$$N_2(g) + 3H_2(g) \rightarrow 2NH_3(g)$$

① -129.6 ② 129.6
③ -198.3 ④ 198.3

34 다음은 반응식에 대한 설명으로 옳은 것은?

$$H_2(g) \rightarrow 2H(g),\ \triangle H = +436kJ$$

① 이 반응이 일어나면 주위의 온도가 올라간다.
② $H_2(g)$의 에너지가 2H(g)의 에너지보다 작다.
③ 발열 반응이다.
④ $H_2(g)$가 2H(g)보다 불안정하다.

07

정답찾기

30 반응물의 결합 에너지: 4(C−H) + 2(O=O)
= 4 × 100 + 2 × 120 = 640
생성물의 결합 에너지: 2(C=O) + 2 × 2(O−H)
= 2 × 190 + 2 × 2 × 110 = 820
△H = (끊어지는 결합 에너지의 합) − (생성되는 결합 에너지의 합)
= (반응물의 결합 에너지 합) − (생성물의 결합 에너지 합)
= 640−820 = −180[kcal mol^{-1}]

31 표준 엔탈피 변화 = 생성 물질의 표준 엔탈피 합 − 반응 물질의 표준 엔탈피 합
생성 물질: 6 × −240 + 4 × 90
반응 물질: 4 × −50
표준 엔탈피 변화: (6 × −240 + 4 × 90) − (4 × −50)
= −880kJ
모든 홑원소 물질의 생성 엔탈피는 0이다.

32 반응물과 생성물이 모두 기체상태인 경우에도 △H는 달라진다. C_2H_5OH와 H_2O의 기화 에너지가 추가되어야 한다.

33 엔트로피 변화(△S)는 최종 상태의 엔트로피($S_{최종}$)에서 초기 상태의 엔트로피($S_{초기}$)를 뺀 값으로 나타낸다.
2 × 192.5 − (191.5 + 3 × 130.6) = −198.3

34 ①, ③ △H = +436kJ 이므로 흡열 반응이며 반응이 일어나면 주위의 온도가 내려간다.
④ 흡열 반응에서는 반응물의 에너지가 더 낮으므로 $H_2(g)$가 2H(g)보다 안정하다.

정답 **30** ① **31** ④ **32** ④ **33** ③ **34** ②

35 다음은 평형에 놓여있는 화학 반응이다. 이에 대한 설명으로 옳은 것은?

$$SnO_2(s) + 2CO(g) \rightleftarrows Sn(s) + 2CO_2(g)$$

① 반응 용기에 SnO_2를 더 넣어주면 평형은 오른쪽으로 이동한다.

② 평형 상수(K_c)는 $\frac{[CO_2]^2}{[CO]^2}$이다.

③ 반응 용기의 온도를 일정하게 유지하면서 CO의 농도를 증가시키면 평형 상수(K_c)는 증가한다.

④ 반응 용기의 부피를 증가시키면 생성물의 양이 증가한다.

정답찾기

35 ① 반응 용기에 SnO_2는 고체로 평형에 영향을 주지 않는다.
③ 반응 용기의 온도를 일정하게 유지하면서 평형 상수(K_c)는 변하지 않는다.
④ 반응 용기의 부피변화(압력변화)는 반응 계수가 같으므로 평형에 영향을 주지 않는다.

정답 35 ②

MEMO

이찬범 화학

합격까지 박문각

PART

08

반응 속도

PART 08

반응 속도

CHAPTER 01 반응 속도

제1절 | 반응 속도

1 빠른 반응과 느린 반응

(1) 빠른 반응

반응 결과를 바로 확인할 수 있을 정도의 반응으로 연소, 폭발, 중화, 앙금생성 반응 등이 있다.

(2) 느린 반응

반응 결과가 오랜 시간에 걸쳐 느리게 일어나는 반응으로 숙성이나 발효, 철의 자연부식, 석회동굴 생성 등이 있다.

2 화학 반응의 빠르기

(1) 기체가 발생하는 경우 일정 시간 동안 발생하는 기체의 양을 측정하거나 반응하여 감소한 양을 통해 알 수 있다.

(2) 앙금이 생성되는 경우 X표를 그린 후 X표가 보이지 않을 때까지 걸린 시간을 측정한다.

3 반응 속도

일정한 시간 동안 감소한 반응물의 농도나 증가한 생성물의 농도를 이용한다.

$$\text{반응속도} = \frac{\text{반응물의 농도변화}}{\text{반응시간}} = \frac{\text{생성물의 농도변화}}{\text{반응시간}}$$

✱ 반응물의 농도 변화 : (−), 생성물의 농도 변화 : (+)

4 반응 속도의 종류

(1) **평균 반응 속도**: [반응물 또는 생성물의 농도 변화량/반응이 일어난 시간]으로 나타내는 반응 속도이다.

(2) **순간 반응 속도**: 특정 시간의 반응 속도로 시간 − 농도 그래프에서 접선의 기울기에 해당한다.

(3) **초기 반응 속도**: t = 0에서의 반응 속도를 의미한다.

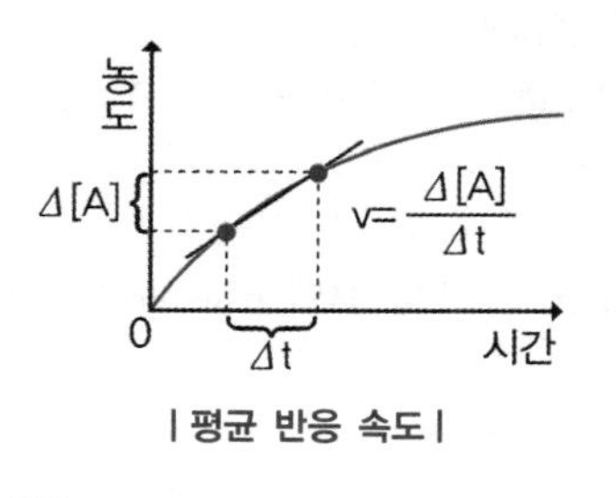

| 평균 반응 속도 |

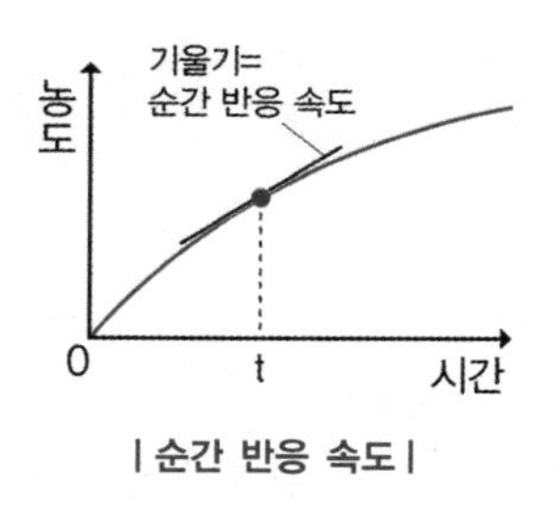

| 순간 반응 속도 |

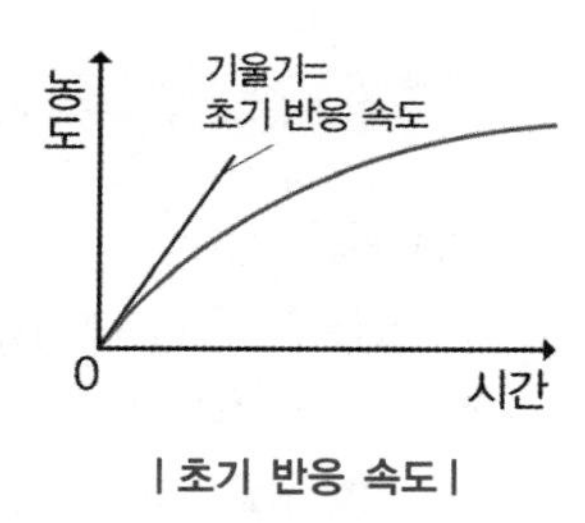

| 초기 반응 속도 |

예제

다음 그림은 $NOCl_2(g) + NO(g) \rightarrow 2NOCl(g)$ 반응에 대하여 시간에 따른 농도 $[NOCl_2]$와 [NOCl]를 측정한 것이다. 이에 대한 설명으로 옳은 것만을 모두 고르면?

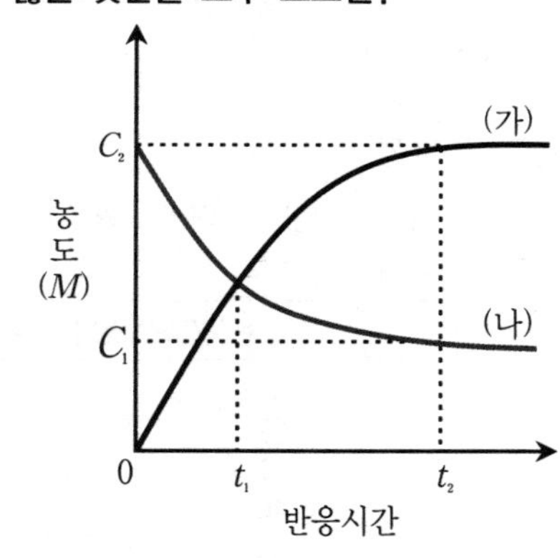

ㄱ. (가)는 $[NOCl_2]$이고 (나)는 [NOCl]이다.
ㄴ. (나)의 반응 순간 속도는 t_1과 t_2에서 다르다.
ㄷ. $\Delta t = t_2 - t_1$ 동안 반응 평균 속도 크기는 (가)가 (나)보다 크다.

① ㄱ　　② ㄴ
③ ㄷ　　④ ㄴ, ㄷ

정답 ④

풀이 (가)는 반응이 진행될수록 증가하므로 반응 생성물인 NOCl이다.

제2절 I 반응 속도식

1 반응 속도식(미분 속도식)

반응물의 농도와 반응 속도와의 관계를 표현한 식을 의미한다.

• 반응 속도식의 표현

$$aA + bB \rightarrow cC + dD$$

반응 속도(v) = $k[A]^m[B]^n$

k: 반응 속도 상수, [A]: A의 몰 농도, [B]: B의 몰 농도, m: A의 반응 차수, n: B의 반응 차수

(1) 반응 차수

① $v = k[A]^m[B]^n$인 반응에서 m과 n은 각각 A의 m차 반응, B의 n차 반응이고 전체 반응 차수는 (m + n)차로 표현한다.

② m과 n은 반응식의 계수와의 관계가 없고 실험으로 결정된다.

(2) 반응 속도 상수(k)

① 화학 반응의 종류에 따라 달라지며 농도의 영향을 받지 않고 온도에 영향을 받아 달라진다.

② 전체 반응 차수에 따라 그 단위가 달라진다.

EX 반응 속도(V) = $k[A]^2[B]$에서 k의 단위는 $\frac{M/s}{M^2 \times M} = M^{-2} \cdot s^{-1}$이다.

(3) 실험을 통한 반응 속도식 산정

EX 일정한 온도에서 $2A(g) + 2B(g) \rightarrow C(g) + 2D(g)$의 반응이다. 반응물인 A와 B의 초기 농도를 변화시키면서 초기 반응 속도를 측정한 결과이다.

실험	반응물의 초기 농도(M)		초기 반응 속도
	[A]	[B]	($\times 10^{-3}$M/s)
(가)	0.10	0.10	1.5
(나)	0.10	0.20	3.0
(다)	0.20	0.10	6.0

① 반응 속도식: $V = k[A]^m[B]^n$

② 실험 (가)와 (나)를 비교

[A]가 일정, [B]가 2배 → 초기 반응 속도가 2배 → n=1

③ 실험 (가)와 (다)를 비교

[B]가 일정, [A]가 2배 → 초기 반응 속도가 4배 → m=2

④ m과 n 값을 반응 속도식에 대입

$V = k[A]^2[B]$

⑤ 반응 속도 상수(k) 산정

(가)의 반응물의 초기 농도와 초기 반응 속도를 대입한다.

➡ $k = \frac{1.5 \times 10^{-3} M/s}{(0.1M)^2 \times (0.1M)} = 1.5M^{-2} \cdot s^{-1}$

⑥ 반응 속도식을 완성

k 값을 대입한다.

$V = 1.5[A]^2[B]$

2 반응 속도식(적분 속도식)

단일 화합물의 반응물에 적용한다.

• 반응물 → 생성물

$$\frac{dC}{dt} = -kC^m$$

(1) 0차 반응

반응 속도가 반응물의 농도와 관계없고 시간에 따라 일정하게 감소하는 반응이다.

$\frac{dC}{dt} = -kC^0$, $C_t - C_0 = -kt$

(2) 1차 반응

반응 속도가 반응물의 농도에 비례하는 반응이고 반감기가 일정한 특징이 있다.

$\frac{dC}{dt} = -kC^1$, $\ln\frac{C_t}{C_0} = -kt$

(3) 2차 반응

반응 속도가 반응물의 농도의 제곱에 비례하는 반응이다.

$\frac{dC}{dt} = -kC^2$, $\frac{1}{C_t} - \frac{1}{C_0} = kt$

제3절 I 반감기

1 반감기($t_{1/2}$)

반응물의 농도가 처음 농도의 절반으로 줄어드는 데 걸리는 시간을 의미한다.

2 1차 반응과 반감기

(1) 1차 반응

반응 속도가 반응물의 농도에 비례하는 반응이다.

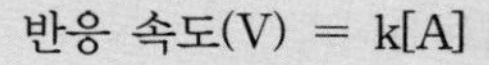

반응 속도(V) = k[A]

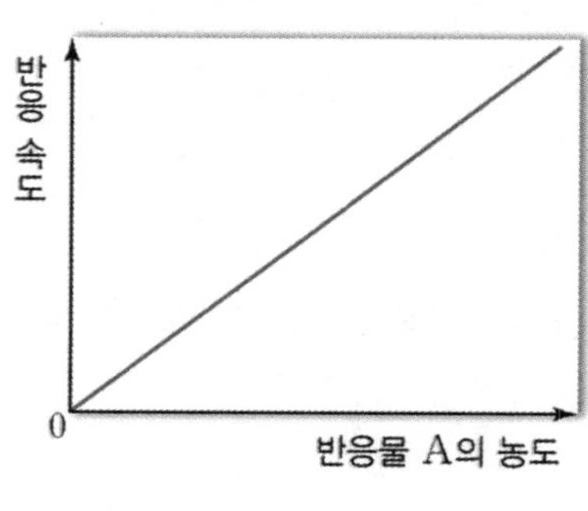

I 1차 반응 I

(2) 반감기

1차 반응은 반응물의 농도에 관계없이 일정한 반감기를 가지고 있다.

농도 :	100	→	50	→	25	→	12.5
시간(반감기) :		5sec		5sec		5sec	

예제

어떤 방사성 동위원소 20mg이 30초 지난 후 5mg으로 붕괴하였다. 이 동위원소 60g이 7.5g으로 붕괴하는 데 걸리는 시간[s]은?

① 35　　② 40
③ 45　　④ 50

정답 ③

풀이 방사성 동위원소의 붕괴 반응은 1차 반응으로 반감기가 항상 일정하다.
반감기가 15초이므로 60g이 7.5g으로 붕괴하는 데 걸리는 시간은 15초 × 3 = 45초이다.

3 0차 반응과 반감기

(1) 0차 반응

반응물의 농도에 관계없이 반응 속도가 일정한 반응이다.

$$반응\ 속도(V) = k$$

(2) 반감기

0차 반응은 반응물의 농도가 일정하게 감소하여 반감기는 시간이 지남에 따라 짧아진다.

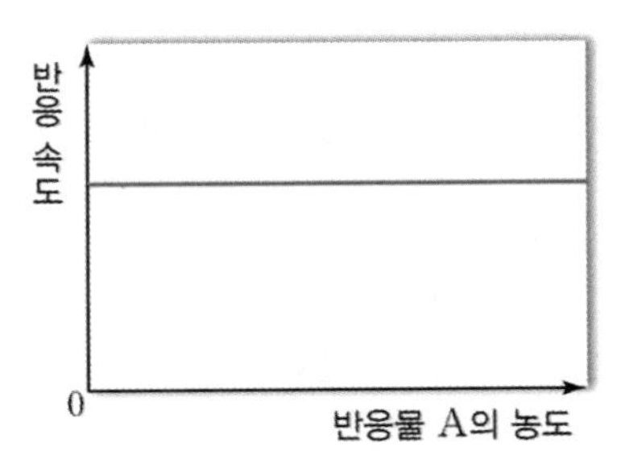

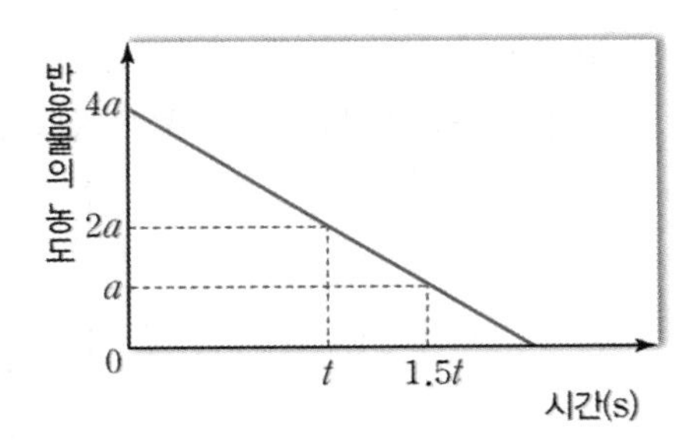

| 0차 반응 |

예제

반응 차수에 대한 설명으로 틀린 것은?

① 방사성 물질의 반감기는 일차 반응을 따른다.
② 0차 반응의 반응 속도는 반응물의 초기 농도와는 관련이 없다.
③ 단일 화합물의 이차 반응에서 반감기는 반응물 초기 농도의 역수와 관련이 있다.
④ 일차 반응의 반감기는 반응물의 초기 농도의 제곱에 정비례한다.

정답 ④

풀이 일차 반응의 반감기는 반응물의 농도에 관계없이 일정한 반감기를 갖는다.

구분	0차 반응	1차 반응	2차 반응
반응 속도식	v = k	v = k[A]	v = k[A]²
반감기	$t_{1/2} = \frac{[A_0]}{2k}$	$t_{1/2} = \ln\frac{2}{k}$	$t_{1/2} = \frac{1}{k[A]_0}$

CHAPTER 02 활성화 에너지

1 화학 반응과 충돌

화학 반응이 일어나기 위해서는 반응물의 입자들이 유효충돌이 일어나기 위한 조건에 만족해야 한다. 즉, 반응이 일어나기 적합한 충돌이어야 한다.

2 활성화 에너지

(1) 활성화 에너지(E_a)

① 활성화 에너지(E_a): 반응물이 반응을 일으키는 데 필요한 최소한의 에너지를 의미한다.

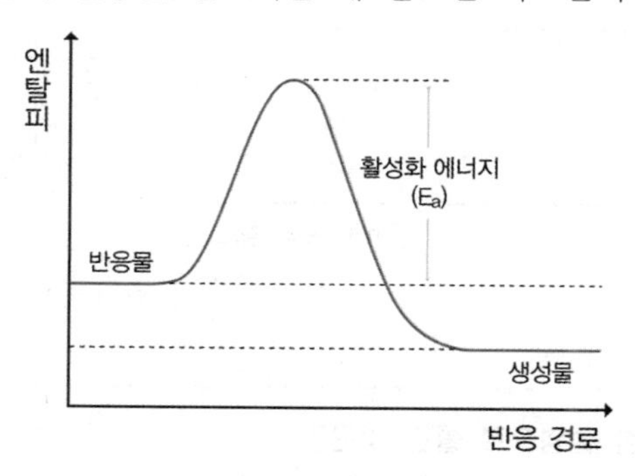

| 활성화 에너지 |

예제

다음 반응에서 정반응에 대한 활성화 에너지를 바르게 표현한 것은?

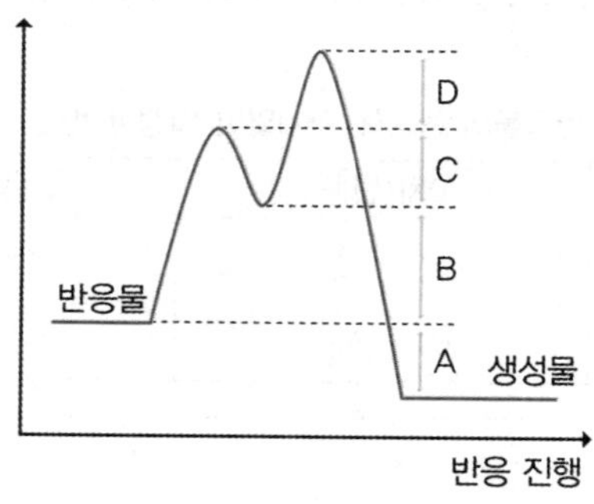

① E_a = A + C
② E_a = B + C
③ E_a = B + C + D
④ E_a = A + B + C + D

정답 ③

풀이 활성화 에너지(E_a)는 반응물이 반응을 일으키는 데 필요한 최소한의 에너지를 의미한다.

② 활성화 에너지에 따른 반응 속도: 활성화 에너지가 크면 반응 속도가 느리고 활성화 에너지가 작으면 반응 속도가 빠르게 일어난다.

(2) 활성화물

① 활성화 상태 : 반응이 일어나기 전에 일시적으로 높은 에너지의 불안정한 상태를 의미한다.

② 활성화물 : 활성화 상태에 있는 불안정한 물질을 의미한다.

(3) 화학 반응의 진행 조건

① 반응물이 활성화 에너지 이상의 에너지를 가져야 반응이 진행된다.

② 반응물이 유효충돌하여 활성화물이 되고 그 후 반응이 일어나 생성물이 되도록 해야 한다.

(4) 활성화 에너지(E_a)와 반응 엔탈피(△H)

① 활성화 에너지(E_a)와 반응 엔탈피(△H)

- 활성화 에너지의 크기와 반응 엔탈피(△H)는 관계가 없다.
- 반응 엔탈피(△H) : 생성물과 반응물의 엔탈피 차

② 가역 반응에서 반응 엔탈피(△H)

- 정반응의 활성화 에너지와 역반응의 활성화 에너지 차로 구할 수 있다.
- 반응 엔탈피(△H) = 정반응의 활성화 에너지(E_a) − 역반응의 활성화 에너지(E_a')
  - 발열 반응(△H<0) : 정반응의 활성화 에너지 < 역반응의 활성화 에너지
  - 흡열 반응(△H>0) : 정반응의 활성화 에너지 > 역반응의 활성화 에너지

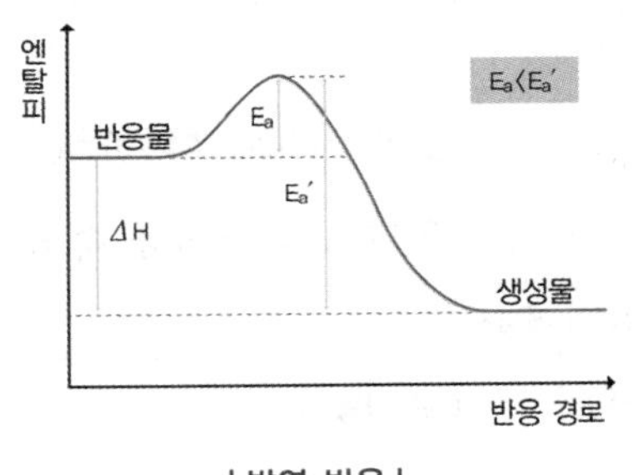

| 발열 반응 |

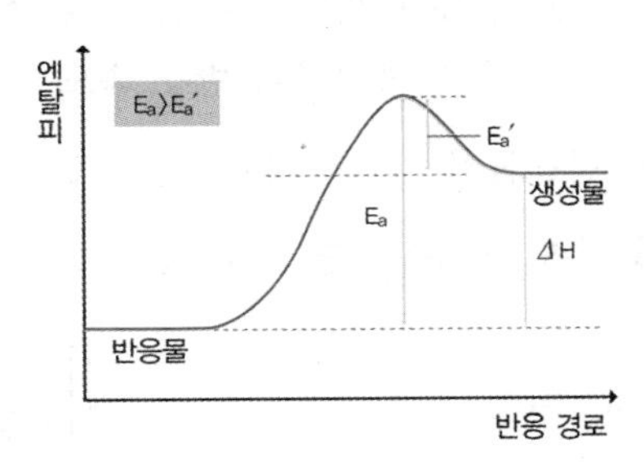

| 흡열 반응 |

예제

다음 반응식에서 정반응의 활성화 에너지는 100kJ/mol이다. 정반응과 역반응이 모두 단일 단계 반응이라고 할 때, 역반응의 활성화 에너지[kJ/mol]에 가장 가까운 것은? (단, C(g)의 $\triangle H_f$는 20kJ/mol이고 B(g)의 $\triangle H_f$는 80kJ/mol이다)

$$A(g) + B(g) \rightleftarrows C(g)$$

① 145 ② 150 ③ 170 ④ 100

정답 ③

풀이 반응 엔탈피(△H) = (생성물의 총 표준 생성열) − (반응물의 총 표준 생성열)

= 20 − (80 + a) = −(60 + a)

주어진 표준 생성열이 반응물이 더 크기 때문에 발열 반응이다(△H < 0). 역반응의 활성화 에너지는 정반응의 활성화 에너지와 반응 엔탈피의 합으로 구할 수 있다.

역반응의 활성화 에너지 = 100 + 60 + a = 160 + a

반응 엔탈피의 부호는 에너지의 출입과 관련있어 역반응의 활성화 에너지의 크기를 고려할 때는 부호를 제외하고 계산한다.

CHAPTER 03 반응 속도에 영향을 주는 요인

제1절 | 농도와 온도에 따른 반응 속도

1 농도와 반응 속도

(1) **농도와 반응 속도**: 반응물의 농도가 증가하면 입자의 충돌횟수가 증가하여 반응 속도가 빨라진다.

(2) **기체의 압력과 반응 속도**: 반응물이 기체일 경우 압력이 클수록 기체의 농도가 증가하여 충돌횟수가 증가하므로 반응 속도가 빨라진다.

(3) **표면적과 반응 속도**: 반응물이 고체일 경우 표면적이 넓을수록 접촉면적이 넓어져 충돌횟수가 증하가므로 반응 속도가 빨라진다.

2 온도와 반응 속도

(1) 온도가 높아지만 분자 평균 운동 에너지가 증가하여 활성화 에너지보다 큰 운동 에너지를 갖는 분자 수가 증가하여 반응 속도가 빨라진다.

(2) 반응물이 기체인 경우 약 10℃ 증가할 때 반응 속도가 2~3배 증가한다.

(3) 온도가 높아지면 반응 속도 상수가 증가하고 정반응 속도와 역반응 속도 모두 빨라진다.

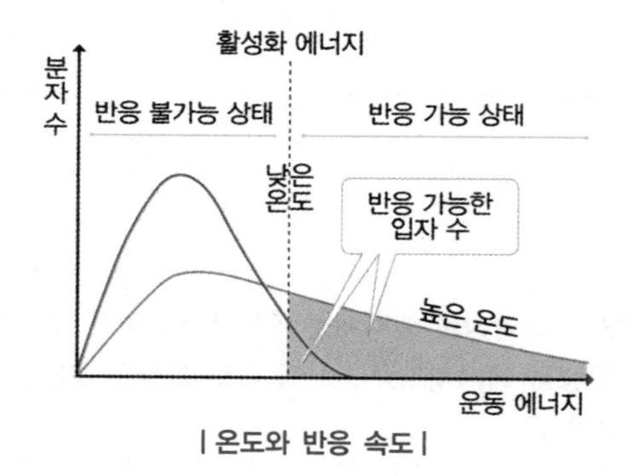

| 온도와 반응 속도 |

제2절 | 촉매와 반응 속도

1 촉매

(1) 반응에 참여하여 스스로는 변하지 않고 활성화 에너지를 변화시켜 반응 속도에 영향을 주는 물질을 의미한다.

(2) 촉매의 사용은 화학평형에 영향을 주지 않고 반응 속도에만 영향을 준다.

(3) 정반응 속도와 역반응 속도를 모두 증가시킨다.

(4) 화학평형에는 영향을 주지 않는다.

2 촉매의 종류

(1) **정촉매**: 활성화 에너지를 낮추어 반응 속도를 빠르게 한다.

(2) **부촉매**: 활성화 에너지를 크게 하여 반응 속도를 느리게 한다.

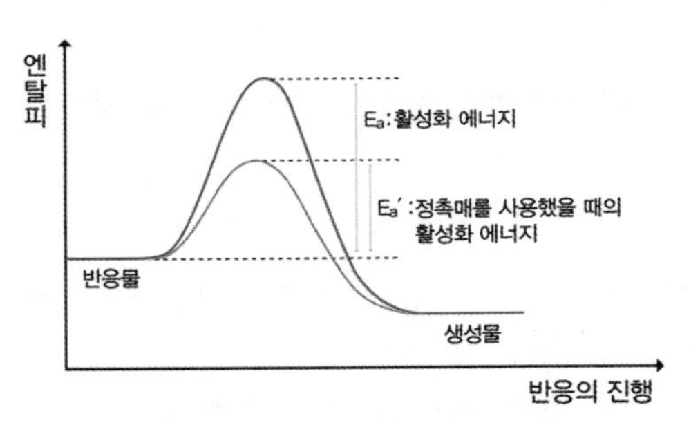

| 정촉매를 사용할 때 활성화 에너지 |

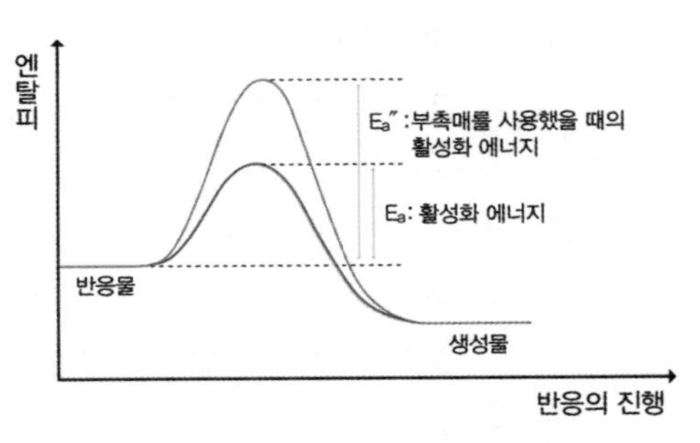

| 부촉매를 사용할 때 활성화 에너지 |

예제

정촉매에 대한 설명으로 옳지 않은 것은?

① 반응에 관여하는 분자들의 충돌 횟수를 증가시킨다.
② 반응 활성화 에너지를 감소시킨다.
③ 정반응 속도와 역반응 속도를 모두 증가시킨다.
④ 반응이 진행되어도 촉매의 양은 변하지 않는다.

정답 ①

풀이 정촉매는 활성화 에너지를 낮추어 반응 속도를 빠르게 하지만 농도를 증가시켜 충돌횟수를 증가시키지는 않는다.

3 촉매의 이용

(1) 암모니아의 합성

산화알루미늄, 산화철 등을 사용하여 암모니아 합성 반응이 낮은 온도에서 가능하고 시간이 단축될 수 있다.

(2) 자동차 배기가스에서 오염물질 제거

로듐, 백금 등을 사용하여 자동차 배기가스에 포함된 CO, HC, NOx 등을 CO_2, CO_2, N_2 등으로 변환시킬 수 있다(삼원촉매장치).

제3절 I 반응 메커니즘과 속도 결정 단계

1 반응 메커니즘

반응물이 직접 생성물이 되는 단일 단계 반응과 반응물이 여러 단계를 거쳐 생성물이 되는 다단계 반응이 있다.

2 다단계 반응의 반응 속도식

(1) 다단계 반응의 반응 차수

각 단계의 반응은 단일 단계 반응으로 각 단계에서 반응 속도식의 반응 차수는 각 반응식의 계수와 같다.

(2) 반응 속도 결정 단계

① 반응 속도가 가장 느린 단계(활성화 에너지가 가장 큰 단계)의 반응이 전체 반응 속도를 결정하는데 이 단계를 반응 속도 결정 단계라고 한다.

② 전체 반응 속도식은 속도 결정 단계의 반응 속도식으로 나타낸다.

③ 반응 중간체가 있다면 반응 속도식에서는 제외한다.

반응 중간체(중간 반응체)

- 반응 도중 생겼다가 반응이 완결되면서 사라지는 물질이다.
- 1단계 반응에서 중간체가 반응물과 빠른 평형을 이루는 사전 평형 반응은 전체 반응에 대한 식으로 반응 속도식을 나타낸다.

예제

01 화학 반응 속도에 대한 설명으로 옳지 않은 것은?

① 1차 반응의 반응 속도는 반응물의 농도에 의존한다.

② 다단계 반응의 속도 결정 단계는 반응 속도가 가장 빠른 단계이다.

③ 정촉매를 사용하면 전이 상태의 에너지 준위는 낮아진다.

④ 활성화 에너지가 0보다 큰 반응에서, 반응 속도 상수는 온도가 높을수록 크다.

정답 ②

풀이 다단계 반응의 속도 결정 단계는 반응 속도가 가장 느린 단계이다.

02 다음의 반응 메커니즘과 부합되는 전체 반응식과 속도 법칙으로 옳은 것은?

$A + B_2 \rightarrow AB_2$ (빠름)
$AB_2 + A \rightarrow 2AB$ (느림)

① $2A + B_2 \rightarrow 2AB$, 속도 $= K[A]$

② $2A + B_2 \rightarrow 2AB$, 속도 $= k[A]^2[B_2]$

③ $AB + A \rightarrow 2AB$, 속도 $= k[A][B_2]$

④ $AB_2 + A \rightarrow 2AB$, 속도 $= K[A][B_2]^2$

정답 ①

풀이 전체 반응: 주어진 두 반응의 합으로 구한다.

$2A + B_2 \rightarrow 2AB$

느린 반응이 반응 속도에 영향을 주며 반응 중간체는 반응 속도식에 나타내지 않는다.

속도 = k[A]

03 다음의 반응 메커니즘과 부합되는 전체 반응식과 속도 법칙으로 옳은 것은?

$A + B_2 \rightleftarrows AB_2$ (빠름, 평형)

$AB_2 + A \rightarrow 2AB$ (느림)

① $2A + B_2 \rightarrow 2AB$, 속도 = K[A][B₂]

② $2A + B_2 \rightarrow 2AB$, 속도 = $k[A]^2[B_2]$

③ $AB + A \rightarrow 2AB$, 속도 = $k[A][B_2]$

④ $AB_2 + A \rightarrow 2AB$, 속도 = $K[A][B_2]^2$

정답 ②

풀이 전체 반응: 주어진 두 반응의 합으로 구한다.

$2A + B_2 \rightarrow 2AB$

중간체(AB_2)가 반응물과 평형을 이루는 사전 평형 반응이므로 전체 반응에 대한 식으로 반응 속도식을 나타낸다.

속도 = $k[A]^2[B_2]$

04 N_2O 분해에 제안된 메커니즘은 다음과 같다.

$N_2O(g) \xrightarrow{k_1} N_2(g) + O(g)$ (느린 반응)

$N_2O(g) + O(g) \xrightarrow{k_2} N_2(g) + O_2(g)$ (빠른 반응)

위의 메커니즘으로부터 얻어지는 전체 반응식과 반응 속도 법칙은?

① $2N_2O(g) \rightarrow 2N_2(g) + O_2(g)$, 속도 = $k_1[N_2O]$

② $N_2O(g) \rightarrow N_2(g) + O(g)$, 속도 = $k_1[N_2O]$

③ $N_2O(g) + O(g) \rightarrow N_2(g) + O_2(g)$, 속도 = $k_2[N_2O]$

④ $2N_2O(g) \rightarrow 2N_2(g) + 2O_2(g)$, 속도 = $k_2[N_2O]^2$

정답 ①

풀이 (1) 반응 속도

가장 느린 반응은 K_1에 의한 반응이므로 반응 속도 = $k_1[N_2O]$이다.

(2) 전체 반응식

$N_{22}O(g) \rightarrow N_2(g) + O(g)$ ······························ A

$N_2O(g) + O(g) \rightarrow N_2(g) + O_2(g)$ ··············· B

$2N_2O(g) \rightarrow 2N_2(g) + O_2(g)$ ················ A + B

기출 & 예상 문제

01 다음 표는 aA + bB → cC 반응에서 반응 물질의 초기 농도를 달리하여 반응 속도를 측정한 결과이다.

실험	A mol/L	B mol/L	C 생성 속도(mol/L/s)
1	0.010	0.020	0.014
2	0.020	0.020	0.056
3	0.010	0.040	0.028

이 반응의 반응 속도식을 $v = k[A]^m[B]^n$로 나타낼 때 m과 n의 값으로 옳은 것은?

① m : 1, n : 1
② m : 1, n : 2
③ m : 2, n : 1
④ m : 2, n : 2

02 A + B → C 반응에서 A와 B의 초기 농도를 달리하면서 C가 생성되는 초기 속도를 측정하였다. 속도 = $k[A]^a[B]^b$라고 나타낼 때, a, b로 옳은 것은?

실험	A[M]	B[M]	C의 초기 생성 속도[Ms^{-1}]
1	0.01	0.01	0.03
2	0.02	0.01	0.12
3	0.01	0.02	0.12
4	0.02	0.02	0.48

① a : 1, b : 1
② a : 1, b : 2
③ a : 2, b : 1
④ a : 2, b : 2

03 다음 표는 A + B → C의 반응에서 A와 B의 초기 농도를 변화시키면서 측정한 초기 반응 속도를 나타낸 것이다. 이 반응의 반응 속도식을 쓰시오.

실험	Amol/L	Bmol/L	C생성속도(mol/L/s)
1	0.001	0.001	2.5×10^{-4}
2	0.001	0.002	5.0×10^{-4}
3	0.002	0.002	2.0×10^{-3}

04 H_2와 ICl이 기체상에서 반응하여 I_2와 HCl을 만든다.

$$H_2(g) + 2ICl(g) \rightarrow I_2(g) + 2HCl(g)$$

이 반응은 다음과 같이 두 단계 메커니즘으로 일어난다.

1단계 : $H_2(g) + ICl(g) \rightarrow HI(g) + HCl(g)$ (속도결정단계)
2단계 : $HI(g) + ICl(g) \rightarrow I_2(g) + HCl(g)$ (빠름)

전체 반응에 대한 속도 법칙으로 옳은 것은?

① 속도 = $k[H_2][ICl]^2$
② 속도 = $k[HI][ICl]^2$
③ 속도 = $k[H_2][ICl]$
④ 속도 = $k[HI][ICl]$

05 화학 반응 속도에 영향을 주는 인자가 아닌 것은?

① 반응 엔탈피의 크기
② 반응 온도
③ 활성화 에너지의 크기
④ 반응물들의 충돌 횟수

08

정답찾기

01 반응 속도식 : $v = k[A]^m[B]^n$
- 실험 1과 실험 2 : [B]는 일정하게 유지하면서 [A]가 2배로 되었을 때, 반응 속도는 4배가 되었으므로 $m = 2$이다.
- 실험 1과 실험 3 : [A]는 일정하게 유지하면서 [B]가 2배로 되었을 때, 반응 속도는 2배가 되었으므로 $n = 1$이다.

02
- A의 농도가 일정할 때 B의 농도는 2배, C의 생성속도는 4배이므로 B에 2차 반응이다. → b: 2
- B의 농도가 일정할 때 A의 농도는 2배, C의 생성속도는 4배이므로 B에 2차 반응이다. → a: 2

속도 = $k[A]^2[B]^2$

03 반응 속도식 : $V = k[A]^m[B]^n$
- 실험 1과 실험 2 : [A]는 일정하고 [B]가 2배로 되었을 때 반응 속도는 2배가 되었으므로 $n = 1$이다.
- 실험 2와 실험 3 : [B]는 일정하고 [A]가 2배로 되었을 때 반응 속도는 4배가 되었으므로 $m = 2$이다.

$V = k[A]^2[B]$
$2.5 \times 10^{-4} = k[0.001]^2[0.001]$
$k = 250,000$
$V = 250,000[A]^2[B]$

05 엔탈피는 어떤 압력과 온도에서 물질이 가진 에너지로 엔탈피의 변화를 통해 발열 반응과 흡열 반응을 구분할 수 있으나 반응 속도에는 영향을 주지 않는다.

정답 **01** ③ **02** ④ **03** $V = 250,000[A]^2[B]$ **04** ③ **05** ①

06 **다음 그림은 $NOCl_2(g) + NO(g) \rightarrow 2NOCl(g)$ 반응에 대하여 시간에 따른 농도 $[NOCl_2]$와 $[NOCl]$를 측정한 것이다. 이에 대한 설명으로 옳은 것만을 모두 고르면?**

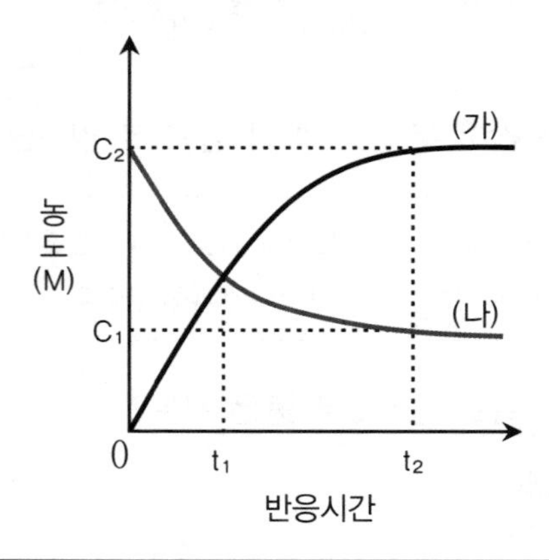

ㄱ. (가)는 $[NOCl_2]$이고 (나)는 $[NOCl]$이다.
ㄴ. (나)의 반응 순간 속도는 t_1과 t_2에서 다르다.
ㄷ. $\triangle t = t_2 - t_1$ 동안 반응 평균 속도 크기는 (가)가 (나)보다 크다.

① ㄱ
② ㄴ
③ ㄷ
④ ㄴ, ㄷ

07 **다음 중 반응 속도와 관련된 내용으로 옳은 것은?**

① 온도는 활성화 에너지와 관련이 있어 온도가 높을수록 반응 속도가 빨라진다.
② 부촉매는 역반응 속도와 관련이 있어 부촉매를 사용하면 역반응 속도가 빨라진다.
③ 정촉매는 입자의 운동 에너지와 관련이 있어 정촉매를 사용하면 입자의 운동 에너지가 커져서 반응 속도가 빨라진다.
④ 농도는 충돌횟수와 관련이 있어 농도가 진할수록 입자들의 충돌 횟수가 많아지므로 반응 속도가 빨라진다.

08 **화학 반응 속도에 대한 설명으로 옳지 않은 것은?**

① 1차 반응의 반응 속도는 반응물의 농도에 의존한다.
② 다단계 반응의 속도 결정 단계는 반응 속도가 가장 빠른 단계이다.
③ 정촉매를 사용하면 전이 상태의 에너지 준위는 낮아진다.
④ 활성화 에너지가 0보다 큰 반응에서, 반응 속도 상수는 온도가 높을수록 크다.

09 N_2O 분해에 제안된 메커니즘은 다음과 같다.

$$N_2O(g) \xrightarrow{k_1} N_2(g) + O(g) \text{ (느린 반응)}$$

$$N_2O(g) + O(g) \xrightarrow{k_2} N_2(g) + O_2(g) \text{ (빠른 반응)}$$

위의 메커니즘으로부터 얻어지는 전체 반응식과 반응 속도 법칙은?

① $2N_2O(g) \rightarrow 2N_2(g) + O_2(g)$, 속도 $= k_1[N_2O]$
② $N_2O(g) \rightarrow N_2(g) + O(g)$, 속도 $= k_1[N_2O]$
③ $N_2O(g) + O(g) \rightarrow N_2(g) + O_2(g)$, 속도 $= k_2[N_2O]$
④ $2N_2O(g) \rightarrow 2N_2(g) + 2O_2(g)$, 속도 $= k_2[N_2O]^2$

10 다음 중 단일 반응물의 1차 반응에서 반응 속도 상수 k의 단위로 옳은 것은?

① S^{-1}
② $L \cdot mol^{-1} \cdot S^{-1}$
③ $mol \cdot L^{-1} \cdot S^{-1}$
④ $mol \cdot S^{-1}$

정답찾기

06 (가)는 반응이 진행될수록 증가하므로 반응 생성물인 NOCl이다.

07 ① 온도는 입자의 운동 에너지와 관련이 있어 온도가 높아지면 입자들의 운동 에너지가 커지고 활성화 에너지를 넘는 입자 수가 증가하기 때문에 반응 속도가 빨라진다.
② 부촉매는 활성화 에너지와 관련이 있어 부촉매에 의해 활성화 에너지를 높이므로 정반응 속도와 역반응 속도가 모두 느려진다.
③ 정촉매는 활성화 에너지와 관련이 있어 정촉매를 사용하면 활성화 에너지가 작아져서 반응 속도가 빨라진다.

08 다단계 반응의 속도 결정 단계는 반응 속도가 가장 느린 단계이다.

09 (1) 반응 속도
가장 느린 반응은 K_1에 의한 반응이므로,
반응 속도$=k_1[N_2O]$이다.
(2) 전체 반응식
$N_2O(g) \rightarrow N_2(g) + O(g)$ ······················ A
$N_2O(g) + O(g) \rightarrow N_2(g) + O_2(g)$ ······ B
$2N_2O(g) \rightarrow 2N_2(g) + O_2(g)$ ················ A + B

10 $\frac{dC}{dt} = -kC^1$

$\ln\frac{C_t}{C_0} = -kt$

[t : sec(T), k : $sec^{-1}(T^{-1})$]

정답 **06** ④ **07** ④ **08** ② **09** ① **10** ①

이찬범 화학

PART

09

산화 환원과 금속의 반응성

PART 09

산화 환원과 금속의 반응성

CHAPTER 01 화학 전지

제1절 I 금속의 반응성

1 산화와 환원

	산소	전자	산화수
산화	결합	잃음	증가
환원	잃음	얻음	감소

(1) 산화제: 다른 물질을 산화시키고 스스로 환원되는 물질

(2) 환원제: 다른 물질을 환원시키고 스스로 산화되는 물질

2 금속의 반응성

(1) 금속이 전자를 잃고 양이온이 되는 경향을 의미하며 금속의 종류에 따라 그 정도가 다르다.

(2) 금속이 이온화되는 정도를 크기순으로 나타낼 수 있다.

<table>
<tr><th colspan="3">금속의 이온화 경향</th></tr>
<tr><td colspan="3">K > Ca > Na > Mg > Al > Zn > Fe > Ni > Sn > Pb > H > Cu > Hg > Pt > Au</td></tr>
<tr><td>전자를 잃기 쉽다.
산화되기 쉽다.
이온화 경향이 크다.
반응성이 크다.</td><td>← 크다 작다 →</td><td>전자를 잃기 어렵다.
환원되기 쉽다.
이온화 경향이 작다.
반응성이 작다.</td></tr>
</table>

(3) 수소: 금속은 아니지만 수용액의 H^+와 금속과의 반응으로 반응성을 비교하는 기준으로 사용된다.

3 금속과 산의 반응

(1) 반응성 : 금속 > 수소

금속의 반응성이 크므로 금속은 전자를 잃고 산화된다. 산 수용액의 수소 이온은 전자를 얻어 환원되어 수소기체를 발생한다.

EX Zn + HCl의 반응

$Zn(s) + 2HCl(aq) \rightarrow ZnCl_2(aq) + H_2(g)$

- 산화 반응 : $Zn(s) \rightarrow Zn^{2+}(aq) + 2e^-$
- 환원 반응 : $2H^+(aq) + 2e^- \rightarrow H_2(g)$

(2) 반응성 : 금속 < 수소

금속의 반응성이 작으므로 크므로 금속은 산과 반응하지 않는다.

4 금속과 금속 이온이 들어 있는 수용액의 반응

(1) [이온화 경향이 큰 금속 + 이온화 경향이 작은 금속 양이온이 들어 있는 수용액]의 반응

이온화 경향이 큰 금속이 전자를 잃고 산화되고 이온화 경향이 작은 금속은 전자를 얻어 환원된다.

EX Zn + $CuSO_4$ 수용액의 반응

$Zn(s) + CuSO_4(aq) \rightarrow ZnSO_4(aq) + Cu(s)$

- 산화 반응 : $Zn(s) \rightarrow Zn^{2+}(aq) + 2e^-$ ➡ 아연의 질량이 감소한다.
- 환원 반응 : $Cu^{2+}(aq) + 2e^- \rightarrow Cu(s)$ ➡ 구리가 석출되어 구리판의 질량은 증가하고 Cu^{2+} 이온의 감소로 푸른색이 옅어진다.

이 반응에서 산화되는 Zn^{2+} 수와 석출되는 Cu의 수는 같으나 원자량이 Zn > Cu이므로 전체 질량은 감소한다.

(2) [이온화 경향이 작은 금속 + 이온화 경향이 큰 금속 양이온이 들어 있는 수용액]의 반응

금속의 반응성이 작으므로 크므로 금속은 수용액과 반응하지 않는다.

금속의 반응성 비교

수용액	$ZnSO_4(aq)$	$FeSO_4(aq)$	$CuSO_4(aq)$
수용액 중 금속의 양이온	Zn^{2+}	Fe^{2+}	Cu^{2+}
금속판	Cu판	Cu판	Fe판
반응 결과	변화 없음	변화 없음	Cu 석출
반응성	Zn > Cu	Fe > Cu	Fe > Cu
금속판	Fe판	Zn판	Zn판
반응 결과	변화 없음	Fe 석출	Cu 석출
반응성	Zn > Fe	Zn > Fe	Zn > Cu

예제

01 다음 반응 중에서 산화-환원 반응이 아닌 것은?

① $2Ca(s) + O_2(g) \rightarrow 2CaO(s)$
② $Mg(s) + 2HCl(aq) \rightarrow MgCl(aq) + H_2(g)$
③ $Mn(s) + Pb(NO_3)_2(aq) \rightarrow Mn(NO_3)_2(aq) + Pb(s)$
④ $Mg(OH)_2(aq) + 2HCl(aq) \rightarrow MgCl_2(aq) + 2H_2O(l)$

정답 ④
풀이 산화 환원 반응은 산화수의 변화가 있다. 중화 반응은 산화수의 변화가 없는 반응이다.

02 철(Fe)로 된 수도관의 부식을 방지하기 위하여 마그네슘(Mg)을 수도관에 부착하였다. 산화되기 쉬운 정도만을 고려할 때, 마그네슘 대신에 사용할 수 없는 금속은?

① 아연(Zn)
② 니켈(Ni)
③ 칼슘(Ca)
④ 알루미늄(Al)

정답 ②
풀이 이온화 경향: K > Ca > Na > Mg > Al > Zn > Fe > Ni > Sn > Pb > H > Cu > Hg > Ag > Pt > Au
철보다 이온화 경향이 작은 Ni는 사용할 수 없다.

제2절 I 화학 전지

1 화학 전지

(1) 원리

산화 환원 반응의 동시성을 이용하여 화학 에너지를 전기 에너지로 전환하는 것이 화학 전지의 원리이다.

(2) 구성

① 반응성이 다른 두 금속, 전해질 수용액, 도선 등
② 반응성이 큰 금속에서 산화가 일어나고 전자는 도선을 따라 반응성이 작은 금속 쪽으로 이동하면서 전류가 흐르게 된다(전류의 흐름 방향과 전자의 이동 방향은 반대임).

구분	(−)극(산화 전극)	(+)극(환원 전극)
금속의 반응성	크다.	작다.
반응	산화 반응	환원 반응
전자	잃음	얻음
전자의 이동	(−)극 → (+)극	
전류의 흐름	(+)극 → (−)극	

2 볼타 전지

(1) 원리

아연(Zn)판과 구리(Cu)판을 묽은 황산(H_2SO_4)에 넣고 도선으로 연결한 화학 전지를 볼타 전지라고 한다.

(2) 구성

① **산화 전극(−극, Zn)** : 묽은 황산에서 반응성이 큰 Zn판은 전자를 잃고 산화되어 Zn^{2+}이 된다.

② **환원 전극(+극, Cu)** : 묽은 황산에서 반응성이 작은 Cu판은 묽은 황산의 수소 이온이 전자를 얻어 수소기체가 발생한다.

③ 전자는 (−)극 → (+)극으로 이동하고, 전류는 (+)극 → (−)극으로 이동한다.

구분	(−)극(산화 전극)	(+)극(환원 전극)
금속	Zn	Cu
금속의 반응성	크다.	작다.
반응	산화 반응	환원 반응
전자	잃음	얻음
질량 변화	감소	변화 없음
반응식	$Zn(s) \rightarrow Zn^{2+}(aq) + 2e^-$	$2H^+(aq) + 2e^- \rightarrow H_2(g)$
전체 반응	$Zn(s) + 2H^+(aq) \rightarrow Zn^{2+}(aq) + H_2(g)$	

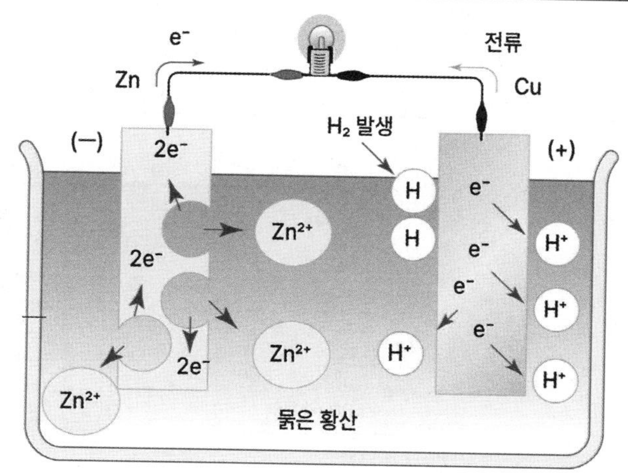

(3) 분극 현상

① (+극, Cu)에서 발생하는 수소기체로 인해 용액 속의 수소 이온이 전자를 얻는 것을 방해하는 현상으로 전지의 전압이 급격하게 떨어지게 된다.

② 주로 강한 산화제에 해당하는 감극제를 넣어 H_2를 H_2O로 산화시켜준다.

EX MnO_2, $K_2Cr_2O_7$, H_2O_2 등

3 다니엘 전지

(1) 원리

아연(Zn)판은 황산아연($ZnSO_4$) 수용액, 구리(Cu)판은 황산구리(Ⅱ)($CuSO_4$) 수용액에 넣고 도선으로 연결한 후 염다리를 연결한 화학 전지를 다니엘 전지라고 한다.

(2) 구성

① **산화 전극(−극, Zn)**: Zn은 전자를 잃고 산화되어 Zn^{2+}이 된다.

② **환원 전극(+극, Cu)**: 황산구리(Ⅱ)($CuSO_4$) 수용액 속의 Cu^{2+} 이온이 전자를 얻어 환원되어 Cu로 석출된다.

③ Zn판의 질량은 감소하고 Cu판의 질량은 증가한다.

④ 황산구리(Ⅱ)($CuSO_4$) 수용액 속의 Cu^{2+} 이온이 감소하여 푸른색이 옅어진다.

⑤ 분극 현상은 일어나지 않는다.

⑥ 전자는 (−)극 → (+)극으로 이동하고, 전류는 (+)극 → (−)극으로 이동한다.

구분	(−)극(산화 전극)	(+)극(환원 전극)
금속	Zn	Cu
금속의 반응성	크다.	작다.
반응	산화 반응	환원 반응
전자	잃음	얻음
질량 변화	감소	증가
반응식	$Zn(s) \rightarrow Zn^{2+}(aq) + 2e^-$	$Cu^{2+}(aq) + 2e^- \rightarrow Cu(s)$
전체 반응	$Zn(s) + Cu^{2+}(aq) \rightarrow Zn^{2+}(aq) + Cu(s)$	

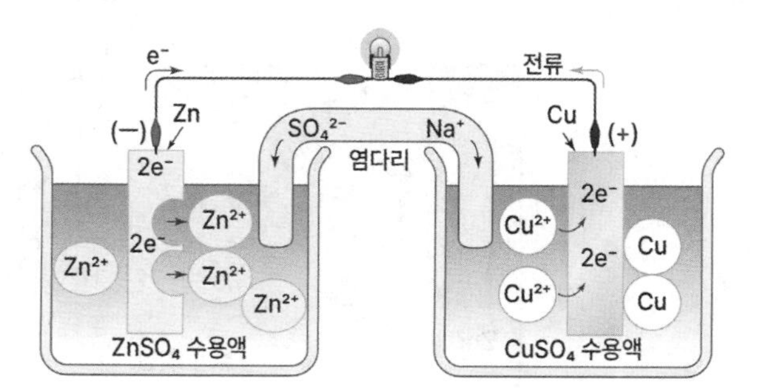

(3) 반쪽 전지

① 각 전극이 서로 다른 전해질 수용액에 담겨 있으며 각 전극을 반쪽 전지라고 한다.

② 반쪽 전지의 개념으로 다니엘 전지를 정의하면 (−극, Zn) 반쪽 전지와 (+극, Cu) 반쪽 전지를 도선으로 연결 후 염다리를 연결한 장치로 표현할 수 있다.

(4) 염다리

① 염다리에 사용되는 전해질: KCl, NaCl, KNO_3 등 (전지의 수용액과 반응하지 않아야 한다.)

② 역할: (−)극 쪽으로 염다리 속의 음이온이 이동하고 (+)극 쪽으로 염다리 속 전해질의 양이온이 이동하여 전하의 균형을 맞춰준다.

구분	다니엘 전지의 반응	염다리 역할
(−)극	산화: 전자 잃음, Zn^{2+} 증가	음이온 제공
(+)극	환원: 전자 얻음, Cu^{2+} 감소	양이온 제공

볼타 전지와 다니엘 전지의 비교

구분	볼타 전지	다니엘 전지
Zn판(산화)	질량 감소	질량 감소
Cu판(환원)	질량 일정	질량 증가(구리 석출), 푸른색 옅어짐
분극 현상	있음	없음
염다리	없음	있음

납축 전지

- 충전이 가능한 2차 전지이다.
- [−극, Pb(납)], [+극, PbO_2(산화납)]으로 구성되어 있으며 묽은 황산(H_2SO_4)에 교대로 채운 전지이다.
- 전극 사이에 얇은 다공성 막이 있어 두 극은 접촉하지 않는다.
- 수명이 길고 비교적 짧은 시간에 큰 전압을 낼 수 있다.

전극	반응식
(−)극: 산화 전극	$Pb(s) + SO_4^{2-}(aq) \rightarrow PbSO_4(s) + 2e^-$
(+)극: 환원 전극	$PbO_2(s) + 4H^+(aq) + SO_4^{2-}(aq) + 2e^- \rightarrow PbSO_4(s) + 2H_2O(l)$
전체 반응	$Pb(s) + PbO_2(s) + 2H_2SO_4(aq) \rightleftarrows 2PbSO_4(s) + 2H_2O(l)$

예제

다음은 어떤 갈바니 전지(또는 볼타 전지)를 표준 전지 표시법으로 나타낸 것이다. 이에 대한 설명으로 옳은 것은?

$$Zn(s)|Zn^{2+}(aq) \parallel Cu^{2+}(aq)|Cu(s)$$

① 단일 수직선(|)은 염다리를 나타낸다.

② 이중 수직선(‖) 왼쪽이 환원 전극 반쪽 전지이다.

③ 전지에서 Cu^{2+}는 전극에서 Cu로 환원된다.

④ 전자는 외부 회로를 통해 환원 전극에서 산화 전극으로 흐른다.

정답 ③

풀이 ① 단일 수직선(|)은 전극을 나타낸다.

② 이중 수직선(‖) 왼쪽이 산화 전극 반쪽 전지이다.

④ 전자는 외부 회로를 통해 산화 전극에서 환원 전극으로 흐른다.

제3절 | 전지 전위

1 전극 전위(E)

화학 전지에서 반쪽 전지의 전위를 의미한다.

(1) 표준 수소 전극

① 반쪽 전지에서 전위를 정하는 기준이 된다.

② 25℃ 수소 이온 1M인 수용액에 백금전극을 담근 후 그 주변에 1기압의 수소기체를 채워 놓은 반쪽 전지이다. 이때 전위를 표준으로 한다($E^\circ = 0.00V$).

$$2H^+(aq) + 2e^- \rightarrow H_2(g),\ E^\circ = 0.00\ V$$

③ 산화 환원 반응은 동시에 진행되므로 한쪽의 전지만 별로도 전위를 알아낼 수 없다. 따라서 반쪽 전지의 전위는 표준 수소 전극을 기준으로 결정한다.

(2) 표준 환원 전위(E°)

① 표준 수소 전극과 비교한 환원상태의 반쪽 전지 전위를 의미한다.

② 25℃, 1기압에서 (+)극에는 전해질의 농도가 1M인 반쪽 전지를 연결하고, (−)극에는 표준 수소 전극을 연결하여 만든 전지의 기전력을 반쪽 전지의 표준 환원 전극이라 한다.

③ E°가 클수록 환원(+극)되기 쉬우며, E°가 작을수록 산화(−극)되기 쉽다.

④ $E^\circ > 0$: 수소보다 환원되기 쉽고, $E^\circ < 0$: 수소보다 산화되기 쉽다.

> **표준 상태**
> - 기체상태에서의 표준 상태: 0℃, 1기압
> - 화학 반응에서의 표준 상태: 25℃, 1기압
> - 수용액에서 반응할 때: 수용액의 농도가 1M일 때가 표준 상태이다.

2 전지 전위($E_{전지}$)

반쪽 전지의 전위차를 전지 전위라고 한다.

(1) 표준 전지 전위($E^\circ_{전지}$)

① 두 반쪽 전지를 연결한 화학 전지의 전위를 의미한다(단, 25℃ 전해질 수용액 농도 1M, 기체의 압력이 1기압일 때이다).

② 표준 전지 전위는 아래와 같이 산정한다.

$$E^\circ_{전지} = E^\circ_{환원전극} - E^\circ_{산화전극} = E^\circ_{(+)극} - E^\circ_{(-)극} = E^\circ_{큰값} - E^\circ_{작은값}$$

③ 두 전극의 이온화 경향이 클수록 표준 전지 전위는 크다.

예제

다음 반응의 표준 전지 전위를 구하시오.

$Zn^{2+}(aq) + 2e^- \rightarrow Zn(s)$, $E° = -0.76\ V$
$Cu^{2+}(aq) + 2e^- \rightarrow Cu(s)$, $E° = +0.34\ V$

풀이 $E^0_{전지} = E^0_{환원전극} - E^0_{산화전극} = E^0_{(+)극} - E°_{(-)극} = E^0_{큰값} - E^0_{작은값}$
$= +0.34\ V - (-0.76\ V) = +1.10\ V$
Zn은 산화전극(-극)이고 Cu는 환원전극(+극)이다.

(2) 화학 반응의 자발성과 표준 전지 전위($E°_{전지}$)의 관계

표준 전지 전위의 값이 (+)이면 자발적인 반응이 진행된다.

구분	전지반응 자발적	전지반응 비자발적
$E°_{전지}$	$E°_{전지} > 0$	$E°_{전지} < 0$
$\triangle G°$	$\triangle G° < 0$	$\triangle G° > 0$
$\triangle G° = 0$, $E°_{전지} = 0$ → 평형상태		

예제

01 다음 반응에서 비자발적인 반응은? (표준 환원 전위로 비교한다)

$Cu^{2+} + 2e^- \rightarrow Cu$ $E^0 = +0.34V$
$Zn^{2+} + 2e^- \rightarrow Zn$ $E^0 = -0.76V$
$Ag^+ + e^- \rightarrow Ag$ $E^0 = +0.80V$

① $2Ag^+ + Cu \rightarrow 2Ag^+ + Cu^{2+}$
② $Cu^{2+} + Zn \rightarrow Cu + Zn^{2+}$
③ $Cu^{2+} + 2Ag \rightarrow Cu + 2Ag^+$
④ $2Ag^+ + Zn \rightarrow 2Ag + Zn^{2+}$

정답 ③

풀이 전지 전위 = 환원 − 산화
전지 전위가 (+): 자발적
전지 전위가 (−): 비자발적
③ $Cu^{2+} + 2Ag \rightarrow Cu + 2Ag^+$: $+0.34 - (0.80) = -0.46V$
① $2Ag^+ + Cu \rightarrow 2Ag^+ + Cu^{2+}$: $+0.80 - (-0.76) = 1.56V$
② $Cu^{2+} + Zn \rightarrow Cu + Zn^{2+}$: $+0.34 - (-0.76) = 1.1V$
④ $2Ag^+ + Zn \rightarrow 2Ag + Zn^{2+}$: $+0.80 - (-0.76) = 1.56V$

02 다음 반응에서 표준 환원 전위 값에 대한 설명으로 옳은 것은?

$Zn^{2+} + 2e^- \rightarrow Zn$, $E^0 = -0.76V$
$Cu^{2+} + 2e^- \rightarrow Cu$, $E^0 = +0.34V$

① $E°$ 값이 큰 금속은 산화되기 어렵다.
② $E°$ 값이 큰 금속은 전자를 잘 잃는다.
③ $E°$ 값이 큰 금속은 이온화 경향이 크다.
④ $E°$ 값이 큰 금속은 전지의 (−)극이 된다.

정답 ①

풀이 • 표준 환원 전위가 큰 금속: 이온화 경향이 작으며, 산화가 되기 어렵고, 환원되기 쉽다.
• 표준 산화 전위가 큰 금속: 이온화 경향이 크고, 산화되기 쉬우며, 환원되기 어렵다.
표준 환원 전위가 큰 쪽이 환원전극(+극), 작은 쪽이 산화전극(−극)이 된다.

03 다음 두 반쪽 전지로 구성되는 전지의 표준 전지 전위로 옳은 것은?

$Ag^+(aq) + e^- \rightarrow Ag$, $E^0 = +0.80V$
$Cu^{2+} + 2e^- \rightarrow Cu$, $E^0 = +0.34V$

① +0.12V ② +0.46V
③ +1.14V ④ +1.26V

정답 ②

풀이 $Ag^+(aq) + e^- \rightarrow Ag$, $E^0 = +0.80V$
$Cu^{2+} + 2e^- \rightarrow Cu$, $E^0 = +0.34V$
표준 환원 전위가 더 큰 Ag^+이 환원되고 Cu가 산화된다.
환원: $Ag^+(aq) + e^- \rightarrow Ag$ ····· ⓐ
산화: $Cu \rightarrow Cu^{2+} + 2e^-$ ········· ⓑ
전체 반응: ⓐ × 2 − ⓑ
$2Ag^+(aq) + Cu(s) \rightarrow 2Ag(s) + Cu^{2+}(aq)$
반응식의 계수를 맞추기 위해 ⓐ × 2를 하였지만 표준 환원 전위에는 ⓐ × 2를 하지 않는다. 이동하는 전자의 몰수는 변하여도 전극 전위는 변하지 않는다.
표준 환원 전위 = +0.8V − (+0.34V) = +0.46V

네른스트Nernst) 방정식

• 전극의 산화 환원 전위를 온도와 반응물의 농도로 나타낸 방정식이다.
• 전해질의 몰 농도가 다른 경우 적용할 수 있다.

$$298K에서\ E = E°(V) - \frac{0.0592V}{n} \log \frac{[산화전극의\ 전해질\ 몰농도]}{[환원전극의\ 전해질\ 몰농도]}$$

(n: 산화된 물질과 환원된 물질이 주고받은 전자 수)

EX 아래의 식에서 네른스트 방정식에 의한 전위를 구하면,

Zn(s) ∣ Zn^{2+} (1.0M) ∥ Cu^{2+}(1.0M) ∣ Cu(s)

$Zn^{2+} + 2e^- \rightarrow Zn \quad E^0 = -0.76V$ ➡ 산화

$Cu^{2+} + 2e^- \rightarrow Cu \quad E^0 = +0.34V$ ➡ 환원

$$E = E°(V) - \frac{0.0592V}{n}\log\frac{[산화전극의\ 전해질\ 몰농도]}{[환원전극의\ 전해질\ 몰농도]}$$

$$E = (+0.34 - (-0.76)(V) - \frac{0.0592V}{2}\log\frac{[1M]}{[1M]} = 1.1V$$

예제

다니엘 전지의 전지식과 이와 관련된 반응의 표준 환원 전위(E^0)이다. Zn^{2+}의 농도가 0.1M이고, Cu^{2+}의 농도가 0.01M인 다니엘 전지의 기전력[V]에 가장 가까운 것은? (단, 온도는 25℃로 일정하다)

Zn(s) ∣ Zn^{2+}(aq) ∥ Cu^{2+}(aq) ∣ Cu(s) $Zn^{2+}(aq) + 2e^- \rightleftarrows Zn(s) \quad E^0 = -0.76V$ $Cu^{2+}(aq) + 2e^- \rightleftarrows Cu(s) \quad E^0 = 0.34V$

① 1.04
② 1.07
③ 1.13
④ 1.16

정답 ②

풀이 표준 환원 전위가 큰 금속: 이온화 경향이 작으며, 산화가 되기 어렵고, 환원되기 쉽다.
표준 산화 전위가 큰 금속: 이온화 경향이 크고, 산화되기 쉬우며, 환원되기 어렵다.
표준 환원 전위가 큰 쪽이 환원전극(+극), 작은 쪽이 산화전극(−극)이 된다.

$Zn^{2+}(aq) + 2e^- \rightleftarrows Zn(s) \quad E° = -0.76V$

$Cu^{2+}(aq) + 2e^- \rightleftarrows Cu(s) \quad E° = 0.34V$

표준 환원 전위가 더 큰 Cu가 환원되고 Zn이 산화된다.

환원: $Cu \rightarrow Cu^{2+} + 2e^-$ ⋯ ⓐ

산화: $Zn^{2+} + 2e^- \rightarrow Zn$ ⋯ ⓑ

ⓐ − ⓑ

표준 환원 전위 = +0.34V − (−0.76V) = +1.1V

298K에서 Nernst식에 의한 E를 구하면

$$E = E°(V) - \frac{0.0592V}{n}\log\frac{[산화전극의\ 전해질\ 몰농도]}{[환원전극의\ 전해질\ 몰농도]}$$

$$E = 1.1V - \frac{0.0592V}{2}\log\frac{[Zn^{2+}]}{[Cu^{2+}]}$$ 이다.

따라서 $E = 1.1 - \frac{0.0592}{2}\log\frac{[0.1]}{[0.01]} = 1.0704$

CHAPTER 02 전기 분해

1 전기 분해

전기 에너지를 이용한 물질의 분해 반응을 의미한다. 화학 전지는 자발적인 반응이나 전기 분해는 비자발적인 반응을 전기 에너지를 이용하여 반응시킨다.

(1) **구성**: 전원장치와 연결된 전극을 전해질 용액에 담그면 산화 환원 반응이 일어나 분해 반응이 일어난다.

(2) **원리**: 외부의 전원장치에서 전해질 용액에 전류를 흘려주면 양이온과 음이온이 (−)극과 (+)극으로 일끌려가 산화 환원 반응을 하여 전기 에너지에 의해 분해된다.

① (+)극(산화 전극): 음이온이 끌려가 전자를 내놓고 산화

② (−)극(환원 전극): 양이온이 끌려가 전자를 얻어 환원

(3) **전기 분해의 양적 관계(패러데이 법칙)**

흘려준 전하량과 전기 분해를 통해 생성되거나 소모되는 물질의 양은 비례한다.

① 전하량(Q) = 전류의 세기(I) × 시간(t) (단위: 쿨롱)

② 1F = 전자 1몰의 전하량이며 약 96,500C이다.

2 전해질 용융액의 전기 분해

전해질 용융액은 양이온과 음이온만이 존재한다.

> **염화나트륨(NaCl) 용융액의 전기 분해**
> - (−)극(환원 전극): Na^+이 전자를 얻어 환원되어 Na이 생성
> - (+)극(산화 전극): Cl^-이 전자를 잃고 산화되어 Cl_2 기체가 발생
> - (−)극(환원 전극): $2Na^+(l) + 2e^- \rightarrow 2Na(l)$
> - (+)극(산화 전극): $2Cl^-(l) \rightarrow Cl_2(g) + 2e^-$
> - 전체 반응: $2NaCl(l) \rightarrow 2Na(l) + Cl_2(g)$

3 전해질 수용액의 전기 분해

전해질 수용액은 양이온과 음이온과 물이 존재한다. 따라서 이온의 종류에 따라 전극에서 발생하는 물질이 달라진다.

(1) **(+)극(산화 전극)에서 산화되는 물질**

① 물분자와 전해질의 음이온 중 산화되기 쉬운 물질이 전자를 잃고 먼저 산화된다.

② **물이 먼저 산화되는 경우**: 전해질 중 음이온이 F^-, SO_4^{2-}, PO_4^{3-}, CO_3^{2-}, NO_3^- 등인 경우이다. 산소기체가 발생하고 수소 이온이 생성되어 (+)극 주변 수용액은 산성이 된다.

$2H_2O(l) \rightarrow O_2(g) + 4H^+(aq) + 4e^-$

(2) (−)극(환원 전극)에서 환원되는 물질

① 물분자와 전해질의 양이온 중 환원되기 쉬운 물질이 전자를 얻고 먼저 환원된다.

② **물이 먼저 환원화되는 경우**: 전해질 중 양이온이 Li^{+}, K^{+}, Ca^{2+}, Na^{+}, Mg^{2+}, Al^{3+}, NH_4^{+} 등인 경우이다. 수소기체가 발생하고 수산화이온이 생성되어 (−)극 주변 수용액은 염기성이 된다.

$2H_2O(l) + 2e^{-} \rightarrow H_2(g) + 2OH^{-}(aq)$

(3) 염화나트륨(NaCl) 수용액의 전기 분해

염화나트륨 수용액에는 Na^{+}, Cl^{-}, H_2O가 있으며 (−)극에서 반응성의 크기로 인해 Na^{+} 대신 H_2O가 환원된다.

① (−)극(산화 전극): H_2O이 환원되어 H_2 기체가 발생

$2H_2O(l) + 2e^{-} \rightarrow H_2(g) + 2OH^{-}(aq)$

② (+)극(환원 전극): Cl^{-}이 전자를 잃고 산화되어 Cl_2 기체가 발생

$2Cl^{-}(aq) \rightarrow Cl_2(g) + 2e^{-}$

4 물의 전기 분해

(1) 순수한 물은 전기가 통하지 않아 질산칼륨(KNO_3), 황산나트륨(Na_2SO_4) 등의 전해질을 미량 주입한다.

(2) (+)극에서는 H_2O가 산화되어 O_2 기체가 발생하고, (−)극에서는 H_2O가 환원되어 H_2 기체가 발생한다.

황산나트륨(Na_2SO_4)을 이용한 물의 전기 분해

- (−)극: Na^{+} 대신 H_2O가 환원되어 H_2(수소기체)를 발생
- (+)극: SO_4^{2-} 대신 H_2O가 산화되어 O_2(산소기체)를 발생
- (−)극(환원 전극): $4H_2O(l) + 4e^{-} \rightarrow 2H_2(g) + 4OH^{-}(aq)$
- (+)극(산화 전극): $2H_2O(l) \rightarrow O_2(g) + 4H^{+}(aq) + 4e^{-}$
- 전체 반응: $2H_2O(l) \rightarrow 2H_2(g) + O_2(g)$

예제

물의 전기 분해와 관련된 내용 중 틀린 것은? (단, 전해질로 황산나트륨을 소량 주입한다)

① 물의 분해 반응은 흡열 반응이다.

② (−)극에서 발생한 기체는 산소이다.

③ H_2O의 H는 환원된다.

④ (−)극에서는 환원이 일어난다.

정답 ②

풀이 (−)극에서 발생하는 기체는 수소기체이고 (+)극에서 발생하는 기체는 산소기체이다.

기출 & 예상 문제

01 산화−환원 반응이 아닌 것은?

① $HClO_4 + NH_3 \rightarrow NH_4ClO_4$
② $N_2 + 3H_2 \rightarrow 2NH_3$
③ $2AgNO_3 + Cu \rightarrow 2Ag + Cu(NO_3)_2$
④ $2H_2O_2 \rightarrow 2H_2O + O_2$

02 다음 원자(C, Cr, N, S)의 산화수가 옳지 않은 것은?

① HCO_3^-, +4
② $Cr_2O_7^{2-}$, +6
③ NH_4^+, +5
④ SO_4^{2-}, +6

03 아래 반응에서 산화되는 원소는?

$$14HNO_3 + 3Cu_2O \rightarrow 6Cu(NO_3)_2 + 2NO + 7H_2O$$

① H
② N
③ O
④ Cu

04 철(Fe)로 된 수도관의 부식을 방지하기 위하여 마그네슘(Mg)을 수도관에 부착하였다. 산화되기 쉬운 정도만을 고려할 때, 마그네슘 대신에 사용할 수 없는 금속은?

① 아연(Zn)
② 니켈(Ni)
③ 칼슘(Ca)
④ 알루미늄(Al)

05 다음 중 산화−환원 반응이 아닌 것은?

① $2Al + 6HCl \rightarrow 3H_2 + 2AlCl_3$
② $2H_2O \rightarrow 2H_2 + O_2$
③ $2NaCl + Pb(NO_3)_2 \rightarrow PbCl_2 + 2NaNO_3$
④ $2NaI + Br_2 \rightarrow 2NaBr + I_2$

06 다음은 어떤 갈바니 전지(또는 볼타 전지)를 표준 전지 표시법으로 나타낸 것이다. 이에 대한 설명으로 옳은 것은?

$Zn(s)|Zn^{2+}(aq)\ \|\|\ Cu^{2+}(aq)|Cu(s)$

① 단일 수직선(I)은 염다리를 나타낸다.
② 이중 수직선(II) 왼쪽이 환원 전극 반쪽 전지이다.
③ 전지에서 Cu^{2+}는 전극에서 Cu로 환원된다.
④ 전자는 외부 회로를 통해 환원 전극에서 산화 전극으로 흐른다.

07 볼타 전지에서 두 반쪽 반응이 다음과 같을 때, 이에 대한 설명으로 옳지 않은 것은?

$Ag^{+}(aq) + e^{-} \rightarrow Ag(s)\quad E° = 0.799V$
$Cu^{2+}(aq) + 2e^{-} \rightarrow Cu(s)\ E° = 0.337V$

① Ag는 환원 전극이고 Cu는 산화 전극이다.
② 알짜 반응은 자발적으로 일어난다.
③ 셀 전압(Ecell)은 1.261V이다.
④ 두 반응의 알짜 반응식은 $2Ag^{+}(aq) + Cu(s) \rightarrow 2Ag(s) + Cu^{2+}(aq)$이다.

정답찾기

01 산화수의 변화가 없는 반응은 산화 환원 반응이 아니다.

02 NH_4^{+} = □ + (+1 × 4) = +1
□ = −3

03 Cu_2O에서 구리의 산화수는 +1이고 $Cu(HNO_3)_2$에서 구리의 산화수는 +2로 +1만큼 증가했으므로 산화되었다.

04 이온화경향 : K > Ca > Na > Mg > Al > Zn > Fe > Ni > Sn > Pb > H > Cu > Hg > Ag > Pt > Au
철보다 이온화 경향이 작은 Ni는 사용할 수 없다.

05 산화수의 변화가 없다.

06 ① 단일 수직선(I)은 전극을 나타낸다.
② 이중 수직선(II) 왼쪽이 산화 전극 반쪽 전지이다.
④ 전자는 외부 회로를 통해 산화 전극에서 환원 전극으로 흐른다.

07 • 알짜 반응식: $2Ag^{+}(aq) + Cu(s) \rightarrow 2Ag(s) + Cu^{2+}(aq)$
[산화 전극(−극) : Cu, 환원전극(+극) : Ag]
• 셀 전압 = 환원 전극 전위 − 산화 전극 전위
= 0.799V − 0.337V = 0.462V

정답 01 ① 02 ③ 03 ④ 04 ② 05 ③ 06 ③ 07 ③

08 **산화수 변화가 가장 큰 원소는?**

$PbS(s) + 4H_2O_2(aq) \rightarrow PbSO_4(s) + 4H_2O(l)$

① Pb
② S
③ H
④ O

09 **다음 중 산화-환원 반응은?**

① $Na_2SO_4(aq) + Pb(NO_3)_2(aq) \rightarrow PbSO_4(s) + 2NaNO_3(aq)$
② $3KOH(aq) + Fe(NO_3)_3(aq) \rightarrow Fe(OH)_3(s) + 3KNO_3(aq)$
③ $AgNO_3(aq) + NaCl(aq) \rightarrow AgCl(s) + NaNO_3(aq)$
④ $2CuCl(aq) \rightarrow CuCl_2(aq) + Cu(s)$

10 **다니엘 전지의 전지식과 이와 관련된 반응의 표준 환원 전위(E^0)이다. Zn^{2+}의 농도가 0.1M이고, Cu^{2+}의 농도가 0.01M인 다니엘 전지의 기전력[V]에 가장 가까운 것은? (단, 온도는 25℃로 일정하다)**

$Zn(s) \mid Zn^{2+}(aq) \parallel Cu^{2+}(aq) \mid Cu(s)$
$Zn^{2+}(aq) + 2e^- \rightleftarrows Zn(s) \quad E° = -0.76V$
$Cu^{2+}(aq) + 2e^- \rightleftarrows Cu(s) \quad E° = 0.34V$

① 1.04
② 1.07
③ 1.13
④ 1.16

11 **산화수에 대한 설명으로 틀린 것을 모두 고른 것은?**

ㄱ. 화학 반응에서 산화수가 감소하는 반응은 산화 반응이다.
ㄴ. 금속의 수소화물에서 수소의 산화수는 +1이다.
ㄷ. 홑원소 물질을 구성하는 원자의 산화수는 0이다
ㄹ. 단원자 이온의 산화수는 그 이온의 전하수와 같다.

① ㄱ, ㄴ
② ㄷ, ㄹ
③ ㄱ, ㄷ
④ ㄴ, ㄹ

12 수용액에서 $HAuCl_4$(s)를 구연산(citric acid)과 반응시켜 금 나노입자 Au(s)를 만들었다. 이에 대한 설명으로 옳은 것만을 모두 고르면?

ㄱ. 반응 전후 Au의 산화수는 +5에서 0으로 감소하였다. ㄴ. 산화-환원 반응이다. ㄷ. 구연산은 환원제이다. ㄹ. 산-염기 중화 반응이다.

① ㄱ, ㄴ　　② ㄱ, ㄷ
③ ㄴ, ㄷ　　④ ㄴ, ㄹ

13 $KMnO_4$에서 Mn의 산화수는?

① +1　　② +3
③ +5　　④ +7

정답찾기

08 ② S: −2 → +6
① Pb: +2 → +2
③ H: +1 → +1
④ O: −1 → −2 (과산화물에서 산소의 산화수는 −1이다)

09 Cu의 산화수가 변화되었다.

10 • 표준 환원 전위가 큰 금속: 이온화 경향이 작으며, 산화가 되기 어렵고, 환원되기 쉽다.
• 표준 산화 전위가 큰 금속: 이온화 경향이 크고, 산화되기 쉬우며, 환원되기 어렵다.
표준 환원 전위가 큰 쪽이 환원 전극(+극), 작은 쪽이 산화 전극(−극)이 된다.
$Zn^{2+}(aq) + 2e^- \rightleftarrows Zn(s) \quad E° = -0.76V$
$Cu^{2+}(aq) + 2e^- \rightleftarrows Cu(s) \quad E° = 0.34V$
표준 환원 전위가 더 큰 Cu가 환원되고 Zn이 산화된다.
환원: Cu → Cu^{2+} + $2e^-$ …ⓐ
산화: Zn^{2+} + $2e^-$ → Zn …ⓑ
ⓐ−ⓑ
표준 환원 전위 = +0.34V − (−0.76V) = +1.1V
298K에서 Nernst식에 의한 E를 구하면
$$E = E°(V) - \frac{0.0592V}{n}\log\frac{[\text{산화전극의 전해질 몰농도}]}{[\text{환원전극의 전해질 몰농도}]}$$
$$E = 1.1V - \frac{0.0592V}{2}\log\frac{[Zn^{2+}]}{[Cu^{2+}]}$$ 이다.
따라서 $E = 1.1 - \frac{0.0592}{2}\log\frac{[0.1]}{[0.01]} = 1.0704$

11 ㄱ. 화학 반응에서 산화수가 감소하는 반응은 환원 반응이다.
ㄴ. 화합물에서 수소의 산화수는 +1이나 금속의 수소화물에서는 −1이다.

12 바르게 고쳐보면,
ㄱ. 반응 전후 Au의 산화수는 +3에서 0으로 감소하였다. (H: +1, Cl: −1, Au(s): 0)
ㄹ. 산-염기 중화 반응은 산과 염기가 만나 물과 염을 형성하는 반응이다.

13 K: +1, O_2: −2 × 4이므로 Mn의 산화수는 +7이 되어야 한다.

정답 08 ② 09 ④ 10 ② 11 ① 12 ③ 13 ④

14 25℃ 표준상태에서 다음의 두 반쪽 반응으로 구성된 갈바니 전지의 표준 전위[V]는? (단, E°는 표준 환원 전위 값이다)

$Cu^{2+}(aq) + 2e^- \rightarrow Cu(s)$: E° = 0.34V
$Zn^{2+}(aq) + 2e^- \rightarrow Zn(s)$: E° = −0.76V

① -0.76
② 0.34
③ 0.42
④ 1.1

15 반응식 $P_4(s) + 10Cl_2(g) \rightarrow 4PCl_5(s)$에서 환원제와 이를 구성하는 원자의 산화수 변화를 옳게 짝지은 것은?

	환원제	반응 전 산화수	반응 후 산화수
①	$P_4(s)$	0	+5
②	$P_4(s)$	0	+4
③	$Cl_2(g)$	0	+5
④	$Cl_2(g)$	0	-1

16 다음 중 산화−환원 반응은?

① $HCl(g) + NH_3(aq) \rightarrow NH_4Cl(s)$
② $HCl(aq) + NaOH(aq) \rightarrow H_2O(l) + NaCl(aq)$
③ $Pb(NO_3)_2(aq) + 2KI(aq) \rightarrow PbI_2(s) + 2KNO_3(aq)$
④ $Cu(s) + 2Ag^+(aq) \rightarrow 2Ag(s) + Cu^{2+}(aq)$

17 다음은 철의 제련 과정과 관련된 화학 반응식이다. 이에 대한 설명으로 옳지 않은 것은?

(가) $2C(s) + O_2(g) \rightarrow 2CO(g)$
(나) $Fe_2O_3(s) + 3CO(g) \rightarrow 2Fe(s) + 3CO_2(g)$
(다) $CaCO_3(s) \rightarrow CaO(s) + CO_2(g)$
(라) $CaO(s) + SiO_2(s) \rightarrow CaSiO_3(l)$

① (가)에서 C의 산화수는 증가한다.
② (가)~(라) 중 산화−환원 반응은 2가지이다.
③ (나)에서 CO는 환원제이다.
④ (다)에서 Ca의 산화수는 변한다.

18 황(S)의 산화수가 나머지와 다른 것은?

① H_2S　② SO_3
③ $PbSO_4$　④ H_2SO_4

19 황(S)의 산화수가 가장 큰 것은?

① K_2SO_3　② $Na_2S_2O_3$
③ $FeSO_4$　④ CdS

정답찾기

14 $Cu^{2+}(aq) + 2e^- \rightarrow Cu(s)$: $E° = 0.34V$
➡ 환원 전위 (+)극
$Zn^{2+}(aq) + 2e^- \rightarrow Zn(s)$: $E° = -0.76V$
➡ 산화 전위 (-)극
표준 전위 = 환원 전위 - 산화 전위
= 0.34 - (-0.76) = 1.1V

15

	반응 전 산화수	반응 후 산화수	구분	
$P_4(s)$	0	+5	산화	환원제
$Cl_2(g)$	0	-1	환원	산화제

16 산화-환원 반응은 산화수의 변화가 있다.
$Cu(s) + 2Ag^+(aq) \rightarrow 2Ag(s) + Cu^{2+}(aq)$
0　+1　0　+2

17 ④ (다)에서 Ca의 산화수는 +2로 변하지 않는다.
① (가)에서 C의 산화수는 0 → +2로 증가한다.
② (가)~(라) 중 산화-환원 반응은 (가)와 (나)이다.
③ (나)에서 CO는 산소와 결합하므로 환원제이다.

18 ① H_2S
H_2 : +1 × 2 = +2
S : -2
② SO_3
O_3 : -2 × 3 = -6
S : +6
③ $PbSO_4$
Pb : +2
O_4 : -2 × 4 = -8
S : +6
④ H_2SO_4
H_2 : +1 × 2 = +2
O_4 : -2 × 4 = -8
S : +6

19 ③ $FeSO_4$
SO_4^{2-}이므로 Fe는 +2이다.
(+2) + S + (-2) × 4 = 0
S = 6
① K_2SO_3
(+1) × 2 + S + (-2) × 3 = 0
S = 4
② $Na_2S_2O_3$
(+1) × 2 + S × 2 + (-2) × 3 = 0
S = 2
④ CdS
(+2) + S = 0
S = -2

정답　**14** ④　**15** ①　**16** ④　**17** ④　**18** ①　**19** ③

09

20 구리와 아연을 연결한 볼타 전지에 대한 설명으로 옳지 않은 것은?

① 화학 에너지를 전기 에너지로 변환시키는 자발적 산화 환원 반응이다.
② 전류는 산화 전극에서 환원 전극으로 이동한다.
③ 다니엘(Daniell) 전지는 볼타 전지의 한 예이다.
④ 산화 전극의 질량이 감소한다.

21 산화－환원 반응이 아닌 것은?

① $2HCl + Mg \rightarrow MgCl_2 + H_2$
② $CH_4 + 2O_2 \rightarrow CO_2 + 2H_2O$
③ $CO_2 + H_2O \rightarrow H_2CO_3$
④ $3NO_2 + H_2O \rightarrow 2HNO_3 + NO$

정답찾기

20 전자는 산화 전극(－극) → 환원 전극(+극)으로, 전류는 환원 전극(+극) → 산화 전극(－극)으로 이동한다.

21 $CO_2 + H_2O \rightarrow H_2CO_3$는 산화수의 변화가 없다.

정답 20 ② 21 ③

MEMO

이찬범 화학

합격까지 박문각

부록

부록
기출문제

2019년 지방직 9급

01 유효 숫자를 고려한 (13.59 × 6.3) ÷ 12의 값은?

① 7.1
② 7.13
③ 7.14
④ 7.135

02 다음 바닥상태의 전자 배치 중 17족 할로젠 원소는?

① $1s^22s^22p^63s^23p^5$
② $1s^22s^22p^63s^23p^63d^74s^2$
③ $1s^22s^22p^63s^23p^64s^1$
④ $1s^22s^22p^63s^23p^6$

03 결합의 극성 크기 비교로 옳은 것은? (단, 전기 음성도 값은 H = 2.1, C = 2.5, O = 3.5, F = 4.0, Si = 1.8, Cl = 3.0이다)

① C−O > Si−O
② O−F > O−Cl
③ C−H > Si−H
④ C−F > Si−F

04 샤를의 법칙을 옳게 표현한 식은? (단, V, P, T, n은 각각 이상 기체의 부피, 압력, 절대온도, 몰수이다)

① V = 상수/P
② V = 상수 × n
③ V = 상수 × T
④ V = 상수 × P

05 4몰의 원소 X와 10몰의 원소 Y를 반응시켜 X와 Y가 일정비로 결합된 화합물 4몰을 얻었고 2몰의 원소 Y가 남았다. 이때 균형 맞춘 화학 반응식은?

① $4X + 10Y \rightarrow X_4Y_{10}$
② $2X + 8Y \rightarrow X_2Y_8$
③ $X + 2Y \rightarrow XY_2$
④ $4X + 10Y \rightarrow 4XY_2$

06 **온실가스가 아닌 것은?**

① $CH_4(g)$　　② $N_2(g)$
③ $H_2O(g)$　　④ $CO_2(g)$

07 **용액의 총괄성에 대한 설명으로 옳은 것만을 모두 고르면?**

ㄱ. 용질의 종류와 무관하고, 용질의 입자 수에 의존하는 물리적 성질이다.
ㄴ. 증기 압력은 0.1M NaCl 수용액이 0.1M 설탕 수용액보다 크다.
ㄷ. 끓는점 오름의 크기는 0.1M NaCl 수용액이 0.1M 설탕 수용액보다 크다.
ㄹ. 어는점 내림의 크기는 0.1M NaCl 수용액이 0.1M 설탕 수용액보다 작다.

① ㄱ, ㄴ　　② ㄱ, ㄷ
③ ㄴ, ㄹ　　④ ㄷ, ㄹ

08 **고분자(중합체)에 대한 설명으로 옳은 것만을 모두 고르면?**

ㄱ. 폴리에틸렌은 에틸렌 단위체의 첨가 중합 고분자이다.
ㄴ. 나일론-66은 두 가지 다른 종류의 단위체가 축합 중합된 고분자이다.
ㄷ. 표면 처리제로 사용되는 테플론은 C-F 결합 특성 때문에 화학약품에 약하다.

① ㄱ　　② ㄱ, ㄴ
③ ㄴ, ㄷ　　④ ㄱ, ㄴ, ㄷ

09 **팔전자 규칙(octet rule)을 만족시키지 않는 분자는?**

① NO　　② F_2
③ CO_2　　④ N_2

10 **수용액에서 $HAuCl_4(s)$를 구연산(citric acid)과 반응시켜 금 나노입자 $Au(s)$를 만들었다. 이에 대한 설명으로 옳은 것만을 모두 고르면?**

ㄱ. 반응 전후 Au의 산화수는 +5에서 0으로 감소하였다.
ㄴ. 산화-환원 반응이다.
ㄷ. 구연산은 환원제이다.
ㄹ. 산-염기 중화 반응이다.

① ㄱ, ㄴ
② ㄱ, ㄷ
③ ㄴ, ㄷ
④ ㄴ, ㄹ

11 **전해질(electrolyte)에 대한 설명으로 옳은 것은?**

① 물에 용해되어 이온 전도성 용액을 만드는 물질을 전해질이라 한다.
② 설탕($C_{12}H_{22}O_{11}$)을 증류수에 녹이면 전도성 용액이 된다.
③ 아세트산(CH_3COOH)은 KCl보다 강한 전해질이다.
④ NaCl 수용액은 전기가 통하지 않는다.

12 **$CH_2O(g) + O_2(g) \rightarrow CO_2(g) + H_2O(g)$ 반응에 대한 $\triangle H°$ 값[kJ]은?**

$CH_2O(g) + H_2O(g) \rightarrow CH_4(g) + O_2(g)$: $\triangle H° = +275.6kJ$
$CH_4(g) + 2O_2(g) \rightarrow CO_2(g) + 2H_2O(l)$: $\triangle H° = -890.3kJ$
$H_2O(g) \rightarrow H_2O(l)$: $\triangle H° = -44.0kJ$

① −658.7
② −614.7
③ −570.7
④ −526.7

13 **다음 열화학 반응식에 대한 설명으로 옳지 않은 것은?**

$2Mg(s) + O_2(g) \rightarrow 2MgO(s) \quad \triangle H° = -1204kJ$

① 산-염기 중화 반응
② 결합 반응
③ 산화-환원 반응
④ 발열 반응

14 **화학 반응 속도에 영향을 주는 인자가 아닌 것은?**

① 반응 엔탈피의 크기
② 반응 온도
③ 활성화 에너지의 크기
④ 반응물들의 충돌 횟수

15 **다음 그림은 $NOCl_2(g) + NO(g) \rightarrow 2NOCl(g)$ 반응에 대하여 시간에 따른 농도[$NOCl_2$]와 [NOCl]를 측정한 것이다. 이에 대한 설명으로 옳은 것만을 모두 고르면?**

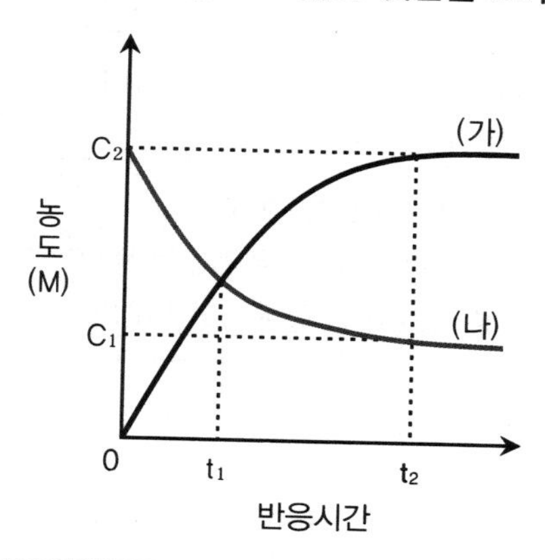

ㄱ. (가)는 [$NOCl_2$]이고 (나)는 [NOCl]이다. ㄴ. (나)의 반응 순간 속도는 t_1과 t_2에서 다르다. ㄷ. $\triangle t = t_2 - t_1$ 동안 반응 평균 속도 크기는 (가)가 (나)보다 크다.

① ㄱ
② ㄴ
③ ㄷ
④ ㄴ, ㄷ

16 **다음 설명 중 옳지 않은 것은?**

① CH_4는 사면체 분자이며 C의 혼성 오비탈은 sp^3이다.
② NH_3는 삼각뿔형 분자이며 N의 혼성 오비탈은 sp^3이다.
③ XeF_2는 선형 분자이며 Xe의 혼성 오비탈은 sp이다.
④ CO_2는 선형 분자이며 C의 혼성 오비탈은 sp이다.

17 **$KMnO_4$에서 Mn의 산화수는?**

① +1
② +3
③ +5
④ +7

18 구조 (가)~(다)는 결정성 고체의 단위 세포를 나타낸 것이다. 이에 대한 설명으로 옳은 것만을 모두 고르면?

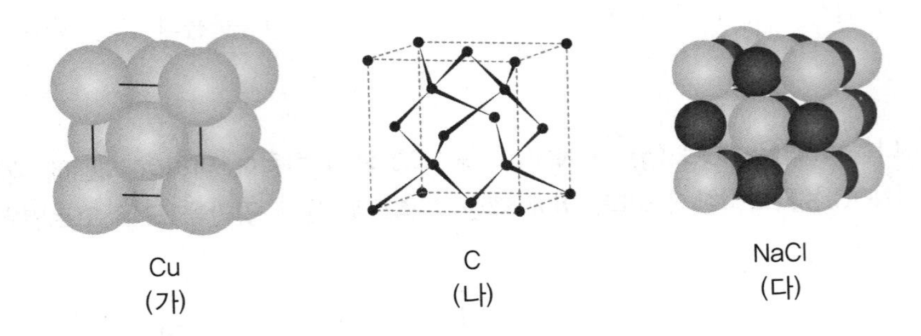

ㄱ. 전기 전도성은 (가)가 (나)보다 크다.
ㄴ. (나)의 탄소 원자 사이의 결합각은 CH_4의 H－C－H 결합각과 같다.
ㄷ. (나)와 (다)의 단위 세포에 포함된 C와 Na^+의 개수비는 1 : 2이다.

① ㄱ
② ㄷ
③ ㄱ, ㄴ
④ ㄱ, ㄴ, ㄷ

19 아세트산(CH_3COOH)과 사이안화수소산(HCN)의 혼합 수용액에 존재하는 염기의 세기를 작은 것부터 순서대로 바르게 나열한 것은? (단, 아세트산이 사이안화수소산보다 강산이다)

① $CH_3COO^- < H_2O < CN^-$
② $CN^- < CH_3COO^- < H_2O$
③ $H_2O < CN^- < CH_3COO^-$
④ $H_2O < CH_3COO^- < CN^-$

20 팔면체 철 착이온 $[Fe(CN)_6]^{3-}$, $[Fe(en)_3]^{3+}$, $[Fe(en)_2Cl_2]^+$에 대한 설명으로 옳은 것만을 모두 고르면? (단, en은 에틸렌다이아민이고 Fe는 8족 원소이다)

ㄱ. $[Fe(CN)_6]^{3-}$는 상자기성이다.
ㄴ. $[Fe(en)_3]^{3+}$는 거울상 이성질체를 갖는다.
ㄷ. $[Fe(en)_2Cl_2]^+$는 3개의 입체이성질체를 갖는다.

① ㄱ
② ㄴ
③ ㄷ
④ ㄱ, ㄴ, ㄷ

부록
기출문제

2020년 지방직 9급

01 25℃에서 측정한 용액 A의 $[OH^-]$가 1.0×10^{-6}M일 때, pH값은? (단, $[OH^-]$는 용액 내의 OH^- 몰 농도를 나타낸다)

① 6.0
② 7.0
③ 8.0
④ 9.0

02 원자 간 결합이 다중 공유결합으로 이루어진 물질은?

① KBr
② Cl_2
③ NH_3
④ O_2

03 32g의 메테인(CH_4)이 연소될 때 생성되는 물(H_2O)의 질량[g]은? (단, H의 원자량은 1, C의 원자량은 12, O의 원자량은 16이며 반응은 완전 연소로 100% 진행된다)

① 18
② 36
③ 72
④ 144

04 N_2O 분해에 제안된 메커니즘은 다음과 같다.

$N_2O(g) \xrightarrow{k_1} N_2(g) + O(g)$ (느린 반응)
$N_2O(g) + O(g) \xrightarrow{k_2} N_2(g) + O_2(g)$ (빠른 반응)

위의 메커니즘으로부터 얻어지는 전체 반응식과 반응속도 법칙은?

① $2N_2O(g) \rightarrow 2N_2(g) + O_2(g)$, 속도 $= k_1[N_2O]$
② $N_2O(g) \rightarrow N_2(g) + O(g)$, 속도 $= k_1[N_2O]$
③ $N_2O(g) + O(g) \rightarrow N_2(g) + O_2(g)$, 속도 $= k_2[N_2O]$
④ $2N_2O(g) \rightarrow 2N_2(g) + 2O_2(g)$, 속도 $= k_2[N_2O]^2$

05 **일정 압력에서 2몰의 공기를 40℃에서 80℃로 가열할 때, 엔탈피 변화(△H)[J]는? (단, 공기의 정압열용량은 $20Jmol^{-1}℃^{-1}$이다)**

① 640
② 800
③ 1,600
④ 2,400

06 **다음은 원자 A~D에 대한 양성자 수와 중성자 수를 나타낸다. 이에 대한 설명으로 옳은 것은? (단, A~D는 임의의 원소기호이다)**

원자	A	B	C	D
양성자수	17	17	18	19
중성자수	18	20	22	20

① 이온 A^-와 중성원자 C의 전자 수는 같다.
② 이온 A^-와 이온 B^+의 질량수는 같다.
③ 이온 B^-와 중성원자 D의 전자 수는 같다.
④ 원자 A~D 중 질량수가 가장 큰 원자는 D이다.

07 **주기율표에 대한 설명으로 옳지 않은 것은?**

① O^{2-}, F^-, Na^+ 중에서 이온 반지름이 가장 큰 것은 O^{2-}이다.
② F, O, N, S 중에서 전기 음성도는 F가 가장 크다.
③ Li과 Ne 중에서 1차 이온화 에너지는 Li이 더 크다.
④ Na, Mg, Al 중에서 원자 반지름이 가장 작은 것은 Al이다.

08 **단열된 용기 안에 있는 25℃의 물 150g에 60℃의 금속 100g을 넣어 열평형에 도달하였다. 평형 온도가 30℃일 때, 금속의 비열[$Jg^{-1}℃^{-1}$]은? (단, 물의 비열은 $4Jg^{-1}℃^{-1}$이다)**

① 0.5
② 1
③ 1.5
④ 2

09 **화합물 A_2B의 질량 조성이 원소 A 60%와 원소 B 40%로 구성될 때, AB_3를 구성하는 A와 B의 질량비는?**

① 10%의 A, 90%의 B
② 20%의 A, 80%의 B
③ 30%의 A, 70%의 B
④ 40%의 A, 60%의 B

10 **25℃ 표준상태에서 다음의 두 반쪽 반응으로 구성된 갈바니 전지의 표준 전위[V]는? (단, E° 는 표준 환원 전위 값이다)**

$$Cu^{2+}(aq) + 2e^- \rightarrow Cu(s) : E^\circ = 0.34V$$
$$Zn^{2+}(aq) + 2e^- \rightarrow Zn(s) : E^\circ = -0.76V$$

① −0.76
② 0.34
③ 0.42
④ 1.1

11 **반응식 $P_4(s) + 10Cl_2(g) \rightarrow 4PCl_5(s)$에서 환원제와 이를 구성하는 원자의 산화수 변화를 옳게 짝지은 것은?**

	환원제	반응 전 산화수	반응 후 산화수
①	$P_4(s)$	0	+5
②	$P_4(s)$	0	+4
③	$Cl_2(g)$	0	+5
④	$Cl_2(g)$	0	−1

12 **중성원자를 고려할 때, 원자가 전자 수가 같은 원자들의 원자번호끼리 옳게 짝지은 것은?**

① 1, 2, 9
② 5, 6, 9
③ 4, 12, 17
④ 9, 17, 35

13 **프로페인(C_3H_8)이 완전 연소할 때, 균형 화학 반응식으로 옳은 것은?**

① $C_3H_8(g) + 3O_2(g) \rightarrow 4CO_2(g) + 2H_2O(g)$
② $C_3H_8(g) + 5O_2(g) \rightarrow 4CO_2(g) + 3H_2O(g)$
③ $C_3H_8(g) + 5O_2(g) \rightarrow 3CO_2(g) + 4H_2O(g)$
④ $C_3H_8(g) + 4O_2(g) \rightarrow 2CO_2(g) + H_2O(g)$

14 **물 분자의 결합 모형을 그림처럼 나타낼 때, 결합 A와 결합 B에 대한 설명으로 옳은 것은?**

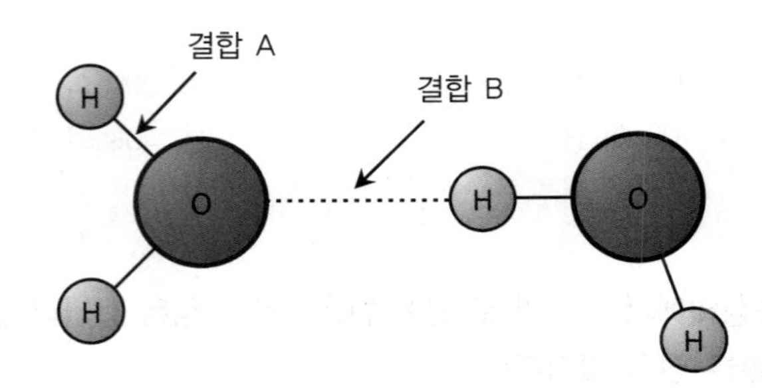

① 결합 A는 결합 B보다 강하다.
② 액체에서 기체로 상태변화를 할 때 결합 A가 끊어진다.
③ 결합 B로 인하여 산소 원자는 팔전자 규칙(octet rule)을 만족한다.
④ 결합 B는 공유결합으로 이루어진 모든 분자에서 관찰된다.

15 **다음 중 산화-환원 반응은?**

① $HCl(g) + NH_3(aq) \rightarrow NH_4Cl(s)$
② $HCl(aq) + NaOH(aq) \rightarrow H_2O(l) + NaCl(aq)$
③ $Pb(NO_3)_2(aq) + 2KI(aq) \rightarrow PbI_2(s) + 2KNO_3(aq)$
④ $Cu(s) + 2Ag^+(aq) \rightarrow 2Ag(s) + Cu^{2+}(aq)$

16 **아세트알데하이드(acetaldehyde)에 있는 두 탄소(ⓐ와 ⓑ)의 혼성 오비탈을 옳게 짝지은 것은?**

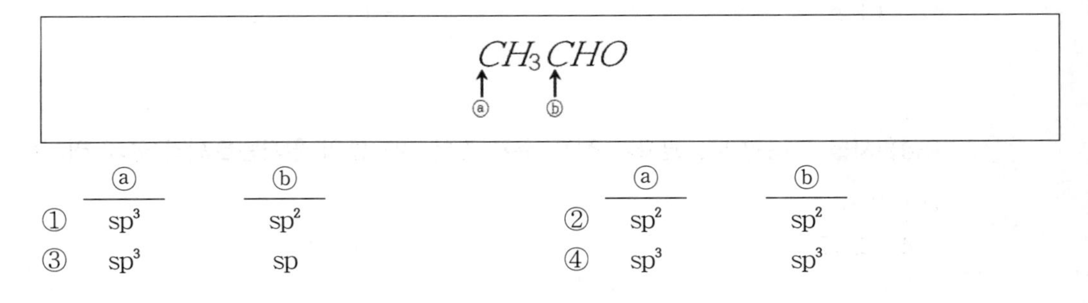

	ⓐ	ⓑ		ⓐ	ⓑ
①	sp^3	sp^2	②	sp^2	sp^2
③	sp^3	sp	④	sp^3	sp^3

17 **용액에 대한 설명으로 옳지 않은 것은?**

① 용액의 밀도는 용액의 질량을 용액의 부피로 나눈 값이다.
② 용질 A의 몰 농도는 A의 몰수를 용매의 부피(L)로 나눈 값이다.
③ 용질 A의 몰랄 농도는 A의 몰수를 용매의 질량(kg)으로 나눈 값이다.
④ 1ppm은 용액 백만 g에 용질 1g이 포함되어 있는 값이다.

18 바닷물의 염도를 1kg의 바닷물에 존재하는 건조 소금의 질량(g)으로 정의하자. 질량 백분율로 소금 3.5%가 용해된 바닷물의 염도[g/kg]는?

① 0.35
② 3.5
③ 35
④ 350

19 25℃ 표준상태에서 아세틸렌($C_2H_2(g)$)의 연소열이 $-1,300kJmol^{-1}$일 때, C_2H_2의 연소에 대한 설명으로 옳은 것은?

① 생성물의 엔탈피 총합은 반응물의 엔탈피 총합보다 크다.
② C_2H_2 1몰의 연소를 위해서는 1,300kJ이 필요하다.
③ C_2H_2 1몰의 연소를 위해서는 O_2 5몰이 필요하다.
④ 25℃의 일정 압력에서 C_2H_2이 연소될 때 기체의 전체 부피는 감소한다.

20 물질 A, B, C에 대한 다음 그래프의 설명으로 옳은 것만을 모두 고르면?

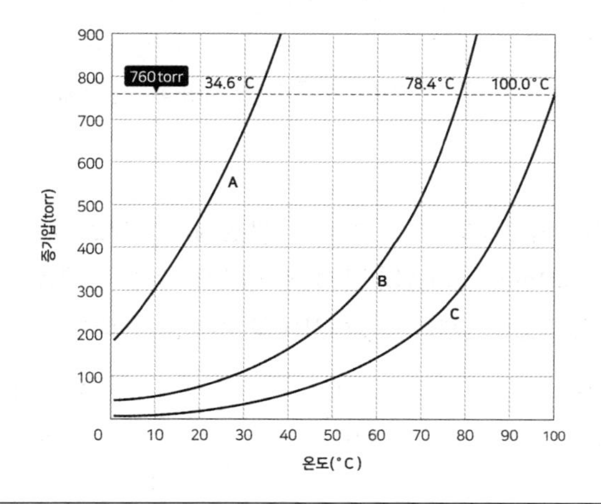

ㄱ. 30°C에서 증기압 크기는 C < B < A이다.
ㄴ. B의 정상 끓는점은 78.4℃이다.
ㄷ. 25℃ 열린 접시에서 가장 빠르게 증발하는 것은 C이다.

① ㄱ, ㄴ
② ㄱ, ㄷ
③ ㄴ, ㄷ
④ ㄱ, ㄴ, ㄷ

부록
기출문제

2021년 지방직 9급

01 다음 물질 변화의 종류가 다른 것은?

① 물이 끓는다.
② 설탕이 물에 녹는다.
③ 드라이아이스가 승화한다.
④ 머리카락이 과산화 수소에 의해 탈색된다.

02 용액의 총괄성에 해당하지 않는 현상은?

① 산 위에 올라가서 끓인 라면은 설익는다.
② 겨울철 도로 위에 소금을 뿌려 얼음을 녹인다.
③ 라면을 끓일 때 수프부터 넣으면 면이 빨리 익는다.
④ 서로 다른 농도의 두 용액을 반투막을 사용해 분리해 놓으면 점차 그 농도가 같아진다.

03 강철 용기에서 암모니아(NH_3) 기체가 질소(N_2) 기체와 수소 기체(H_2)로 완전히 분해된 후의 전체 압력이 900mmHg이었다. 생성된 질소와 수소 기체의 부분 압력[mmHg]을 바르게 연결한 것은? (단, 모든 기체는 이상 기체의 거동을 한다)

	질소 기체	수소 기체		질소 기체	수소 기체
①	200	700	②	225	675
③	250	650	④	275	625

04 다음은 일산화 탄소(CO)와 수소(H_2)로부터 메탄올(CH_3OH)을 제조하는 반응식이다.

$$CO(g) + 2H_2(g) \rightarrow CH_3OH(l)$$

일산화 탄소 280g과 수소 50g을 반응시켜 완결하였을 때, 생성된 메탄올의 질량[g]은? (단, C, H, O의 원자량은 각각 12, 1, 16이다)

① 330
② 320
③ 290
④ 160

05 주족 원소의 주기적 성질에 대한 설명으로 옳은 것만을 모두 고르면?

ㄱ. 같은 족에 있는 원소들은 원자 번호가 커질수록 원자 반지름이 증가한다.
ㄴ. 같은 주기에 있는 원소들은 원자 번호가 커질수록 원자 반지름이 증가한다.
ㄷ. 전자 친화도는 주기의 왼쪽에서 오른쪽으로 갈수록 더 큰 양의 값을 갖는다.
ㄹ. He은 Li보다 1차 이온화 에너지가 훨씬 크다.

① ㄱ, ㄴ
② ㄱ, ㄹ
③ ㄴ, ㄷ
④ ㄱ, ㄷ, ㄹ

06 다음 화합물 중 무극성 분자를 모두 고른 것은?

SO_2, CCl_4, HCl, SF_6

① SO_2, CCl_4
② SO_2, HCl
③ HCl, SF_6
④ CCl_4, SF_6

07 탄소(C), 수소(H), 산소(O)로 이루어진 화합물 X 23g을 완전 연소시켰더니 CO_2 44g과 H_2O 27g이 생성되었다. 화합물 X의 화학식은? (단, C, H, O의 원자량은 각각 12, 1, 16이다)

① HCHO
② C_2H_5CHO
③ C_2H_6O
④ CH_3COOH

08 1기압에서 녹는점이 가장 높은 이온결합 화합물은?

① NaF
② KCl
③ NaCl
④ MgO

09 다음 화학 반응식의 균형을 맞추었을 때, 얻어진 계수 a, b, c의 합은? (단, a, b, c는 정수이다)

$$aNO_2(g) + bH_2O(l) + O_2(g) \rightarrow cHNO_3(aq)$$

① 9
② 10
③ 11
④ 12

10 **다음 양자수 조합 중 가능하지 않은 조합은? (단, n은 주양자수, l은 각 운동량 양자수, m_l은 자기 양자수, m_s는 스핀 양자수이다)**

	n	l	m_l	m_s
①	2	1	0	$-\frac{1}{2}$
②	3	0	-1	$+\frac{1}{2}$
③	3	2	0	$+\frac{1}{2}$
④	4	3	-2	$+\frac{1}{2}$

11 **$_{29}Cu$에 대한 설명으로 옳지 않은 것은?**

① 상자성을 띤다.
② 산소와 반응하여 산화물을 형성한다.
③ Zn보다 산화력이 약하다.
④ 바닥상태의 전자 배치는 [Ar]$4s^1 3d^{10}$이다.

12 **광화학 스모그 발생 과정에 대한 설명으로 옳지 않은 것은?**

① NO는 주요 원인 물질 중 하나이다.
② NO_2는 빛 에너지를 흡수하여 산소 원자를 형성한다.
③ 중간체로 생성된 하이드록시라디칼은 반응성이 약하다.
④ O_3는 최종 생성물 중 하나이다.

13 **철(Fe) 결정의 단위 세포는 체심입방 구조이다. 철의 단위 세포 내의 입자 수는?**

① 1개
② 2개
③ 3개
④ 4개

14 **루이스 구조와 원자가 껍질 전자쌍 반발 모형에 근거한 ICl_4^- 이온에 대한 설명으로 옳지 않은 것은?**

① 무극성 화합물이다.
② 중심 원자의 형식 전하는 -1이다.
③ 가장 안정한 기하 구조는 사각 평면형 구조이다.
④ 모든 원자가 팔전자 규칙을 만족한다.

15 0.1M $CH_3COOH(aq)$ 50mL를 0.1M $NaOH(aq)$ 25mL로 적정할 때, 알짜 이온 반응식으로 옳은 것은? (단, 온도는 일정하다)

① $H_3O^+(aq) + OH^-(aq) \rightarrow 2H_2O(l)$
② $CH_3COOH(aq) + NaOH(aq) \rightarrow CH_3COONa(aq) + H_2O(l)$
③ $CH_3COOH(aq) + OH^-(aq) \rightarrow CH_3COO^-(aq) + H_2O(l)$
④ $CH_3COO^-(aq) + Na^+(aq) \rightarrow CH_3COONa(aq)$

16 다음 분자쌍 중 성질이 다른 이성질체 관계에 있는 것은?

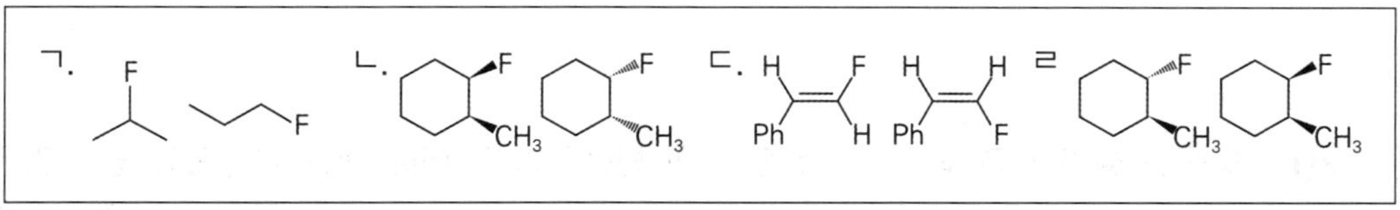

ㄱ. F F ㄴ. F CH_3 F CH_3 ㄷ. H F Ph H H H Ph F ㄹ. F CH_3 F CH_3

① ㄱ ② ㄴ
③ ㄷ ④ ㄹ

17 다음은 밀폐된 용기에서 오존(O_3)의 분해 반응이 평형 상태에 있을 때를 나타낸 것이다. 평형의 위치를 오른쪽으로 이동시킬 수 있는 방법으로 옳지 않은 것은? (단, 모든 기체는 이상 기체의 거동을 한다)

$2O_3(g) \rightleftarrows 3O_2(g)$, $\triangle H° = -284.6kJ$

① 반응 용기 내의 O_2를 제거한다.
② 반응 용기의 온도를 낮춘다.
③ 온도를 일정하게 유지하면서 반응 용기의 부피를 두 배로 증가시킨다.
④ 정촉매를 가한다.

부록

18 약산 HA가 포함된 어떤 시료 0.5g이 녹아 있는 수용액을 완전히 중화하는 데 0.15M의 $NaOH(aq)$ 10mL가 소비되었다. 이 시료에 들어있는 HA의 질량 백분율[%]은? (단, HA의 분자량은 120이다)

① 72 ② 36
③ 18 ④ 15

19 **다음은 원자 A~D에 대한 원자번호와 1차 이온화 에너지(IE_1)를 나타낸다. 이에 대한 설명으로 옳은 것은? (단, A~D는 2, 3주기에 속하는 임의의 원소기호이다)**

	A	B	C	D
원자번호	n	n+1	n+2	n+3
IE_1[$kJmol^{-1}$]	1,681	2,088	495	735

① A_2 분자는 반자기성이다.
② 원자 반지름은 B가 C보다 크다.
③ A와 C로 이루어진 화합물은 공유결합 화합물이다.
④ 2차 이온화 에너지(IE_2)는 C가 D보다 작다.

20 **다음은 철의 제련 과정과 관련된 화학 반응식이다. 이에 대한 설명으로 옳지 않은 것은?**

(가) $2C(s) + O_2(g) \rightarrow 2CO(g)$
(나) $Fe_2O_3(s) + 3CO(g) \rightarrow 2Fe(s) + 3CO_2(g)$
(다) $CaCO_3(s) \rightarrow CaO(s) + CO_2(g)$
(라) $CaO(s) + SiO_2(s) \rightarrow CaSiO_3(l)$

① (가)에서 C의 산화수는 증가한다.
② (가)~(라) 중 산화-환원 반응은 2가지이다.
③ (나)에서 CO는 환원제이다.
④ (다)에서 Ca의 산화수는 변한다.

2022년 지방직 9급

01 다음 중 극성 분자에 해당하는 것은?

① CO_2
② BF_3
③ PCl_5
④ CH_3Cl

02 이상기체 (가), (나)의 상태가 다음과 같을 때, P는?

기체	양[mol]	온도[K]	부피[L]	압력[atm]
(가)	n	300	1	1
(나)	n	600	2	P

① 0.5
② 1
③ 2
④ 4

03 X가 녹아 있는 용액에서 X의 농도에 대한 설명으로 옳지 않은 것은?

① 몰 농도[M]는 $\frac{\text{X의 몰(mol)수}}{\text{용액의 부피[L]}}$이다.
② 몰랄 농도[m]는 $\frac{\text{X의 몰(mol)수}}{\text{용매의 질량[kg]}}$이다.
③ 질량 백분율[%]은 $\frac{\text{X의 질량}}{\text{용매의 질량}} \times 100$이다.
④ 1ppm 용액과 1,000ppb 용액은 농도가 같다.

04 화학 결합과 분자 간 힘에 대한 설명으로 옳은 것은?

① 메테인(CH_4)은 공유결합으로 이루어진 극성 물질이다.
② 이온결합 물질은 상온에서 항상 액체 상태이다.
③ 이온결합 물질은 액체 상태에서 전류가 흐르지 않는다.
④ 비극성 분자 사이에는 분산력이 작용한다.

05 **수소(H_2)와 산소(O_2)가 반응하여 물(H_2O)을 만들 때, 1mol의 산소(O_2)와 반응하는 수소의 질량[g]은? (단, H의 원자량은 1이다)**

① 2
② 4
③ 8
④ 16

06 **황(S)의 산화수가 나머지와 다른 것은?**

① H_2S
② SO_3
③ $PbSO_4$
④ H_2SO_4

07 **원자에 대한 설명으로 옳은 것만을 모두 고르면?**

ㄱ. 양성자는 음의 전하를 띤다.
ㄴ. 중성자는 원자 크기의 대부분을 차지한다.
ㄷ. 전자는 원자핵의 바깥에 위치한다.
ㄹ. 원자량은 ^{12}C 원자의 질량을 기준으로 정한다.

① ㄱ, ㄴ
② ㄱ, ㄷ
③ ㄴ, ㄹ
④ ㄷ, ㄹ

08 **다음 중 온실 효과가 가장 작은 것은?**

① CO_2
② CH_4
③ C_2H_5OH
④ Hydrofluorocarbons(HFCs)

09 **중성원자 X~Z의 전자 배치이다. 이에 대한 설명으로 옳은 것은? (단, X~Z는 임의의 원소 기호이다)**

X : $1s^2\ 2s^1$　　Y : $1s^2\ 2s^2$　　Z : $1s^2\ 2s^2\ 2p^4$

① 최외각 전자의 개수는 Z > Y > X 순이다.
② 전기 음성도의 크기는 Z > X > Y 순이다.
③ 원자 반지름의 크기는 X > Z > Y 순이다.
④ 이온 반지름의 크기는 $Z^{2-} > Y^{2+} > X^{+}$ 순이다.

10 **2~4주기 알칼리 원소에서 원자 번호의 증가와 함께 나타나는 변화로 옳은 것은?**

① 전기 음성도가 작아진다.
② 정상 녹는점이 높아진다.
③ 25℃, 1atm에서 밀도가 작아진다.
④ 원자가 전자의 개수가 커진다.

11 **이온화 에너지에 대한 설명으로 옳은 것만을 모두 고르면?**

ㄱ. 1차 이온화 에너지는 기체상태 중성원자에서 전자 1개를 제거하는 데 필요한 에너지이다.
ㄴ. 1차 이온화 에너지가 큰 원소일수록 양이온이 되기 쉽다.
ㄷ. 순차적 이온화 과정에서 2차 이온화 에너지는 1차 이온화 에너지보다 크다.

① ㄱ, ㄴ
② ㄱ, ㄷ
③ ㄴ, ㄷ
④ ㄱ, ㄴ, ㄷ

12 **고체 알루미늄(Al)은 면심 입방(fcc) 구조이고, 고체 마그네슘(Mg)은 육방 조밀 쌓임(hcp) 구조이다. 이에 대한 설명으로 옳지 않은 것은?**

① Al의 구조는 입방 조밀 쌓임(ccp)이다.
② Al의 단위 세포에 포함된 원자 개수는 4이다.
③ 원자의 쌓임 효율은 Al과 Mg가 같다.
④ 원자의 배위수는 Mg가 Al보다 크다.

13 **화학 반응 속도에 대한 설명으로 옳지 않은 것은?**

① 1차 반응의 반응 속도는 반응물의 농도에 의존한다.
② 다단계 반응의 속도 결정 단계는 반응 속도가 가장 빠른 단계이다.
③ 정촉매를 사용하면 전이 상태의 에너지 준위는 낮아진다.
④ 활성화 에너지가 0보다 큰 반응에서, 반응 속도 상수는 온도가 높을수록 크다.

14 **$Ba(OH)_2$ 0.1mol이 녹아 있는 10L의 수용액에서 H_3O^+ 이온의 몰 농도[M]는? (단, 온도는 25℃이다)**

① 1×10^{-13}
② 5×10^{-13}
③ 1×10^{-12}
④ 5×10^{-12}

15 **오존(O_3)에 대한 설명으로 옳지 않은 것은?**

① 공명 구조를 갖는다.
② 분자의 기하 구조는 굽은형이다.
③ 색깔과 냄새가 없다.
④ 산소(O_2)보다 산화력이 더 강하다.

16 **다음 분자에 대한 설명으로 옳지 않은 것은?**

① 이중 결합의 개수는 2이다.
② sp^3 혼성을 갖는 탄소 원자의 개수는 3이다.
③ 산소 원자는 모두 sp^3 혼성을 갖는다.
④ 카이랄 중심인 탄소 원자의 개수는 2이다.

17 **루이스 구조 이론을 근거로, 다음 분자들에서 중심원자의 형식 전하 합은?**

I_3^-	OCN^-

① −1　　② 0
③ 1　　④ 2

18 $CaCO_3(s)$가 분해되는 반응의 평형 반응식과 온도 T에서의 평형 상수(K_p)이다. 이에 대한 설명으로 옳은 것만을 〈보기〉에서 모두 고르면? (단, 반응은 온도와 부피가 일정한 밀폐 용기에서 진행된다)

$$CaCO_3(s) \rightleftarrows CaO(s) + CO_2(g) \qquad K_p = 0.1$$

〈보 기〉

ㄱ. 온도 T의 평형 상태에서 $CO_2(g)$의 부분 압력은 0.1atm이다.
ㄴ. 평형 상태에 $CaCO_3(s)$를 더하면 생성물의 양이 많아진다.
ㄷ. 평형 상태에서 $CO_2(g)$를 일부 제거하면 $CaO(s)$의 양이 많아진다.

① ㄱ, ㄴ
② ㄱ, ㄷ
③ ㄴ, ㄷ
④ ㄱ, ㄴ, ㄷ

19 25℃, 1atm에서 메테인(CH_4)이 연소되는 반응의 열화학 반응식과 4가지 결합의 평균 결합 에너지이다. 제시된 자료로부터 구한 a는?

$$CH_4(g) + 2O_2(g) \rightarrow CO_2(g) + 2H_2O(g) \qquad \Delta H = a \text{ kcal}$$

결합	C−H	O=O	C=O	O−H
평균 결합 에너지[kcal mol^{-1}]	100	120	190	110

① −180
② −40
③ 40
④ 180

20 다니엘 전지의 전지식과, 이와 관련된 반응의 표준 환원 전위(E^0)이다. Zn^{2+}의 농도가 0.1M이고, Cu^{2+}의 농도가 0.01M인 다니엘 전지의 기전력[V]에 가장 가까운 것은? (단, 온도는 25℃로 일정하다)

$$Zn(s) \mid Zn^{2+}(aq) \parallel Cu^{2+}(aq) \mid Cu(s)$$
$$Zn^{2+}(aq) + 2e^- \rightleftarrows Zn(s) \qquad E^\circ = -0.76V$$
$$Cu^{2+}(aq) + 2e^- \rightleftarrows Cu(s) \qquad E^\circ = 0.34V$$

① 1.04
② 1.07
③ 1.13
④ 1.16

부록
기출문제

2023년 지방직 9급

01 0.5M 포도당($C_6H_{12}O_6$) 수용액 100mL에 녹아 있는 포도당의 양[g]은? (단, C, H, O의 원자량은 각각 12, 1, 16이다)

① 9　　② 18
③ 90　　④ 180

02 다음은 물질을 2가지 기준에 따라 분류한 그림이다. (가)~(다)에 대한 설명으로 옳은 것은?

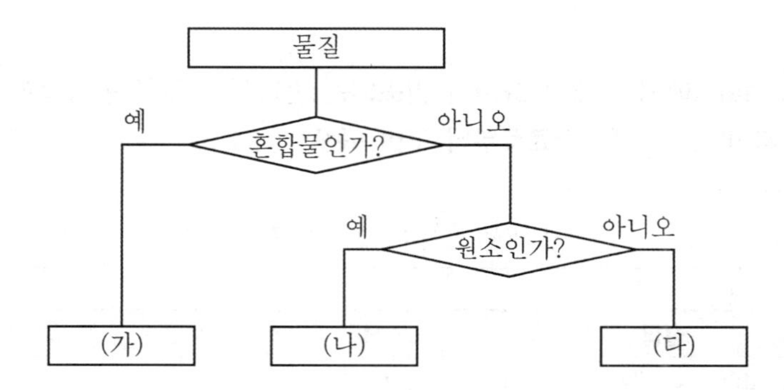

① 철(Fe)은 (가)에 해당한다.
② 산소(O_2)는 (가)에 해당한다.
③ 석유는 (나)에 해당한다.
④ 메테인(CH_4)은 (다)에 해당한다.

03 다음 다원자 음이온에 대한 명명으로 옳지 않은 것은?

	음이온	명명
①	NO_2^-	질산 이온
②	HCO_3^-	탄산수소 이온
③	OH^-	수산화 이온
④	ClO_4^-	과염소산 이온

04 1.0M KOH 수용액 30mL와 2.0M KOH 수용액 40mL를 섞은 후 증류수를 가해 전체 부피를 100mL로 만들었을 때, KOH 수용액의 몰 농도[M]는? (단, 온도는 25℃이다)

① 1.1　　② 1.3
③ 1.5　　④ 1.7

05 끓는점이 $Cl_2 < Br_2 < I_2$의 순서로 높아지는 이유는?

① 분자량이 증가하기 때문이다.
② 분자 내 결합 거리가 감소하기 때문이다.
③ 분자 내 결합 극성이 증가하기 때문이다.
④ 분자 내 결합 세기가 증가하기 때문이다.

06 다음은 3주기 원소 중 하나의 순차적 이온화 에너지(IE_n[kJ mol^{-1}])를 나타낸 것이다. 이 원자에 대한 설명으로 옳은 것만을 모두 고른 것은?

IE_1	IE_2	IE_3	IE_4	IE_5
578	1817	2745	11577	14842

ㄱ. 바닥 상태의 전자 배치는 $[Ne]3s^23p^2$이다.
ㄴ. 가장 안정한 산화수는 +3이다.
ㄷ. 염산과 반응하면 수소 기체가 발생한다.

① ㄱ　　② ㄷ
③ ㄱ, ㄴ　　④ ㄴ, ㄷ

부록

07 황(S)의 산화수가 가장 큰 것은?

① K_2SO_3　　② $Na_2S_2O_3$
③ $FeSO_4$　　④ CdS

08 **다음은 3주기 원소로 이루어진 이온성 고체 AX의 단위 세포를 나타낸 것이다. 이에 대한 설명으로 옳지 않은 것은?**

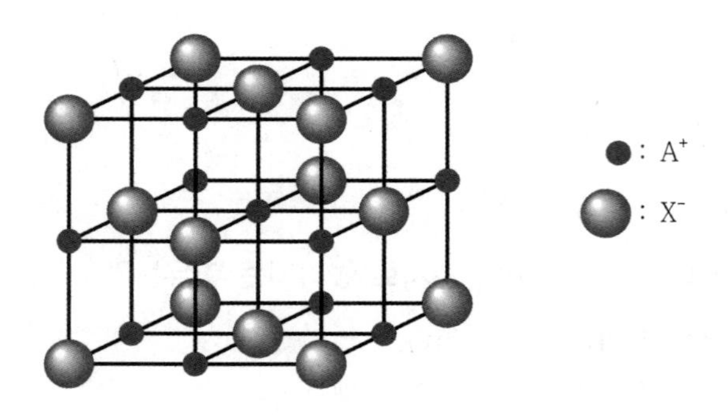

① 단위 세포 내에 있는 A 이온과 X 이온의 개수는 각각 4이다.
② A 이온과 X 이온의 배위수는 각각 6이다.
③ A(s)는 전기적으로 도체이다.
④ AX(l)는 전기적으로 부도체이다.

09 **다음 분자에 대한 설명으로 옳지 않은 것은?**

① SO_2는 굽은형 구조를 갖는 극성 분자이다.
② BeF_2는 선형 구조를 갖는 비극성 분자이다.
③ CH_2Cl_2는 사각 평면 구조를 갖는 극성 분자이다.
④ CCl_4는 정사면체 구조를 갖는 비극성 분자이다.

10 **다음 분자에 대한 설명으로 옳지 않은 것은?**

① 카복실산 작용기를 가지고 있다.
② 에스터화 반응을 통해 합성할 수 있다.
③ 모든 산소 원자는 같은 평면에 존재한다.
④ sp^2 혼성을 갖는 산소 원자의 개수는 2이다.

11 다음 알렌(allene) 분자에 대한 설명으로 옳은 것만을 모두 고르면?

$$H_a(H_b)C=C=C(H_c)H_d$$

ㄱ. H_a와 H_b는 같은 평면 위에 있다.
ㄴ. H_a와 H_c는 같은 평면 위에 있다.
ㄷ. 모든 탄소는 같은 평면 위에 있다.
ㄹ. 모든 탄소는 같은 혼성화 오비탈을 가지고 있다.

① ㄱ, ㄴ
② ㄱ, ㄷ
③ ㄴ, ㄹ
④ ㄷ, ㄹ

12 다음은 산성 수용액에서 일어나는 균형 화학 반응식이다. 염기성 조건에서의 균형 화학 반응식으로 옳은 것은?

$$Co(s) + 2H^+(aq) \rightarrow Co^{2+}(aq) + H_2(g)$$

① $Co^{2+}(aq) + H_2(g) \rightarrow Co(s) + 2H^+(aq)$
② $Co(s) + 2OH^-(aq) \rightarrow Co^{2+}(aq) + H_2(g)$
③ $Co(s) + H_2O(l) \rightarrow Co^{2+}(aq) + H_2(g) + OH^-(aq)$
④ $Co(s) + 2H_2O(l) \rightarrow Co^{2+}(aq) + H_2(g) + 2OH^-(aq)$

부록

13 다음 각 0.1M 착화합물 수용액 100mL에 0.5M $AgNO_3$ 수용액 100mL씩을 첨가했을 때, 가장 많은 양의 침전물이 얻어지는 것은?

① $[Co(NH_3)_6]Cl_3$
② $[Co(NH_3)_5Cl]Cl_2$
③ $[Co(NH_3)_4Cl_2]Cl$
④ $[Co(NH_3)_3Cl_3]$

14 A + B → C 반응에서 A와 B의 초기 농도를 달리하면서 C가 생성되는 초기 속도를 측정하였다. 속도 = $k[A]^a[B]^b$라고 나타낼 때, a, b로 옳은 것은?

실험	A[M]	B[M]	C의 초기 생성 속도[Ms^{-1}]
1	0.01	0.01	0.03
2	0.02	0.01	0.12
3	0.01	0.02	0.12
4	0.02	0.02	0.48

① a : 1, b : 1
② a : 1, b : 2
③ a : 2, b : 1
④ a : 2, b : 2

15 다음 열화학 반응식에 대한 설명으로 옳지 않은 것은? (단, C, H, O의 원자량은 각각 12, 1, 16이다)

$$C_2H_5OH(l) + 3O_2(g) \rightarrow 2CO_2(g) + 3H_2O(l) \quad \triangle H = -1371kJ$$

① 주어진 열화학 반응식은 발열 반응이다.
② CO_2 4mol과 H_2O 6mol이 생성되면 2742kJ의 열이 방출된다.
③ C_2H_5OH 23g이 완전 연소되면 H_2O 27g이 생성된다.
④ 반응물과 생성물이 모두 기체 상태인 경우에도 △H는 동일하다.

16 298K에서 다음 반응에 대한 계의 표준 엔트로피 변화(△S°)는? (단, 298K에서 $N_2(g)$, $H_2(g)$, $NH_3(g)$의 표준 몰 엔트로피[$J\ mol^{-1}K^{-1}$]는 각각 191.5, 130.6, 192.5이다)

$$N_2(g) + 3H_2(g) \rightarrow 2NH_3(g)$$

① -129.6
② 129.6
③ -198.3
④ 198.3

17 산화-환원 반응이 아닌 것은?

① $2HCl + Mg \rightarrow MgCl_2 + H_2$
② $CH_4 + 2O_2 \rightarrow CO_2 + 2H_2O$
③ $CO_2 + H_2O \rightarrow H_2CO_3$
④ $3NO_2 + H_2O \rightarrow 2HNO_3 + NO$

18 다음은 평형에 놓여 있는 화학 반응이다. 이에 대한 설명으로 옳은 것은?

$$SnO_2(s) + 2CO(g) \rightleftarrows Sn(s) + 2CO_2(g)$$

① 반응 용기에 SnO_2를 더 넣어주면 평형은 오른쪽으로 이동한다.

② 평형 상수(K_c)는 $\frac{[CO_2]^2}{[CO]^2}$이다.

③ 반응 용기의 온도를 일정하게 유지하면서 CO의 농도를 증가시키면 평형 상수(K_c)는 증가한다.

④ 반응 용기의 부피를 증가시키면 생성물의 양이 증가한다.

19 원자가 결합 이론에 근거한 NO에 대한 설명으로 옳지 않은 것은?

① NO는 각각 한 개씩의 σ결합과 π결합을 가진다.

② NO는 O에 홀전자를 가진다.

③ NO의 형식 전하의 합은 0이다.

④ NO는 O_2와 반응하여 쉽게 NO_2로 된다.

20 대기 오염 물질에 대한 설명으로 옳지 않은 것은?

① 이산화황(SO_2)은 산성비의 원인이 된다.

② 휘발성 유기 화합물(VOCs)은 완전 연소된 화석 연료로부터 주로 발생한다.

③ 일산화 탄소(CO)는 혈액 속 헤모글로빈과 결합하여 산소 결핍을 유발한다.

④ 오존(O_3)은 불완전 연소된 탄화수소, 질소 산화물, 산소 등의 반응으로 생성되기도 한다.

부록 정답 및 해설

2019년 지방직 9급

Answer

01 ①	02 ①	03 ③	04 ③	05 ③
06 ②	07 ②	08 ②	09 ①	10 ③
11 ①	12 ④	13 ①	14 ①	15 ④
16 ③	17 ④	18 ③	19 ④	20 ④

01

정답 ①

풀이 유효숫자의 개수가 서로 다른 계산의 경우 적은 쪽의 값을 기준으로 선택한다.
(13.59 × 6.3) ÷ 12에서 유효숫자는 2개로 답은 유효숫자가 2개여야 하므로 답은 7.1이다.

관련 개념

유효숫자 규칙

(1) 맨 앞자리에 있는 "0" : 유효숫자가 아니다.
예) 0.040에서 앞에 있는 0
(2) 중간 부분에 있는 0 : 유효숫자
예) 0.040에서 2번째 0
(3) 소수점 뒤에 있는 마지막 "0" : 유효숫자
예) 0.040에서 마지막 0
(4) 유효숫자의 개수가 서로 다른 계산의 경우 적은 쪽의 값을 기준으로 선택한다.
예) 44.44(유효숫자 4개) + 22.2(유효숫자 3개)의 경우 적은 쪽인 3개만 표시하므로 66.6이 된다.

02

정답 ①

풀이 바닥상태의 17족 할로겐족 원소의 원자가 전자는 7개이다. 보기에서 7개인 원소는 1번이다.

관련 개념

할로겐 원소

- 17족에 위치하고 있으며 플루오린(F), 염소(Cl), 브로민(Br), 아이오딘(I), 아스타틴(At) 등이 속한다.
- 원자가 전자 수가 7개로 전자 1개를 얻어 −1가의 음이온이 되기 쉬우며 금속과 반응하여 이온결합을 이룬다.
- 반응성이 매우 크고 상온에서 이원자 분자로 존재한다.
- 원자 번호가 증가함에 따라 반응성이 작아진다.
(반응성 : $F_2 > Cl_2 > Br_2 > I_2$)
- 원자번호가 증가함에 따라 결합력이 커져 끓는점과 녹는점이 커진다. ($F_2 < Cl_2 < Br_2 < I_2$)

03

정답 ③

풀이 서로 다른 원소가 결합을 형성하여 분자를 이룬 상태에서 전자쌍은 전기 음성도가 큰 원소 쪽으로 치우친다. 따라서 전기 음성도가 큰 원소는 부분 음전하를 띠고, 전기 음성도가 작은 원소는 부분 양전하를 띠게 된다. 전기 음성도의 차이가 클수록 극성의 크기가 커진다.

① C−O > Si−O → 2.5 − 3.5 < 1.8 − 3.5
② O−F > O−Cl → 3.5 − 4.0 = 3.5 − 3.0
③ C−H > Si−H → 2.5 − 2.1 > 1.8 − 2.1
④ C−F > Si−F → 2.5 − 4.0 < 1.8 − 4.0

04

정답 ③

풀이 샤를의 법칙은 일정한 압력에서 일정량의 기체의 부피는 절대온도에 비례한다는 법칙이다.

관련 개념

(1) 보일의 법칙
일정한 온도에서 일정량의 기체의 부피(V)는 압력(P)에 반비례한다.
$V \propto \frac{1}{P}$ 또는 PV=k (k: 상수) → $P_1 \times V_1 = P_2 \times V_2$
(P_1 : 처음 압력, V_1 : 처음 부피, P_2 : 나중 압력, V_2 : 나중 부피)

(2) 샤를의 법칙
- 일정한 압력에서 일정량의 기체의 부피(V)는 절대온도(K)에 비례한다.
- 절대온도(K) = 273 + 섭씨온도(℃)

$$V = kT \rightarrow \frac{V}{T} = k,\ \frac{V_1}{T_1} = \frac{V_2}{T_2}$$

(T_1 : 처음 온도(K), V_1 : 처음 부피, T_2 : 나중 온도(K), V_2 : 나중 부피)

(3) 보일-샤를의 법칙
기체의 부피는 절대온도에 비례하고 압력에 반비례한다.
$\frac{P_1V_1}{T_1} = \frac{P_2V_2}{T_2} = k$

05

정답 ③

풀이 X : 4몰과 Y : 8몰이 반응하여 결합하였기에
X : Y = 1 : 2로 반응한다.
X + 2Y → XY_2가 된다.

06

정답 ②

풀이 "온실가스"란 적외선 복사열을 흡수하여 온실효과를 유발하는 대기 중 가스상태 물질로 CO_2, CFC, N_2O, CH_4, SF_6(육불화황) 등이 있다(대기환경보전법).
H_2O는 대기환경보전법에서 정한 온실가스에 포함되지 않으나 온실효과에 기여하는 것으로 알려져 있다.

관련 개념

온실효과
온실의 유리처럼 온실기체가 지구에서 방출되는 적외선 영역의 에너지를 흡수하여 다시 지구로 반사시켜 온도를 상승하는 현상이다.

온실가스별 지구온난화 계수(온실가스 배출권의 할당 및 거래에 관한 법률 시행령 [별표 2])

온실가스의 종류	지구온난화 계수
이산화탄소(CO_2)	1
메탄(CH_4)	21
아산화질소(N_2O)	310
수소불화탄소(HFCs)	140~11,700
과불화탄소(PFCs)	6,500~9,200
육불화황(SF_6)	23,900

07

정답 ②

풀이 바르게 고쳐보면,
ㄴ. 증기 압력은 0.1M NaCl 수용액이 0.1M 설탕 수용액보다 작다.
ㄹ. 어는점 내림의 크기는 0.1M NaCl 수용액이 0.1M 설탕 수용액보다 크다.
용액에 녹아 있는 비전해질, 비휘발성 용질의 입자 수가 많을수록 용액의 증발은 느려지게 된다.

관련 개념

끓는점 오름
- 비휘발성 용질이 녹아 있는 용액의 끓는점은 순수한 용매의 끓는점보다 높아지는 현상을 의미한다.
  $\triangle T_b = T_b' - T_b$
  (T_b' : 용액의 끓는점, T_b : 용매의 끓는점)
- 끓는점 오름은 용질의 종류에 관계없이 몰랄 농도(m)에 비례한다.
  $\triangle T_b = K_b \times m$
  (K_b : 끓는점 오름 상수, m : 용액의 몰랄 농도)

어는점 내림
- 비휘발성 용질이 녹아 있는 용액의 어는점은 순수한 용매의 어는점보다 낮아지는 현상을 의미한다.
  $\triangle T_f = T_f - T_f'$
  (T_f : 용매의 어는점, T_f' : 용액의 어는점)
- 어는점 내림은 용질의 종류에 관계없이 몰랄 농도(m)에 비례한다.
  $\triangle T_f = K_f \times m$

08

정답 ②

풀이
- 폴리테트라플루오로에틸렌(Polytetrafluoroethylene, PTFE)은 많은 작은 분자(단위체)들을 사슬이나 그물 형태로 화학결합시켜 만드는 커다란 분자로 이루어진 유기 중합체 계열에 속하는 비가연성 불소수지이다. 열에 강하고, 마찰 계수가 극히 낮으며, 내화학성이 좋다.
- 첨가중합반응 : 단위체의 이중결합이 끊어지면서 이루어지는 첨가반응에 의해 형성되는 중합반응을 의미한다.

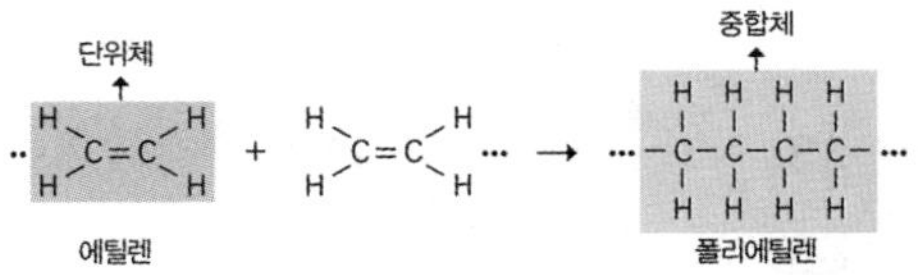

단위체
H₂C=CH₂ + H₂C=CH₂ ··· → ···–C–C–C–C–··· (H H H H / H H H H)
에틸렌 　　　　　　　　　　폴리에틸렌
중합체

09

정답 ①

풀이 질소는 원자가 전자를 7개 갖는다.

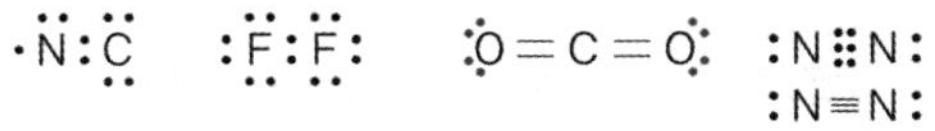

·N:C　:F:F:　O=C=O　:N⋮⋮N:
:N≡N:

부록

10

정답 ③

풀이 바르게 고쳐보면,

ㄱ. 반응 전후 Au의 산화수는 +3에서 0으로 감소하였다. (H : +1, Cl : −1, Au(s) : 0)

ㄹ. 산−염기 중화 반응은 산과 염기가 만나 물과 염을 형성하는 반응이다.

11

정답 ①

풀이 바르게 고쳐보면,

② 설탕($C_{12}H_{22}O_{11}$)을 증류수에 녹이면 전도성 용액이 되지 않는다.

③ 아세트산(CH_3COOH)은 KCl보다 약한 전해질이다. 아세트산은 약산, KCl은 강염기에 해당한다.

④ NaCl 수용액은 전기가 통한다.

12

정답 ④

풀이 $CH_2O(g) + H_2O(g) \rightarrow CH_4(g) + O_2(g)$: $\triangle H° = +275.6kJ$

$CH_4(g) + 2O_2(g) \rightarrow CO_2(g) + 2H_2O(l)$: $\triangle H° = -890.3kJ$

$2H_2O(l) \rightarrow 2H_2O(g)$: $\triangle H° = +2 \times 44.0kJ$

위의 반응을 합하면,

$CH_2O(g) + O_2(g) \rightarrow CO_2(g) + H_2O(g)$: $\triangle H° = -526.7kJ$

13

정답 ①

풀이 산−염기 중화 반응은 산과 염기가 만나 물과 염을 형성하는 반응이다.

14

정답 ①

풀이 엔탈피는 어떤 압력과 온도에서 물질이 가진 에너지로 엔탈피의 변화를 통해 발열 반응과 흡열 반응을 구분할 수 있으나 반응 속도에는 영향을 주지 않는다.

15

정답 ④

풀이 (가)는 반응이 진행될수록 증가하므로 반응 생성물은 NOCl이다.

16

정답 ③

풀이 바르게 고쳐보면,

XeF_2는 선형 분자이며 비공유 전자쌍 3쌍과 주위 전자 2쌍이 있어 Xe의 혼성 오비탈은 sp^3d이다.

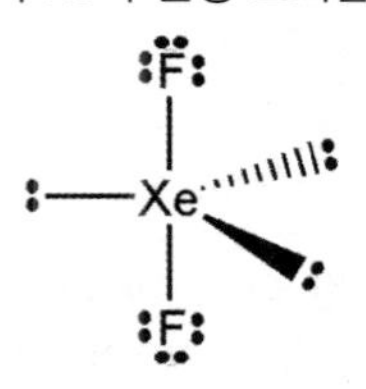

관련 개념

sp 혼성

(1) sp^3 혼성
- s오비탈 1개와 p오비탈 3개가 혼성화하여 새로운 4개의 오비탈이 형성된다.
- 구조: 대부분 정사면체 또는 사면체 구조를 이룬다.
  예) H_4, NH_3, H_2O 등

(2) sp^2 혼성
- s오비탈 2개와 p오비탈 2개가 혼성화하여 새로운 3개의 오비탈이 형성된다.
- 남아 있는 1개의 p오비탈은 sp^2 혼성 오비탈의 평면에 수직방향으로 놓이게 된다.
- 구조: 대부분 평면삼각형을 이룬다.
  예) C_2H_4, CO_2의 산소원자 등

(3) sp 혼성
- s오비탈 1개와 p오비탈 1개가 혼성화하여 새로운 2개의 오비탈이 형성된다.
- 구조: 대부분 선형을 이룬다.
  예) C_2H_2, N_2, CO_2의 탄소원자 등

17

정답 ④

풀이 K: +1, O_2: −2 × 4이므로 Mn의 산화수는 +7이 되어야 한다.

18

정답 ③

풀이
- (가)는 구리결정 구조로 면심입방 구조를 가지며 열 전도성과 전기 전도성이 크다.
- (나)는 탄소의 그물형 구조인 다이아몬드로 정사면체로 배열되어 메탄과 같은 109.5°의 결합각을 가지며 밀도가 크고 전기 전도성이 없다.
- (다) NaCl은 1개의 Na^+은 가장 가까운 6개의 Cl^-에 둘러싸여 있고 1개의 Cl^-도 가장 가까운 6개의 Na^+에 둘러싸여 있으며 Na^+와 Cl^-은 각각 정육면체의 꼭짓점과 각 면의 중심에 위치하고 있다.
- 단위 세포 속의 입자 수 = 체심 원자 수 + 면심 원자 수/2 + 모서리 원자 수/4 + 꼭짓점 원자 수/8 = 1 + 12/4 = 4
- 다이아몬드 격자의 단위 세포는 면심입방격자 내부의 정사면체 중심 위치에 4개의 탄소 원자가 놓여 있다. 따라서 다이아몬드의 단위 세포에는 8개의 원자가 포함되어 있다.

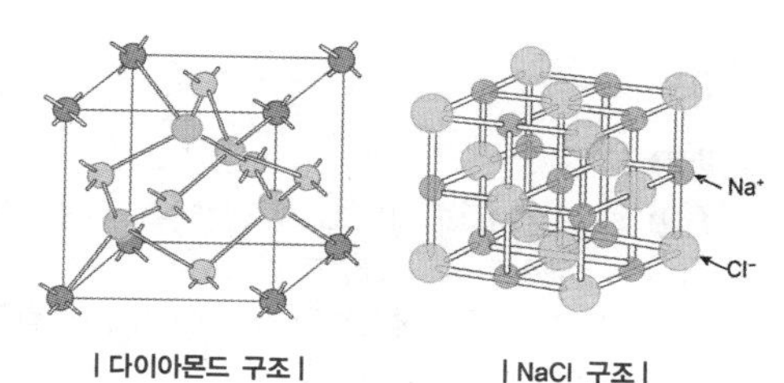

| 다이아몬드 구조 |　　　| NaCl 구조 |

(나)와 (다)의 단위 세포에 포함된 C와 Na^+의 개수비는 2 : 1이다.

19

정답 ④

풀이 강산의 짝염기는 약염기이고 약산의 짝염기는 강염기이다. 산의 세기가 강할수록 짝염기의 세기는 약해지고 산의 세기가 약할수록 짝염기의 세기는 강하다.

아세트산이 사이안화수소산보다 강산이므로 H_2O는 가장 작은 약염기이다.

CH_3COOH	+	H_2O	⇄	CH_3COO^-	+	H_3O^+
약산		약염기		강염기		강산
산의 세기		$CH_3COOH < H_3O^+$		염기의 세기		$CH_3COO^- > H_2O$

HCN	+	H_2O	⇄	CN^-	+	H_3O^+
약산		약염기		강염기		강산
산의 세기		$HCN < H_3O^+$		염기의 세기		$CN^- > H_2O$

20

정답 ④

풀이 ㄱ. 어떤 물질을 자기장에 놓았을 때 자기장에 물질이 끌려가는 것을 상자기성, 반대로 밀려나는 것을 반자기성이라고 한다. 연구에 따르면 분자 내에 홀전자(unpaired electron)가 있으면 상자기성, 모든 전자가 짝지어져 있으면(paired electron) 반자기성이다. 홀전자가 하나라도 있으면 상자기성의 성질을 나타낸다.
$[Fe(CN)_6]^{3-}$에서 Fe는 3+이며 아래와 같이 전자가 배치되어 홀전자가 생겨 상자기성의 형태를 갖는다.

$_{26}Fe \rightarrow 1s^22s^22p^63s^23p^63d^64s^2$　　$_{26}Fe^{3+} \rightarrow 1s^22s^22p^63s^23p^63d^54s^0$

e_g　0.6 Δ_O　barycenter　0.4 Δ_O　Δ_O　t_{2g}
Fe^{3+} (isolated ion)

ㄴ. 거울상 이성질체란 서로상과 거울상의 관계에 있는 1쌍의 입체 이성질체이다.
$[Fe(en)_3]^{3+}$는 아래와 같은 거울상 이성질체를 갖는다.

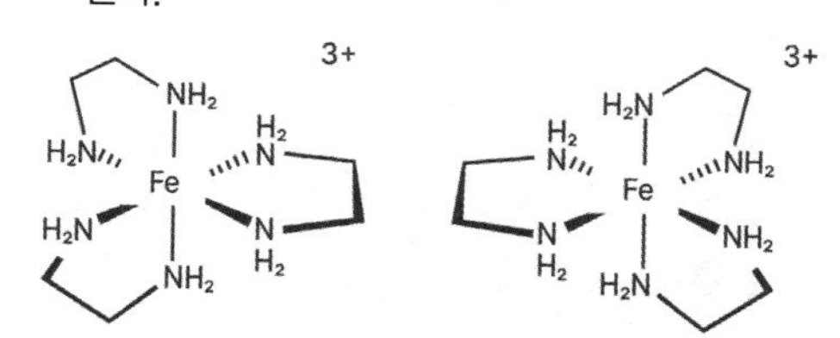

ㄷ. $[Fe(en)_2Cl_2]^+$은 아래와 같은 3개의 입체 이성질체를 갖는다.

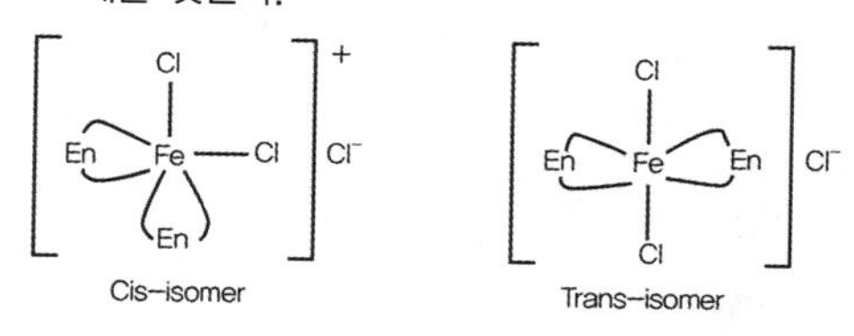

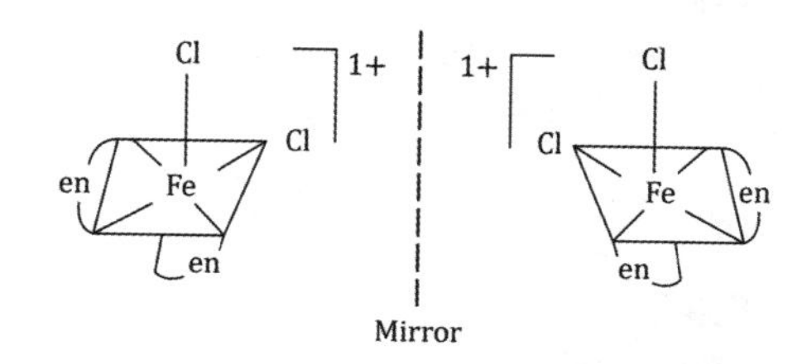

부록
정답 및 해설

2020년 지방직 9급

Answer

01 ③	02 ④	03 ③	04 ①	05 ③
06 ①	07 ③	08 ②	09 ②	10 ④
11 ①	12 ④	13 ③	14 ①	15 ④
16 ①	17 ②	18 ③	19 ④	20 ①

01

정답 ③

풀이 pH + pOH = 14

(1) pOH 산정

$pOH = -\log[OH^-] = -\log[1.0 \times 10^{-6}] = 6.0$

(2) pH 산정

pH + pOH = 14

pH = 14 − pOH = 14 − 6 = 8

02

정답 ④

풀이 K−Br :C̈l—C̈l:

$\ddot{N}$ (H, H, H)

:O=O:

03

정답 ③

풀이 $CH_4 + 2O_2 \rightarrow CO_2 + 2H_2O$

16g : 2 × 18g = 32g : □

□ = 72g

04

정답 ①

풀이 (1) 반응속도

가장 느린 반응은 K_1에 의한 반응이므로,

반응속도 = $k_1[N_2O]$이다.

(2) 전체 반응식

$N_2O(g) \rightarrow N_2(g) + O(g)$ ······················ A

$N_2O(g) + O(g) \rightarrow N_2(g) + O_2(g)$ ········ B

$2N_2O(g) \rightarrow 2N_2(g) + O_2(g)$ ············· A+B

05

정답 ③

풀이 공기의 정압열용량을 이용하여 산정한다.

$$\frac{20J}{mol℃} \times (80-40)℃ \times 2mol = 1600J$$

06

정답 ①

풀이 ② 이온 A^-와 이온 B^+의 질량수는 같지 않다.

(질량수 A^- : 35, B^+ : 37)

③ 이온 B^-와 중성원자 D의 전자 수는 같지 않다.

(전자 수 B^- : 18, D : 19)

④ 원자 A~D 중 질량수가 가장 큰 원자는 C이다.

원자	A	B	C	D
양성자수	17	17	18	19
중성자수	18	20	22	20
질량수	35	37	40	39

07

정답 ③

풀이 ① 등전자 이온의 반지름은 원자번호가 클수록 작아진다.

② 전기 음성도가 가장 큰 플루오린(F)의 전기 음성도를 4.0으로 정하고 이를 기준으로 다른 원소들의 전기 음성도 값을 정하였다.

③ Li과 Ne 중에서 1차 이온화 에너지는 Ne이 더 크다. 이온화 에너지는 기체상태의 원자 1몰에서 전자 1몰을 떼어 내는 데 필요한 최소 에너지를 의미한다. 18족 비활성 기체는 매우 안정하여 이온화 에너지가 크다.

④ 같은 주기에 있는 원소들은 원자 번호가 커질수록 원자 반지름이 감소한다.

08

정답 ②

풀이 물이 얻은 열량 = 금속이 잃은 열량

$$150\text{g} \times (30-25)℃ \times \frac{4\text{J}}{\text{g}℃}$$

$$= 100\text{g} \times (60-30)℃ \times \square \frac{\text{J}}{\text{g}℃}$$

□ = 1

09

정답 ②

풀이 A_2의 질량을 60g, B의 질량을 40g으로 가정하면
A : 30g/mol, B : 40g/mol이 된다.
AB_3 : 30 + 3×40 = 150g/mol이므로
A : B = 30 : 120 → 20% : 80%

10

정답 ④

풀이 $Cu^{2+}(aq) + 2e^- \rightarrow Cu(s)$: $E° = 0.34V$
➡ 환원전위 (+)극
$Zn^{2+}(aq) + 2e^- \rightarrow Zn(s)$: $E° = -0.76V$
➡ 산화전위 (-)극

표준전위 = 환원전위 - 산화전위
= 0.34 - (-0.76) = 1.1V

11

정답 ①

풀이

	반응 전 산화수	반응 후 산화수	구분	
$P_4(s)$	0	+5	산화	환원제
$Cl_2(g)$	0	-1	환원	산화제

12

정답 ④

풀이

원자번호	원소	족	주기	원자가 전자
1	H	1	1	1
2	He	18	1	2
4	Be	2	2	2
5	B	13	2	3
6	C	14	2	4
9	F	17	2	7
12	Mg	2	3	2
17	Cl	17	3	7
35	Br	17	4	7

13

정답 ③

14

정답 ①

풀이 ① 결합 A는 공유결합, 결합 B는 수소결합으로 공유결합이 수소결합보다 강하다.
② 액체에서 기체로 상태변화를 할 때 결합 B가 끊어진다.
③ 결합 A로 인하여 산소원자는 팔전자 규칙(octet rule)을 만족한다.
④ 결합 A는 공유결합으로 이루어진 모든 분자에서 관찰된다.

15

정답 ④

풀이 산화-환원 반응은 산화수의 변화가 있다.

$Cu(s) + 2Ag^+(aq) \rightarrow 2Ag(s) + Cu^{2+}(aq)$
0 +1 0 +2

관련 개념

산화수 결정 규칙

(1) 원소를 구성하는 원자의 산화수는 "0"이다.
예) H_2, O_2, N_2, Mg에서 각 원자의 산화수는 0이다.
(2) 일원자 이온의 산화수는 그 이온의 전하와 같다.
예) Na^+ : +1, Cl^- : -1, Ca^{2+} : +2
(3) 다원자 이온의 산화수는 각 원자의 산화수 합과 같다.
예) OH^- : (-2) + 1 = -1, SO_4^{2-} : (-2) + (-2) × 4 = -2
(4) 화합물에서 각 원자의 산화수의 합은 "0"이다.
예) H_2O : (+1) × 2 + (-2) = 0
(5) 화합물에서 1족 알칼리 금속의 산화수는 +1, 2족 알칼리 토금속의 산화수는 +2이다.
예) NaCl : Na의 산화수는 +1, MgO : Mg의 산화수는 +2
(6) 화합물에서 F의 산화수는 -1이다.
예) LiF : F의 산화수는 -1, Li의 산화수는 +1
(7) 화합물에서 H의 산화수는 +1이고 금속의 수소 화합물에서는 -1이다.
예) LiH : H의 산화수는 -1, Li의 산화수는 +1
(8) O의 산화수는 일반적으로 화합물에서 -2, 과산화물에서는 -1, 플루오린 화합물에서는 +2이다.
예) H_2O : H의 산화수는 -1, O의 산화수는 -2
H_2O_2 : H의 산화수는 +1, O의 산화수는 -1
OF_2 : F의 산화수는 -1, O의 산화수는 +2

16

정답 ①

풀이

$$H-\overset{\overset{H}{|}}{\underset{\underset{H}{|}}{C}}^{sp^3}-\overset{sp^2}{C}(=O)-H$$

17

정답 ②

풀이 용질 A의 몰 농도는 A의 몰수를 용액의 부피(L)로 나눈 값이다.

18

정답 ③

풀이 1kg = 1,000g
1,000g × 3.5/100 = 35g
염도는 35g/kg이다.

19

정답 ④

풀이 연소열은 어떤 물질 1몰이 완전 연소할 때 발생하는 열량으로 연소 반응은 발열 반응이므로 연소열(△H)은 (−)값을 가진다.
반응 엔탈피 = 생성물의 엔탈피의 합 − 반응물의 엔탈피의 합

① 발열 반응이므로 반응물의 엔탈피 총합은 생성물의 엔탈피 총합보다 크다.
② C_2H_2 1몰의 연소 시 1,300kJ이 방출된다.
③ C_2H_2 1몰의 연소를 위해서는 O_2 2.5몰이 필요하다.
$C_2H_2 + 2.5O_2 \rightarrow 2CO_2 + H_2O$
④ 25℃의 일정 압력에서 C_2H_2이 연소될 때 기체의 전체 부피는 감소한다.
3.5부피 → 3부피

20

정답 ①

풀이 같은 온도에서 증기압이 클수록 끓는점은 낮은 물질이다.
ㄷ. 25℃ 열린 접시에서 가장 빠르게 증발하는 것은 A이다.

2021년 지방직 9급

Answer

01 ④	02 ①	03 ②	04 ②	05 ②
06 ④	07 ③	08 ④	09 ②	10 ②
11 ③	12 ③	13 ②	14 ④	15 ③
16 ①	17 ④	18 ②	19 ①	20 ④

01

정답 ④

풀이 ① 물이 끓는다. : 물리적 변화
② 설탕이 물에 녹는다. : 물리적 변화
③ 드라이아이스가 승화한다. : 물리적 변화
④ 머리카락이 과산화 수소에 의해 탈색된다. : 화학적 변화

02

정답 ①

풀이 용액의 총괄성: 비휘발성, 비전해질인 용질이 녹아 있는 묽은 용액에서 용질의 종류에는 관계없이 입자 수에 관계되는 성질을 묽은 용액의 총괄성이라고 한다.
① 산 위에 올라가서 끓인 라면은 설익는다. : 고도가 높아짐에 따라 압력이 내려가 끓는점이 낮아진다. 이 때문에 끓인 라면이 설익게 된다.

03

정답 ②

풀이 $2NH_3 \rightarrow N_2 + 3H_2$
암모니아 분해 후 생성된 질소와 수소기체의 전체 몰수: 4mol
각 기체의 부분 압력은 전체 몰수에 대한 각 기체의 몰수와 관계가 있다.
- 질소기체(1mol 생성): 900mmHg × 1/4 = 225mmHg
- 수소기체(3mol 생성): 900mmHg × 3/4 = 675mmHg

04

정답 ②

풀이 $CO(g) + 2H_2(g) \rightarrow CH_3OH(l)$
질량비 28g : 4g : 32g
일산화탄소 280g과 반응하는 수소는 40g이고 생성되는 메탄올의 질량은 320g이다.

05

정답 ②

풀이 바르게 고쳐보면,
ㄴ. 같은 주기에 있는 원소들은 원자 번호가 커질수록 원자 반지름이 감소한다.
ㄷ. 전자 친화도는 주기의 왼쪽에서 오른쪽으로 갈수록 대부분 더 큰 양의 값을 갖지만 2족과 18족의 경우 전자를 받았을 때 불안정해지기 때문에 (−)값을 갖는다.

관련 개념

원자 반지름에 영향을 주는 요인
- 전자가 들어 있는 전자껍질 수: 전자껍질 수가 클수록 반지름이 커진다.
- 유효 핵전하: 유효 핵전하가 클수록 인력의 증가로 반지름은 작아진다.
- 전자 수: 전자 수가 많을수록 반발력의 증가로 반지름은 커진다.
- 영향의 크기: 전자껍질 수 > 유효 핵전하 > 전자 수

원자 반지름의 주기적 변화
- 같은 주기에서 원자 번호가 증가할수록 전자껍질 수는 같지만 유효 핵전하가 증가하여 원자 반지름이 감소한다(원자 번호 증가 → 원자핵과 전자 사이의 인력 증가).
- 같은 족에서 원자 번호가 증가할수록 전자껍질 수가 증가하여 원자 반지름은 증가한다.

전자 친화도
- 기체인 중성원자 1몰이 전자 1몰을 얻어 기체상태의 음이온이 될 때 방출하는 에너지를 의미한다.
- 핵과 최외각전자 사이의 인력이 클수록 전자 친화도가 크다.
- 전자 친화도가 크면 전자를 얻기 쉬워 음이온이 되기 쉽다.

06

정답 ④

풀이 • 극성 분자: 분자 내에 전하의 분포가 고르지 않아서 부분 전하를 갖는 분자

• 무극성 분자: 분자 내에 전하가 고르게 분포되어 있어서 부분 전하를 갖지 않는 분자(쌍극자 모멘트의 합이 "0")

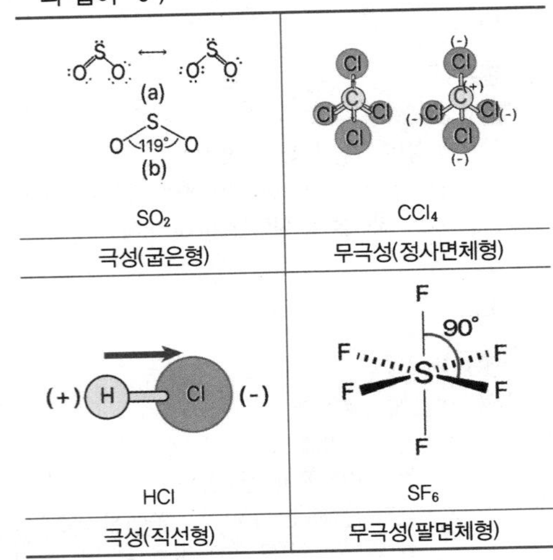

07

정답 ③

풀이 반응물의 질량 합 = 생성물의 질량 합

반응물 중 탄소: 44g × 12g/44g = 12g
→ 12g/12[g/mol] = 1mol

반응물 중 수소: 27g × 2g/18g = 3g
→ 3g/1[g/mol] = 3mol

반응물 중 화합물의 산소: 23g − (12+3)g = 8g
→ 8g/16[g/mol] = 0.5mol

∴ $CH_3O_{0.5}$ → C_2H_6O

08

정답 ④

풀이 이온 결합력이 클수록 녹는점과 끓는점이 높아지며 이온결합 화합물의 결합력은 이온 전하량이 클수록 강하다.

관련 개념

이온 결합력의 세기

• 정전기적 인력의 세기는 이온 사이의 거리가 짧고 이온의 전하량이 클수록 크다.

• 양이온과 음이온의 전하량 크기가 같은 경우 정전기적 인력의 세기는 이온 간 거리가 짧을수록 녹는점이 높다.
  – 이온 사이의 거리: NaF < NaCl < NaBr
    ➡ 녹는점: NaF > NaCl > NaBr
  – 이온 사이의 거리: MgO < CaO < SrO
    ➡ 녹는점: MgO > CaO > SrO

• 이온 사이의 거리가 비슷한 경우 정전기적 인력의 세기는 이온의 전하량이 클수록 녹는점이 높다.
  – 이온의 전하량: NaF < CaO ➡ 녹는점: NaF < CaO

• 정전기적 인력의 세기가 클수록 녹는점과 끓는점은 높다.

$F = k\frac{q_1 q_2}{r^2}$ (q_1, q_2 : 두 입자의 전하량, r : 두 입자 사이의 거리)

09

정답 ②

풀이 반응물의 원자의 수 = 생성물의 원자의 수

N : a = c

H : 2b = c

O : 2a + b + 2 = 3c

위 방정식을 풀어보면,

2a + b + 2 = 3c → 2c + 0.5c + 2 = 3c이므로

c = 4, a = 4, b = 2가 된다.

a + b + c = 10

∴ $4NO_2(g) + 2H_2O(l) + O_2(g) \rightarrow 4HNO_3(aq)$

10

정답 ②

풀이 바르게 고쳐보면,

	n	l	m_l	m_s
②	3	0	0	$+\frac{1}{2}$

관련 개념

양자수

(1) 주양자수(n)

• 오비탈의 에너지 준위과 크기를 결정하는 양자수이다.

• n = 1, 2, 3 … 등의 자연수(양의 정수)로 나타내며 주양자수가 클수록 오비탈의 크기가 크고 에너지 준위가 높아진다.

• 보어의 원자모형에서 전자껍질의 순서와 같다.

(2) 방위양자수(l)

• 오비탈의 다양한 모양을 결정하는 양자수이다.

• 주양자수가 n일 때 방위양자수는 0, 1, 2, … (n−1)까지 n개 존재한다.

• 오비탈의 모양은 s, p, d, f 등의 기호로 나타낸다.

(3) 자기양자수(m_l)
오비탈의 공간적인 방향성을 결정하며 방위양자수가 l인 오비탈의 자기양자수는 −l부터 +l까지의 정수로 2l + 1개의 오비탈이 존재한다.

(4) 스핀양자수(m_s)
- 전자의 회전 방향을 결정하는 양자수이다.
- 1개의 오비탈에는 서로 다른 회전방향(스핀)을 갖는 전자가 최대 2개까지만 들어갈 수 있으며 한 방향을 +1/2로, 다른 방향을 −1/2로 표현한다. ➡ 4가지 양자수가 모두 같은 전자가 존재할 수 없는 이유이다.
- 서로 반대의 스핀방향을 표시하는 방법으로 반대 방향의 화살표(↑, ↓)를 사용한다.

양자수와 전자

전자껍질(주양자수)	K(n=1)	L(n=2)		M(n=3)		
방위양자수(l)(전자부껍질, n − 1)	0	0	1	0	1	2
오비탈	1s	2s	2p	3s	3p	3d
자기양자수(m_l) $(2l+1)$	0	0	−1,0,1	0	−1,0,1	−2,−1,0,1,2
궤도함수의 수	1	1	3	1	3	5
	□	□	□□□	□	□□□	□□□□□
부껍질 최대 전자 수	2	2	6	2	6	10
최대 전자 수($2n^2$)	2	8		18		

11

정답 ③

풀이
- 산화가 잘될수록 환원력이 커지므로 Cu는 Zn보다 환원력이 약하고 산화력이 강하다.
- 어떤 물질을 자기장에 놓았을 때 자기장에 물질이 끌려가는 것을 상자기성, 반대로 밀려나는 것을 반자기성이라고 한다. 분자 내에 홀전자(unpaired electron)가 있으면 상자기성, 모든 전자가 짝지어져 있으면(paired electron) 반자기성이다.
- Cu^+인 경우 홀전자를 갖지 않아 반자기성의 성질을 가지지만 Cu^{2+}인 경우 홀전자를 가지게 되어 상자기성을 띤다. 대부분의 Cu화합물은 Cu^{2+}의 형태로 전자를 내보내기 때문에 상자기성을 띤다고 할 수 있다.
- 환원력이 커질수록 쉽게 산화되고 이온화 경향이 크다.

12

정답 ③

풀이 중간체로 생성된 산소원자는 반응성이 강하여 산소와 반응하여 오존을 형성한다.

광화학 반응에 의한 오존 생성반응	
VOCs 없을 때 : 일정 오존농도 유지	VOCs 있을 때 : 오존농도 증가
NO_2 + hv, NO, O_3, O + O_2	NO_2 + hv, NO, O_3, RO_2, VOCs, O + O_2

13

정답 ②

풀이

구분	단순입방 구조	체심입방 구조	면심입방 구조
구조	정육면체의 각 꼭짓점에 입자가 1개씩 있는 구조	정육면체의 각 꼭짓점 1개씩 + 정육면체의 중심에 입자가 1개씩 있는 구조	정육면체의 각 꼭짓점 1개씩 + 정육면체의 6면 중심에 입자가 1개씩 있는 구조
결정구조			
단위세포	$\frac{1}{8}$입자	$\frac{1}{8}$입자, 1입자	$\frac{1}{8}$입자, $\frac{1}{2}$입자
단위세포당 입자 수	1/8×8=1	(1/8)×8+1=2	(1/8)×8+(1/2)×6=4
1개 입자와 가장 인접한 입자 수	6개 (같은 층에 4개, 위·아래 층에 1개씩)	8개	12개
해당 물질	폴로늄(Po)	리튬(Li), 나트륨(Na), 칼륨(K) 등	알루미늄(Al), 니켈(Ni), 구리(Cu) 등

14

정답 ④

풀이 ICl_4^-은 중심원자 주변에 8개를 초과하는 전자를 갖게 되며 이러한 이온을 "초원자가"라고 한다.
EX PF_5, XeF_4, SF_4, AsF_6^-, ICl_4^- 등
결합영역 4, 비결합영역 2의 평면사각형의 구조를 갖는 팔면체의 형태를 갖는다.

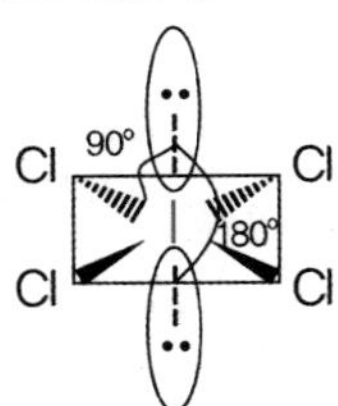

부록

15

정답 ③

풀이 **아세트산과 수산화나트륨의 중화 반응 – 약산과 강염기의 중화 반응**

아세트산은 약산으로 수용액 상태에서 대부분 분자 상태로 존재한다.

분자 반응식 : $CH_3COOH(aq) + NaOH(aq)$
$\rightarrow CH_3COONa(aq) + H_2O(l)$

이온 반응식 : $CH_3COOH(aq) + Na^+(aq) + OH^-(aq)$
$\rightarrow Na^+(aq) + CH_3COO^-(aq) + H_2O(l)$

구경꾼 이온인 Na를 제거한 알짜 이온 반응식을 만들면,
알짜 이온 반응식 : $CH_3COOH(aq) + OH^-(aq)$
$\rightarrow CH_3COO^-(aq) + H_2O(l)$

16

정답 ①

풀이 ㄱ은 구조이성질체이고 나머지는 입체이성질체이다.

17

정답 ④

풀이 촉매는 평형의 이동과 무관하다.

① 반응 용기 내의 생성물을 제거하면 생성물이 많아지는 정반응 쪽으로 평형이 이동한다.
② 정반응이 발열 반응인 상태에서 반응 용기의 온도를 낮추면 발열 반응인 정반응 쪽으로 평형이 이동한다.
③ 온도를 일정하게 유지하면서 반응 용기의 부피를 두 배로 증가시키면 압력이 감소하여 기체의 몰수가 많은 쪽으로 평형이 이동한다.

18

정답 ②

풀이 산의 mol = 염기의 mol

$$\frac{0.15\text{mol}}{\text{L}} \times 0.01\text{L} \times \frac{120\text{g}}{\text{mol}} = 0.18\text{g}$$

질량 백분율 : $\frac{0.18\text{g}}{0.5\text{g}} \times 100 = 36\%$

19

정답 ①

풀이 전자껍질의 변화로 이온화 에너지는 큰 변화를 보인다. 원자번호가 증가함에 따라 1차 이온화 에너지가 A와 B, C와 D에서 큰 차이를 보이므로 A와 B는 2주기, C와 D는 3주기 원소임을 알 수 있다.

A : ${}_{9}F$, B : ${}_{10}Ne$, C : ${}_{11}Na$, D : ${}_{12}Mg$이다.

① A_2 분자는 F_2로 반자기성이며 무극성 분자이다.

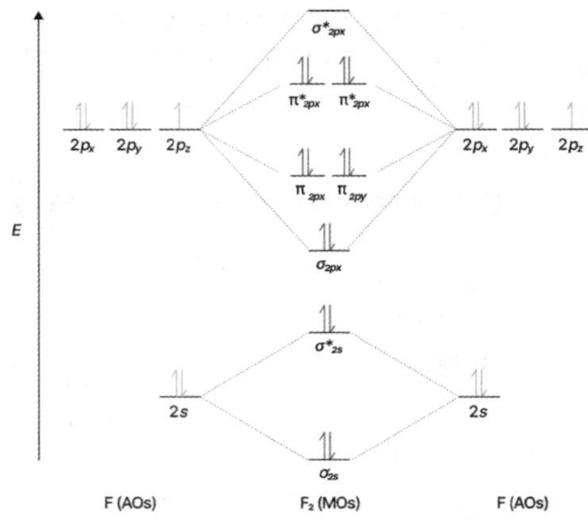

② 원자 반지름은 B(Ne)가 C(Na)보다 작다.
${}_{10}Ne$: $1s^2\ 2s^2\ 2p^6$
${}_{11}Na$: $1s^2\ 2s^2\ 2p^6\ 3s^1$
③ A(F)와 C(Na)로 이루어진 화합물은 이온결합 화합물이다. 이온결합 화합물은 금속 + 비금속 간의 결합이다.
④ 2차 이온화 에너지(IE_2)는 C(Na)가 D(Mg)보다 크다.

20

정답 ④

풀이 ① (가)에서 C의 산화수는 0 → +2로 증가한다.
② (가)~(라) 중 산화-환원 반응은 (가)와 (나)이다.
③ (나)에서 CO는 산소와 결합하므로 환원제이다.
④ (다)에서 Ca의 산화수는 +2로 변하지 않는다.

부록
정답 및 해설

2022년 지방직 9급

Answer

01 ④	02 ②	03 ③	04 ④	05 ②
06 ①	07 ④	08 ③	09 ①	10 ①
11 ②	12 ④	13 ②	14 ②	15 ③
16 ③	17 ①	18 ②	19 ①	20 ②

01

정답 ④

풀이 Cl의 전기 음성도가 매우 크므로 쌍극자 모멘트의 합이 0이 아니다. 따라서 CH_3Cl은 극성 분자이다.

:Ö=C=Ö:	BF₃ 루이스 구조 (F–B–F, F)
CO_2 결합구조	BF_3 결합구조
Cl, Cl–P, Cl, Cl, Cl (90°, 120°)	Cl, C, H, H, H
PCl_5 결합구조	CH_3Cl 결합구조

02

정답 ②

풀이 이상기체의 mol은 변화가 없고 온도와 부피가 2배가 되었으므로 압력은 변화가 없어야 한다.

PV = nRT

1 × 1 = n × 0.082 × 300

P × 2 = n × 0.082 × 600

연립하여 계산하면 P = 1atm이다.

03

정답 ③

풀이 질량 백분율[%]은 $\frac{X의\ 질량}{용액의\ 질량} \times 100$이다.

관련 개념

농도

(1) 퍼센트 농도

- 용액 100g에 녹아 있는 용질의 질량(g)을 백분율로 나타낸 것으로 단위는 %이다.

$$퍼센트\ 농도(\%) = \frac{용질의\ 질량(g)}{용액의\ 질량(g)} \times 100 = \frac{용질의\ 질량(g)}{(용질+용매)의\ 질량(g)} \times 100$$

- 일상생활에서 가장 많이 쓰이며 온도와 압력에 영향을 받지 않는다.
- % 농도가 같더라도 용질의 종류에 따라 일정한 질량의 용액에 녹아 있는 용질의 입자 수(몰수)는 다르다.

(2) ppm 농도

- 용액 10^6g 속에 녹아 있는 용질의 질량(g)을 나타낸 것으로 단위는 ppm이다.

$$ppm\ 농도(ppm) = \frac{용질의\ 질량(g)}{용액의\ 질량(g)} \times 10^6 = \frac{용질의\ 질량(g)}{(용매+용질)의\ 질량(g)} \times 10^6$$

- 미량의 농도를 표현할 때 많이 쓰이며 온도와 압력에 영향을 받지 않는다.
- 질량뿐만 아니라 부피에 대한 농도로도 표현이 가능하다.

(3) 몰 농도

- 용액 1L에 녹아 있는 용질의 mol수로 나타내며 단위는 mol/L 또는 M으로 표기한다.

$$몰\ 농도(M) = \frac{용질의\ mol}{용액의\ 부피(L)}$$

- 용액의 부피는 온도에 따라 달라지므로 몰 농도는 온도에 영향을 받는다.

(4) 몰랄 농도

- 용액 1kg에 녹아 있는 용질의 mol수로 나타내며 단위는 mol/kg 또는 m으로 표기한다.

$$몰랄\ 농도(m) = \frac{용질의\ 질량(mol)}{용매의\ 질량(kg)}$$

- 온도와 압력에 영향을 받지 않는다.

04

정답 ④

풀이 바르게 고쳐보면,

① 메테인(CH_4)은 공유결합으로 이루어진 무극성 물질이다.

부록

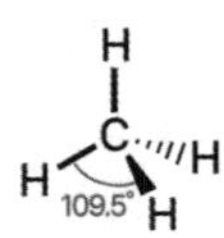

| CH_4 결합구조 |

② 이온결합 물질은 녹는점과 끓는점이 비교적 높아 상온에서 고체 상태이다.

③ 이온결합 물질은 고체 상태에서 전류가 흐르지 않으나 액체나 수용액 상태에서는 전류가 흐른다.

05

정답 ②

풀이 $2H_2 + O_2 \rightarrow 2H_2O$

1mol의 산소(O_2)와 반응하는 수소의 질량은 $2 \times 2g = 4g$이다.

06

정답 ①

풀이
① H_2S
H_2 : $+1 \times 2 = +2$
S : -2

② SO_3
O_3 : $-2 \times 3 = -6$
S : $+6$

③ $PbSO_4$
Pb : $+2$
O_4 : $-2 \times 4 = -8$
S : $+6$

④ H_2SO_4
H_2 : $+1 \times 2 = +2$
O_4 : $-2 \times 4 = -8$
S : $+6$

관련 개념

산화수 결정 규칙

(1) 원소를 구성하는 원자의 산화수는 "0"이다.
예) H_2, O_2, N_2, Mg에서 각 원자의 산화수는 0이다.

(2) 일원자 이온의 산화수는 그 이온의 전하와 같다.
예) Na^+ : $+1$, Cl^- : -1, Ca^{2+} : $+2$

(3) 다원자 이온의 산화수는 각 원자의 산화수 합과 같다.
예) OH^- : $(-2) + 1 = -1$, SO_4^{2-} : $(-2) + (-2) \times 4 = -2$

(4) 화합물에서 각 원자의 산화수의 합은 "0"이다.
예) H_2O : $(+1) \times 2 + (-2) = 0$

(5) 화합물에서 1족 알칼리 금속의 산화수는 +1, 2족 알칼리 토금속의 산화수는 +2이다.
예) NaCl : Na의 산화수는 +1, MgO : Mg의 산화수는 +2

(6) 화합물에서 F의 산화수는 −1이다.
예) LiF : F의 산화수는 −1, Li의 산화수는 +1

(7) 화합물에서 H의 산화수는 +1이고 금속의 수소 화합물에서는 −1이다.
예) LiH : H의 산화수는 −1, Li의 산화수는 +1

(8) O의 산화수는 일반적으로 화합물에서 −2, 과산화물에서는 −1, 플루오린 화합물에서는 +2이다.
예) H_2O : H의 산화수는 −1, O의 산화수는 −2
H_2O_2 : H의 산화수는 +1, O의 산화수는 −1
OF_2 : F의 산화수는 −1, O의 산화수는 +2

07

정답 ④

풀이 바르게 고쳐보면,
ㄱ. 양성자는 양의 전하를 띤다.
ㄴ. 양성자는 원자 크기의 대부분을 차지한다.

08

정답 ③

풀이
- 「대기환경보전법」상 온실가스 정의: 적외선 복사열을 흡수하여 온실효과를 유발하는 대기 중 가스 상태 물질로 CO_2, CFC, N_2O, CH_4, SF_6(육불화황) 등이 있다.
- 교토의정서상 온실효과에 기여하는 6대 물질: 이산화탄소(CO_2), 메탄(CH_4), 아산화질소(N_2O), 불화탄소(PFC), 수소화불화탄소(HFC), 육불화황(SF_6) 등
- 온실가스별 지구온난화 계수

온실가스의 종류	지구온난화 계수
이산화탄소(CO_2)	1
메탄(CH_4)	21
아산화질소(N_2O)	310
수소불화탄소(HFCs)	140~11,700
과불화탄소(PFCs)	6,500~9,200
육불화황(SF_6)	23,900

09

정답 ①

풀이 바르게 고쳐보면,
② 전기 음성도의 크기는 Z(O) > Y(Be) > X(Li) 순이다.

구분	같은 주기	같은 족
주기성	원자 번호가 클수록 대체로 증가	원자 번호가 클수록 대체로 감소
이유	유효 핵전하가 증가하여 원자핵과 전자와의 인력이 증가	전자껍질 수가 증가하여 원자핵과 전자의 인력이 감소

③ 원자 반지름의 크기는 X(Li) > Y(Be) > Z(O) 순이다.
④ 이온 반지름의 크기는 Z^{2-}(O) > X^+(Li) > Y^{2+}(Be) 순이다.

X^+(Li) : $1s^2$, Y^{2+}(Be) : $1s^2$, Z^{2-}(O) : $1s^2\ 2s^2\ 2p^6$

∴ 같은 주기 : 양이온과 음이온의 반지름은 원자번호가 클수록 작아진다. ➡ 유효핵전하가 증가하여 핵과 전자 사이의 정전기적 인력이 증가하기 때문

10

정답 ①

풀이 바르게 고쳐보면,

② 원자 번호가 증가함에 따라 원자 반지름이 커지고 핵 간의 거리가 멀어져 녹는점과 끓는점이 낮아진다.

③ 25℃, 1atm에서 밀도가 커진다. 부피가 일정한 경우 질량이 커져 밀도는 커진다.

④ 원자가 전자의 개수는 같다. 1족 알칼리 금속은 원자가 전자의 수가 1개이다.

원소	녹는점	끓는점	이온화에너지 (kJ/몰)	밀도 (g/mL)	불꽃 반응색
Li	186	1336	520	0.53	빨간색
Na	97.5	880	496	0.97	노란색
K	62.8	760	419	0.86	보라색
Rb	38.5	700	403	1.53	빨간색
Cs	28.5	670	376	1.87	파란색

11

정답 ②

풀이 바르게 고쳐보면,

ㄴ. 1차 이온화 에너지가 큰 원소일수록 양이온이 되기 어렵다.

관련 개념

이온화 에너지

- 기체 상태의 원자 1몰에서 전자 1몰을 떼어 내는 데 필요한 최소 에너지를 의미한다.
- 원자핵과 전자 사이의 인력이 클수록 이온화 에너지가 크게 나타난다.
- 이온화 에너지가 작을수록 전자를 잃기 쉬워 양이온이 되기 쉽다.

12

정답 ④

풀이 바르게 고쳐보면,

④ 원자의 배위수는 Mg와 Al이 같다. (Mg: 12, Al: 12)

- 배위수 : 한 입자를 기준으로 가장 가까이에 있는 입자의 수

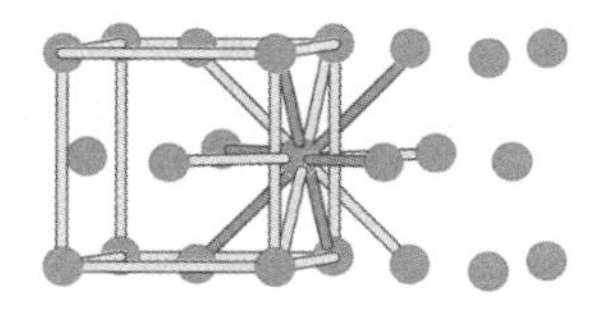

4+4+4=12

| 면심입방(fcc) 구조의 배위수 |

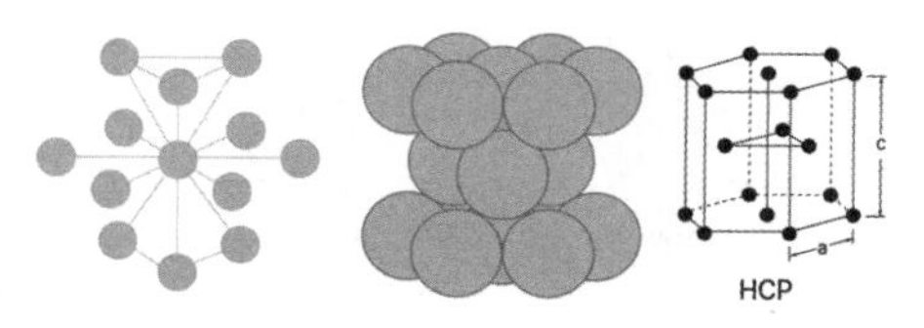

| 육방조밀 구조의 배위수와 구조 |

	단순입방 (SC)	체심입방 (BCC)	면심입방 (FCC)	육방조밀 (HCP)
단위세포 원자 수	1	2	4	6
배위수	6	8	12	12
원자의 쌓임 효율	0.52	0.68	0.74	0.74
대표금속	Po	Cr, W	Al, Cu, Pb	Cd, Mg, Ti

관련 개념

면심입방 구조(Face Centered Cubic, FCC)

- 배위수 : 12
- 단위 격자 속의 원자 수 : 4
- 전연성이 커서 가공이 용이
- Ag, Al, Au, Ca, Cu, Ir, Ni, Pb, Pt 등
- 원자의 쌓임 효율(APF) : 0.74

육방조밀 구조(Hexagonal Close Packed, HCP)

- 배위수 : 12
- 단위 격자 속의 원자 수 : 2
- 전연성이 작음
- Be, Cd, Co, Mg, Ti, Zn, Zr
- 원자의 쌓임 효율(APF) : 0.74

육방조밀 구조(hexagonal close-packing)

한 개의 층을 기준으로 잡고 그 층의 위치를 A라고 하였을 때 쌓이는 방법에 따라 B와 C의 위치가 가능하다. 육방조밀 쌓임의 경우에는 층이 쌓일 때 그 순서가 ABABABA…를 이루며 2개 층이 반복되는 구조를 갖는다. 따라서 세 번째 층의 모든 원자는 첫 번째 층의 모든 원자와 동일한 위치에 놓이게 된다.

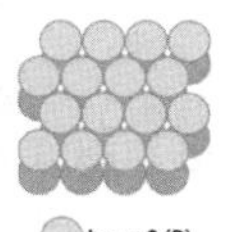

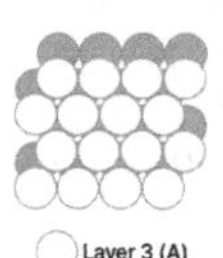

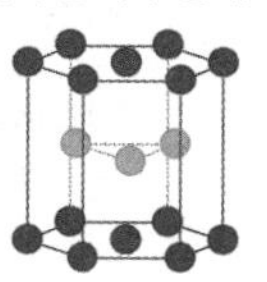

입방조밀 쌓임(cubic close-packing)

육방조밀 쌓임과 마찬가지로 한 개의 층을 기준으로 잡고 그 위치를 A라고 하였을 때 층이 쌓이는 순서는 ABCABCABC…와 같으며 3개 층이 반복되는 구조를 갖는다. 따라서 입방조밀 쌓임 구조에서는 세 번째 층이 첫 번째 층의 구멍 위에 놓이는 형태를 보인다.

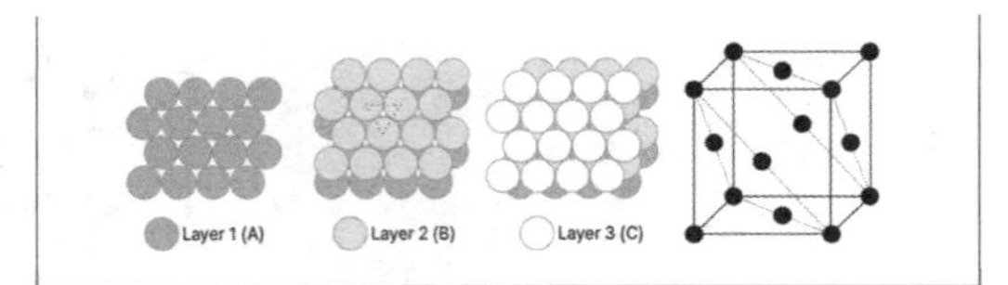

13

정답 ②

풀이 다단계 반응의 속도 결정 단계는 반응 속도가 가장 느린 단계이다.

14

정답 ②

풀이 0.1mol / 10L = 0.01M

$\underline{Ba(OH)_2} \rightarrow Ba^{2+} + \underline{2OH^-}$

1 : 2이므로 OH^-의 몰 농도는 2 × 0.01M이다.

$[H_3O^+][OH^-] = 1.0 \times 10^{-14}$

$[H_3O^+][2 \times 0.01] = 1.0 \times 10^{-14}$

$[H_3O^+] = 5 \times 10^{-13}$

15

정답 ③

풀이 오존 : 무색, 무미, 해초 냄새

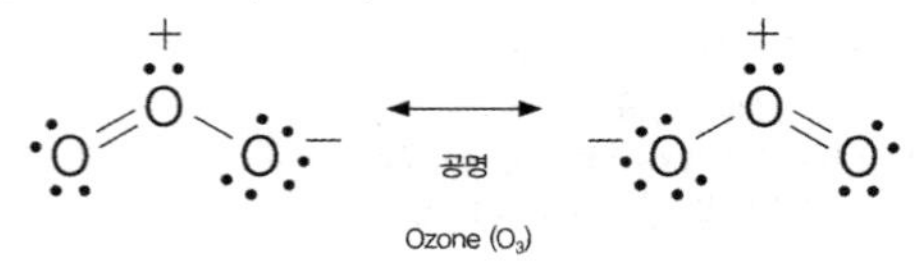

16

정답 ③

풀이 바르게 고쳐보면,

산소 원자는 sp^2, sp^3 혼성을 갖는다.

[상세설명]

아스코르빅산(Ascorbic acid, $C_6H_8O_6$)

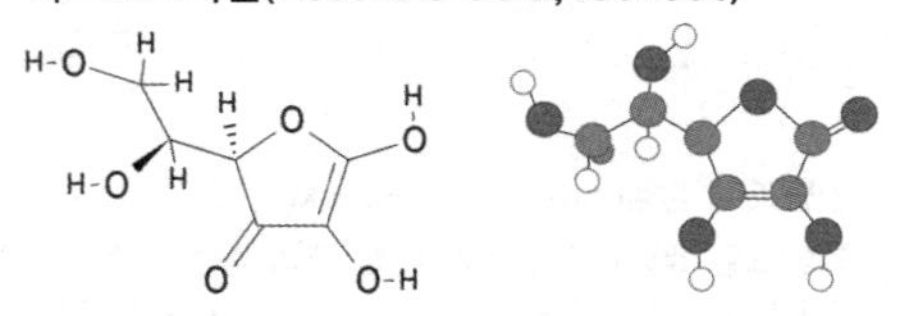

① 이중 결합의 개수는 2이다.

② sp^3 혼성을 갖는 탄소 원자의 개수는 3이다.

④ 카이랄 중심인 탄소 원자의 개수는 2이다.

- 카이랄 중심 : 4개의 서로 다른 치환기를 가진 sp^3 혼성원자 ➡ 다중결합인 탄소는 같은 원자와 결합하고 있으므로 제외한다.

17

정답 ①

풀이 I_3^- : 중심원자 I의 형식전하 −1

OCN^- : 중심원자 C의 형식전하 0

[상세풀이]

1. I_3^-

I: [Kr] $4d^{10}$ $5s^2$ $5p^5$

형식전하 = 원자가 전자 수 − 비결합 전자 수 − (결합 전자 수/2)

괄호 안 숫자는 비공유 전자 수이다.

[1단계] 각 원자의 원자가 전자 수의 합을 구한다.

3(I) + 1 = 3(7) + 1 = 22

[2단계] 화합물의 기본 골격 구조를 그린다.

I − I − I

22 − 2(2) = 18

[3단계] 주위 원자들이 팔전자 규칙에 맞도록 전자를 한 쌍씩 그린다.

I(6) − I − I(6)

18 − 2(6) = 6

[4단계] 중심 원자도 팔전자 규칙에 맞도록 그린다.

I(6) − I(4) − I(6)

형식전하 = 원자가 전자 수 − 비결합 전자 수
− (결합 전자 수/2)

- 주위 I의 형식전하 = 7 − 6 − (2/2) = 0
- 중심 I의 형식전하 = 7 − 6 − (4/2) = −1

2. OCN^{-}
원자가 전자 수 = 6 + 4 + 5 + 1 = 16
O : 6, C : 4, N : 5

[1단계] 각 원자의 원자가 전자 수의 합을 구한다.
5 + 4 + 6 + 1 = 16
[2단계] 화합물의 기본 골격 구조를 그린다.
N−C−O
16 − 2(2) = 12
[3단계] 주위 원자들이 팔전자 규칙에 맞도록 전자 한 쌍씩 그린다.
N(6) − C − O(6)
12 − 2(6) = 0 ➡ C는 비공유 전자쌍이 없음
[4단계] 중심 원자도 팔전자 규칙에 맞도록, 주위 원자의 비결합 전자쌍을 사용하여 이중 또는 삼중 결합을 그린다.
괄호 안의 숫자는 비공유 결합한 전자의 수이다.
case 1) N(2) ≡ C−O(6)
case 2) N(4) = C = O(4)
case 3) N(6)−C ≡ O(2)

:N≡C—Ö:

N̈=C=Ö

:N̈—C≡O:

[5단계] case별로 형식전하 계산
(형식전하 = 원자가 전자 수 − 비결합 전자 수
− 1/2 결합 전자 수)
중심원자인 C의 형식전하 = 4 − 0 − (8/2) = 0

구분	O의 형식전하	N의 형식전하
Case 1	6−6−1=−1	5−2−3=0
Case 2	6−4−2=0	5−4−2=−1
Case 3	6−2−3=+1	5−6−1=−2

전기 음성도가 더 큰 산소에 −1의 형식전하가 할당된 case 1이 가장 안정한 루이스 구조
N(2) ≡ C−O(6) or N ≡ C−O

:N≡C—Ö:$^{-1}$

18

정답 ②

풀이 $CaCO_3$는 고체이므로 평형에 영향을 미치지 않는다.

관련 개념

평형상수

- 화학평형상수는 반응물의 몰 농도의 곱에 대한 생성물의 몰 농도의 곱으로 표현하며 온도가 일정한 경우 그 값은 변하지 않는다.
  aA + bB ⇄ cC + dD
  $K = \frac{[C]^c[D]^d}{[A]^a[B]^b}$
  [A], [B], [C], [D] : 평형 상태에서 각 물질의 농도
- 화학평형상수는 단위를 표시하지 않는다.
- 일정한 온도에서는 농도에 관계없이 일정한 값을 갖는다.
- 용매나 고체의 경우 화학평형상수식에 포함하지 않는다.
- 기체의 반응인 경우 부분압력을 이용하여 평형상수를 나타내기도 한다(부분압력과 농도가 비례).
- 평형상수가 1보다 큰 경우 정반응이 우세하여 생성물의 반응물보다 많다.
- 평형상수가 1보다 작은 경우 역반응이 우세하여 반응물이 생성물보다 많다.
- 정반응의 평형 상수가 K라면 역반응의 평형 상수는 $\frac{1}{K}$이다.

19

정답 ①

풀이
- 반응물의 결합 에너지 : 4(C−H) + 2(O=O)
  = 4 × 100 + 2 × 120 = 640
- 생성물의 결합 에너지 : 2(C=O) + 2 × 2(O−H)
  = 2 × 190 + 2 × 2 × 110 = 820
- △H = (끊어지는 결합 에너지의 합) − (생성되는 결합 에너지의 합)
  = (반응물의 결합 에너지 합) − (생성물의 결합 에너지 합) = 640 − 820
  = −180[kcal mol^{-1}]

20

정답 ②

풀이
- 표준환원전위가 큰 금속: 이온화 경향이 작으며, 산화가 되기 어렵고 환원되기 쉽다.
- 표준산화전위가 큰 금속: 이온화 경향이 크고, 산화되기 쉬우며, 환원되기 어렵다.
- 표준환원전위가 큰 쪽이 환원전극(+극), 작은 쪽이 산화전극(−극)이 된다.

  $Zn^{2+}(aq) + 2e^- \rightleftarrows Zn(s)$ $E° = -0.76V$

  $Cu^{2+}(aq) + 2e^- \rightleftarrows Cu(s)$ $E° = 0.34V$
- 표준환원전위가 더 큰 Cu가 환원되고 Zn이 산화된다.

  환원 : $Cu \rightarrow Cu^{2+} + 2e^-$ …… ①

  산화 : $Zn^{2+} + 2e^- \rightarrow Zn$ …… ②

  ① − ②

  표준환원전위 = +0.34V − (−0.76V) = +1.1V

298K에서 Nernst식에 의한 E를 구하면,

$$E = E°(V) - \frac{0.0592V}{n}\log\frac{[산화전극의 전해질 몰농도]}{[환원전극의 전해질 몰농도]}$$

$$E = 1.1V - \frac{0.0592V}{2}\log\frac{[Zn^{2+}]}{[Cu^{2+}]}$$ 이다.

따라서 $E = 1.1 - \frac{0.0592}{2}\log\frac{[0.1]}{[0.01]} = 1.0704$

부록
정답 및 해설

2023년 지방직 9급

Answer

01 ①	02 ④	03 ①	04 ①	05 ①
06 ④	07 ③	08 ④	09 ③	10 ③
11 ②	12 ④	13 ①	14 ④	15 ④
16 ③	17 ③	18 ②	19 ②	20 ②

01

정답 ①

풀이 $C_6H_{12}O_6$: 180g/mol

$$\frac{0.5\text{mol}}{\text{L}} \times 0.1\text{L} \times \frac{180\text{g}}{1\text{mol}} = 9\text{g}$$

02

정답 ④

풀이 바르게 고쳐보면,

① 철(Fe)은 (나)에 해당한다.
② 산소(O_2)는 (나)에 해당한다.
③ 석유는 (가)에 해당한다.

관련 개념

(1) 순물질
- 원소
  - 한 가지 원소로 이루어진 물질을 의미한다.
  - 다른 성분으로 분해되지 않는 물질을 구성하는 기본 성분이다.

  예) 금(Au), 구리(Cu), 철(Fe), 질소(N), 수소(H), 산소(O) 등
- 화합물 : 두 가지 이상의 원소로 이루어진 순물질을 의미한다.

  예) 물(H_2O), 소금(NaCl), 이산화탄소(CO_2) 등

(2) 혼합물
- 균일 혼합물 : 구성하는 물질이 고르게 섞여 있는 상태의 혼합물을 의미한다.

  예) 공기, 식초, 합금, 소금물 등
- 불균일 혼합물 : 구성하는 물질이 고르게 섞여 있지 않는 상태의 혼합물을 의미한다.

  예) 암석, 우유, 주스, 흙탕물 등

03

정답 ①

풀이 NO_2^- – 아질산 이온

관련 개념

양이온		음이온	
이름	화학식	이름	화학식
수소 이온	H^+	과망가니즈산 이온	MnO_4^-
마그네슘 이온	Mg^{2+}	황화 이온	S^{2-}
칼슘 이온	Ca^{2+}	염화 이온	Cl^-
바륨 이온	Ba^{2+}	황산 이온	SO_4^{2-}
칼륨 이온	K^+	수산화 이온	OH^-
나트륨 이온	Na^+	탄산 이온	CO_3^{2-}
은 이온	Ag^+	질산 이온	NO_3^-
구리(II) 이온	Cu^{2+}	아세트산 이온	CH_3COO^-

04

정답 ①

풀이

$$C_m = \frac{C_1Q_1 + C_2Q_2}{Q_1 + Q_2}$$

(C_m : 혼합농도 C_1, C_2 : 농도 Q_1, Q_2 : 유량)

(1) 1.0M KOH 수용액 30mL의 mol

$$\frac{1\text{mol}}{\text{L}} \times 0.03\text{L} = 0.03\text{mol}$$

(2) 2.0M KOH 수용액 40mL

$$\frac{2\text{mol}}{\text{L}} \times 0.04\text{L} = 0.08\text{mol}$$

(3) 혼합용액의 몰 농도

$$\frac{0.03 + 0.08}{0.1\text{L}} = 1.1\text{M}$$

부록

05

정답 ①

풀이 • 무극성 분자의 분자량이 클수록 편극이 생성되기 쉽다. ➡ 분자량이 큰 분자일수록 분산력이 크고, 끓는점이 높아진다.
• 무극성인 할로젠의 이원자 분자와 비활성 기체는 분자량이 클수록 끓는점이 높다. ➡ 분자량이 클수록 분산력이 커진다.

관련 개념

분산력
(1) 분산력
모든 분자에 작용하는 힘으로 순간 쌍극자와 순간 쌍극자 사이에 작용하는 정전기적 인력이다.
(2) 분산력의 크기
• 분자량 : 분자량이 클수록 쉽게 편극이 일어나 큰 분산력을 얻을 수 있어 끓는점이 높다.
• 분자모양 : 분자량이 비슷한 경우 넓게 퍼진 모양일수록 쉽게 편극이 일어나 큰 분산력을 얻을 수 있어 끓는점이 높다.

06

정답 ④

풀이 $IE_3 << IE_4$이므로 3주기 13족 원소인 $_{13}Al$(알루미늄)이다.
바닥 상태의 전자 배치는 $[Ne]3s^2\ 3p^1$이다.
염산과 반응하면 $2Al + 6HCl \rightarrow 2AlCl_3 + 3H_2\uparrow$이다.

관련 개념

순차적 이온화 에너지
• 기체 상태의 원자에서 전자를 1mol씩 순차적으로 떼어낼 때 각 단계마다 필요한 에너지를 의미한다.
• 이온화 차수가 커질수록 전자 수는 줄어들고 전자가 느끼는 유효 핵전하는 증가하여 이온화 에너지는 커진다.
• 원자가 전자를 모두 떼어내면 안쪽 전자껍질에 있는 전자를 떼어낼 차례가 된다. 이때 이온화 에너지가 급격하게 증가한다. ➡ 순차적 이온화 에너지가 급격하게 증가하기 전까지의 전자 수가 원자가 전자 수가 된다.

07

정답 ③

풀이 ① K_2SO_3
$(+1) \times 2 + S + (-2) \times 3 = 0$
$S = 4$
② $Na_2S_2O_3$
$(+1) \times 2 + S \times 2 + (-2) \times 3 = 0$
$S = 2$
③ $FeSO_4$
SO_4^{2-}이므로 Fe는 +2이다.
$(+2) + S + (-2) \times 4 = 0$
$S = 6$
④ CdS
$(+2) + S = 0$
$S = -2$

관련 개념

산화수 결정 규칙
(1) 원소를 구성하는 원자의 산화수는 "0"이다.
예) H_2, O_2, N_2, Mg에서 각 원자의 산화수는 0이다.
(2) 일원자 이온의 산화수는 그 이온의 전하와 같다.
예) Na^+ : +1, Cl^- : −1, Ca^{2+} : +2
(3) 다원자 이온의 산화수는 각 원자의 산화수 합과 같다.
예) OH^- : $(-2) + 1 = -1$, SO_4^{2-} : $(-2) + (-2) \times 4 = -2$
(4) 화합물에서 각 원자의 산화수의 합은 "0"이다.
예) H_2O : $(+1) \times 2 + (-2) = 0$
(5) 화합물에서 1족 알칼리 금속의 산화수는 +1, 2족 알칼리 토금속의 산화수는 +2이다.
예) NaCl : Na의 산화수는 +1, MgO : Mg의 산화수는 +2
(6) 화합물에서 F의 산화수는 −1이다.
예) LiF : F의 산화수는 −1, Li의 산화수는 +1
(7) 화합물에서 H의 산화수는 +1이고 금속의 수소 화합물에서는 −1이다.
예) LiH : H의 산화수는 −1, Li의 산화수는 +1
(8) O의 산화수는 일반적으로 화합물에서 −2, 과산화물에서는 −1, 플루오린 화합물에서는 +2이다.
예) H_2O : H의 산화수는 −1, O의 산화수는 −2
H_2O_2 : H의 산화수는 +1, O의 산화수는 −1
OF_2 : F의 산화수는 −1, O의 산화수는 +2

08

정답 ④

풀이 3주기 원소로 이루어진 이온결합 결정으로 NaCl이다.
① Na^+ : 단위세포 내에 있는 개수는 $12 \times 1/4 + 1 = 4$이다(모서리에 있는 입자는 1개의 단위세포에 1/4의 입자가 존재한다)
Cl^- : 단위세포 내에 있는 개수는 $8 \times 1/8 + 6 \times 1/2 = 4$이다(꼭짓점에 있는 입자는 1개의 단위세포에 1/8, 각 면에 있는 입자는 1개의 단위세포에 1/2의 입자가 존재한다).
② 배위수 : 한 원자와 가장 가까이에 있는 원자의 수이다. 배위수는 6이다.
③ Na(s)는 고체(금속)으로 전기적으로 도체이다.
④ 이온결합으로 이루어진 물질은 고체에서 전기 전도성이 없으며 수용액과 액체에서 전기 전도성이 있다.

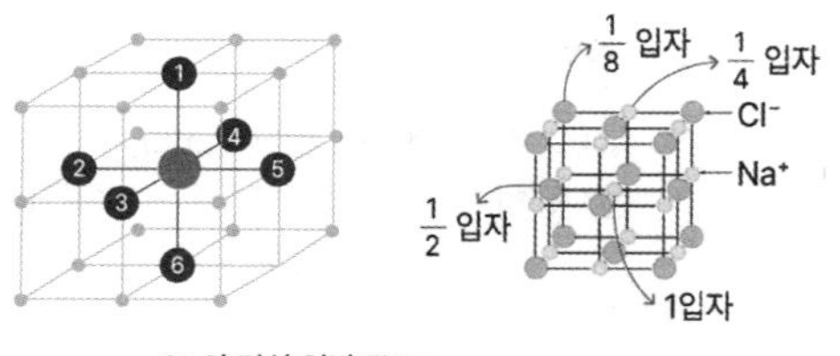

Cl⁻의 면심 입방 구조

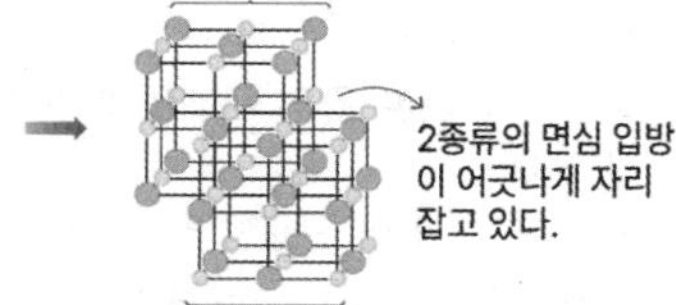

Na⁺의 면심 입방 구조

| NaCl의 결정구조 |

09

정답 ③

풀이 CH_2Cl_2는 사면체의 입체 구조를 갖는 극성 분자이다.

10

정답 ③

풀이 산소원자는 sp^3(사면체)와 sp^2(평면삼각형) 혼성을 가지고 있어 같은 평면에 존재하지 않는다.

카복실산 : $-COOH$

에스터화 반응 : 산과 알코올이 반응하여 에스터를 형성하는 등 에스터를 생성하는 화학적 반응을 말한다.

R－C(=O)－OH + H－O－R' —에스테르화 반응→ R－C(=O)－O－R' + H_2O

카르복시산 알코올 에스테르 물

sp^2 혼성을 갖는 산소 원자의 개수는 2이다.

11

정답 ②

풀이 C_3H_4(Allene)

ㄴ. H_a와 H_c는 다른 평면 위에 있다.

ㄹ. 가운데 탄소는 sp, 양쪽 탄소는 sp^2 혼성화 오비탈을 가지고 있다.

12

정답 ④

풀이 염기성 조건에서의 균형 화학 반응식은 OH^-의 존재로 알 수 있다.

전하의 균형을 고려하여

$Co(s) + 2H_2O(l) \rightarrow Co^{2+}(aq) + H_2(g) + 2OH^-(aq)$

반응이 염기성 조건에서의 균형 화학 반응식이 된다.

13

정답 ①

풀이 착화합물과 결합되어 있는 Cl의 수가 많을수록 많은 양의 침전물(AgCl)이 얻어진다.

14

정답 ④

풀이
- A의 농도가 일정할 때 B의 농도는 2배, C의 생성속도는 4배이므로 B에 2차 반응이다. ➡ b : 2
- B의 농도가 일정할 때 A의 농도는 2배, C의 생성속도는 4배이므로 B에 2차 반응이다. ➡ a : 2

속도 $= k[A]^2[B]^2$

15

정답 ④

풀이 반응물과 생성물이 모두 기체 상태인 경우에도 $\triangle H$는 달라진다. C_2H_5OH와 H_2O의 기화 에너지가 추가되어야 한다.

16

정답 ③

풀이 엔트로피 변화($\triangle S$)는 최종 상태의 엔트로피($S_{최종}$)에서 초기 상태의 엔트로피($S_{초기}$)를 뺀 값으로 나타낸다.

$2 \times 192.5 - (191.5 + 3 \times 130.6) = -198.3$

부록

관련 개념

엔트로피(S)

- 엔트로피는 무질서한 정도를 나타내며 무질서도가 클수록 엔트로피는 커진다.
- 엔트로피가 증가하는 과정은 자발적으로 일어나는 반응이다.
  예) 고체 → 액체 → 기체로 될 때 : 엔트로피 증가
  반응 후 기체 분자 수 증가 : 엔트로피 증가
  온도가 높아지면 분자 운동이 활발 : 엔트로피 증가
- 엔트로피 변화(△S)는 최종 상태의 엔트로피($S_{최종}$)와 초기 상태의 엔트로피($S_{초기}$)의 차이로 나타낸다.
  $\Delta S = S_{최종} - S_{초기}$
  $\Delta S > 0$: 엔트로피(무질서도) 증가
  $\Delta S < 0$: 엔트로피(무질서도) 감소

17

정답 ③

풀이 $CO_2 + H_2O \rightarrow H_2CO_3$는 산화수의 변화가 없다.

18

정답 ②

풀이 ① 반응 용기에 SnO_2는 고체로 평형에 영향을 주지 않는다.
③ 반응 용기의 온도를 일정하게 유지하면서 평형 상수(K_c)는 변하지 않는다.
④ 반응 용기의 부피변화(압력변화)는 반응계수가 같으므로 평형에 영향을 주지 않는다.

관련 개념

조건에 변화와 평형의 이동

평형 이동	감소	〈조건〉	증가	평형 이동
농도가 증가하는 방향으로 평형 이동	←	농도	→	농도가 감소하는 방향으로 평형 이동
기체 전체의 압력이 증가하는 방향으로 평형 이동	←	압력	→	기체 전체의 압력이 감소하는 방향으로 평형 이동
발열 반응 방향으로 평형 이동	←	온도	→	흡열 반응 방향으로 평형 이동

19

정답 ②

풀이 ① NO는 각각 한 개씩의 σ결합과 π결합을 가진다.
이중결합 : 1 시그마결합 + 1 파이결합을 가진다.
② NO는 N에 홀전자를 가진다.

N=O

③ NO의 형식 전하의 합은 0이다.
형식전하 = 원자가 전자 수 − 비결합 전자 수 − (결합 전자 수/2)

[상세풀이]

(1) 각 원자의 원자가 전자 수의 합을 구한다.
N + O = 5 + 6 = 11

(2) 화합물의 기본 골격 구조를 그린다.
N − O
11 − 2 = 9 (단일결합으로 전자 2개 소모)

(3) 주위 원자들이 팔전자 규칙에 맞도록 전자를 한 쌍씩 그린다.
N − O(6)
(참고 : 원자 다음 괄호 안의 숫자 = 그 원자의 비공유 전자의 개수)
9 − 6 = 3 (산소 주위에 6개 전자를 배치하여 전자 6개 소모)

(4) 중심 원자도 팔전자 규칙에 맞도록 그린다.
N(3)−O(6) : 단일결합으로 산소 옥텟규칙 만족
N(3)=O(4) : 이중결합으로 산소 옥텟규칙 만족
N(4)=O(3) : 이중결합으로 질소 옥텟규칙 만족

구분	N=O		N=O	
	N	O	N	O
원자가 전자 수	5	6	5	6
비결합 전자 수	3	4	4	3
결합 전자 수/2	4×1/2	4×1/2	4×1/2	4×1/2
형식전하	0	0	−1	+1
형식전하가 0인 구조가 더 안정한 구조이다.				

④ NO는 O_2와 반응하여 쉽게 NO_2로 된다.
$NO + 0.5O_2 \rightarrow NO_2$

관련 개념

시그마 결합과 파이 결합

- π(시그마) 결합 : 서로 평행한 2개의 p 오비탈이 측면으로 겹칠 때 전자쌍을 공유하며 형성되는 결합이다(측면겹침).
- δ(파이) 결합 : 서로 평행한 2개의 p 오비탈이 정면으로 겹칠 때 전자쌍을 공유하며 형성되는 결합이다(정면겹침).

단일결합 : 시그마 결합

- 이중결합 : 1 δ(시그마) 결합 + 1 π(파이) 결합
- 삼중결합 : 1 δ(시그마) 결합 + 2 π(파이) 결합

20

정답 ②

풀이 휘발성 유기 화합물(VOCs)은 건축자재, 접착제 등에서 주로 발생한다.

MEMO

이찬범

저자 약력

현) 박문각 공무원 환경직 전임강사
전) 에듀윌 환경직 공무원 강사
특강 : 안양대, 충북대, 세명대, 상명대, 순천향대, 신안산대 등 다수
자격증 강의 : 대기환경기사, 수질환경기사, 환경기능사, 위험물산업기사,
위험물기능사, 산업안전기사 등

저자 저서

이찬범 환경공학 기본서(박문각)
이찬범 화학 기본서(박문각)
대기환경기사 필기(에듀윌)
대기환경기사 실기(에듀윌)
수질환경기사 실기(에듀윌)

이찬범 화학

초판 인쇄 2024. 7. 25. | **초판 발행** 2024. 7. 30. | **편저자** 이찬범
발행인 박 용 | **발행처** (주)박문각출판 | **등록** 2015년 4월 29일 제2019-000137호
주소 06654 서울시 서초구 효령로 283 서경 B/D 4층 | **팩스** (02)584-2927
전화 교재 문의 (02)6466-7202

저자와의 협의하에 인지생략

정가 26,000원
ISBN 979-11-7262-102-5